计算机技术
开发与应用丛书

零基础入门
Rust-Rocket框架

盛逸飞 ◎ 编著

清华大学出版社
北京

内 容 简 介

本书是面向 Rust 开发者的实战指南，旨在深入解析如何使用 Rust 语言构建高性能的网络服务。书中不仅介绍基础的网络协议和 Rust 网络服务的简单实现，还通过 Rocket 框架的使用，深入探讨如何构建高效、安全的 Web 应用。此外，本书还特别引入了新一代数据库 SurrealDB，展示其在 Rust 网络服务开发中的强大功能和灵活应用。

全书共 11 章，首先从 Rust 构建网络服务的基础出发，详细介绍 HTTP 和 TCP 的实现。随后深入探讨 Rocket 框架的使用，包括 Rocket 生命周期、请求处理、响应生成及错误处理等核心概念。在此基础上，书中引入了 SurrealDB，详细说明其安装、命令总览、与 Rust 结合使用等操作，让读者能够掌握使用 Rust 和 SurrealDB 构建现代 Web 应用的技巧并通过编写 surreal_use 框架对 SurrealDB 数据库的学习进行巩固和提升。最后，通过一个完整的日程待办系统开发实例，让读者能够综合运用书中的知识点，完成从前端到后端的全栈开发。

本书的特色在于结合了最新的 Rust 语言特质与现代 Web 开发框架 Rocket，以及新一代数据库 SurrealDB 的应用，既有深度又不失广度，非常适合有一定 Rust 基础的开发者深入学习。通过实际的项目案例，读者可以快速掌握 Rust 在网络服务开发中的应用，为高性能 Web 应用开发打下坚实的基础。

版权所有，侵权必究。举报：010-62782989，beiqinquan@tup.tsinghua.edu.cn。

图书在版编目（CIP）数据

零基础入门 Rust-Rocket 框架 / 盛逸飞编著. -- 北京：清华大学出版社，2025.1.
（计算机技术开发与应用丛书）. -- ISBN 978-7-302-67908-0

Ⅰ. TP312

中国国家版本馆 CIP 数据核字第 2025K0Q606 号

责任编辑：赵佳霓
封面设计：吴　刚
责任校对：时翠兰
责任印制：刘　菲

出版发行：清华大学出版社
  网　　址：https://www.tup.com.cn，https://www.wqxuetang.com
  地　　址：北京清华大学学研大厦 A 座　　邮　编：100084
  社 总 机：010-83470000　　邮　购：010-62786544
  投稿与读者服务：010-62776969，c-service@tup.tsinghua.edu.cn
  质量反馈：010-62772015，zhiliang@tup.tsinghua.edu.cn
  课件下载：https://www.tup.com.cn,010-83470236
印 装 者：三河市人民印务有限公司
经　　销：全国新华书店
开　　本：186mm×240mm　　印　张：30.75　　字　数：688 千字
版　　次：2025 年 3 月第 1 版　　印　次：2025 年 3 月第 1 次印刷
印　　数：1～1500
定　　价：129.00 元

产品编号：103475-01

前 言
PREFACE

在编写本书的过程中，笔者深刻地体验到了技术世界的广阔与多元。笔者的编程之路，从对 Java 的熟悉与依赖，到全身心投入 Rust 语言的怀抱，是一次既勇敢又充满期待的转变。2023 年中旬，笔者开始接触 Rust，被其无限的潜力与使编程人员更加"聪明"的能力所吸引。此刻，笔者不仅想要突破现状，更渴望深入探索，不愿让我的青春仅仅局限于处理单一的业务接口。

Java 与 Spring 在 Web 开发领域的长久统治，虽然稳固但也许逐渐让我们忽视了追求简洁与效率的可能。在这种环境下，一个简单的项目也可能需要堆叠大量的微服务技术涵盖各种中间件，使即便是简单的 CRUD 操作也变得过于繁重，增加了不必要的学习成本并埋下了种种难以预料的问题。诚然，大型项目使用 Java 是一个优秀的选择，这是无可否认的，但中小型的项目使用 Rust 可以展现不一样的风景线：一个充满活力、创新与高效的新世界。这种不断追求变革的精神，正是笔者决定深入 Rust 并着手编写本书的主要动力。

希望本书能为广大开发者提供一扇窗，让大家能够窥见 Rust 与 Rocket 框架组合的强大潜能，一种高性能、安全且高度可扩展的 Web 开发方式，同时保持代码的简洁与优雅。同时，希望能激励更多的开发者勇于走出技术的舒适区，探索新的领域。

国内外对 Rust 框架的学习资料确实较少，因此笔者觉得非常幸运能在 Web 领域贡献出自己的一份力量。本书内容全面，从前后端到数据库再到框架编写，覆盖了全套内容，并且难度逐步递增，旨在成为初探 Rust Web 领域的读者的首选入门书籍。此外，书中还提供了丰富的配套资源，包括代码示例、工具安装指南等，帮助读者更好地学习和实践，扫描目录上方的二维码可下载。

因此，笔者诚挚邀请广大读者与我一同踏上这场技术变革的旅程，探索更加灵活高效的开发方式。让本书成为读者在 Rust Web 开发道路上的第一本指南，共同见证技术世界的奇妙与无限可能。

本书入门难度中等，适合具有一定的 Rust 语言基础的读者阅读。如果您已经完成 Rust 的基础学习并希望更进一步探索 Rust Web 相关内容，本书会是一本不错的参考读物。

再次感谢每位读者的陪伴与支持。在 Rust 的世界里，让我们携手共进，不断创新。祝您的编程旅程既充满乐趣又丰富多彩。

由于时间有限，书中难免有疏漏之处，敬请读者批评指正，并在此表示我的深深感激。

盛逸飞

2024 年 10 月

目录
CONTENTS

本书源码

第 1 章　**Rust 构建网络服务**	1
1.1　认识 TCP/HTTP	1
1.1.1　TCP	1
1.1.2　HTTP	1
1.2　使用 Rust 实现简单网络服务	2
1.2.1　实现 TCP	2
1.2.2　实现 HTTP	6
第 2 章　**认识 Rocket**	22
2.1　Rocket 框架的基本概念和特点	22
2.1.1　Rocket 简介	22
2.1.2　Rocket 的优势	23
2.2　搭建本地 Rocket 文档示例	23
2.2.1　下载源码	23
2.2.2　运行示例程序	24
2.2.3　错误说明	25
2.3　QuickStart	27
第 3 章　**Rocket 生命周期**	32
3.1　Rocket 生命周期解析	32
3.2　从请求到响应的详细流程	32
第 4 章　**Rocket 请求**	34
4.1　Rocket 常见请求方法的写法	34
4.2　请求路径	36
4.2.1　动态路径	36
4.2.2　路径保护	38
4.2.3　Rocket 请求获取静态文件	39
4.2.4　忽略路径	41
4.2.5　路由优先级	43

4.3	请求守卫	44
4.4	Cookie	45
	4.4.1 隐私 Cookie	47
	4.4.2 密钥	49
4.5	HTTP 内容类型	52
4.6	请求体数据	53
	4.6.1 JSON 数据	53
	4.6.2 表单数据	54
	4.6.3 文件	56

第 5 章 Rocket 响应 59

5.1	Rocket	59
	5.1.1 不负责任的响应方式	59
	5.1.2 响应的标准	60
	5.1.3 Rocket 快速响应	61
5.2	Responder	63
	5.2.1 响应外壳	63
	5.2.2 自定义 Responder	68

第 6 章 Rocket 错误处理 71

6.1	错误处理器	71
6.2	Rocket 中的错误处理器	73
6.3	实现错误处理器	74
	6.3.1 一个简单的默认错误处理器	74
	6.3.2 多个错误处理器的优先级匹配	75
	6.3.3 通过自定义 Responder 自定义错误处理器	76

第 7 章 Rocket 状态管理 80

7.1	状态管理	80
7.2	前端状态管理和后端状态管理的区别	81
7.3	Rocket 中的状态管理	82

第 8 章 新一代数据库 SurrealDB 86

8.1	SurrealDB 简介	86
8.2	与其他数据库的区别	87
	8.2.1 适应未来的架构与模型	87
	8.2.2 自我优化和强大的性能	90
	8.2.3 多用户权限管理	91
8.3	安装 SurrealDB	91
8.4	SurrealDB 命令总览	92
	8.4.1 数据库启动命令	92
	8.4.2 数据库操作命令	104
	8.4.3 数据库脚本导出命令	106

	8.4.4 数据库脚本导入命令	108
	8.4.5 数据库版本信息命令	111
	8.4.6 数据库更新命令	111
	8.4.7 数据库检查连接命令	112
	8.4.8 数据库备份命令	112
	8.4.9 数据库查询文件验证命令	113
	8.4.10 数据库帮助命令	113
8.5	SurrealDB 命令基础知识说明	114
	8.5.1 SurrealDB 数据存储地址	114
	8.5.2 SurrealDB 严格模式	114
	8.5.3 节点代理间隔	115
	8.5.4 语句超时时间的作用	115
	8.5.5 事务超时时间的作用	116
	8.5.6 允许所有出站网络访问	117

第 9 章 SurrealQL 118

9.1	数据类型	118
9.2	SurrealDB ID 类型	119
9.3	SurrealQL 语句	120
	9.3.1 DEFINE 语句	120
	9.3.2 USE 语句	128
	9.3.3 INFO 语句	128
	9.3.4 REMOVE 语句	129
	9.3.5 CREATE 语句	129
	9.3.6 INSERT 语句	130
	9.3.7 SELECT 语句	131
	9.3.8 UPDATE 语句	136
	9.3.9 DELETE 语句	139
	9.3.10 RELATE 语句	140
	9.3.11 SHOW 语句	141
	9.3.12 SLEEP 语句	142
	9.3.13 SurrealDB 中的编程式语句	143
	9.3.14 SurrealDB 中的事务语句	146
	9.3.15 @变量解释	147
9.4	通过 HTTP 发起交互	150
	9.4.1 使用 ApiFox 创建团队项目	150
	9.4.2 DIL 数据库信息语言	152
	9.4.3 DML 数据库操作语言	154
	9.4.4 其他统一化请求方式	164
9.5	Surrealist 可视化工具	166

- 9.5.1 创建会话并连接 …… 166
- 9.5.2 发起查询 …… 168
- 9.5.3 使用 Surrealist 内置控制台连接 SurrealDB …… 168
- 9.6 Rust-surrealdb 库支持 …… 170
  - 9.6.1 QuickStart …… 170
  - 9.6.2 完整的增、删、改、查 …… 172
  - 9.6.3 Rust-surrealdb 库 API 梳理 …… 183

第 10 章 surreal_use …… 203

- 10.1 需求分析与设计 …… 203
  - 10.1.1 发现需求 …… 203
  - 10.1.2 准备工作 …… 204
- 10.2 抽离数据库配置与代码 …… 207
  - 10.2.1 构想设计 …… 208
  - 10.2.2 具体实现 …… 208
  - 10.2.3 使用 surreal_use 获取配置 …… 230
- 10.3 零 SurrealQL 语句 …… 232
  - 10.3.1 编写 core 模块 …… 232
  - 10.3.2 扩展原始库 …… 236
  - 10.3.3 编写第 1 个语句 …… 279
  - 10.3.4 完成增、删、改、查语句 …… 282
  - 10.3.5 通过语句构造器工厂统一管理 …… 303
- 10.4 补全 README …… 308
  - 10.4.1 版本与许可证信息 …… 308
  - 10.4.2 简介与作者信息 …… 309
  - 10.4.3 描述库功能 …… 310
  - 10.4.4 快速入门 QuickStart …… 311
  - 10.4.5 目标 …… 312
- 10.5 发布第 1 个版本 …… 314
  - 10.5.1 发布到 GitHub 上 …… 314
  - 10.5.2 发布到 crates.io …… 316
- 10.6 通过 GitHub Wiki 编写库文档 …… 317
- 10.7 小结 …… 318

第 11 章 综合案例：日程待办系统 …… 320

- 11.1 选择日程待办系统的原因 …… 320
- 11.2 需求分析 …… 321
  - 11.2.1 关键技术概述 …… 321
  - 11.2.2 需求设计 …… 322
- 11.3 项目目录构成与依赖 …… 324
  - 11.3.1 前端目录构成与依赖 …… 324

		11.3.2	后端目录构成与依赖	329

11.4 项目前端编码实现 ... 331
- 11.4.1 核心类型及工具实现 ... 331
- 11.4.2 接口部分实现 ... 344
- 11.4.3 路由部分实现 ... 353
- 11.4.4 状态管理实现 ... 355
- 11.4.5 页面及页面样式实现 ... 359

11.5 项目后端编码实现 ... 413
- 11.5.1 理解后端模块关系 ... 413
- 11.5.2 用户接口实现 ... 414
- 11.5.3 待办接口实现 ... 430
- 11.5.4 团队接口实现 ... 446
- 11.5.5 跨域资源访问 ... 456
- 11.5.6 后端入口文件 ... 459

11.6 小结 ... 461

附录A 本书的环境搭建与基础工具 ... 463
A.1 Rust 工具链的安装 ... 463
A.2 Git 工具的安装及配置 ... 464
- A.2.1 Git 简介 ... 464
- A.2.2 安装 ... 464

A.3 开发工具的安装 ... 465
- A.3.1 JetBrains IDEA 的安装 ... 466
- A.3.2 VS Code 的安装 ... 468

A.4 API 测试工具 Apifox 的安装 ... 472
- A.4.1 Apifox 简介 ... 472
- A.4.2 安装 ... 473

A.5 Surrealist 可视化工具的安装 ... 474
- A.5.1 Surrealist 简介 ... 474
- A.5.2 安装 ... 474

A.6 NVM 安装 Node 环境 ... 475
- A.6.1 在 UNIX、macOS 和 Windows WSL 环境下安装 NVM ... 475
- A.6.2 在 Windows 系统下安装 NVM ... 476
- A.6.3 使用 NVM 下载 Node.js ... 476
- A.6.4 切换版本 ... 476

A.7 安装 Vite 及初始化 Vue 项目 ... 477
- A.7.1 Vite 简介 ... 477
- A.7.2 使用 Vite 初始化 Vue 项目 ... 477

第1章 Rust 构建网络服务

第1章将讲解 TCP 和 HTTP，结合《Rust 圣经》实现简单 TCP 和 HTTP 服务，并介绍网络服务的解析过程和初步进行体验，以便更好地理解 Rocket 框架。毕竟框架是一种工具，它可以帮助开发者更快、更高效地完成开发任务。它是大量开发者智慧的结晶，是有效代码复用的体现，但过度依赖框架则会导致编程基础差、无法进行创新、难以适应新技术的问题，因此在学习框架之前要先对底层基础知识进行学习。

1.1 认识 TCP/HTTP

1.1.1 TCP

传输控制协议（TCP）占据了网络协议的核心地位，作为实现两台主机之间建立稳定连接和数据流交换的关键技术。TCP 的设计保障了数据包的准确交付，并确保了这些数据包按照发送的顺序到达。这一协议的诞生要追溯到 20 世纪 80 年代，由 ARPA 的两位杰出科学家 Vint Cerf 和 Robert E. Kahn 所共同开发，他们因此被誉为互联网之父。作为一种面向连接、可靠、基于字节流的传输层协议，TCP 通过执行 3 次握手过程来建立一个稳固的连接，从而开始数据的传输。此外，TCP 还引入了拥塞控制算法，有效地避免了过量请求可能引起的网络拥堵问题，确保网络通信的流畅性和稳定性。

1.1.2 HTTP

超文本传输协议（HTTP）是一个应用层协议，并且是一种用于传输超媒体文档（如 HTML）的协议。它是为 Web 浏览器和 Web 服务器之间的通信而设计的，但它也可以用于其他目的。HTTP 遵循经典的客户-服务器模型，客户端打开连接以发出请求，然后等待，直到收到响应。HTTP 是一个无状态协议，这意味着服务器在两个请求之间不保留任何数据（状态），而现阶段 Web 更常使用 HTTP 而不是 TCP，与 TCP 相比，HTTP 的优势更加明显，HTTP 使用 TCP 来保证数据的可靠性和完整性。它不需要建立连接就可以发送数据。这使 HTTP 更加简单和易于实现。此外，HTTP 还支持多媒体数据和文件传输，这使它在

Web 上得到了广泛应用，所以需要铭记的是 HTTP 并非是独立于 TCP 的一种新协议。

HTTP 请求消息的代码如下：

```
GET / HTTP/1.1
Host: developer.mozilla.org
Accept-Language: fr
```

其中，GET 表示使用 GET 方法发起请求；HTTP/1.1 表示使用的是 HTTP1.1 协议，这是一种 Keepalive 的协议；Host 是 HTTP 中的一个请求头，用于告诉服务器客户端所连接的服务器主机名和端口号，developer.mozilla.org 表示 Firefox 开发者网站；Accept-Language 是 HTTP 中的一个请求头，用于告诉服务器客户端所支持的语言，例如，fr 表示法语。

HTTP 响应消息的代码如下：

```
HTTP/1.1 200 OK                                    //响应状态行,200 表示请求成功
Date: Sat, 09 Oct 2010 14:28:02 GMT                //响应生成的日期和时间
Server: Apache                                     //生成响应的服务器软件
Last-Modified: Tue, 01 Dec 2009 20:18:22 GMT       //资源最后修改的日期和时间
ETag: "51142bc1-7449-479b075b2891b"                //资源的特定版本标识符
Accept-Ranges: bytes                               //表示服务器接受的范围类型,此处为字节范围
Content-Length: 29769                              //响应体的长度,单位为字节
Content-Type: text/html                            //响应体的媒体类型,此处为 HTML 文档
```

其中，HTTP/1.1 表示使用了 HTTP1.1 协议；200 OK 是对于请求的响应码及响应回复，响应码为 200 表示访问成功；Date 表示响应的时间为 2010 年 10 月 9 日周六 14:28:02；Server 说明了服务器类型为 Apache；Last-Modified 表示资源最后一次被修改的时间，这里是 2009 年 12 月 1 日 20 点 18 分 22 秒；ETag 表示资源的唯一标识符，这里是一个由一串字符组成的字符串；Accept-Ranges 表示客户端是否支持范围请求，这里设置为 bytes，表示只接受字节范围请求；Content-Length 表示响应内容的大小，这里是 29 769 字节；Content-Type 表示响应内容的类型，这里是 text/html，表示返回的是 HTML 格式的内容。

1.2 使用 Rust 实现简单网络服务

本节将讲解如何利用 Rust 标准库中的 net 模块实现基于 TCP 和 HTTP 的网络通信。通过本节的学习，读者将能够深入理解 Rocket 框架如何处理网络请求和响应的解析与转换，从而加深对网络编程核心概念的理解。

1.2.1 实现 TCP

1. 创建项目

使用 IDEA 构建一个新项目，首先选择文件，再选择新建项目，然后选择创建 Rust 项目，将项目模板设置为 Binary(application)，单击"下一步"按钮，如图 1-1 所示。

接下来设置项目的名称及存储路径，单击"完成"按钮结束创建，如图 1-2 所示。

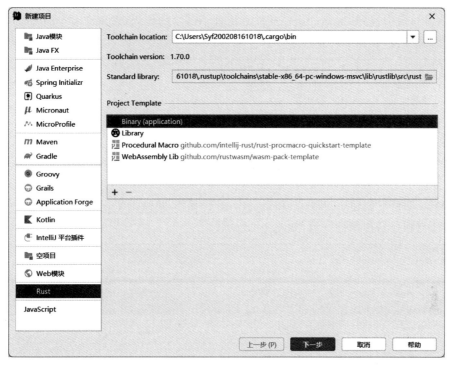

图 1-1　创建项目

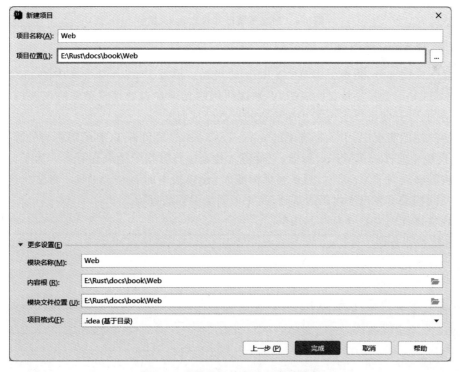

图 1-2　设置项目的名称及存储路径

在项目目录中找到 Cargo.toml 文件并清理不需要的代码,设置命名空间及子项目的名称,为后续做准备,如图 1-3 所示。

图 1-3　设置命名空间

在 Web 项目下创建 tcpserver 和 tcpclient 子项目,并修改 Cargo.toml 文件中的 name 属性,使其与项目名称保持一致,如图 1-4 所示。

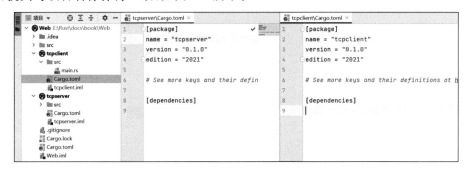

图 1-4　创建子项目并修改 name 属性

2. 编写 TCP 客户端

在接下来的部分,将着手编写 tcpclient 的代码。得益于 Rust 标准库中的 net 模块,它提供了对 TCP 的直接支持,使在编写客户端代码时无须亲自处理复杂的协议解析,仅通过几行简洁的代码,便可以实现客户端消息的发送及接收响应。

在客户端的实现中,引入标准库的 net::TcpStream 来负责 TCP 的解析与处理。此外,使用 io 模块中的{Read,Write}特质,它能够方便地进行数据的读取和写入。为了接收字符数组并将其转换为 &str 类型,需要利用标准库 str 模块中的 from_utf8()方法。这些工具和方法共同构成了客户端代码的基础,简化了网络编程的过程。

实现整体代码主要分为以下几步:

(1) 连接服务器。

(2) 向服务器写入。

(3) 读取服务器响应。

编写 TCP 客户端,代码如下:

```
//第 1 章 Web/tcpclient/main.rs

use std::net::TcpStream;
```

```rust
use std::io::{Read, Write};
use std::str;

fn main() {
    //连接服务器,指明地址和端口
    let mut stream = TcpStream::connect("localhost:3000").unwrap();
    //向服务器写入
    stream.write("Hello".as_bytes()).unwrap();
    //缓冲区
    let mut buffer = [0; "Hello".len()];
    //读取服务器的应答
    stream.read(&mut buffer).unwrap();

    println!("Response from server:{:?}", str::from_utf8(&buffer).unwrap());
}
```

3. 编写 TCP 服务器端

在服务器端的实现中,除了需要引入客户端所依赖的组件外,还需要引入 Rust 标准库中 net 模块的 TcpListener。TcpListener 的作用是监听来自客户端的请求,为服务器端与客户端之间的通信提供基础。在搭建服务器端的过程中,必须明确指定服务器端的地址和开放的端口号,这是因为客户端将依据这些信息来发起请求并与服务器端建立连接。实现服务器端代码主要分为以下几步:

(1) 启动服务器,设置地址和端口。

(2) 监听客户端发送请求。

(3) 处理请求,反馈响应。

编写 TCP 服务器端,代码如下:

```rust
//第1章/tcpserver.rs

use std::net::{TcpListener, TcpStream};
use std::io::{Read, Write};
use std::str;

fn main() {
    //绑定启动地址和端口
    let listener = TcpListener::bind("127.0.0.1:3000").unwrap();

    println!("server -> 127.0.0.1:3000");
    //持续监听连接
    for stream in listener.incoming() {
        let mut stream = stream.unwrap();
        println!("Connect success");
        let mut buffer: [u8; 1024] = [0; 1024];
        //读取客户端写入
        stream.read(&mut buffer).unwrap();
        println!("get msg from client: {:?}", str::from_utf8(&buffer).unwrap());
```

```
        //写出,返回客户端
        stream.write(&mut buffer).unwrap();
    }
}
```

1.2.2 实现 HTTP

1. 添加新模块

首先在父项目中的 Cargo.toml 文件中添加子项目名称,分别是 HTTP 的解析模块 http_parser 和 HTTP 的服务器端模块 httpserver,如图 1-5 所示。由于 Rust 官方标准库中并没有提供对于 HTTP 的解析,所以需要构建一个 http_parser 的 lib 库,用于解析 HTTP,还有一个就是 HTTP 的服务器端 httpserver。

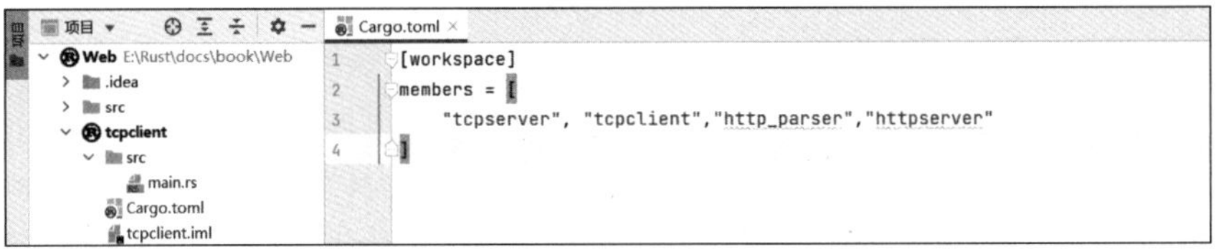

图 1-5　修改 Cargo.toml 文件并添加子项目名称

使用 IDEA 选择构建 Rust 项目中的 Library。选择 Library,然后单击"下一步"按钮,构建一个名为 http_parser 的 lib 库,如图 1-6 所示。

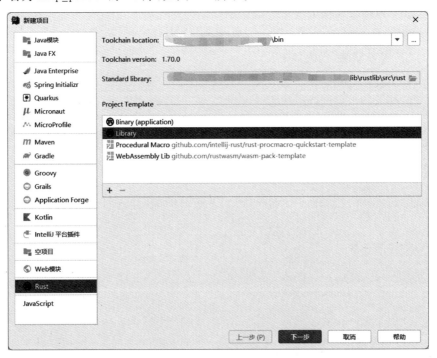

图 1-6　构建 Rust 的 lib 库

将子项目中的 Cargo.toml 文件中的 name 属性分别修改为 http_parser 和 httpserver，如图 1-7 所示。

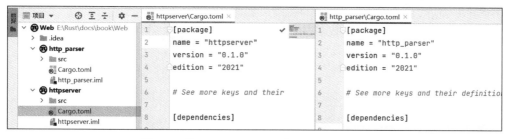

图 1-7　修改 Cargo.toml 文件中的 name 属性

2. http_parser 准备工作

首先清空 http_parser 项目中 src 目录下 lib.rs 文件的示例代码并修改为 httpresponse 和 httprequest 公开模块，以便后续在其他项目中使用，如图 1-8 所示。

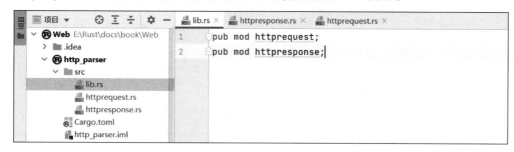

图 1-8　http_parser 准备工作

3. 解析 HTTP 请求

下面对 HTTP 的请求手动构建其解析过程，对于 HTTP 请求的格式的说明在 1.1.2 节中已介绍。首先来看需要解析的目标格式。

HTTP 目标请求，代码如下：

```
GET /greeting Http/1.1
Host: localhost:8080
User-Agent: curl/7.71.1
Accept: */*
```

通过分析上述 HTTP 请求的格式，可以将其拆分成结构体形式，初步识别出 4 个关键部分，分别是请求方法、请求的资源地址、HTTP 版本和请求头，然而，这个分析是基于 GET 方法的请求示例。值得注意的是，其他 HTTP 请求方法，如 PUT 和 POST，通常包含一个请求体部分，这要求在设计时将结构体扩展到 5 部分以适应这种需求，但在此实例中，仅关注解析 GET 方法的请求，并且不考虑解析遵循 RESTful 风格的请求，因此，针对当前的需求，仅将结构体设计为包含 4 部分即可满足需求。结构及其说明如下。

（1）HttpRequest：Request 结构体，包含 method（请求方法）、version（HTTP 的版本）、

resource(请求资源地址)、headers(请求头)。

(2) Method：Request 方法枚举，分为 Get、Post、Put、Delete、None，其中 None 表示其他未涉及的方法。

(3) Version：HTTP 版本枚举，这里分为 V1_0、V1_1 及 None，不过现在 HTTP 版本都是 1.1，其中 None 表示未涉及的版本。

构建请求结构体，代码如下：

```rust
//第 1 章 Web/http_parser/src/httprequest.rs
//解析 HTTP 请求
use std::collections::HashMap;

//Request 结构体
#[derive(Debug, PartialEq)]
pub struct HttpRequest {
    pub method: Method,             //请求方法
    pub version: Version,           //请求 HTTP 版本
    pub resource: String,           //请求资源
    pub headers: HashMap<String, String>,  //请求头
}

//Request 方法
#[derive(Debug, PartialEq)]
pub enum Method {
    Get,
    Post,
    Put,
    Delete,
    None,
}

//HTTP 版本
#[derive(Debug, PartialEq)]
pub enum Version {
    V1_0,
    V1_1,
    None,
}
```

接下来需要构建各种方法使 HttpRequest 结构体能够解析 HTTP 请求。对于 Method 和 Version 枚举，需要实现 From<T>这个特质(trait)以实现通过字符串.into()方法让 Rust 通过推测将字符串转换为结构体或枚举。在 HttpRequest 结构体中也需要实现一个从字符串转换为结构体的方法：from_str()方法，该方法需要 parse_line()方法和 parse_header_line()方法进行辅助，以便从字符串中获取每行字符进行解析得到最终结果，代码如下：

```rust
//第 1 章 Web/http_parser/src/httprequest.rs
//本模块负责解析 HTTP 请求
use std::collections::HashMap;
```

```rust
//定义 HttpRequest 结构体,用于存储解析后的 HTTP 请求信息
#[derive(Debug, PartialEq)]
pub struct HttpRequest {
    pub method: Method,                              //表示 HTTP 请求方法(如 GET、POST 等)
    pub version: Version,                            //表示 HTTP 版本(如 HTTP/1.1)
    pub resource: String,                            //请求的资源路径
    pub headers: HashMap<String, String>,            //存储请求头的键-值对
}

impl HttpRequest {
    //构造函数,返回一个新的 HttpRequest 实例
    pub fn new() -> Self {
        HttpRequest {
            method: Method::None,                    //默认方法为 None
            version: Version::None,                  //默认版本为 None
            resource: String::new(),                 //默认资源路径为空字符串
            headers: Default::default(),             //默认请求头为空
        }
    }

    //解析 HTTP 请求的起始行
    pub fn parse_line(&mut self, req: &str) {
        let mut lines = req.split_whitespace();
        let method = lines.next().unwrap();
        let resource = lines.next().unwrap();
        let version = lines.next().unwrap();

        self.method = method.into();                 //将方法字符串转换为 Method 枚举
        self.version = version.into();               //将版本字符串转换为 Version 枚举
        self.resource = resource.into();             //存储资源路径
    }

    //解析 HTTP 请求头
    pub fn parse_header_line(&mut self, s: &str) {
        let mut header_items = s.split(":");
        let key = header_items.next().unwrap_or("").trim().to_string();
        let value = header_items.next().unwrap_or("").trim().to_string();

        self.headers.insert(key, value);             //将请求头键-值对存储到 HashMap 中
    }

    //将字符串形式的 HTTP 请求转换为 HttpRequest 结构体
    pub fn from_str(&mut self, value: String) -> Self {
        let mut http_req = HttpRequest::new();
        for line in value.lines() {
            if line.contains("HTTP") {
                http_req.parse_line(line);           //解析请求行
            } else if line.contains(":") {
                http_req.parse_header_line(line);    //解析请求头
            } //忽略其他情况
```

```rust
        }
        http_req
    }
}

//定义 HTTP 请求方法的枚举
#[derive(Debug, PartialEq)]
pub enum Method {
    Get,
    Post,
    Put,
    Delete,
    None,                                              //默认值,表示未指定方法
}

impl From<&str> for Method {
    //将字符串转换为 Method 枚举
    fn from(value: &str) -> Self {
        match value {
            "GET" => Method::Get,
            "POST" => Method::Post,
            "PUT" => Method::Put,
            "DELETE" => Method::Delete,
            _ => Method::None,                         //当不匹配任何已知方法时返回 None
        }
    }
}

//定义 HTTP 版本的枚举
#[derive(Debug, PartialEq)]
pub enum Version {
    V1_0,
    V1_1,
    None,                                              //默认值,表示未指定版本
}

impl From<&str> for Version {
    //将字符串转换为 Version 枚举
    fn from(value: &str) -> Self {
        match value {
            "HTTP/1.0" => Version::V1_0,
            "HTTP/1.1" => Version::V1_1,
            _ => Version::None,                        //当不匹配任何已知版本时返回 None
        }
    }
}

#[cfg(test)]
mod tests {
    use super::*;
```

```
    #[test]
    fn test_read_http() {
        let s = String::from("GET /hello_world HTTP/1.1\r\nHost: localhost:8080\r\nUser-Agent: curl/7.71.1\r\nAccept: */*\r\n\r\n");
        let mut req: HttpRequest = HttpRequest::new();
        req = req.from_str(s);                    //使用测试字符串构造 HttpRequest
        dbg!(&req);
        assert_eq!(Method::Get, req.method);      //验证方法是否可以正确解析
        assert_eq!(Version::V1_1, req.version);   //验证版本是否可以正确解析
        assert_eq!("/hello_world".to_string(), req.resource); //验证资源路径是否可以正确
                                                  //解析
    }
}
```

测试结果如下：

```
[http_parser\src\httprequest.rs:111] &req = HttpRequest {
    method: Get,
    version: V1_1,
    resource: "/hello_world",
    headers: {
        "User-Agent": " curl/7.71.1",
        "Accept": " */*",
        "Host": " localhost",
    },
}

进程已结束,退出代码为 0
```

由此，对于 HTTP 请求的解析就结束了。

4. 解析 HTTP 响应

在 1.1.2 节中，详细讲解了 HTTP 响应的数据格式，提供了关于如何理解和处理这些响应的深入分析。值得注意的是，当解析 HTTP 响应时，实际上的意图并非是将响应的字符串表示形式转换为某种响应结构体。相反，由于 HTTP 响应是服务器端发送给客户端的数据，这个过程实际上涉及将服务器上处理完毕的响应结构体序列化为一个符合 HTTP 规范的字符串，以便客户端能够解析和理解。

HTTP 响应消息本质上可以被划分为 5 个主要部分，分别如下。

(1) HTTP 版本：标识了响应遵循的 HTTP 版本，如 HTTP/1.1 或 HTTP/2。这对于客户端了解如何解析响应至关重要。

(2) 响应码：这是一个三位数代码，向客户端指示请求的处理结果。例如，200 表示成功，404 表示未找到，500 表示服务器内部错误等。

(3) 响应回馈信息：通常与响应码一起发送，提供关于响应码的简短文本描述。

(4) 响应头：这部分包含了一系列的键-值对，它们为客户端提供了额外的操作指示，如内容类型(Content-Type)、内容长度(Content-Length)等。

(5) 响应体：实际的响应数据内容，可能包含 HTML 页面、JSON 数据或任何其他类型的数据。

构建 HTTP 响应结构体，代码如下：

```
//第 1 章 Web/http_parser/src/httpresponse.rs

use std::collections::HashMap;

#[derive(Debug, PartialEq, Clone)]
pub struct HttpResponse {
    version:String,
    status_code: String,
    status_msg: String,
    headers: Option < HashMap < String,String >>,
    body: Option < String >,
}
```

接下来将 HttpResponse 对象转换成 String 字符串以发送给客户端是一个非常重要的步骤。这个过程的核心在于如何高效且准确地构建一个 HttpResponse 结构体，并利用 Rust 的"format!"宏将其转换为一个遵循 HTTP 的字符串。以下是对 HttpResponse 结构体实现的方法的详细介绍和扩写，这将有助于理解其在构建 HTTP 响应过程中的作用。

（1）new()方法：这是一个无参构造函数，用于创建一个新的空白的 HttpResponse 结构体实例。该方法允许开发者从零开始构建响应。

（2）new_all_args()方法：这是一个全参构造函数，允许开发者一次性提供所有必要的参数来创建一个完整的 HttpResponse 实例。这种方法适用于已经明确了响应的所有细节的场景。

（3）send_response()方法：此方法负责将构建好的 HttpResponse 实例发送给客户端。它通常涉及将 HttpResponse 实例序列化到一个字符串，然后通过网络发送这个字符串。

（4）version()方法：通过此方法可以获取当前 HttpResponse 实例所使用的 HTTP 版本，如 HTTP/1.1 或 HTTP/2。这对确保客户端正确理解响应非常关键。

（5）status_code()方法：此方法返回 HttpResponse 的状态码，这是一个表明请求处理结果的三位数字代码。状态码是响应的重要组成部分，如 200 表示成功，404 表示未找到资源等。

（6）status_msg()方法：除了状态码外，通过 status_msg()方法还可以获取一个简短的响应消息，它提供了状态码的文本描述，增加了响应的可读性。

（7）headers()方法：该方法用于获取一个包含所有响应头的集合。响应头是键-值对形式，它们为客户端提供了额外的指示，如内容类型、缓存控制等。

（8）body()方法：返回 HttpResponse 的响应体，即实际发送给客户端的数据内容。响应体可以是 HTML 页面、JSON 数据或其他任何类型的数据。

代码如下：

```rust
//第1章 Web/http_parser/src/httpresponse.rs
use std::collections::HashMap;
use std::io::{Result, Write};

//HttpResponse 结构体
#[derive(Debug, PartialEq, Clone)]
pub struct HttpResponse {
    //版本
    version: String,
    //响应码
    status_code: String,
    //响应消息
    status_msg: String,
    //响应头
    headers: Option<HashMap<String, String>>,
    //响应体
    body: Option<String>,
}

impl HttpResponse {
    //初始化 HttpResponse
    pub fn new() -> Self {
        HttpResponse {
            version: String::from("HTTP/1.1"),
            status_code: String::from("200"),
            status_msg: String::from("OK"),
            headers: None,
            body: None,
        }
    }
    //全参构造
    pub fn new_all_args(
        status_code: &str,
        headers: Option<HashMap<String, String>>,
        body: Option<String>,
    ) -> HttpResponse {
        let mut response: HttpResponse = HttpResponse::new();
        if status_code != "200" {
            response.status_code = status_code.into();
        };
        //匹配响应头
        response.headers = match &headers {
            Some(_h) => headers,
            None => {
                let mut h = HashMap::new();
                h.insert("Content-Type".to_string(), "text/html".to_string());
                Some(h)
```

```rust
            };
            //对各类响应码的处理
            response.status_msg = match response.status_code() {
                "200" => "OK".into(),
                "400" => "Bad Request".into(),
                "404" => "Not Found".into(),
                "500" => "Internal Server Error".into(),
                _ => "Not Found".into()
            };
            response.body = body;
            response
        }
        pub fn send_response(&self, write_stream: &mut impl Write) -> Result<()> {
            let res = self.clone();
            let response_string = String::from(res);
            let _ = write!(write_stream, "{}", response_string);
            Ok(())
        }
        //通过此方法可以获取当前 HttpResponse 实例所使用的 HTTP 版本,如 HTTP/1.1 或 HTTP/2。这
        //对确保客户端正确理解响应非常关键
        fn version(&self) -> &str {
            &self.version
        }
    //此方法返回 HttpResponse 的状态码,这是一个表明请求处理结果的三位数字代码。状态码是响应
    //的重要组成部分,如 200 表示成功,404 表示未找到资源
        fn status_code(&self) -> &str {
            &self.status_code
        }
    //除了状态码外,通过 status_msg()方法还可以获取一个简短的响应消息,它提供了状态码的文本描
    //述,增加了响应的可读性
        fn status_msg(&self) -> &str {
            &self.status_msg
        }
        //Option<HashMap<String, String>>转换为 String
        fn headers(&self) -> String {
            let map: HashMap<String, String> = self.headers.clone().unwrap();
            let mut header_string: String = "".into();
            for (k, v) in map.iter() {
                header_string = format!("{}{}:{}\r\n", header_string, k, v);
            }
            header_string
        }
        pub fn body(&self) -> &str {
            match &self.body {
                Some(b) => b.as_str(),
                None => "",
            }
        }
    }
}
```

```rust
impl From<HttpResponse> for String {
    //通过"format!"宏将 HttpResponse 转换为 String 字符串
    fn from(value: HttpResponse) -> Self {
        let value = value.clone();
        format!(
            "{} {} {}\r\n{}Content-Length: {}\r\n\r\n{}",
            &value.version(),
            &value.status_code(),
            &value.status_msg(),
            &value.headers(),
            &value.body().len(),
            &value.body()
        )
    }
}

#[cfg(test)]
mod tests {
    use super::*;

    //测试
    #[test]
    fn test_response_struct_creation_200() {
        //测试全参构造
        let response_actual = HttpResponse::new_all_args(
            "200",
            None,
            Some("xxxx".into()),
        );
        //测试正常,直接通过 struct 构造
        let response_expected = HttpResponse {
            version: "HTTP/1.1".to_string(),
            status_code: "200".to_string(),

            headers: {
                let mut h = HashMap::new();
                h.insert("Content-Type".to_string(), "text/html".to_string());
                Some(h)
            },
            body: Some("xxxx".into()),
            status_msg: "OK".to_string(),
        };
        assert_eq!(response_actual, response_expected);
    }
}
```

5. 构建 HttpServer

1) 准备工作

为了建立一个功能完备的服务器端,首先需要引入一系列的依赖包,以确保能够高效地

处理 HTTP 相关的请求与响应,并进行数据的序列化和反序列化。在这个过程中,serde 库扮演着至关重要的角色。serde 是 Rust 生态中一个极其强大的序列化框架,它支持多种数据格式的转换,但在实际应用中,serde 往往与 serde_json 一起使用,后者提供了对 JSON 格式的支持,这对于处理 HTTP 请求和响应中的 JSON 数据尤为重要。

除了应该具有处理数据的能力之外,一个健壮的服务器端还应该能够提供静态资源的服务。这里,预设了几个基本的静态资源文件,包括以下几种。

(1) 404.html:当用户请求一个不存在的资源时,服务器端将返回这个页面,用以表示客户端错误。

(2) health.html:这个页面用于展示服务的健康状况,通常用于健康检查。

(3) index.html:作为网站的首页,这个页面是用户最初接触的界面。

(4) style.css:这是一个静态的 CSS 文件,用于定义网站的样式和布局。

为了更好地组织代码,需要将服务器端的功能拆分为几个模块,每个模块负责处理不同的逻辑。

(1) handler.rs:在这个模块中定义的函数或方法用于处理各种资源,例如处理用户请求的特定页面或执行 API 调用的业务逻辑。

(2) router.rs:路由是服务器端架构的核心之一,router.rs 模块负责将进入的请求根据路径(URL)分发到对应的处理函数。

(3) server.rs:这个模块是服务器端应用的入口和核心,用于初始化服务器和监听端口,并将接收的请求根据路由分发到对应的处理模块。

创建 HttpServer 相关文件,如图 1-9 所示。

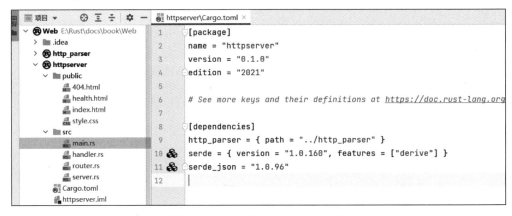

图 1-9　创建 HttpServer 相关文件

2) 构建 main.rs 文件

在构建 Rust 服务器端应用时,main.rs 文件扮演着程序入口的角色,其内容通常简洁明了。目标是实现高效的启动流程,同时保持代码的可读性和易于管理。为了达到这个目的,在 main.rs 文件的主函数中调用 Server 结构体的 run() 方法就可激活整个服务器端程序。构建 main.rs 文件的代码如下:

```rust
//第 1 章 Web/httpserver/src/main.rs
mod server;
mod router;
mod handler;
//向外暴露 Server 结构体
use server::Server;
//主函数入口
fn main() {
    //初始化 server,设置地址和端口
    let server = Server::new("localhost:3000");
    //启动 server
    server.run();
}
```

3)构建 server.rs 文件

构建 Server 结构体,实现 run()方法来启动程序,其中 run()方法需要使用 TCP 来绑定端口和地址,接收客户端的请求信息。由于这里是以流的形式传输过来的,所以需要将流转换为字符串形式,最后字符串再被处理为 HttpRequest 结构体。到这里 HttpRequest 结构体的转换就结束了,然后对请求进行解析、匹配,最后针对匹配结果进行处理,代码如下:

```rust
//第 1 章 Web/httpserver/src/server.rs
use super::router::Router;
use http_parser::httprequest::HttpRequest;
use std::io::prelude::*;
use std::str;
use std::net::TcpListener;
//构建 Server 结构体,存储服务器端地址和端口
pub struct Server<'a> {
    socket_addr: &'a str,
}

impl<'a> Server<'a> {
    //Server 的初始化函数
    pub fn new(socket_addr: &'a str) -> Self {
        Server { socket_addr }
    }
    //运行 Server
    pub fn run(&self) {
        //借助 TcpListener 进行地址和端口的绑定
        let connection_listener = TcpListener::bind(self.socket_addr).unwrap();
        println!("Running on {}", self.socket_addr);
        //持续进行监听
        for stream in connection_listener.incoming() {
            let mut stream = stream.unwrap();
            println!("Connection established");
            //读取数据的缓冲区
            let mut read_buffer = [0; 200];
            stream.read(&mut read_buffer).unwrap();
```

```
        //将字符串转换为 HttpRequest
        let mut req: HttpRequest = HttpRequest::new();
req.from_str(String::from_utf8(read_buffer.to_vec()).unwrap());
        //解析 HttpRequest 进行路由
        Router::route(req, &mut stream);
      }
    }
  }
```

4）构建 router.rs 文件

在 router.rs 文件中构建 Router 结构体,该结构体用来对路由信息进行解析。因为路由信息能够判断 HTTP 请求的方式是哪一种,请求返回的是资源还是消息,在这里仅对 GET 请求进行相关处理。可以看到匹配到 GET 请求后,对 GET 请求进行分割,判断是否带有 API 标识,由此得出最后需要的是资源还是反馈 API。当然其中还有很多帮助处理的方法在 handler.rs 文件中进行处理,代码如下:

```
//第 1 章 Web/httpserver/src/router.rs
use http_parser::{httprequest, httprequest::HttpRequest, httpresponse::HttpResponse};
use std::io::prelude::*;
use super::handler::{Handler, PageNotFoundHandler, StaticPageHandler, WebServiceHandler};
//路由结构体
pub struct Router;

impl Router {
    //匹配路由规则的函数
    pub fn route(req: HttpRequest, stream: &mut impl Write) -> () {
        //解析 HttpRequest 匹配 method
        match req.method {
            //对于 GET 请求的处理
            httprequest::Method::Get => {
                let s = &req.resource;
                let route: Vec<&str> = s.split("/").collect();
                match route[1] {
                    //若请求地址包含 api 字符串
                    "api" => {
                        let resp: HttpResponse = WebServiceHandler::handle(&req);
                        let _ = resp.send_response(stream);
                    }
                    //静态资源处理
                    _ => {
                        let resp: HttpResponse = StaticPageHandler::handle(&req);
                        let _ = resp.send_response(stream);
                    }
                }
            }
            //对其他请求的处理
            _ => {
                let resp: HttpResponse = PageNotFoundHandler::handle(&req);
```

```rust
            let _ = resp.send_response(stream);
        }
    }
}
```

5）构建 handler.rs 文件

在 handler.rs 文件中对资源或 API 响应进行处理，其中主要包括以下几种方法。

（1）WebServiceHandler：Web 服务处理，即对于 API 的处理。

（2）StaticPageHandler：静态页面处理。

（3）PageNotFoundHandler：资源无法找到的处理，返回 404.html 页面。

构建 handler.rs 文件，代码如下：

```rust
//第 1 章 Web/httpserver/src/handler.rs
use http_parser::{httprequest::HttpRequest, httpresponse::HttpResponse};
use serde::{Deserialize, Serialize};
use std::env;
use std::fs;
use std::collections::HashMap;
//Handler trait
//所有的 Handler 都需要实现该 trait
pub trait Handler {
    fn handle(req: &HttpRequest) -> HttpResponse;
    //获取包的根目录
    fn load_file(file_name: &str) -> Option<String> {
        //获取包下的 public 目录地址
        let default_path = format!("{}/public", env!("CARGO_MANIFEST_DIR"));
        let public_path = env::var("PUBLIC_PATH").unwrap_or(default_path);
        let full_path = format!("{}/{}", public_path, file_name);
        //读取 public 目录下的所有资源
        let contents = fs::read_to_string(full_path);
        contents.ok()
    }
}
//构建对于静态资源请求的处理
pub struct StaticPageHandler;
//构建对于页面无法找到的处理
pub struct PageNotFoundHandler;
//构建对于 Web 服务的处理
pub struct WebServiceHandler;
//对 Web 资源进行请求后统一的响应结构体
#[derive(Serialize, Deserialize)]
pub struct OrderStatus {
    order_id: i32,
    order_date: String,
    order_status: String,
}
//如果页面无法找到，则返回 404 状态码并返回 404.html 页面
```

```rust
impl Handler for PageNotFoundHandler {
    fn handle(req: &HttpRequest) -> HttpResponse {
        HttpResponse::new_all_args("404", None, Self::load_file("404.html"))
    }
}
//静态资源请求
impl Handler for StaticPageHandler {
    fn handle(req: &HttpRequest) -> HttpResponse {
        //获取请求的地址
        let s = &req.resource;
        let route: Vec<&str> = s.split("/").collect();
        match route[1] {
            //对于形如 localhost:8080 的请求地址直接返回 200 请求成功的状态码和页面首页
            //index.html
            "" => HttpResponse::new_all_args("200", None, Self::load_file("index.html")),
            "health" => HttpResponse::new_all_args("200", None, Self::load_file("health.html")),
            path => match Self::load_file(path) {
                //匹配其他的静态资源,如 CSS、JS、HTML 页面等
                Some(contents) => {
                    let mut map: HashMap<String, String> = HashMap::new();
                    if path.ends_with(".css") {
                        map.insert("Content-Type".to_string(), "text/css".to_string());
                    } else if path.ends_with(".js") {
                        map.insert("Content-Type".to_string(), "text/javascript".to_string());
                    } else {
                        map.insert("Content-Type".to_string(), "text/html".to_string());
                    }
                    HttpResponse::new_all_args("200", Some(map), Some(contents))
                }
                //匹配失败
                None => HttpResponse::new_all_args(
                    "404",
                    None,
                    Self::load_file("404.html"))
            }
        }
    }
}

impl WebServiceHandler {
    //对 Web API 的请求以 JSON 的形式进行返回
    fn load_json() -> Vec<OrderStatus> {
        let default_path = format!("{}/data", env!("CARGO_MANIFEST_DIR"));
        let data_path = env::var("DATA_PATH").unwrap_or(default_path);
        let full_path = format!("{}/{}", data_path, "orders.json");
        let json_contents = fs::read_to_string(full_path);
```

```rust
        let orders: Vec<OrderStatus> = serde_json::from_str(json_contents.unwrap().as_str()).unwrap();
        orders
    }
}

impl Handler for WebServiceHandler {
    fn handle(req: &HttpRequest) -> HttpResponse {
        let s = &req.resource;
        let route: Vec<&str> = s.split("/").collect();
        //匹配示例,请求一个形如 localhost:8080/api/shipping/orders 的请求
        match route[2] {
            "shipping" if route.len() > 2 && route[3] == "orders" => {
                let body = Some(serde_json::to_string(&Self::load_json()).unwrap());
                let mut headers: HashMap<String, String> = HashMap::new();
                headers.insert("Content-Type".to_string(), "application/json".to_string());
                HttpResponse::new_all_args("200", Some(headers), body)
            }
            _ => HttpResponse::new_all_args("404", None, Self::load_file("404.html"))
        }
    }
}
```

第 2 章 认识 Rocket

CHAPTER 2

第 2 章将介绍 Rocket 框架的基本概念和特点。讨论 Rocket 框架的起源、设计目标及它在 Web 开发中的优势，以便读者对 Rocket 框架有一个初步的了解，然后搭建一个简单的本地 Rocket 框架文档示例，以便更加方便地进行本地学习，最后通过一个简单的示例来演示如何使用 Rocket 构建一个基本的 Web 应用。

2.1 Rocket 框架的基本概念和特点

2.1.1 Rocket 简介

Rocket 是 Rust 的 Web 框架。Rocket 被视为一款灵活的支持热插拔的框架，Rocket 框架的目的是更加快速、简单、灵活并尽可能安全地构建 Rust 的 Web 应用程序。除此以外 Rocket 更加致力于让调用者编写更少的代码来完成其他框架同样的任务以降低门槛，提升程序和编写者的效率。

Rocket 框架的设计始终围绕着以下 3 个核心理念。

(1) 安全性、正确性和开发人员体验至关重要：用最小的代价换取最高的效率来引导开发者获得最安全、最正确的 Web 应用程序，优秀框架设计的安全性和正确性不应该以降低开发人员体验为代价，这个理念是至关重要的。Rocket 易于使用，同时采取了很好的措施来确保应用程序是安全的和正确的，而无须认知开销。

(2) 所有请求处理信息都应该是类型化的，并且是独立的：因为 Web 和 HTTP 本身是无类型的（或字符串类型的，字符串类型往往是多数人所认知的），这意味着某些东西或某人必须将字符串转换为本地类型。Rocket 帮助开发人员做到了这一点，这也使编程开销为零。更何况，Rocket 的请求处理是自足的，即零全局状态；处理程序是具有常规参数的常规函数。

(3) 不应强迫做出决定：模板、序列化、会话及绝大多数其他组件是可插拔的可选组件。虽然 Rocket 对每个组件都有官方支持和库，但它们是完全可选的和可交换的。

这 3 个理念决定了 Rocket 的编码，Rocket 依据它们作为 Rocket 的核心功能设计指南。

2.1.2　Rocket 的优势

选择 Rocket 框架有非常多的理由，这里就列出以下几点。

（1）安全可靠：Rust 以内存安全、并发安全和数据竞争安全著称。Rocket 利用了 Rust 的安全性，通过编译时检查和运行时错误处理机制，让开发者避免一些潜在的安全问题。

（2）强类型系统：Rocket 提供了强大的类型系统和类型推导机制，让编写和维护代码更加容易。

（3）可扩展性：Rocket 提供了一些现代化的功能，如异步 IO、响应式编程、中间件等，为开发人员提供了更多的选择和灵活性。

（4）易于学习：Rocket 的接口简单易用，文档丰富，降低了学习成本。此外，Rocket 的默认配置已经足够好用，省去了烦琐的配置工作。

（5）社区活跃：Rocket 有一个活跃的社区，不断更新和改进自己的功能和性能，并提供了很多好用的插件和工具。目前在 GitHub 上 Rocket 已经斩获 20.9k 的 Star 及 1.4k 的 Fork。

2.2　搭建本地 Rocket 文档示例

通过在本地搭建官方文档，可以提高文档的可靠性、可用性和个性化定制，并且避免一些网络问题和访问限制带来的不便，因此，在学习和使用技术时，建议优先考虑本地搭建官方文档。

在本地搭建官方文档的好处有以下几个。

（1）离线查看：在本地搭建官方文档可以让自己在没有网络连接的情况下查看文档，避免了因为网络问题导致无法查阅文档的情况。

（2）加快速度：在本地搭建官方文档可以加快文档的加载速度，避免因为官方文档服务器过载或网速缓慢导致的浏览体验不佳的情况。

（3）自定义主题：在本地搭建官方文档可以使用自己喜欢的主题和样式来呈现文档，从而提高阅读体验和效率。

（4）便于搜索：在本地搭建官方文档可以使用更强大的搜索工具来查找文档，例如全文搜索、正则表达式等，大大提高了文档查询的效率和准确性。

（5）可以定制化：在本地搭建官方文档可以对文档进行二次开发和定制，如添加额外的说明、注释等，让自己更深入地理解文档背后的原理和思想。

2.2.1　下载源码

前往 GitHub 下载源代码，通过 clone 的方式或者直接下载 ZIP 包的方式下载 Rocket 源码。下面仅演示通过 clone 的方式进行下载，在通过 clone 方式下载前需要安装好 Git。

源码网址为 https://github.com/rwf2/Rocket。

选择一个下载目录，在该目录中右击鼠标，选择"在终端中打开"，如图 2-1 所示。

图 2-1　在目录中打开终端

然后在终端中进行 clone，这里需要注意，只有配置过 Git 的系统变量才能在终端中使用 Git 相关命令，若没有接触过 Git 则可先对本书的附录 A 进行学习，如图 2-2 所示。

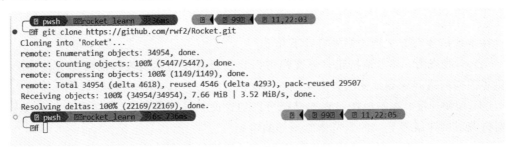

图 2-2　通过 clone 下载 Rocket 源码

通过 clone 下载源码，代码如下：

```
git clone https://github.com/rwf2/Rocket.git
```

2.2.2　运行示例程序

由于第 1 个需要运行的是 hello 目录下的示例程序，所以首先需要切换到该路径下并在终端中执行 cargo 中的 run 命令。

运行 hello 示例程序，代码如下：

```
cd Rocket/examples/hello
cargo run
```

接下来可能会出现两种情况,要么启动成功,要么启动失败。由于这是个示例程序,在启动失败的原因中最有可能的只能是端口占用导致的启动失败。若遇到启动失败的情况,则可参照 2.2.3 节错误说明进行处理。

2.2.3　错误说明

当遇到 Rocket 启动端口被占用时,说明计算机上的 8000 端口已经被其他程序所占用了,由于 Rocket 默认的启动端口是 8000,所以会产生这个错误。有两种方案可以对这个错误进行处理,一种是关闭已经占用的 8000 端口;另一种是更改 Rocket 的配置文件,使用其他未被占用的端口。

Rocket 启动端口被占用,代码如下:

```
Configured for debug.
    >> address: 127.0.0.1
    >> port: 8000
    >> workers: 8
    >> max blocking threads: 512
    >> ident: Rocket
    >> IP header: X-Real-IP
    >> limits: bytes = 8KiB, data-form = 2MiB, file = 1MiB, form = 32KiB, json = 1MiB,
msgpack = 1MiB, string = 8KiB
    >> temp dir: C:\Users\SYF200~1\AppData\Local\Temp\
    >> http/2: true
    >> keep-alive: 5s
    >> tls: disabled
    >> shutdown: ctrlc = true, force = true, grace = 2s, mercy = 3s
    >> log level: normal
    >> cli colors: true
Routes:
    >> (hello) GET /?<lang>&<opt..>
    >> (wave) GET /wave/<name>/<age>
    >> (mir) GET /hello/мир
    >> (world) GET /hello/world
Fairings:
    >> Compatibility Normalizer (request)
    >> Shield (liftoff, response, singleton)
Error: Rocket failed to bind network socket to given address/port.
    >> 以一种访问权限不允许的方式做了一个访问套接字的尝试. (os error 10013)
thread 'main' panicked at 'aborting due to socket bind error', E:\Rust\rocket_learn\Rocket\core
\lib\src\error.rs:283:9
note: run with `RUST_BACKTRACE=1` environment variable to display a backtrace
error: process didn't exit successfully: `E:\Rust\rocket_learn\Rocket\examples\target\debug\
hello.exe` (exit code: 101)
```

由于 8000 端口绑定的可能是比较重要的程序，所以推荐修改 Rocket 配置文件来修改 Rocket 默认的端口。

修改默认的配置文件，需要在项目主目录下添加一个对应的配置文件 Rocket.toml，在 Rocket.toml 文件中添加端口映射配置。

修改配置文件，代码如下：

```
[default]
address = "127.0.0.1"
port = 8080
```

修改后的配置文件如图 2-3 所示。

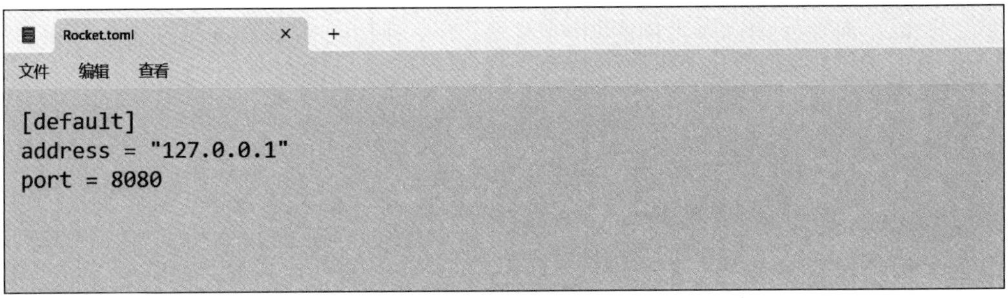

图 2-3　修改配置文件

修改配置文件之后，重新启动，启动成功，如图 2-4 所示。

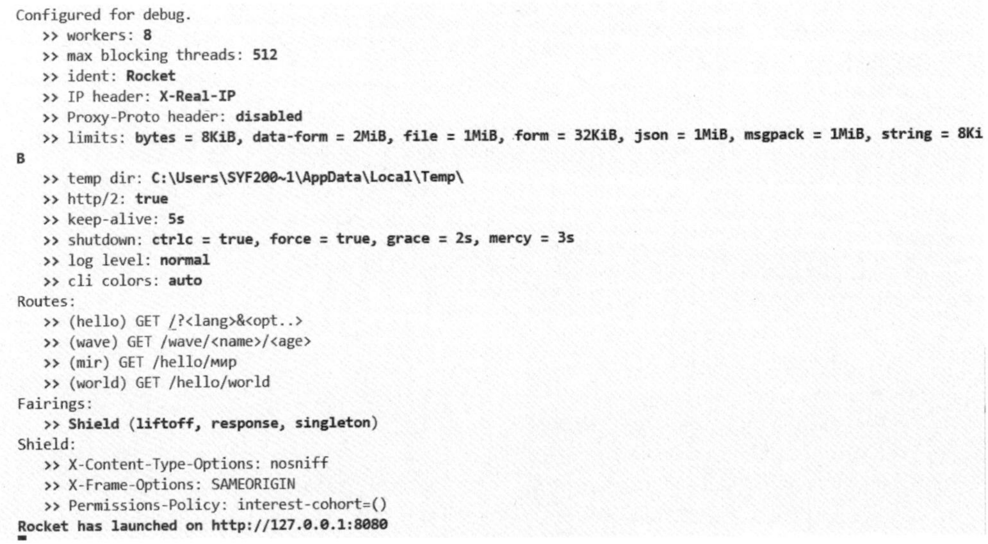

图 2-4　Rocket 启动成功

接下来进行启动成功后的测试，使用浏览器访问 127.0.0.1:8080/?emoji&lang=en，测试结果如图 2-5 所示。

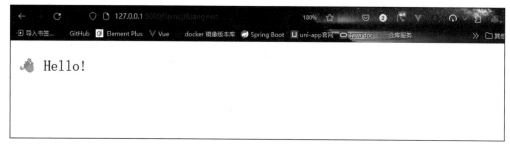

图 2-5　hello 启动成功测试

2.3　QuickStart

本节介绍如何编写第 1 个 Rocket 程序。首先构建一个项目，可以使用 cargo 进行构建，也可以使用 IDEA 工具进行构建，此处不再赘述。

然后添加所需的 Rocket 框架的依赖，这里使用当前 Rocket 发布的 0.5.0-rc.3 版本。添加依赖，如图 2-6 所示。

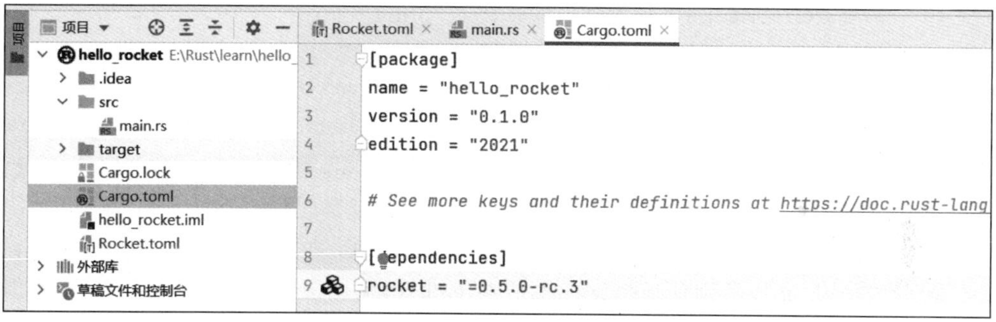

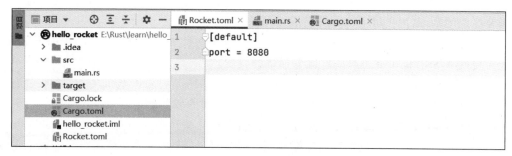

图 2-6　添加 Rocket 相关依赖

接下来添加所需的配置文件 Rocket.toml，同样需要将默认端口修改为 8080，如图 2-7 所示。

图 2-7　修改配置文件

最后编写代码启动服务器端和绑定路由,以将整个服务一体化。Rocket QuickStart 的代码十分简单,首先导入 rocket 这个外部第三方库,这样就可以在当前文件中使用 Rocket 框架所提供的函数和类型了,接下来编写一个简单的接口函数 index()返回 &'static str,并且在函数上设置 get 宏并设置访问地址"/index",最后设置主函数入口,这里将 main 函数修改为 rocket 函数并在函数上使用♯[launch]宏,设置程序的编译函数并使用 mount()方法对基地址和接口函数进行绑定,代码如下:

```
//第 2 章 hello_rocket/src/example/hello_world.rs
//导入外部 crate
#[macro_use] extern crate rocket;

//编写 API
#[get("/index")]
fn index()->&'static str{
    "😊 hello world"
}

//主函数入口
#[launch]
fn rocket()->_{
    //启动程序并绑定 API 路由
    rocket::build().mount("/apiV1_4",routes![index])
}
```

但是这时会发现编译器报了一个错误,The type placeholder `_` is not allowed within types on item signatures [E0121],而且整个程序也没有 main 函数入口。这个错误是说_字符不允许作为这种方法的返回值被使用。这也是新手最容易感到挫败的一个地方,新手常常认为这是个极大的错误,从而导致程序无法正常编译和启动,认为是自己的代码写错了,但是对比官方文档,又找不到任何错误而不敢向下继续,从而放弃了对 Rocket 的学习,但实际上这个错误并不会影响程序的编译和运行,而缺少程序的入口主函数同样也不会影响程序的编译和运行。注意在 rocket()方法上有一个宏♯[launch],这个宏的作用是将一个函数转换为函数的主入口,使这个 rocket()方法具备 main()函数的功能。在这个函数中,需要做的就是构建出服务器端的启动并且为涉及的函数绑定路由,作为日后访问的地址。这里需要注意的是,路由由以下 5 部分组成。

(1) 协议名:即 https://或 http://,其中 https 是一种安全的访问,不过使用 HTTPS 协议需要购买 SSL 证书并进行一些服务器端的设置。

(2) 访问域名地址:如 www.rocket.io、127.0.0.1、www.test.com 等,这些域名通常需要购买,否则需要使用计算机自带的 IP 地址作为访问的域名地址。

(3) 访问端口:如 80、8080、3000 等,计算机开放的端口范围通常是 0~65 535,其中 0~1023 被称为系统端口(或众所周知端口,有些端口已经被分配给了特定的服务或应用程序),1024~49 151 是注册端口(或用户端口),这些端口未分配给任何服务或应用程序,可以由用户自己使用。49 152~65 535 被称为动态端口,由客户端应用程序使用,通常不手动分配。

（4）访问基础地址：这里的访问基础地址指的是 Rocket 中路由声明的 base。一般来讲，同一类型的资源或 API 的基础地址是一样的，这样能够更好地进行管理，也方便用户进行访问。

（5）访问动态地址：这里的访问动态地址则是通常由开发人员根据请求相应地进行确定，也就是在 index() 方法上面使用的宏所进行编写的地址，通常由这个地址来确定访问的方法类型及资源。

在 main.rs 文件中初次编写的错误如图 2-8 所示。

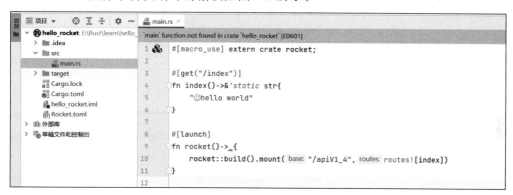

图 2-8　Rocket 框架初次编写的错误

了解了这些前置信息之后就能直接启动程序了。

启动成功，代码如下：

```
Configured for debug.
   >> address: 127.0.0.1
   >> port: 8080
   >> workers: 8
   >> max blocking threads: 512
   >> ident: Rocket
   >> IP header: X-Real-IP
   >> limits: bytes = 8KiB, data-form = 2MiB, file = 1MiB, form = 32KiB, json = 1MiB, msgpack = 1MiB, string = 8KiB
   >> temp dir: C:\Users\SYF200~1\AppData\Local\Temp\
   >> http/2: true
   >> keep-alive: 5s
   >> tls: disabled
   >> shutdown: ctrlc = true, force = true, grace = 2s, mercy = 3s
   >> log level: normal
   >> cli colors: true
Routes:
   >> (index) GET /apiV1_4/index
Fairings:
   >> Shield (liftoff, response, singleton)
Shield:
```

```
>> X-Content-Type-Options: nosniff
>> X-Frame-Options: SAMEORIGIN
>> Permissions-Policy: interest-cohort=()
Rocket has launched from http://127.0.0.1:8080
```

接下来对这段启动信息进行相应的解释。

（1）Configured for debug.：表示当前环境是调试模式。

（2）address：127.0.0.1：指定服务器监听的地址是本地地址，即服务器只能在本机上访问。

（3）port：8080：指定服务器监听的端口号为8080。

（4）workers：8：指定服务器使用的 worker 进程数量是8。

（5）max blocking threads：512：指定最大阻塞线程数为512。

（6）ident：Rocket：指定服务器的身份标识为 Rocket。

（7）IP header：X-Real-IP：指定客户端访问请求中真实 IP 地址的 header 名称为 X-Real-IP。

（8）limits：bytes=8KiB,data-form=2MiB,file=1MiB,form=32KiB,json=1MiB, msgpack=1MiB,string=8KiB：指定服务器接受请求的数据大小限制。

（9）temp dir：C:\Users\SYF200~1\AppData\Local\Temp\：指定服务器储存临时文件的目录。

（10）http/2：true：表示服务器支持 HTTP/2 协议。

（11）keep-alive：5s：指定服务器使用 HTTP keep-alive 机制，即客户端与服务器建立的连接可以保持一段时间以便进行多次请求，超时时间为 5 秒。

（12）tls：disabled：指定服务器未启用 TLS（传输层安全）协议的加密。

（13）shutdown：ctrlc=true,force=true,grace=2s,mercy=3s：指定服务器关闭时使用的策略，以及关闭时的相关参数。

（14）log level：normal：指定服务器日志记录级别为 normal（普通）。

（15）cli colors：true：指定在控制台中输出日志时使用彩色字体。

（16）Routes：表示服务器支持的路由，其中包括一个 GET 请求 /apiV1_4/index 的路由。

（17）Fairings：指定服务器启用的中间件，其中包括一个名为 Shield 的中间件，用于设置响应头信息。

（18）Shield：指定了 Shield 中间件具体设置的内容，其中包括 X-Content-Type-Options（防止 MIME 类型的欺骗），X-Frame-Options（防止跨域脚本攻击）和 Permissions-Policy（控制某些高风险功能的访问权限）等内容。

（19）Rocket has launched from http://127.0.0.1:8080：表示服务器已经成功启动并监听在指定的地址和端口上。

最后验证服务是否能够正常访问，在浏览器中访问地址 http://127.0.0.1:8080/

apiV1_4/index，访问信息如图 2-9 所示。

图 2-9　QuickStart 启动验证

第 3 章 Rocket 生命周期

在本章中读者将认识到 Rocket 框架的生命周期,需要注意,这里的生命周期和 Rust 中的生命周期并不是同一个概念,Rocket 框架中的生命周期指的其实是 Web 请求进行处理的周期,其目的是可以更好地管理 Web 应用程序的不同部分。通过将 Web 请求分解为不同的阶段,可以更容易地识别和解决潜在的问题。这种方法还可以帮助开发人员更好地理解 Web 应用程序的工作原理,并使他们能够更轻松地维护和扩展应用程序。

3.1 Rocket 生命周期解析

本节介绍 Rocket 框架中每个请求的生命周期,Rocket 框架的主要任务是侦听传入的 Web 请求,将请求分发给应用程序代码,并向客户端返回响应。我们将从请求到响应的过程称为"生命周期"。可以将生命周期总结为以下 4 个主要步骤。

(1) 路由:Rocket 框架将传入的 HTTP 请求解析为代码间接操作的本机结构,也就是将 HTTP 请求字符串转换为 Rust 的结构体。Rocket 框架通过匹配应用程序中声明的路由属性来确定要调用哪个请求处理程序。

(2) 验证:Rocket 框架根据匹配路由中存在的类型和守卫来验证传入请求。如果验证失败,则 Rocket 的请求守卫会将请求发送到下一个匹配路由或调用错误处理程序。这个概念取自拦截器。

(3) 加工:与路由关联的请求处理程序使用经过验证的参数调用。这是应用程序的主要业务逻辑。这里的真实逻辑是由开发者所编写的,用于针对请求进行一系列的特殊处理。

(4) 响应:经过响应业务处理后,Rocket 会将结果包装为 Response 进行返回。Rocket 框架会生成适当的 HTTP 响应并将其发送到客户端。这就完成了生命周期。Rocket 继续侦听请求,为每个传入的请求重新启动生命周期。

请求的生命周期如图 3-1 所示。

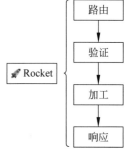

图 3-1 请求的生命周期

3.2 从请求到响应的详细流程

本节将介绍从客户端请求到服务器端处理,最后响应回到客户端的详细流程。以 http://127.0.0.1:8080/api/hello 为例,首先前端进行请求,请求会被 API 框架接受,例如将 Axios 框架封装为 HTTP Request 传输到服务器端，服务器端由 Rocket 框架接受请求并开启生命周期，Rocket 框架根据转换后得到的请求结构体提取路由信息进行验证，若出现错误或并没有匹配到相关路由，则进行相关的路由处理，若成功匹配，则根据程序的业务逻辑进行相关的加工处理，得到返回值，再由 Rocket 框架对返回值进行包装，然后转换为 HTTP Response 并返给前端，如图 3-2 所示。

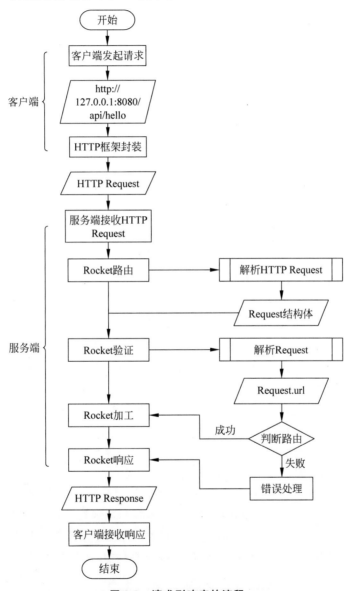

图 3-2　请求到响应的流程

第 4 章 Rocket 请求

CHAPTER 4

本章将讲解 Rocket 框架的各类常见的请求方式的使用，包括 GET、POST、PUT、DELETE 等，了解如何编写处理不同请求方法的处理函数。接下来将深入探讨请求路径的处理。学习如何定义动态路径，从而可以根据具体的请求路径来执行不同的逻辑。还将了解如何使用路径保护来对特定路径进行权限控制，以及如何处理静态文件请求和忽略特定路径。再使用请求守卫进一步定制化我们的请求处理，以便在处理请求之前进行一些额外的逻辑判断和处理。之后便是请求中对于 Cookie 的操作及设置 Content-Type。最后对请求体数据进行讲解，让读者学会使用 Rocket 框架处理常见的不同的请求体数据。

4.1 Rocket 常见请求方法的写法

本节将介绍应用于 Web 的常见的请求方法，最常见的为 GET 方法和 POST 方法，对于刚入门的新手来讲这两种方法就足够了，但是实际上 Web 请求方式远远不止这些，对于 HTTP/1.1 协议定义了 GET、POST、PUT、DELETE、HEAD、PATCH、OPTIONS 这些主要的请求方法，以下是常见的 Web 请求方法及其用途。

(1) GET：用于获取资源。通过指定 URL，向服务器请求获取特定资源的信息。GET 请求应该是幂等的，即多次重复的 GET 请求应该返回相同的结果。

(2) PUT：用于更新资源。通过指定 URL，向服务器传输一个完整的资源表示，用于替换服务器上的目标资源。

(3) POST：用于创建资源或执行非幂等操作。通过将数据作为请求体发送给服务器，请求创建新的资源或执行特定的操作。POST 请求在每次执行时可能会产生不同的结果。

(4) DELETE：用于删除资源。通过指定 URL，请求服务器删除指定的资源。

(5) HEAD：类似于 GET 请求，但只返回响应头信息，不返回响应体。通常用于获取资源的元数据或检查资源的存在性、有效性等。也就是说 HEAD 请求只做检测用途，无须返回真实有效的数据。

(6) PATCH：用于对资源进行部分更新。通过指定 URL 和带有需要更新的部分内容的请求体，请求服务器对资源进行局部修改。

(7) OPTIONS：用于获取支持的请求方法和服务器支持的其他元信息。客户端可以通过发送 OPTIONS 请求来查询服务器支持的请求方法和功能。

这些请求方法提供了在 Web 开发中进行不同操作的标准化方式。在实际应用中，需要根据具体的需求选择合适的请求方法，并且遵循 HTTP 协议的语义和约定。

在 Rocket 框架中有两种宏写法可以声明 API 使用的请求方法，对应的语法及示例如下：

```
//语法
#[方法类型(路径)]
#[route(方法类型, uri = 地址路径)]

//示例：
#[get("/")]
#[route(GET , uri = "/")]
```

然而对于 HEAD 请求却是特殊的，若一个请求是 HEAD 请求，则在程序中可以不对其进行特殊处理，而是使用与这个 HEAD 请求路径相同的 GET 请求进行处理，因为 HEAD 与 GET 不同的地方只在于不返回响应体，作为资源验证的一种请求方式，所以 Rocket 框架让 HEAD 和 GET 之间的界线变得模糊，以便程序员使用更少的代码做更多的业务，从而提高开发效率，验证两者的代码如下：

```
//第 4 章 hello_rocket/src/example/head_method.rs
#[macro_use] extern crate rocket;

//这依然使用 GET 请求,但发起 HEAD 请求
#[get("/index")]
fn index() -> &'static str{
    "😊 hello world"
}

#[launch]
fn rocket() -> _ {
    rocket::build().mount("/apiV1_4",routes![index])
}
```

启动项目后使用 API 请求工具进行 HEAD 请求和 GET 请求，这里使用 ApiFox 进行演示，如图 4-1 和图 4-2 所示。

图 4-1　ApiFox 进行 HEAD 请求

图 4-2　ApiFox 进行 GET 请求

这里可以看到进行 GET 和 HEAD 请求时，状态码都是 200，说明即使没有写 HEAD 的处理，依赖 Rocket 框架提供的请求规则，HEAD 应用了 GET 的请求路径，可以直接进行响应的处理，但 GET 请求是有响应体的，而 HEAD 请求没有。接下来再通过 Rocket 框架的运行日志对 HEAD 请求和 GET 请求的路由匹配处理进行查看，匹配规则如下：

```
HEAD /apiV1_4/index:
    >> No matching routes for HEAD /apiV1_4/index.
    >> Autohandling HEAD request.
    >> Matched: (index) GET /apiV1_4/index
    >> Outcome: Success
    >> Response succeeded.
GET /apiV1_4/index:
    >> Matched: (index) GET /apiV1_4/index
    >> Outcome: Success
    >> Response succeeded.
```

可以清楚地看到 HEAD 请求时首先去匹配 HEAD 宏的路径，当 Rocket 框架发现无法匹配时自动对 HEAD 请求进行了处理，转而去匹配 GET 请求的路径，所以即使 HEAD 的匹配没有成功，HEAD 请求只要基于 GET 请求就不会失败。

4.2　请求路径

本节将详细介绍 Rocket 框架对于请求路由路径的定制化处理。分别说明动态路径、路径保护、忽略路径、路径优先级、如何通过参数类型进行捕获及 rank 默认等级。对于 Rocket 框架来讲这些东西有默认的规则进行自动处理，当然这些都是可变的，是可定制的。

4.2.1　动态路径

在 Web 开发中，常见的请求路径可以分为动态路径和静态路径。动态路径是指包含可变部分的 URL 路径。这些可变部分通常代表某种标识符、参数或请求的特定子资源。服务器在处理动态路径时会根据具体的请求路径来动态地生成响应内容。在使用动态路径时，服务器端的路由配置和处理逻辑需要能够解析和提取动态路径中的参数，并进行相应处理，示例如下。

（1）/users/{id}：表示获取特定用户的信息，其中 {id} 表示用户的唯一标识符。

（2）/products/{category}/{id}：表示获取特定类别中某个产品的信息，其中 {category} 和 {id} 分别表示产品的类别和唯一标识符。

（3）静态路径：静态路径是指不包含可变部分的 URL 路径，表示直接访问服务器上的静态资源文件。这些静态资源文件通常是服务器上预先存储的不经常变动的文件，如 HTML、CSS、JavaScript、图像文件等，示例如下。

① /index.html：表示直接访问服务器上的主页文件。

② /css/style.css：表示访问服务器上的 CSS 样式文件。

对于静态路径，服务器仅需将对应的静态资源文件返回客户端，无须进行动态生成或处理。在 Web 应用程序中，通常会同时存在动态路径和静态路径。根据请求的不同类型和路径匹配规则，服务器会选择相应的处理方式，返回对应的响应结果。

在上面的说明中动态路径中的可变路径参数都被放置在大括号中，这也是多数其他框架和 API 请求工具的标准写法，但是在 Rocket 框架中，则需要将大括号改为尖括号，以动态路由请求为例，代码如下：

```
//第 4 章 hello_rocket/src/example/dyn_path.rs
#[macro_use]
extern crate rocket;

//使用`{}`是错误的😀
//[get("/index/{say}")]
//在 Rocket 中应该使用`<>`
#[get("/index/<say>")]
fn index(say: &str) -> String {
    format!("😀{}", say)
}

#[launch]
fn rocket() -> _ {
    rocket::build().mount("/apiV1_4", routes![index])
}
```

使用 ApiFox 编写请求示例，将请求地址设置为 http://127.0.0.1:8080/apiV1_4/index/{say}，然后填入 Path 参数，需要注意参数中不能使用中文，如图 4-3 所示，请求结果如图 4-4 所示。

图 4-3 ApiFox 请求动态路径

图 4-4 动态路径请求结果

4.2.2 路径保护

路径保护的主要作用是防止路径遍历攻击，路径遍历攻击（也称为目录遍历）旨在访问存储在 web 根文件夹之外的文件和目录。通过操作引用具有"点-点-斜线（../）"序列及其变体的文件的变量，或通过绝对文件路径，可以访问存储在文件系统上的任意文件和目录，包括应用程序源代码或配置和关键系统文件。需要注意的是，对文件的访问受到系统操作访问控制的限制（例如在 Microsoft Windows 操作系统上锁定或使用文件的情况下）。在 Rocket 框架中，可以使用路径保护功能来防止路径遍历攻击，确保请求的路径不会超出所定义的限制范围。防止路径遍历攻击的写法也十分简单，但需要注意的是，必须将其写在路径的最后面，代码如下：

```
//路径遍历攻击写法
<path..>

//示例
#[get("/path/<file..>")]
```

```rust
async fn get_target_file(path:PathBuf) -> Option<NamedFile>{
    //todo:处理
}
```

4.2.3　Rocket 请求获取静态文件

在第 1 章中，通过自定义 HTTP 请求辨别请求路径中的参数，以此判断是否是请求静态文件，而在 Rocket 框架中同样也提供了一种非常简单的请求静态文件的方式，这便是使用 rocket::fs::FileServer 这个结构体，它提供了静态文件的自定义处理程序，简单地使用结构体提供的 new() 方法或者 from() 方法便可以生成挂载目录并处理请求，以此返回静态文件，代码如下：

```rust
//第 4 章 hello_rocket/src/example/get_static_file.rs
#[macro_use]
extern crate rocket;
use rocket::fs::FileServer;

#[launch]
fn rocket() -> _ {
    rocket::build()
        //挂载 static 目录
        .mount("/static",FileServer::from("static/"))
}
```

启动程序之后将会得到以下报错信息：

```
Error: FileServer path '/static' is not a directory.
   >> Aborting early to prevent inevitable handler failure.
thread 'main' panicked at 'invalid directory: refusing to continue', src\main.rs:16:26
note: run with `RUST_BACKTRACE=1` environment variable to display a backtrace
error: process didn't exit successfully: `target\debug\hello_rocket.exe` (exit code: 101)
```

这段报错信息说明 /static 并不是一个目录，这说明项目中缺少一个以 static 命名的目录，只有这个目录存在，Rocket 才能进行挂载，因此需要手动创建一个名为 static 的目录，并为了能被访问，还需要在目录下增加一个名叫 index 的 HTML 文件。index.html 文件内的代码如下：

```html
//第 4 章 hello_rocket/static/index.html
<!DOCTYPE html>
<html lang="en">
    <head>
        <meta charset="UTF-8" />
        <meta name="viewport" content="width=device-width, initial-scale=1.0" />
        <title>Document</title>
    </head>
    <body>
        <h1>This is a Index Page</h1>
    </body>
</html>
```

完成后启动,进行测试,在浏览器中输入地址 http://localhost/static,测试结果如图 4-5 所示。

图 4-5　测试访问静态文件

Rocket 的静态资源访问规则如下:

(1) 如果绑定目录,则可直接访问目录下的所有静态资源。

(2) 如果直接访问绑定目录的顶层地址,则根据规则直接会访问顶层目录下的 index.html 文件。

(3) 挂载的目录需要手动创建,Rocket 并不会自动创建所需的目录和文件。

(4) 可以绑定多个规则进行静态资源的匹配。

(5) 后续的规则并不会覆盖前面的规则,而是会同时使用两个匹配规则。

(6) 通过路由等级可设置匹配静态资源规则的优先级,等级越低,优先级越高。

为了验证以上的静态资源访问规则,接下来要进行静态文件资源的准备,并设置构建程序,在程序下构建 static 目录,在目录中创建 index.html 文件并创建 src 目录,在 src 目录下创建 components 和 pages 目录,在 components 目录下包含 index.html 和 hello.html 文件,而在 pages 目录下创建 test.html 文件,这些 HTML 文件内的内容十分简单,只需添加少量代码,静态资源准备如图 4-6 所示。

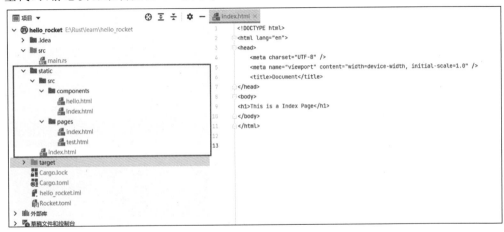

图 4-6　静态资源准备

接下来编写 Rocket 程序,在静态资源文件匹配规则中值得注意的是绑定了两个/pages 的路由规则,但是资源文件的访问路径却是不一样的,路由等级为 10 的规则匹配的是资源路径 static/src/pages,而路由等级为 1 的规则匹配的是资源路径 static/src/components,根据前面的规则,等级越低,优先级越高,所以当访问/pages 路径时将会访问 static/src/components/index.html 文件,代码如下:

```rust
//第 4 章 hello_rocket/src/example/static_route_level.rs
#[macro_use]
extern crate rocket;

use rocket::fs::FileServer;

//等级越低,优先级越高
#[launch]
fn rocket() -> _ {
    rocket::build()
        .mount("/static", FileServer::from("static/"))
        .mount("/pages", FileServer::from("static/src/pages").rank(10))
        .mount("/components", FileServer::from("static/src/components"))
        .mount("/pages", FileServer::from("static/src/components").rank(1))
}
```

验证访问路径 http://localhost:8080/pages/,结果如图 4-7 所示。

图 4-7 验证 rank 等级访问规则

4.2.4 忽略路径

在 Rust 的 Rocket 框架中,<_> 是一个占位符,用于指示忽略 URL 路径的部分。当程序希望在路由模式中忽略特定路径段时,可以使用 <_> 来表示这个路径段,告诉 Rocket 框架忽略它。忽略路径常用于以下两种情况:

(1)之前开发的 API 被弃用,可以通过忽略路径的方式进行废弃,忽略掉一系列要废弃的路径,用统一的处理方式进行处理。

(2)程序希望捕获一段路径作为参数并希望忽略其余部分路径。

下面便演示以上两种方式，代码如下：

```rust
//第 4 章 hello_rocket/src/example/ignore_path.rs

#[macro_use]
extern crate rocket;


//这依然使用 GET 请求,但发起 HEAD 请求
#[get("/index/<say>")]
fn index(say: &str) -> String {
    format!("😊{}", say)
}

//旧 API
//```code
//[get("/old/1")]
//fn old_api1() -> &'static str {
//"Old API 1"
//}
//
//[get("/old/2")]
//fn old_api2() -> &'static str {
//"Old API 2"
//}
//
//[get("/old/3")]
//fn old_api3() -> &'static str {
//"Old API 3"
//}
//```
#[get("/old/<_..>")]
fn drop_old_api() -> &'static str {
    "The old API has been abandoned"
}

//获取 id,但忽略后续其他参数
#[get("/user/<id>/<_>")]
fn easy_restful(id: &str) -> String {
    format!("User: id -> {}", id)
}


#[launch]
fn rocket() -> _ {
    rocket::build()
        .mount("/apiV1_4", routes![index, easy_restful])
        .mount("/apiV1_0", routes![drop_old_api])
}
```

当访问 http://localhost:8080/apiV1_0/old/user/getUserId 等一系列以 apiV1_0/old 开头的 API 时相当于访问了过时的 API，这些废弃的 API 的处理将统一返回 The old API has been abandoned，测试结果如图 4-8 所示。

图 4-8　测试访问已废弃 API

当访问形如 http://localhost:8080/apiV1_4/user/1887347384/zhangsan 的 API 时程序将获取其中的 id 值，最后经过程序处理后输出到返回中，测试结果如图 4-9 所示。

图 4-9　测试捕获忽略路径

4.2.5　路由优先级

在 4.2.3 节中已经涉及了路由的优先级关系，本节则是对路由优先级进行系统说明。

那么什么是路由优先级，为什么要设计优先级呢？在 Web 框架中所指的路由优先级不是所谓的路由协议的优先级，而是对于请求地址匹配的优先级顺序，好比手头上有好几个想要购买的东西，但是钱不够，只能购买其中的几件，这时就需要将想要的东西与实际需求相结合，得出哪些东西是必需品，哪些东西是次要的，这样的概念也对应了路由优先级的设计想法，所以设计路由的优先级是为了确保请求能够合理地被路由到对应的处理程序。在 Web 框架中设计路由优先级的好处有很多，主要有以下几点。

（1）避免请求的路由发生冲突而造成损失：当请求的路由规则存在重叠或者交叉时，路由优先级可以确保请求按部就班地进行处理，这样程序就不会出现因为判断错误而导致一系列的意外发生，在大型项目中，即使是一个错误的请求地址就可能导致成百上千万元的损失。

（2）精确匹配路由地址：通过设置路由的优先级，可以确保特定的路由规则能够在一般的规则之前进行匹配。这样可以实现更精确的路由匹配，以满足不同 URL 路径的需求。

（3）更好地控制逻辑流程：路由的优先级可以用于控制请求的处理顺序和逻辑流程。通过调整路由的优先级，可以决定请求在框架中的处理顺序，从而影响请求的处理流程。

在 Rocket 框架中路由的优先级遵循如下规则：

（1）默认的路由优先级为 0。

（2）优先级的值可以是任意数字，理论上从负无穷到正无穷，实际上和 isize 有关。

（3）优先级设定的值越小，优先级越高。

（4）在不设定优先级或优先级相同的情况下，若存在相同的路由路径，则按照请求声明顺序进行匹配。

（5）在不设定优先级或优先级相同的情况下，具体的路径匹配优先级高于动态路径。

（6）妄图通过优先级来完全控制程序并不是最优的做法。

4.3　请求守卫

在 Rocket 框架中，请求守卫(Request Guards)相当于 Gateway 的作用，用于对路由在进行具体业务处理之前进行预处理、过滤、拦截、转换等操作。对于熟悉 Java 的 Spring 框架的开发者来讲，请求守卫显得更加亲切。在 Rocket 框架中若要自定义一个路由守卫，则需要实现 FromRequest trait。下面的示例是对自定义请求守卫结合转发的一个实践，代码如下：

```rust
//第 4 章 hello_rocket/src/example/request_guard.rs
#[macro_use]
extern crate rocket;

use rocket::Request;
use rocket::request::{FromRequest, Outcome};
//使用转发重定向功能
use rocket::response::Redirect;
use rocket_dyn_templates::{Template};

//具体逻辑如下
//1. 用户登录需要调用/login 请求
//2. 请求守卫会判断请求中的 header
//3. 若 request header 中的 admin 为"true"，则跳转到 admin，否则为 user
//struct LoginGuard(bool);

//进行请求守卫逻辑编写
#[rocket::async_trait]
impl<'r> FromRequest<'r> for LoginGuard {
```

```rust
    type Error = String;

    async fn from_request(request: &'r Request<'_>) -> Outcome<Self, Self::Error> {
        //检查请求头
        let req = request.headers();
        match req.get_one("admin").unwrap() {
            "true" => Outcome::Success(LoginGuard(true)),
            _ => {
                Outcome::Success(LoginGuard(false))
            }
        }
    }
}

#[get("/login/<token>")]
fn login(token: String, guard: LoginGuard) -> Redirect {
    match guard.0 {
        true => { Redirect::to(uri!(admin())) }
        false => { Redirect::to(uri!(user())) }
    }
}

#[get("/admin")]
fn admin() -> Template {
    //admin模板页面
}

#[get("/user")]
fn user() -> Template {
    //user模板页面
}

#[launch]
fn rocket() -> _ {
    rocket::build().mount("/api", routes![login,admin,user])
}
```

在这个示例中，请求守卫用于判断请求头中是否有 admin 这个自定义头，若有且值为 true，则路由守卫会将 LoginGuard 这个结构体中的值设置为 true，否则为 false，当调用者请求 login 接口时请求守卫会被激活，然后进行匹配，以此来选择到底展示哪个页面，需要注意的是，在这个示例中并没有使用具体的模板 Template。

4.4 Cookie

本节围绕 Cookie 从 Cookie 的概念到使用，再到 Rocket 框架中 Cookie 的使用进行展开。

Cookie(Web Cookie)意为曲奇饼，Cookie 的设计初衷是为了弥补 HTTP 无状态这一缺点，Cookie 是服务器发送到用户浏览器并保存在浏览器本地的一段数据，它会在浏览器下次向同一服务器发起任意请求时被携带于请求头并发送到服务器上。通常情况下 Cookie 会在用户进行登录时首先被服务器构造出，然后返回浏览器客户端并进行携带，在用户退出登录后会被删除，并且 Cookie 是存储在浏览器会话中的，所以当浏览器关闭后 Cookie 也会被自动清理。服务器通过每次请求头中的 Cookie 值确认发起请求的浏览器的状态(也被称为用户状态)，Cookie 使基于无状态的 HTTP 协议记录稳定的状态信息成为可能。

Cookie 主要有以下几个特点：

(1) 由服务器提供，存储在客户端会话中，发起请求时会被携带并发送到服务器上。

(2) Cookie 的大小为 4KB，因此不应该在 Cookie 中存储大量数据。

(3) 不可跨域，每个 Cookie 都会绑定单一的域名，也就是 Cookie 具有唯一性，同一基础域名共享 Cookie(意思是无论是一级域名还是二级域名，它们所获取的 Cookie 都是一样的)。

(4) Cookie 存在安全威胁，由于 Cookie 存在于客户端中，因此获取、伪造、篡夺 Cookie 的成本低廉，将会导致跨站请求伪造(CSRF)，若在 Cookie 中通过特殊标记语言引入可执行代码，则会导致恶意 Cookies 攻击。

在 Rocket 框架中通过 rocket::http::{CookieJar, Cookie} 对从浏览器传入请求中检索、获取、设置、修改 Cookie，其中 rocket::http::CookieJar 相当于 Cookie 的管理者，管理从浏览器中获取的 Cookie 列表，可以对 Cookie 列表中的某个或多个 Cookie 进行相关操作，担任的是管理者角色，而 rocket::http::Cookie 则是具体的单个 Cookie，它只负责构造 Cookie，作为 CookieJar 的必要条件而存在，操作 Cookie 的示例，代码如下：

```rust
//第 4 章 hello_rocket/src/example/cookie_normal.rs
#[macro_use]
extern crate rocket;

use rocket::http::{CookieJar, Cookie};

#[get("/cookie/add")]
fn add_cookie(Cookies: &CookieJar<'_>) -> () {
    cookies.add(Cookie::new("my_cookie", "rocket_cookie"));
}

#[get("/cookie/get")]
fn get_cookie(cookies: &CookieJar<'_>) -> String {
    let my_cookie = cookies.get("my_cookie").unwrap();
    String::from(my_cookie.value())
}

#[get("/cookie/del")]
fn del_cookie(cookies: &CookieJar<'_>) -> () {
    cookies.remove(Cookie::named("my_cookie"));
```

```
}

#[launch]
fn rocket() -> _ {
    rocket::build().mount("/api", routes![add_cookie,get_cookie,del_cookie])
}
```

为客户端添加 Cookie，如图 4-10 所示。

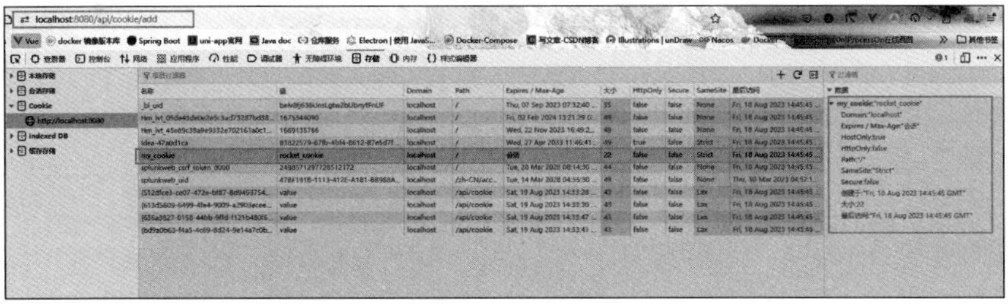

图 4-10　使用 Rocket 框架为客户端添加 Cookie

4.4.1　隐私 Cookie

在一些特殊情况下在 Cookie 中不应该存放明文数据，此时就需要对 Cookie 中存放的隐私数据进行加密，这就是隐私 Cookie。隐私 Cookie 是为了增加用户隐私保护而采取的一种措施。通过加密存储敏感信息，可以使这些信息在传输和存储过程中更加安全，降低被恶意获取的风险。常用的加密手段包括对称加密、非对称加密、散列函数等。

隐私 Cookie 的常见使用场景如下。

（1）存储用户敏感信息：将用户的敏感信息（如用户 ID、访问令牌、主机地址等）存储在加密的 Cookie 中，以保护用户隐私，并防止信息被窃取或篡改。

（2）实现会话管理：通过加密的 Cookie 存储会话标识符（Session ID），以增强会话的安全性，防止恶意攻击者伪造会话或盗取用户身份。

（3）加密持久登录信息：很多网站会提供"记住我"这个功能，该功能可以保持用户登录状态 7 天到 30 天不等，通过对用户的登录凭据进行加密后存储在 Cookie 中进行持久化，但是由于 Cookie 使用的是浏览器会话进行存储，关闭浏览器会被自动清理，所以需要将登录凭据存储到浏览器的本地缓存中，由本地缓存提供持久存储的能力。

（4）防止篡改和伪造：使用数字签名或加密算法对部分或全部 Cookie 进行加密或签名，以确保其完整性和真实性，避免被恶意篡改或伪造。

但是需要注意的是，隐私 Cookie 并不能完全保证数据的绝对安全，仍然需要采取其他安全措施来综合保护用户的隐私。要知道永远没有绝对安全的方案。

在 Rocket 框架中对 Cookie 进行加密处理需要在 Cargo.toml 文件中开启 secrets 特质，开启的方式如下：

```
rocket = { version = "=0.5.0-rc.3", features = ["secrets"] }
```

接下来使用 Rocket 框架对 Cookie 进行加密处理,使用隐私 Cookie 和使用普通 Cookie 基本是一样的,唯一的不同是调用的方法后缀均为 private,代码如下:

```rust
//第 4 章 hello_rocket/src/example/cookie_private.rs
#[macro_use]
extern crate rocket;

use rocket::http::{CookieJar, Cookie};

//添加 Cookie
#[get("/cookie/add")]
fn add_cookie(cookies: &CookieJar<'_>) -> () {
    cookies.add_private(Cookie::new("my_secret", "123456"))
}

//获取 Cookie
#[get("/cookie/get")]
fn get_cookie(cookies: &CookieJar<'_>) -> String {
    //密文
    let my_cookie = cookies.get("my_secret").unwrap();
    let my_secret = cookies.get_private("my_secret").unwrap();
    format!("密文:{} \n 明文:{}", my_cookie, my_secret)
}

//删除 Cookie
#[get("/cookie/del")]
fn del_cookie(cookies: &CookieJar<'_>) -> () {
    cookies.remove_private(Cookie::named("my_secret"));
}

#[launch]
fn rocket() -> _ {
    rocket::build().mount("/api", routes![add_cookie,get_cookie,del_cookie])
}
```

使用 add_cookie()方法添加名为 my_secret 的 Cookie 后可以在浏览器的开发者工具中的存储面板中选择 Cookie 选项,在展开的地址中选择当前启动的地址,这样就能看到这个 Cookie 信息。在浏览器中查看使用 Rocket 框架加密的 Cookie 信息,如图 4-11 所示。

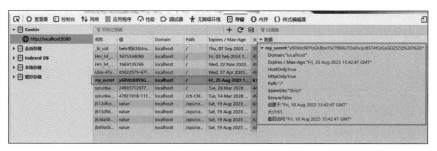

图 4-11　在浏览器中查看使用 Rocket 框架加密的 Cookie 信息

接下来在浏览器中访问 localhost:8000/api/cookie/get 地址来查看名为 my_secret 的 Cookie 信息。当访问这个地址时,Rocket 将会调用 get_cookie()方法。该方法负责将 Cookie 的密文解密为明文,并将其返回。使用 Rocket 框架获取隐私 Cookie 的结果,如图 4-12 所示。

图 4-12　使用 Rocket 框架获取隐私 Cookie 的结果

4.4.2　密钥

用到加密功能时就需要用到密钥,可以说密钥就是开启加密后密文的钥匙,加密算法的密钥位数是不定的,这需要看具体加密算法采取的密钥需求长度,例如 DES 加密算法的密钥长度被规定为 64 位,无论是在加密还是在解密时都需要知道密钥,密钥的重要程度极高,若密钥被盗取,则相当于加密后的数据将会被轻松地破译为明文,同时密钥的复杂度也是一个重要的考虑因素,一个毫无难度的密钥比不设置任何密钥更加危险,因此密钥的安全性和复杂性都极其重要。密钥是密码学中的重要知识,在这里就不详细展开了。

在 Rocket 框架中使用 secrets 特质开启加密时,密钥配置 secret_key 也被相应地激活,在调试模式下,Rocket 会在编译时自动生成一个新的密钥,每次编译密钥将被重新生成,在发布模式下,则需要开发者设置一个密钥。若开启了特质而不添加密钥配置,则程序在发布模式下会在启动时抛出异常并进行停机。对于密钥配置参数的值可以是 256 位的 base64 或十六进制字符串,也可以是 32 字节片。通常情况下可以使用 OpenSSL 自动生成需要长度的密钥。OpenSSL 是一个强大的商业级的功能齐全的工具包,用于通用加密和安全通信。下面演示如何使用 OpenSSL 生成密钥。

1. 确认操作系统

OpenSSL 官方提供的包格式为.tar.gz,这种格式在 Linux 操作系统上可以轻松地安装,然而,在 Windows 操作系统上,这并不是一种常见的安装方式,因此,本文将演示如何在 Windows 操作系统上安装 OpenSSL。

2. 下载 OpenSSL 安装包

在浏览器中查询 https://slproweb.com/products/Win32OpenSSL.html 页面,进入后选择适合版本的安装包进行下载即可,如图 4-13 所示。

Download Win32/Win64 OpenSSL today using the links below!

File	Type	Description
Win64 OpenSSL v3.1.2 Light EXE | MSI	5MB Installer	Installs the most commonly used essentials of Win64 OpenSSL v3.1.2 (Recommended for users by the creators of OpenSSL). Only installs on 64-bit versions of Windows and targets Intel x64 chipsets. Note that this is a default build of OpenSSL and is subject to local and state laws. More information can be found in the legal agreement of the installation.
Win64 OpenSSL v3.1.2 EXE | MSI	140MB Installer	Installs Win64 OpenSSL v3.1.2 (Recommended for software developers by the creators of OpenSSL). Only installs on 64-bit versions of Windows and targets Intel x64 chipsets. Note that this is a default build of OpenSSL and is subject to local and state laws. More information can be found in the legal agreement of the installation.
Win32 OpenSSL v3.1.2 Light EXE | MSI	4MB Installer	Installs the most commonly used essentials of Win32 OpenSSL v3.1.2 (Only install this if you need 32-bit OpenSSL for Windows. Note that this is a default build of OpenSSL and is subject to local and state laws. More information can be found in the legal agreement of the installation.
Win32 OpenSSL v3.1.2 EXE | MSI	116MB Installer	Installs Win32 OpenSSL v3.1.2 (Only install this if you need 32-bit OpenSSL for Windows. Note that this is a default build of OpenSSL and is subject to local and state laws. More information can be found in the legal agreement of the installation.
Win64 OpenSSL v3.1.2 Light for ARM (EXPERIMENTAL) EXE | MSI	5MB Installer	Installs the most commonly used essentials of Win64 OpenSSL v3.1.2 for ARM64 devices (Only install this VERY EXPERIMENTAL build if you want to try 64-bit OpenSSL for Windows on ARM processors. Note that this is a default build of OpenSSL and is subject to local and state laws. More information can be found in the legal agreement of the installation.
Win64 OpenSSL v3.1.2 for ARM (EXPERIMENTAL) EXE | MSI	113MB Installer	Installs Win64 OpenSSL v3.1.2 for ARM64 devices (Only install this VERY EXPERIMENTAL build if you want to try 64-bit OpenSSL for Windows on ARM processors. Note that this is a default build of OpenSSL and is subject to local and state laws. More information can be found in the legal agreement of the installation.
Win64 OpenSSL v3.0.10 Light EXE | MSI	5MB Installer	Installs the most commonly used essentials of Win64 OpenSSL v3.0.10 (Recommended for users by the creators of OpenSSL). Only installs on 64-bit versions of Windows and targets Intel x64 chipsets. Note that this is a default build of OpenSSL and is subject to local and state laws. More information can be found in the legal agreement of the installation.
Win64 OpenSSL v3.0.10 EXE | MSI	140MB Installer	Installs Win64 OpenSSL v3.0.10 (Recommended for software developers by the creators of OpenSSL). Only installs on 64-bit versions of Windows and targets Intel x64 chipsets. Note that this is a default build of OpenSSL and is subject to local and state laws. More information can be found in the legal agreement of the installation.
Win32 OpenSSL v3.0.10 Light EXE | MSI	4MB Installer	Installs the most commonly used essentials of Win32 OpenSSL v3.0.10 (Only install this if you need 32-bit OpenSSL for Windows. Note that this is a default build of OpenSSL and is subject to local and state laws. More information can be found in the legal agreement of the installation.
Win32 OpenSSL v3.0.10 EXE | MSI	116MB Installer	Installs Win32 OpenSSL v3.0.10 (Only install this if you need 32-bit OpenSSL for Windows. Note that this is a default build of OpenSSL and is subject to local and state laws. More information can be found in the legal agreement of the installation.
Win64 OpenSSL v3.0.10 Light for ARM (EXPERIMENTAL) EXE | MSI	5MB Installer	Installs the most commonly used essentials of Win64 OpenSSL v3.0.10 for ARM64 devices (Only install this VERY EXPERIMENTAL build if you want to try 64-bit OpenSSL for Windows on ARM processors. Note that this is a default build of OpenSSL and is subject to local and state laws. More information can be found in the legal agreement of the installation.
Win64 OpenSSL v3.0.10 for ARM (EXPERIMENTAL) EXE | MSI	113MB Installer	Installs Win64 OpenSSL v3.0.10 for ARM64 devices (Only install this VERY EXPERIMENTAL build if you want to try 64-bit OpenSSL for Windows on ARM processors. Note that this is a default build of OpenSSL and is subject to local and state laws. More information can be found in the legal agreement of the installation.

图 4-13 获取适合版本的安装包

3. 安装 OpenSSL 并配置环境变量

对于 EXE 和 MSI 文件的安装只要选择好安装路径，然后一直单击 Next 按钮即可。

安装好之后，需要手动配置环境变量以便在命令行窗口中进行使用，OpenSSL 的环境变量配置如图 4-14 所示。

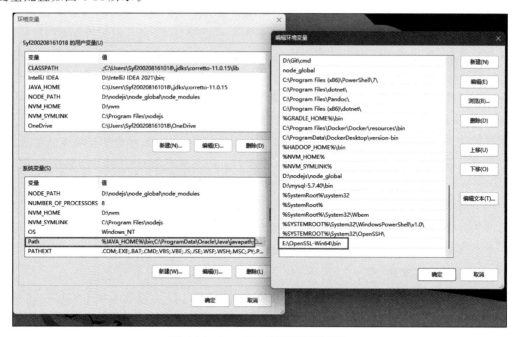

图 4-14 OpenSSL 的环境变量配置

4. 验证并生成密钥

若计算机上已经安装好 OpenSSL，则可在 cmd 命令行窗口下输入 openssl -h，此时将看到以下命令信息，如图 4-15 所示。

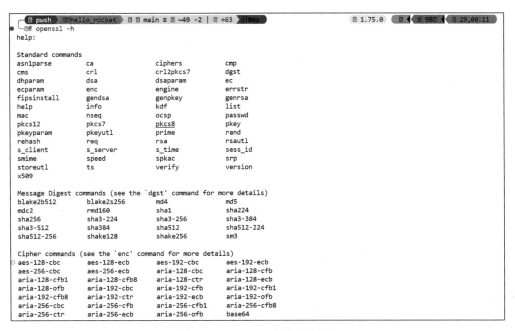

图 4-15　OpenSSL 命令帮助信息

接下来使用 OpenSSL 提供的命令生成对应位数的密钥，语法如下：

```
//语法
openssl rand -base64 位数
//例子
openssl rand -base64 32
openssl rand -base64 128
openssl rand -base64 256
```

生成的结果如图 4-16 所示。

图 4-16　OpenSSL 生成 base64 密钥的结果

5．将生成的密钥添加到配置中

在 Rocket 项目中，定位到 Rocket.toml 文件，并添加所需的密钥配置。此外，也可以对特定的命名空间进行配置。配置代码如下：

```
//第 4 章 hello_rocket/Rocket.toml
[default]
port = 8080
secret_key = "mYW528W7vJiSQCs0w0l0OZhwroYMpxMrNrmz2FTbpR4 = "
[release]
port = 8081
secret_key = "Kul9V8lQNhmvU4C1//XdNqlCNuibzHHS9cUidERZQOGV5lsctphpMvgo4lkm + 32b
nPn5ExX06bJZvacY79CwK5kB + TkQclftKGgWVPm0PClgWLvIoOU8lMByqqt + 8IX6
8r9N1TlVIrIjlsxROIPaW3NgK9S19HK4Ku3aWkGyobg = "
```

4.5 HTTP 内容类型

Content-Type 的类型被称为 HTTP 内容类型或互联网媒体类型，也叫作 MIME 类型，是用于定义网络文件的类型和网页的编码，决定文件接收方将以什么形式、什么编码读取这个文件，HTTP 在传输数据对象时会为它们打上 MIME 类型的数据格式标签，用于区分数据类型。在 HTTP 消息头中，使用 Content-Type 来表示请求和响应中的媒体类型信息。通过 Content-Type 服务器端和客户端就知道如何去处理或解析数据。常见的 Content-Type 如下。

(1) text/html：HTML 格式。

(2) text/plain：纯文本格式。

(3) image/png：png 图片格式。

(4) application/x-www-form-urlencoded：HTTP 会将请求参数用 key1＝val1＆key2＝val2 的方式进行组织，并放到请求实体里面，注意如果是中文或特殊字符，则会自动进行 URL 转码，不支持文件，一般用于表单提交。

(5) multipart/form-data：用于上传文件等二进制数据，也可以上传表单键-值对。

(6) application/json：是一种轻量级的数据交换格式，易于开发者阅读和编写，同时也易于机器解析和生成，从而有效地提升网络传输效率。

(7) application/xml：用于传输 XML 格式的数据。

(8) application/raw：用于传输原始数据，不会对数据进行编码或解码。

(9) application/binary：用于传输二进制数据。

由于 Rocket 框架是服务器端框架，所以需要与客户端约定 Content-Type 的类型，而设置接口的 Content-Type 在 Rocket 中也很简单，只需修改属性宏，在属性宏中添加 format 选项并输入 Content-Type 的具体类型，示例代码如下：

```
//语法：
#[post("/",format = "所需 Content - Type 类型",data = "<数据>")]
//示例
#[post("/login",format = "application/json",data = "< user >")]
```

4.6 请求体数据

在4.5节中阐述了Content-Type,它是HTTP进行数据交换的重要凭据,在本节中则以常见的3种数据交换需求加强实践能力,Rocket框架在处理不同类型的请求数据方面非常灵活和强大。无论是JSON、文件还是表单数据,Rocket都提供了简便的方法来解析、验证和处理请求数据。通过结合属性宏和trait的特质,可以以一种优雅和类型安全的方式编写代码,处理各种类型的请求数据。

4.6.1 JSON 数据

对于JSON格式的请求数据,Rocket提供了方便的方式来处理。通过定义一个结构体,并使用对应属性宏将其与请求数据进行关联。Rocket将自动解析JSON数据并将其转换为定义的结构体实例。这使在处理JSON请求时非常方便,可以轻松地访问和处理请求中的各个字段。为了支持这一功能需要开启JSON特质,以下是一个例子,代码如下:

```
//第4章 hello_rocket/src/example/test_json.rs
#[macro_use]
extern crate rocket;

use rocket::serde::{Serialize, Deserialize};
use rocket::serde::json::Json;

//采用Rocket框架提供给的serde进行序列化与反序列化
#[derive(Debug, Serialize, Deserialize)]
#[serde(crate = "rocket::serde")]
struct User {
    username: String,
    password: String,
}

//使用POST方法,接口地址为/login,使用application/json的Content-Type
#[post("/login", format = "application/json", data = "<user>")]
fn login(user: Json<User>) -> String {
    format!("user : username = {} , password = {}", user.username, user.password)
}

#[launch]
fn rocket() -> _ {
    rocket::build().mount("/api", routes![login])
}
```

在此示例中,定义了一个名为User的结构体,并对其应用了两个宏。首先,通过#[derive(Debug,Serialize,Deserialize)]宏使User结构体获得了序列化与反序列化的能力，同时也能够利用 Debug trait 进行打印输出，其次，#[serde(crate="rocket::serde")]
宏指定了序列化与反序列化操作应使用 Rocket 框架提供的 serde 库。当需要在接口函数
中使用 User 结构体时，可以通过 rocket::serde::json::Json 将其封装起来，并在 post 宏的
format 属性中将输入参数指定为 JSON 数据类型，以便正确处理请求。

接下来进行测试，测试结果如图 4-17 所示。

图 4-17　JSON 数据测试结果

4.6.2　表单数据

当处理表单数据时，Rocket 框架提供了灵活的处理方法。用户既可以选择以 application/x-www-form-urlencoded、multipart/form-data 的形式提交表单，也可以采用 JSON 格式进行数据提交。通过定义相应的结构体并实现 FromForm trait，Rocket 能够自动地解析和验证表单数据，极大地简化了开发者的工作。此外，对于需要处理大量表单数据的场景，Rocket 通过 Data 类型支持读取原始字节流，允许开发者根据实际需求进行定制化的解析和处理。

在使用 application/json 格式提交表单数据时，处理逻辑与 4.6.1 节描述的处理逻辑相同。需要注意的是，在此方式下，目前不支持自定义字段名称。也就是说，如果结构体中的字段被声明为 user_age，则提交的字段名也必须与之相同，#[field(name="userAge")] 宏在此情况下无法修改字段名称，然而，如果采用 application/x-www-form-urlencoded 或 multipart/form-data 方式提交表单，则可以利用宏来自定义字段名。为了使结构体能够实现 FromForm trait，需要在其上添加 #[derive(FromForm)]。值得一提的是，这两种提交方式在具体处理逻辑上几乎没有差异，为开发者提供了灵活且高效的数据处理选项。对表单数据进行处理的代码如下：

```
//第 4 章 hello_rocket/src/example/form.rs

#[macro_use]
```

```rust
extern crate rocket;

//导入Rocket的form和serde模块,用于表单处理和序列化/反序列化
use rocket::form::{Form, FromForm};
use rocket::serde::{json::Json, Deserialize, Serialize};

//定义User结构体,用于示例中的数据传输对象
#[serde(crate = "rocket::serde")]             //将serde的来源指定为rocket框架
#[derive(Debug, Serialize, Deserialize, FromForm)] //自动实现Debug、Serialize、Deserialize
                                                   //及FromForm traits
struct User {
    id: String,
    username: String,
    password: String,
    #[field(name = "userAge")] //自定义表单字段名映射,当表单字段名与结构体字段名不
                               //一致时使用
    user_age: u8,              //用户年龄
    verified: Verified,        //用户验证信息
}

//定义Verified结构体,用于User中的验证信息
#[serde(crate = "rocket::serde")]
#[derive(Debug, Serialize, Deserialize, FromForm)]
struct Verified {
    email: String,              //邮箱
    phone: String,              //电话
}

//定义处理JSON格式数据的路由
#[post("/form/json", format = "application/json", data = "<user>")]
fn json_form(user: Json<User>) -> String {
    format!("{:?}", user)                   //直接格式化打印Json<User>实例
}

//定义处理multipart/form-data格式数据的路由
#[post("/form/data", format = "multipart/form-data", data = "<user>")]
fn form_data(user: Form<User>) -> String {
    format!("{:?}", user)                   //直接格式化打印Form<User>实例
}

//定义处理application/x-www-form-urlencoded格式数据的路由
#[post(
    "/form/urlencoded",
    format = "application/x-www-form-urlencoded",
    data = "<user>"
)]
fn urlencoded_form(user: Form<User>) -> String {
    format!("{:?}", user)                   //直接格式化打印Form<User>实例
}
```

```rust
//Rocket 框架的启动函数,用于构建和挂载路由
#[launch]
fn rocket() -> _ {
    //构建 Rocket 实例并挂载定义的路由
    rocket::build().mount("/api", routes![json_form, form_data, urlencoded_form])
}
```

表单数据的测试结果如图 4-18 所示。

图 4-18　表单数据的测试结果

4.6.3　文件

Rocket 提供了一个直观且简便的方法来处理文件上传任务。通过 #[derive(FromData)]属性宏,就可以轻松地将上传的文件绑定到自定义的结构体字段上。此外,Rocket 还配备了一系列辅助功能和特质,用于执行文件的上传、保存及验证等操作,极大地降低了文件上传处理流程的复杂度。

1. 创建并配置存储路径

在项目根目录中创建 tmp/imgs 目录作为图片文件的存储目录,如图 4-19 所示。

图 4-19　创建文件存储目录

然后在 Rocket.toml 文件中对上传文件所需的参数进行配置,主要配置两个参数,分别是 temp_dir 和 default.limits,其中 temp_dir 表示文件存储目录的位置,default.limits 的配置则用于限制上传文件的大小。配置如下:

```
[default]
port = 8080
secret_key = "mYW528W7vJiSQCs0w0lOOZhwroYMpxMrNrmz2FTbpR4="
temp_dir = "E:\\Rust\\learn\\hello_rocket\\tmp\\imgs"

[default.limits]
file = "10MiB"
```

2. 编写存储逻辑

这里的存储逻辑十分简单，获取上传文件的扩展名和名称后与时间戳进行组合，格式化出一个形如文件名_时间戳.扩展名的文件名称，然后在新的名称前拼上存储地址就可以得到完整的存储路径了。完整代码如下：

```rust
//第 4 章 hello_rocket/src/example/upload_file.rs
#[macro_use]
extern crate rocket;

use rocket::fs::TempFile;
use rocket::form::Form;
use std::time::{SystemTime, Duration, UNIX_EPOCH};


#[post("/upload", format = "multipart/form-data", data = "<img>")]
async fn upload_img(mut img: Form<TempFile<'_>>) -> std::io::Result<()> {
    //获取文件扩展名
    let ext_name = img.content_type().unwrap().extension().unwrap();
    //获取时间戳
    let timestamp = SystemTime::now().duration_since(UNIX_EPOCH).unwrap().as_millis();
    //格式化名字
    let name = format!("{}_{}.{}", img.name().unwrap(), timestamp, ext_name);
    //格式化存储地址
    let path = format!("{}/{}", "tmp/imgs", &name);
    img.persist_to(path).await?;
    Ok(())
}


#[launch]
fn rocket() -> _ {
    rocket::build().mount("/api", routes![upload_img])
}
```

最终，通过 ApiFox 软件进行接口测试，将请求的 URL 配置为 localhost:8080/api/upload 并将请求方式设置为 POST。在添加 Body 参数时，选择 form-data 作为上传方式，并且选取 file 类型，将参数名称设为 img。测试结果如图 4-20 所示。

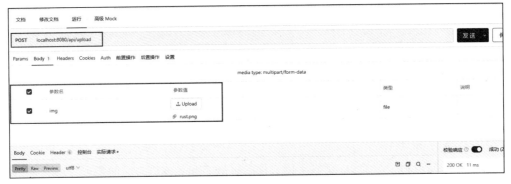

图 4-20　文件上传测试结果

第 5 章

CHAPTER 5

Rocket 响应

本章将介绍 Rocket 框架中关于响应的处理方式，包括不负责任的响应方式、响应的标准规范、Rocket 的快速响应功能及如何使用 Responder 接口进行自定义响应。在 5.1 节中将讲解什么样的响应才是标准的，以帮助读者理解响应的标准，从而为后续定义 Rocket 的响应做铺垫，接着将理解如何使用 Rocket 提供给开发者的默认 Responder 类型来快速构建常见的响应类型，并且说明响应外壳的概念及如何实现自定义的 Responder 类型，以便使响应更加灵活和个性化。

5.1 Rocket

5.1.1 不负责任的响应方式

首先需要明确的是对于网络请求的响应其实有一套统一的标准，但实际上没有任何人强制任何应用程序都遵循这些标准，然而遵守 HTTP 标准是构建 Web 应用程序的基本原则之一。尽管没有绝对的强制要求，但遵循标准可以确保应用程序与其他系统和服务进行交互时能够正确地处理请求和响应。

实际上之前处理的请求的响应都是一些不负责任的响应方式，因为其他系统和服务难以通过这些响应获得具体的信息，以进行统一处理，并且遵循标准还有一些其他的好处。

(1) 兼容其他系统和服务：设想如下场景，若所有人都不遵守一套统一的标准，我行我素，想怎么返回响应就怎么返回响应，对于自己构建的一套系统而言貌似并不需要耗费太大的成本，但是若想要与他人的系统或服务进行交互就会发现几乎需要在所有的请求或响应中进行兼容与适配，这样对于自己的应用系统与第三方 API、库、服务或框架进行集成时将耗费大量的成本。

(2) 增加代码的可维护性：对于一个程序员而言长时间坚守一个项目几乎是不可能的，项目的代码经多个版本长时间的开发迭代，曾经的开发者或许已经没有精力再去对该项目的代码进行维护了，项目组根据这类情况会增添新鲜血液以继续维护项目，若不遵守一套统一的规范，则新接手项目的开发人员往往会因为难以适应具有强烈个人风格的代码而感到心力交瘁,但如果按照标准编写代码,则可以增强代码的可读性和可维护性。此外,在应用程序需要进行扩展或升级时,符合标准的代码更容易进行改进和维护。

(3)快速对错误进行识别与处理:统一的标准能够帮助运维人员、测试人员、开发人员快速地对应用程序产生的错误进行识别,然后定位错误位置,迅速制定出解决方案,以此对产生错误的系统进行恢复,使系统的健壮性进一步增强,同时还可以节省成本。

5.1.2 响应的标准

究竟何种响应构成了一个标准化的结构?对大多数 Web 响应来讲,其结构应当包括以下关键元素。

(1)状态(status):揭示服务器当前状态,帮助用户判断服务器是否运行正常。

(2)请求(request):这是一个可选字段,用以记录产生当前响应的原始请求信息,有时这项信息是必需的。

(3)头信息(headers):涵盖了服务器的响应头信息,如响应体的长度、语言等。

(4)数据(data):由服务器提供的实际响应数据,对开发者来讲,这通常是最关注的部分。

使用 Rust 构建的结构体,代码如下:

```
//响应结构体
struct Response {
        //data 是由服务器提供的响应数据
        data: ResponseData,
        //status 是服务器状态
        status: u32,
        //headers 是服务器响应头
        headers: HashMap<String, String>,
        //request 是原始请求信息
        request: HashMap<String, String>,
}

struct ResponseData {
        //code 是真实响应状态码
        code: u32,
        //data 是真实响应数据
        data: Box<dyn Serialize>,
        //msg 是真实响应消息
        msg: String,
}


//响应示例
{
    //data 是由服务器提供的响应数据
    "data": {
```

```
            //code 是真实响应状态码
            "code": 200,
            //data 是真实响应数据
            "data":{},
            //msg 是真实响应消息
            "msg":"",
        },
        //status 是服务器状态
        "status": 200,
        //headers 是服务器响应头
        "headers": {},
        //request 是原始请求信息
        "request":{}
}
```

5.1.3　Rocket 快速响应

Rocket 框架提供了一套能够帮助开发者快速实现标准化响应的 API，使开发者只需关注响应的状态码和返回的响应数据，使用时需要导入 response 的 status 模块，在 status 模块中提供了一系列标准服务器响应码。

（1）status::Created：将响应状态码设置为 201，表示请求成功并且服务器创建了新的资源。

（2）status::Accepted：将响应状态码设置为 202，并从服务器中添加响应数据进行返回。

（3）status::NoContent：将响应状态码设置为 204，表示当前请求正在被处理，页面不会有任何特殊工作，并且响应也没有任何内容。

（4）status::BadRequest：将响应状态码设置为 400，表示请求的方法错误。

（5）status::Unauthorized：将响应状态码设置为 401，表示当前请求需要授权或鉴权后才能获取。

（6）status::Forbidden：将响应状态码设置为 403，通常，403 错误是由客户端的访问错误配置引起的，常见有权限不足、IP 拦截、防火墙拦截等问题。

（7）status::NotFound：将响应状态码设置为 404，表示无法找到请求资源，常用于请求静态文件数据。

（8）status::Conflict：将响应状态码设置为 409，表示服务器在完成请求时发生了冲突。

（9）status::Custom：自定义状态响应，需要设置响应码和响应数据。

以下是使用 status 模块的示例代码：

```
//第 5 章 hello_rocket/src/example/main.rs
//引入 Rocket 框架宏
#[macro_use]
```

```rust
extern crate rocket;

//引入标准库中的路径处理模块
use std::path::{Path, PathBuf};
//引入 Rocket 框架的文件服务和响应模块
use rocket::fs::NamedFile;
use rocket::response::status::NotFound;
//引入 Rocket 框架的序列化模块,用于 JSON 处理
use rocket::serde::json::{Json, serde_json};
use rocket::serde::{Serialize, Deserialize};
//引入 Rocket 框架的文件路径处理函数
use rocket::fs::relative;

//定义一个用户结构体,包含用户的名字和年龄
#[derive(Debug, Serialize, Deserialize)]
#[serde(crate = "rocket::serde")]
struct User {
    name: String,
    age: u8,
}

impl User {
    //实现 User 的构造函数,方便创建 User 实例
    pub fn new(name: &str, age: u8) -> Self {
        User {
            name: String::from(name),
            age,
        }
    }
}

//定义一个返回静态字符串的路由处理函数
#[get("/str")]
fn test_str() -> &'static str {
    //返回一个 JSON 格式的字符串
    r#"{\"name\":\"Matt1\",\"age\":10}"#
}

//定义一个返回 String 的路由处理函数
#[get("/string")]
fn test_string() -> String {
    //创建一个 User 实例并将其转换为 JSON 字符串
    let user = User::new("Matt1", 10);
    serde_json::to_string(&user).unwrap()
}

//定义一个异步路由处理函数,返回一个文件
#[get("/file")]
async fn test_option() -> Option<NamedFile> {
    //构建文件的路径并尝试打开该文件
```

```
    let path = Path::new(relative!("static")).join("index.html");
    NamedFile::open(path).await.ok()
}

//定义一个返回结果的路由处理函数,可能返回 User 的 JSON 或 NotFound 错误
#[get("/res/<name>")]
fn test_result(name:&str) -> Result<Json<User>, NotFound<String>> {
    //当请求的 name 参数为"Matt"时,返回一个 User 实例的 JSON
    if "Matt".eq(name){
        let user = User::new("Matt1", 10);
        return Ok(Json(user));
    }
    //否则返回一个 NotFound 错误
    Err(NotFound(String::from("only Matt can be responsed")))
}

//Rocket 框架的启动函数,用于构建和启动 Web 服务
#[launch]
fn rocket() -> _ {
    //构建 rocket 实例并挂载路由
    rocket::build().mount("/api", routes![test_str,test_option,test_result,test_string])
}
```

5.2　Responder

尽管程序中的响应似乎是随意产生的,但实际上,Rocket 框架在背后为开发者完成了大量的工作,充当了一个卓越的封装者,因此,即便是简单地返回一个字符串,Rocket 也会将其优雅地封装成标准的响应格式。Rocket 框架对 Rust 标准库中的多种类型进行了深入整合和处理,包括 String、&str、File、Option 等。

Responder 是 Rocket 框架中的一个关键特质,它负责定义类型的响应能力。简而言之,Responder 的职责在于将特定类型的数据转换为 HTTP 响应。这个机制旨在简化和规范化 HTTP 响应处理过程。通过实现 Responder trait,开发者可以轻松地将各种数据类型(如结构体、字符串、JSON 等)转换成规范的 HTTP 响应,这包括设置状态码、头信息和响应体等。

Responder 设计的核心目的在于提供一种统一且高效的方法来处理 HTTP 响应,从而让代码变得更加简洁和易读,同时充分利用 Rust 的强类型系统。借助 Responder,开发者可以将注意力集中在业务逻辑的实现上,而不需要深入钻研 HTTP 响应的各个细节,极大地提高了开发效率和应用的可维护性。

5.2.1　响应外壳

正如 5.2 节所讲,Rocket 已经帮助开发者将标准库中的一些类型实现了 Responder,这

些类型被称为响应外壳,因为这些类型的设计初衷并不是为了作为响应数据,而是作为包裹响应数据的手段。本节就这些已经实现了 Responder 的响应外壳及一些由 Rocket 提供的可作为响应数据的 Responder 进行示例说明,即使最终多数开发者可能并不会采用这些类型作为返回,但对于后续实现自定义的 Responder 也是一个很好的借鉴。

1. 字符串类型

字符串的响应方式是一种最简单的响应,它常作为一种简单有效的确认资源的返回方式。对于响应字符串而言,Rocket 会默认将 Content-Type 设置为 text/plain,即便所有类型都可以通过序列化的方式转换为字符串进行返回,但依然不提倡这种方法,示例代码如下:

```rust
//第 5 章 hello_rocket/src/example/default_responder.rs
use rocket::serde::json::serde_json;
use rocket::serde::{Serialize, Deserialize};

//定义一个用户结构体,包含用户的名字和年龄
#[derive(Debug, Serialize, Deserialize)]
#[serde(crate = "rocket::serde")]
struct User {
    name: String,
    age: u8,
}

impl User {
    //实现 User 的构造函数,方便创建 User 实例
    pub fn new(name: &str, age: u8) -> Self {
        User {
            name: String::from(name),
            age,
        }
    }
}

//定义一个返回静态字符串的路由处理函数
#[get("/str")]
fn test_str() -> &'static str {
    r#"{\"name\":\"Matt1\",\"age\":10}"#
}

#[get("/string")]
fn test_string() -> String {
    let user = User::new("Matt1", 10);
    serde_json::to_string(&user).unwrap()
}
```

2. Option<T>

Option 常在静态文件返回时作为响应数据的情况下的外壳,只有当请求的静态文件真

实存在时，Option 将正常返回响应，否则则会返回 404 Not Found，表示当前请求的静态文件并不存在，所以 Option 常与 rocket::fs::NameFile 联合进行使用，示例代码如下：

```rust
//第 5 章 hello_rocket/src/example/default_responder.rs
use rocket::fs::NamedFile;
use rocket::fs::relative;

#[get("/file")]
async fn test_option() -> Option<NamedFile> {
    let mut path = Path::new(relative!("static")).join("index.html");
    NamedFile::open(path).await.ok()
}
```

这段代码意味着当用户请求的地址为 file 时，Rocket 会构筑一个文件服务器，首先获取项目设置的相对路径 static，然后与 index.html 进行组合，合并为完整的文件地址，文件服务器的路径配置在 4.6.3 节中已经说明，这里就不赘述了。最后使用 NameFile 中的 open() 方法尝试通过只读模式打开目标文件。若文件不存在，则返回 None，所以如果该文件地址不存在，则请求时将出现默认的 404 Not Found，除非开发者对 404 进行了重新构建。

3. Result<T, E>

Result 是一种比 Option 更加高级的响应外壳，使用 Result 意味着即使响应处理失败，也会将 Err 作为一种错误响应返回客户端，尽管在下方的示例代码中同样使用了 NotFound 作为错误的返回，但它只是设置了响应码，而不是像 Option 一样出现 404 Not Found。这意味着错误也是由开发者完全控制的，这是一种更加灵活的处理方式，示例代码如下：

```rust
//第 5 章 hello_rocket/src/example/default_responder.rs
use rocket::response::status::NotFound;
use rocket::serde::json::{Json, serde_json};
use rocket::serde::{Serialize, Deserialize};


//定义一个用户结构体,包含用户的名字和年龄
#[derive(Debug, Serialize, Deserialize)]
#[serde(crate = "rocket::serde")]
struct User {
    name: String,
    age: u8,
}

impl User {
    //实现 User 的构造函数,方便创建 User 实例
    pub fn new(name: &str, age: u8) -> Self {
        User {
            name: String::from(name),
            age,
```

```rust
            }
        }
    }

    //定义一个返回结果的路由处理函数,可能返回 User 的 JSON 或 NotFound 错误
    #[get("/res/<name>")]
    fn test_result(name: &str) -> Result<Json<User>, NotFound<String>> {
        //当请求的 name 参数为"Matt"时,返回一个 User 实例的 JSON
        if "Matt".eq(name) {
            let user = User::new("Matt1", 10);
            return Ok(Json(user));
        }
        //否则返回一个 NotFound 错误
        Err(NotFound(String::from("only Matt can be responsed")))
    }
```

4. Rocket 内置 Responder

Rocket 框架的亮点之一是其丰富的内置 Responder 集合,这些 Responder 极大地降低了处理常见响应场景的复杂度,从而有效地减轻了开发者的负担。以下是这些内置 Responder 的说明。

(1) NamedFile:允许在响应中发送文件。它接受一个文件路径作为参数,并将该文件作为响应的内容发送给客户端。它常常在静态资源文件的请求上与 Option 或 Result 响应外壳联用。

(2) Redirect:用于资源重定向,对于文件服务器来讲必不可少,客户端可以永远使用相同的请求路径,通过客户端对其进行路径的重定向可实现同路径访问不同资源的效果,例如某个资源文档进行了版本更新,此时若提供一个新的资源请求路径,则无疑需要与客户端进行商议,资源请求的初衷是永远获取最新的资源,所以服务器端可利用重定向的方式将最新的资源地址返回客户端,结合 NameFile 会达到更优的效果。

(3) Content:用于发送任意类型的内容。它接受一个实现了 ToBytes trait 的值,并将其作为响应的内容发送给客户端。利用这个响应器可以廉价地设置 Content-Type 并与数据一起返回,对于某些快捷请求来讲优势巨大。

(4) Status:和 Content 一样属于一种快捷请求的响应器,Rocket 为该枚举内置了大量标准响应码。需要注意的是该响应器主要关注响应状态,若想要更加精细地进行处理,则需要自定义 Responder。

(5) Flash:用于在请求之间传递一次性的消息,通常用于显示用户操作的结果或提供简短的通知,它是一种特殊的消息,会在响应中设置一个 Cookie,在下一次请求中被读取和消耗,然后立即删除。这使 Flash 消息只在两次请求之间有效,并且用于一次性的瞬时消息传递。

(6) Json:用于将 JSON 数据发送到客户端中,这是最常用的一种响应方式,常见于各种 API 数据传递的场景中。有着可读性高、调试方便、跨语言传输的优点。

（7）MsgPack：和 JSON 一样，都是基于数据的序列化和反序列化的，并且支持跨语言，但 MsgPack 使用二进制格式来表达数据，解码与编码的数据更加紧凑，因此与 JSON 相比可以节省更多的空间和传输带宽，但也因此使它的可读性降低。在序列化和反序列化的速度上 MsgPack 也更快，对于需要大量数据传输的场景更优于 JSON。使用这种形式可以优化服务器端的性能（数据库、文件、消息队列）。

（8）Template：一种呈现动态模板的 Responder，使用 Handlebars 或 Tera 对动态模板进行渲染，这是一种响应式的概念，典型的例子是 React 和 Vue 这些前端框架。

5. 使用 JSON 作为响应

在 4.6.1 节中介绍了如何使用 JSON 数据作为请求的入参，本节将相应地介绍如何将 JSON 数据作为响应回传到客户端中，因此借用 4.6.1 节中的代码进行改写，代码如下：

```rust
//第 5 章 hello_rocket/src/example/test_json.rs
#[macro_use]
extern crate rocket;

use rocket::serde::{Serialize, Deserialize};
use rocket::serde::json::Json;

//采用 Rocket 框架提供给的 serde 进行序列化与反序列化
#[derive(Debug, Serialize, Deserialize)]
#[serde(crate = "rocket::serde")]
struct User {
    username: String,
    password: String,
}

impl User{
    pub fn new(username: &str, password: &str) -> Self{
        User{
            username: username.to_string(),
            password: password.to_string()
        }
    }
}

//使用 JSON 包装 User
#[post("/login", format = "application/json", data = "<user>")]
fn login(user: Json<User>) -> Json<User> {
    Json(
        User::new(user.username.as_str(),"")
    )
}

#[launch]
fn rocket() -> _ {
```

```
    rocket::build().mount("/api", routes![login])
}
```

接下来进行测试,测试结果如图 5-1 所示。

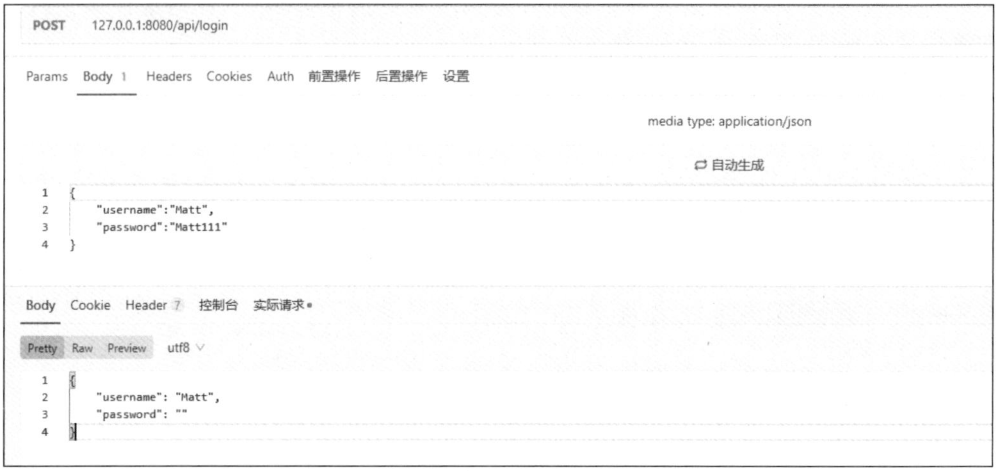

图 5-1　JSON 响应

5.2.2　自定义 Responder

尽管 Rocket 框架已经提供了众多便利的工具来简化开发过程,但为了进一步优化应用程序的响应并增强其兼容性,设计一个自定义的 Responder 变得格外关键。通常,应用程序的响应需要以 JSON 格式返回数据,因此,自定义 Responder 的关键在于能够高效地将数据封装成一个统一且广泛适用的 JSON 格式。以下是自定义 Responder 的代码示例:

```
//第 5 章 hello_rocket/src/example/define_responder.rs
#[macro_use]
extern crate rocket;

use std::io::Cursor;
use rocket::response::{status, Responder, Response};
use rocket::http::{Status, ContentType};
use rocket::Request;
use rocket::serde::json::{Json, serde_json};
use rocket::serde::{Serialize, Deserialize};

//自定义一个 JSON 形式的统一的 Responder
#[derive(Serialize, Deserialize, Debug)]
#[serde(crate = "rocket::serde")]
struct ResultJsonData<T: Serialize> {
    //返回码
    code: u16,
    //响应数据
```

```rust
        data: T,
    //响应消息
        msg: String,
}

impl<'r, T: Serialize> Responder<'r, 'static> for ResultJsonData<T> {
    fn respond_to(self, request: &'r Request<'_>) -> rocket::response::Result<'static> {
        let json = serde_json::to_string(&self).unwrap();
        //返回响应
        Response::build()
            //仅表示服务器返回响应状态
            .status(Status::Ok)
            //设置响应的 ContentType
            .header(ContentType::JSON)
            //通过序列化计算
            .sized_body(json.len(), Cursor::new(json))
            //完成构建
            .ok()
    }
}


impl<T: Serialize> ResultJsonData<T> {
    //常规构建
    pub fn new(code: u16, data: T, msg: &str) -> Self {
        ResultJsonData {
            code,
            data,
            msg: String::from(msg),
        }
    }
    //提供响应成功的快速构建方式
    pub fn success(data: T) -> Self {
        ResultJsonData::new(200, data, "success")
    }
    //提供响应失败的快速构建方式
    pub fn failure(data: T, msg: &str) -> Self {
        ResultJsonData::new(500, data, msg)
    }
}


//采用 Rocket 框架提供的 serde 进行序列化与反序列化
#[derive(Serialize, Deserialize, Debug)]
#[serde(crate = "rocket::serde")]
struct User {
    name: String,
    age: u8,
}
```

```rust
impl User {
    pub fn new(name: &str, age: u8) -> Self {
        User {
            name: String::from(name),
            age,
        }
    }
}

#[get("/test")]
fn define_response() -> ResultJsonData<User> {
    //....
    ResultJsonData::new(
        200, User::new("Matt", 16), "GET USER DATA SUCCESS",
    )
}


#[launch]
fn rocket() -> _ {
    rocket::build().mount("/api", routes![define_response])
}
```

在这里定义了一个统一的 JSON 返回 ResultJsonData，它由响应的返回码 code、响应数据 data 和响应消息 msg 组成，对于响应数据来讲应该是一个泛型，因为 ResultJsonData 应该是一个可被广泛使用的结构体，对于响应数据的泛型可以接收任意实现了 Serialize 的类型，需要注意这里的 Serialize trait 并不是标准库中的，而是使用 serde 库提供的 Serialize trait，这意味着所有可被作为响应返回数据的类型都需要是可序列化的，意思是所有需要被返回的数据都需要实现 serde 库中的 Serialize trait。接着为 ResultJsonData 实现了 Rocket 提供的 Responder trait，其目的是设计它如何进行响应，主要设置返回的状态码、响应头和返回的响应数据，在本示例中通过 Rocket::response::Response 构建返回的响应，设置其服务器返回响应的状态、响应的 Content-Type 及返回的数据实体，在 Response 的构建中通过序列化计算并返回数据实体的 sized_body() 方法的两个入参似乎并不好理解，在这个示例中只是为让读者体验响应的构造。完成自定义 Responder trait 的实现后为 ResultJsonData 这个结构体实现了常规构建的 new() 方法、提供了响应成功的快速构建 success() 方法、响应失败的快速构建 failure() 方法，这样可以对该结构体进行更加快捷和简便的复用访问，最后在本示例中使用 User 结构体作为最终真实的数据。在请求中只需将返回值设置为 ResultJsonData 便可廉价地将它构建为一个可用的响应了。

第 6 章

CHAPTER 6

Rocket 错误处理

本章将讲解 Rocket 框架的错误处理机制,揭示错误处理的重要性及采用错误处理带来的显著优势。错误处理不仅是程序健壮性的关键,也是提升用户体验的重要途径。通过本章的学习,读者将了解到如何有效地识别和响应程序运行中的各种潜在错误。

首先介绍错误处理的基本概念,解释为什么在 Web 应用开发中进行错误处理至关重要。接下来,理解使用错误处理能够带来的好处,包括但不限于提高应用的稳定性、增强用户信任及减少应用崩溃的可能性。

随后,本章将重点介绍如何利用 Rocket 框架提供的工具和特质来构建自定义的错误处理器。这包括如何捕获和处理不同类型的错误,以及如何根据错误类型将合适的响应返回终端用户端,确保即便在面临异常的情况时,用户仍能获得清晰和友好的反馈。

6.1 错误处理器

实际上并不是只有 Rocket 框架提供了一套完整的错误处理机制,只要是成熟的 Web 框架都会向开发者提供一套完整的应对机制,错误处理器是一种用于捕获和处理应用程序中可能出现的错误的机制。它在 Web 框架中起到了非常重要的作用。它能够提供良好的用户体验,保护应用程序的安全性和用户隐私,并增加应用程序的容错能力和健壮性。定义错误处理器主要有以下几个好处。

(1) 提供友好的错误提示:错误处理器可以捕获应用程序中的错误,并向用户提供友好的错误提示信息。这样可以改善用户体验,使用户能够更好地理解和处理出现的错误,试想一下,当一个完全没有学过计算机的普通人在使用应用程序时进行了一些误操作,从而导致程序报错,如果此时程序弹出一大堆错误信息或弹出一个完全无法理解的错误页面,对于开发者则会根据这些错误进行推断,但问题在于普通的使用者并不一定能看懂这些错误信息,若只出现一次,则可能不算什么,但若多次出现让普通人无法理解的信息,则会导致用户的使用感极差。对于该应用程序大部分使用者则不敢继续使用,因此产生信任危机。

(2) 避免泄漏敏感信息:错误处理器可以防止敏感信息泄露给用户。当应用程序发生错误时,错误处理器可以截获错误并将其转换为安全的错误信息,而不是直接将详细的错误堆栈信息暴露给用户，因为若将这些错误信息直接暴露出来，例如一个更新语句，通过这个语句很有可能获取一些用户的隐私信息，若被一些不怀好意的人获取，则他们可能会通过这些信息对应用程序进行渗透，所以这有助于保护用户的隐私和应用程序的安全性。

（3）统一的错误处理逻辑：错误处理器可以提供一种统一的方式来处理和记录应用程序中的错误。通过集中管理错误处理逻辑，可以简化代码结构，并使错误处理更加一致和可维护，这也很好理解，多数的错误信息是各式各样的没有统一的格式，当开发者需要对错误进行排查时，则需要一点点查看，有些并不重要的信息可能也会在错误信息中出现，因此排查错误时通常耗时耗力，有统一的错误格式则可以快速地定位错误位置，达到事半功倍的效果。

（4）容错能力和健壮性：错误处理器可以帮助应用程序具备容错能力和健壮性。当应用程序遇到意外错误或异常时，错误处理器可以帮助应用程序进行适当处理，如回滚事务、释放资源或进行错误日志记录等。这有助于应对异常情况，提高应用程序的可靠性和稳定性，即使程序出现无法恢复的错误时，使用错误处理也可以帮助应用程序继续运行而不至于崩溃。

在应用程序中错误处理器并非只有一个，而应该是一个集合，多个错误处理器可以串联成一个错误处理器链，以便对各类错误进行错误处理，直到出现无法进行处理的错误时，借助一个顶级的错误处理器进行错误处理，以此来防止意外情况发生，不过任何程序并非百分之百能够做到对所有的隐患进行处理，需要明确的是即使有再多的错误处理器，再完美的预防设计方案也终归不是万无一失的。错误处理器链示意图如图 6-1 所示。

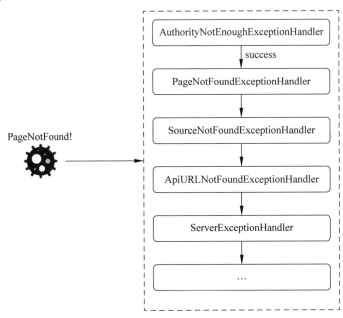

图 6-1　错误处理器链示意图

6.2　Rocket 中的错误处理器

Rocket 框架提供了一个机制来捕获和处理应用程序中的错误，该机制被称为 Error Catchers(错误捕获器)，但这里更倾向于译为错误处理器。在 Rocket 框架中，可以使用 catch 宏来定义错误处理器。实际上错误处理器是一种中间件，用于捕获应用程序中发生的错误并进行处理。它可以用于处理各种类型的错误，包括路由处理器或其他中间件中的错误。在实现错误处理器之前需要了解 Rocket 框架中错误处理器的相关规则和限制，以便更好地进行定制。错误处理器的相关规则如下。

(1) 需要实现 Responder：对于 Rocket 框架中的错误捕获器必须实现 Responder trait 或者说需要返回一个实现了 Responder trait 的类型。

(2) 错误处理器应该是可响应的且只在出现错误时进行响应：在应用程序中定义的所有的错误处理器必须是可到达的，意思是不要去构建无法访问的错误处理器，例如对状态码 200 响应成功定义一个错误处理器就是一种错误的行为，这个错误处理器永远不会被激活，因为成功的响应不会产生错误。

(3) 标准的错误处理器应该使用#[catch]属性宏进行声明：对于所有标准的错误处理器而言，应该以函数的形式构建并使用#[catch]属性宏进行声明，这里值得注意的是标准的错误处理器，当然也会有非标准的错误处理器。非标准的错误处理器其实在 5.2 节中已经进行了介绍，实际上一个返回错误的 Responder 就是一个非标准的错误处理器，只是这种非标准错误处理器无须进行声明和注册。

(4) 标准的错误处理器需要被注册才能生效：对于标准的错误处理器而言(使用#[catch]属性宏进行声明的错误处理器)都需要在 Rocket 的构建中使用 register()方法帮助进行注册才能生效。

(5) 错误处理器会根据路径进行优先级匹配且采用最长路径匹配策略：标准的错误处理器在进行注册时都需要指明其路径前缀，指定路径前缀的目的就在于区分错误处理器及设置错误处理器的优先级顺序，依照最长路径匹配策略，子路径寻址越深优先级越高，Rocket 框架就能够准确地调用注册好的错误处理器，以便帮助对应用程序的错误进行处理，以免出现处理紊乱的问题。

(6) 标准的错误处理器捕捉的范围是有限的，但支持扩展：对于标准的错误捕获器会帮助应用程序捕获状态码范围从 400 到 599([400,599])的错误并转发给给定的错误捕获器进行处理，这是为了遵循 HTTP 和通用 Web 开发规范。当然在开发过程中可能涉及自定义的错误码，这些错误码的范围将不会和标准错误码范围重合，对于这种情况，建议自定义错误处理进行返回。

6.3 实现错误处理器

6.3.1 一个简单的默认错误处理器

下面实现一个简单的默认错误处理器,该处理器使用#[catch]属性宏设置为default且将基地址注册为"/",表示用于匹配任意错误码,当应用程序产生任意错误时该错误处理器就被激活进行处理,在这个示例中通过test_excp_handler()方法让其返回Status::InternalServerError枚举并主动发出服务器错误500这个错误码来激活默认的错误处理器,示例代码如下:

```
//第6章 hello_rocket/src/example/ multi_excp_handers.rs
#[macro_use]
extern crate rocket;

use rocket::http::Status;
use rocket::Request;
use rocket::response::{Redirect, status::*};

#[get("/excp")]
fn test_excp_handler() -> Status {
    println!("test default exception handler");
    Status::InternalServerError
}

//一个默认的错误处理器
#[catch(default)]
fn default_excp_handler(status: Status, req: &Request) -> Custom<String> {
    println!("Default exception handler route");
    Custom(status, format!("url:{:?}", req.uri()))
}

#[launch]
fn rocket() -> _ {
    rocket::build()
        .mount("/api", routes![test_excp_handler])
        .register("/", catchers![default_excp_handler])
}
```

接下来进行测试,在浏览器中输入测试地址 http://127.0.0.1:8080/api/excp,可以清楚地看到默认的错误处理器已经被触发了,测试结果如图6-2所示。

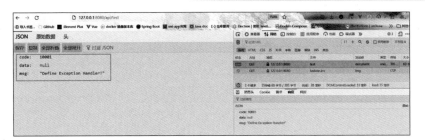

图 6-2　测试默认错误处理器

6.3.2　多个错误处理器的优先级匹配

接下来通过编写一系列的错误处理器来对错误处理的优先级顺序进行验证，错误处理器会根据路径进行优先级匹配且采用最长路径匹配策略，这样就能够更加精准地对程序进行控制。

在这个示例中，构建一个较长匹配路径和一个较短的匹配路径，它们的工作原理很简单，接收一个动态传入的状态码并构建为 Status 类型真实的 HTTP 状态码进行返回，这样就可以激活状态码所对应的函数错误处理器进行处理，例如请求地址为 http://127.0.0.1:8080/api/excp/499，那么所对应的 handle_long_499() 方法的这个错误处理器就被激活了，通过这个示例就可以清晰地了解到错误处理器的优先级匹配规则，示例代码如下：

```rust
//第 6 章 hello_rocket/src/example/ multi_excp_handers.rs

#[macro_use]
extern crate rocket;

use rocket::http::Status;
use rocket::Request;
use rocket::response::{Redirect, status::*};

//匹配更长更具体的路径
#[get("/excp/<code>")]
fn active_long_excp(code: u16) -> Status {
    println!("match longer route /api/excp/:{}", code);
    Status::new(code)
}

//匹配较短的路径
#[get("/<code>")]
fn active_short_excp(code:u16) -> Status {
    println!("match shorter route /api/:{}", code);
    Status::new(code)
}

//499 错误时激发
#[catch(499)]
fn handle_long_499(state: Status, _req: &Request) -> Custom<String> {
    Custom(state, String::from("Handle Long Request : 499!"))
```

```rust
}

//500 错误时激发
#[catch(500)]
fn handle_long_500(_req: &Request) -> Custom<String> {
    Custom(Status::InternalServerError, String::from("Handle Long Request : 500!"))
}

//404 错误时激发
#[catch(404)]
fn handle_long_404(_req: &Request) -> NotFound<String> {
    NotFound(String::from("Handle Long Request : 404!"))
}

#[catch(499)]
fn handle_short_499(state: Status, _req: &Request) -> Custom<String> {
    Custom(state, String::from("Handle Short Request : 499!"))
}

#[catch(500)]
fn handle_short_500(_req: &Request) -> Custom<String> {
    Custom(Status::InternalServerError, String::from("Handle Short Request : 500!"))
}

#[catch(404)]
fn handle_short_404(_req: &Request) -> NotFound<String> {
    NotFound(String::from("Handle Short Request : 404!"))
}

//一个默认的错误处理器
#[catch(default)]
fn default_excp_handler(status: Status, req: &Request) -> Custom<String> {
    Custom(status, format!("url:{:?}", req.uri()))
}

#[launch]
fn rocket() -> _ {
    rocket::build()
        .mount("/api", routes![active_short_excp, active_long_excp])
        .register("/", catchers![default_excp_handler])
        .register("/api/excp", catchers![handle_long_499, handle_long_404, handle_long_500])
        .register("/api", catchers![handle_short_499, handle_short_404, handle_short_500])
}
```

6.3.3　通过自定义 Responder 自定义错误处理器

在这个示例中复用了 5.2.2 节中的自定义 Responder 的代码，以 ResultJsonData 作为自定义错误处理器的基础进行扩展，将实际的错误逻辑封装在 ResultJsonData 这个结构体中，在它的外部加装一层 Status，这样就可以通过 Status::Custom 进行错误返回，然后将其从业务逻辑的函数中提取出来，封装一个define_excp_handler()方法并使用#[catch]属性宏声明，从而形成了一个自定义的错误处理器，完全符合Rocket错误处理器的相关规则且兼具灵活性和可扩展性，示例代码如下：

```rust
//第6章 hello_rocket/src/example/define_excp_handers.rs
#[macro_use]
extern crate rocket;

use std::io::Cursor;
use rocket::response::{status, Responder, Response};
use rocket::http::{Status, ContentType};
use rocket::Request;
use rocket::serde::json::{Json, serde_json};
use rocket::serde::{Serialize, Deserialize};

//自定义一个JSON形式的统一Responder
#[derive(Serialize, Deserialize, Debug)]
#[serde(crate = "rocket::serde")]
struct ResultJsonData<T: Serialize> {
    //返回码
    code: u16,
    //响应数据
    data: Option<T>,
    //响应消息
    msg: String,
}

impl<'r, T: Serialize> Responder<'r, 'static> for ResultJsonData<T> {
    fn respond_to(self, request: &'r Request<'_>) -> rocket::response::Result<'static> {
        let json = serde_json::to_string(&self).unwrap();
        //返回响应
        Response::build()
            //仅表示服务器返回响应状态
            .status(Status::Ok)
            //设置响应的ContentType
            .header(ContentType::JSON)
            //通过序列化计算
            .sized_body(json.len(), Cursor::new(json))
            //完成构建
            .ok()
    }
}

impl<T: Serialize> ResultJsonData<T> {
    //常规构建
    pub fn new(code: u16, data: T, msg: &str) -> Self {
        ResultJsonData {
            code,
```

```rust
            data: Some(data),
            msg: String::from(msg),
        }
    }
    //提供响应成功的快速构建方式
    pub fn success(data: T) -> Self {
        ResultJsonData::new(200, data, "success")
    }
    //提供响应失败的快速构建方式
    pub fn failure(data: T, msg: &str) -> Self {
        ResultJsonData::new(500, data, msg)
    }
    pub fn define_failure(code: u16, msg: &str) -> Self {
        ResultJsonData {
            code,
            data: None,
            msg: msg.to_string(),
        }
    }
}


//采用 Rocket 框架提供的 serde 进行序列化与反序列化
#[derive(Serialize, Deserialize, Debug)]
#[serde(crate = "rocket::serde")]
struct User {
    name: String,
    age: u8,
}

impl User {
    pub fn new(name: &str, age: u8) -> Self {
        User {
            name: String::from(name),
            age,
        }
    }
}

#[get("/test")]
fn define_excp() -> Status {
    //...
    Status::InternalServerError
}

#[catch(500)]
fn define_excp_handler() -> status::Custom<ResultJsonData<Option<String>>> {
    println!("Define Exception");
    status::Custom(
        Status::InternalServerError,
```

```
            ResultJsonData::define_failure(
                10001, "Define Exception Handler!",
            )
        )
    }

    #[launch]
    fn rocket() -> _ {
        rocket::build()
            .mount("/api", routes![define_excp])
            .register("/api",catchers![define_excp_handler])
    }
```

接下来对该示例进行测试,在浏览器中请求 http://127.0.0.1:8080/api/test,激活自定义错误处理器,这样该请求返回的服务器状态就是500,而实际产生的业务逻辑错误则被封装为 JSON 数据。测试结果如图 6-3 所示。

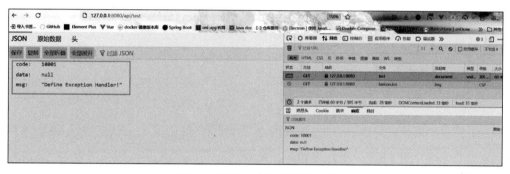

图 6-3　测试自定义错误处理器

第 7 章
CHAPTER 7

Rocket 状态管理

本章将讲解 Rocket 框架的状态管理机制，对于构建响应式和高效应用程序来讲状态管理是至关重要的主题。它作为一种维护应用中数据流和数据状态的技术，对于提高用户体验和应用性能具有重要意义。本章旨在让读者全面理解状态管理的必要性、其能为应用程序带来的增强功能，以及前端与后端在状态管理方面的不同策略。最后使用 Rocket 框架的状态管理机制实现共享数据的功能。

7.1 状态管理

首先需要知道状态管理的由来，传统的基于 HTTP 的协议是无状态协议，无法跟踪和保持应用程序的状态，每个请求都是相互独立的，例如在一个电商应用程序中一个用户请求了自己的订单数据，该数据的复用性很强，不仅会在已购买的页面中显示，也会在待发货和待评价的页面中显示这些数据，若没有状态管理，则会导致相同的数据被多次重复请求，随着用户数量的增多，服务器端的请求压力会以指数级上升，甚至会导致服务器崩溃。再设想一个需要管理群在线人员状态的程序，使用状态管理可以帮助跟踪和管理每个用户的在线状态。状态管理可以用来存储每个用户的登录状态、下线时间等信息，并在需要时更新这些信息。这样就可以轻松地检测哪些用户当前在线，哪些用户已经下线，并相应地执行其他操作，所以为了解决这个问题，引入了状态管理机制，通过在服务器端或客户端保存和管理状态数据，实现请求的连续性和数据的共享，而对于频繁需要更新的数据则无须使用状态管理。

实现状态管理有许多优点，这里简单列举几个。

（1）程序间共享数据和状态：当多个请求需要访问相同的数据时，状态管理可以确保数据在第 1 次进行查询后长时间存在而无须再次进行查询，因此程序的多种请求可以共享同一份数据。例如，一个购物车应用可能需要在不同的请求中访问用户的购物车信息，通过状态管理，可以将查询到的购物车信息保存在应用程序的状态中，以便全局访问。在状态共享上，状态管理提供了一种机制，用于实现这种跨处理程序的数据传递，减少重复工作和提高代码的可维护性，这样在请求处理程序之间传递数据或共享状态就变得简单且高效。

(2)数据持久化：通过状态管理，应用程序可以将数据持久化到内存、文件系统、数据库等存储介质中，以便在应用程序重启或多个会话之间保持数据的一致性。例如，用户的登录状态可以通过状态管理来存储和验证，避免在每个请求中都需要重新进行身份验证，或许很多人会认为这种方式是不负责任的行为，程序的安全性会降低，但实际上可以通过JWT映射的方式确保用户的身份，这样不仅可以确保安全性和实时性，也可以减少验证用户身份带来的额外开销。

(3)认证和权限控制：状态管理可以用于存储和管理用户的认证信息和权限信息。通过存储用户认证状态和权限信息，应用程序可以对请求进行身份验证和授权，限制特定操作只能被授权用户执行。

(4)缓存和性能优化：通过状态管理，应用程序可以实现缓存机制，将频繁使用的数据存储在内存中，提高访问速度和响应性能。例如，对于一些需要多次查询而极少需要修改的数据可以缓存起来，避免重复计算或查询数据库带来的巨大开销，从而提高应用程序的性能，减小服务器的压力，甚至对于类似场景可以经过评估后得到服务器压力最小的时段进行自动化任务构建相关的缓存机制。

7.2 前端状态管理和后端状态管理的区别

不论是前端状态管理还是后端状态管理，它们的作用都是弥补HTTP的缺陷，实现请求的连续性和数据的共享，但实际上前后端的状态管理在概念和用途上并不相同，并不是前端使用了状态管理技术后后端就无须使用了，正确的做法一直是前后端之间相互协作，互相补充。需要注意后端框架中的状态管理和前端框架的状态管理在概念和用途上都存在一些区别。

(1)架构方向及目标不同：后端框架的状态管理主要关注服务器端数据和业务逻辑的管理，需要考虑并支持并发请求、数据共享、权限控制、事务处理等高可靠性后端功能需求。前端框架的状态管理则侧重于管理前端应用程序的视图状态、数据展示、用户交互，通过管理组件状态和响应式数据实现页面的动态更新。后端框架的状态管理一般不直接涉及视图的渲染和更新，主要处理数据的读取、存储和处理逻辑。前端框架的状态管理紧密关联着视图，可以直接影响页面的呈现和交互。

(2)数据的获取与存储来源不同：后端框架的状态管理通常通过数据库、缓存系统或其他外部服务获取和存储数据。它可以管理全局数据、会话数据、用户认证信息等。前端框架的状态管理通常使用浏览器本地存储或通过与后端API进行交互获取和更新数据，而且对于前端的状态管理来讲不应该存储大量数据。

(3)编程模型上的不同：后端框架的状态管理通常采用传统的面向对象编程模型，使用类、对象、方法等结构来组织和管理状态和业务逻辑。前端框架的状态管理则通常使用响应式编程模型，通过数据绑定和监听机制实现状态的自动更新。

再次强调，这些区别并不意味着后端框架和前端框架的状态管理完全无法相互借鉴和结合，在实际开发中，多数情况下会在前后端之间建立连接，使用一些跨平台的状态管理库或技术来统一状态管理策略，提升开发效率和协同工作的能力。

7.3　Rocket 中的状态管理

在 Rocket 框架中自然也有相应的状态管理机制来帮助开发者更加简便快速地实现相关功能。接下来将通过一个简单的示例模拟多种前端请求同一份数据进行共享的场景，代码如下：

```rust
//第 7 章 hello_rocket/src/example/state_manage.rs
#[macro_use]
extern crate rocket;

use rocket::{launch, get, routes, catchers, State};
use rocket::serde::{Serialize, Deserialize};
use rocket::serde::json::{Json, Value};
use std::mem;

//添加状态需要保证数据的原子性
//在程序中可以广泛地应用到 std::sync::atomic 下的各种类型
//use std::sync::atomic::*;
use std::sync::{Arc, Mutex};


//构建一个由数据库生成的模拟数据
#[derive(Debug, Serialize, Deserialize, Clone)]
#[serde(crate = "rocket::serde")]
struct User {
    id: u8,
    name: String,
    //status 表示用户状态(上线或离线)
    status: bool,
}

impl User {
    pub fn new(id: u8, name: &str) -> Self {
        User {
            id,
            name: String::from(name),
            status: false,
        }
    }
}

//构建一个模拟数据库的结构体
//它的目的是生成一个数据
```

```rust
//再将数据添加到状态管理中
struct DB;

impl DB {
    //生成一系列用户数据
    pub fn product() -> Vec<User> {
        let mut users: Vec<User> = Vec::new();
        for (id, name) in [
            (1, "Matt"),
            (2, "John"),
            (3, "Kaven")
        ] {
            users.push(User::new(id, name));
        }
        users
    }
}

#[derive(Debug, Serialize, Deserialize, Clone)]
#[serde(crate = "rocket::serde")]
struct UserList(Vec<User>);

impl UserList {
    pub fn new() -> Self {
        UserList(Vec::new())
    }
    //使新数据与旧数据交换内存空间,起到替换作用
    pub fn copy_from(&mut self, value: Vec<User>) -> &mut Self {
        let _ = mem::replace(self, UserList(value));
        self
    }
}

#[get("/1")]
fn get_user_list1(arc_user_list: &State<Arc<Mutex<UserList>>>) -> Json<UserList> {
    //检查 UserList 的长度是否为 0
    //若为 0,则需要请求数据库获取 UserList
    //若不为 0,则快速返回即可
    let inner = arc_user_list.inner();
    //锁住,进行独占访问
    let mut lock_inner = inner.lock().unwrap();
    let mut user_list = UserList::new();
    if lock_inner.0.len().eq(&0_usize) {
        let _ = lock_inner.copy_from(
            DB::product()
        );
    }
    let inner_vec = lock_inner.0.clone();
    let _ = user_list.copy_from(inner_vec);
```

```rust
        Json(user_list)
    }

    #[get("/2")]
    fn get_user_list2(user_list: &State<Arc<Mutex<UserList>>>) -> Json<UserList> {
        let mut inner = user_list
            .inner()
            .lock()
            .unwrap();
        let mut user_list = UserList::new();
        let _ = user_list.copy_from(inner.0.clone());
        Json(user_list)
    }

    #[launch]
    fn rocket() -> _ {
        rocket::build()
            .mount("/", routes![get_user_list1,get_user_list2])
            //预存储数据
            .manage(
                Arc::new(
                    Mutex::new(UserList::new())
                )
            )
    }
```

对这个示例进行一下解释,首先构建了一个 User 结构体,该结构体是一个能够被数据库生成的数据(存储在数据库中的实体类),简单地设置了 3 个字段,分别是用户 ID、用户名及用户上线状态,并且为该结构体添加了序列化宏的声明,这样它就可以通过简单的 JSON 响应的方式返给前端。

接下来构建了一个用于模拟数据库的 DB 结构体,它的目的在于通过 product() 方法生成一系列的用户数据,这些被生成的数据需要被 Rocket 的状态管理机制设置为共享数据,方便被各种请求快速获取,然后构建了一个 UserList 结构体,这个结构体的构建实际上十分关键,正因为有了这个结构体,所以使杂乱的 Vec<User>有了一个外壳,因为如果仅仅是将 Vec<User>这种类型通过状态管理存储,则很可能会导致访问紊乱的问题,试想以下场景,在一个聊天应用程序中任意一个用户会存在多个群组中,假设每个群的群用户表都是 Vec<User>,则如何将不同的群加以区分,或者用户会把好友设置在不同的分组中,这些分组也可以简单地使用 Vec<User>来表示用户数据,这样很可能会导致所有分组都是同一组数据,这也失去了分组的意义。

一个可以被程序所区分的外壳就显得尤为重要了,在这个 UserList 结构体中定义了两种方法:初始化空结构体的 new() 方法和用于更新 UserList 中的数据的 copy_from() 方法。

紧接着编写了两个用于获取 UserList 的业务 API,get_user_list1()接口希望获取一个有数据的 Json<UserList>，当调用该接口时首先 Rocket 帮助程序注入被管理的 UserList，在这里需要注意，Rocket 注入的类型实际上是 &State<Arc<Mutex<UserList>>>，因为被 Rocket 的状态管理机制进行管理后会添加上一层 State 的外壳，而 Arc<Mutex>则是使用了标准库中的原子引用计数和并发原语来保证线程的安全性，由于 Arc 本身是不可变的，所以单独使用 Arc 对 UserList 进行处理则会导致无法更改这个共享数据，因此为了使该数据可被更新，引入了 Mutex，Mutex 提供了独占访问机制，在修改数据时需要进行加锁，在接口中对该数据的长度进行判断，当长度为 0 时，表示没有用户数据，调用 DB 结构体，以便生成数据，而当长度非 0 时，则进行快速返回。另一个 get_user_list2() 接口仅仅用于简单地获取 UserList 这个目标数据而已。最后将两个接口进行绑定并让 Rocket 管理一个空 UserList 即可。

接下来进行接口测试，第 1 次请求 http://127.0.0.1:8080/2 时发现并没有返回任何数据，表示 UserList 数据为空，第 2 次请求 http://127.0.0.1:8080/1 时发现 UserList 已经存在数据了，显然成功地将管理的 UserList 进行了更新，第 3 次再次对 http://127.0.0.1:8080/2 进行请求时，UserList 与第 2 次请求相同，说明 Rocket 的状态管理帮助程序共享了数据，测试成功，测试结果如图 7-1 所示。

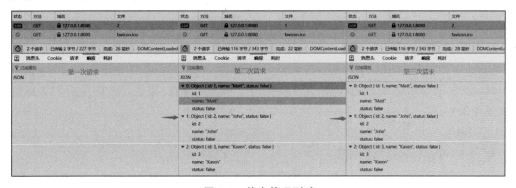

图 7-1 状态管理测试

第 8 章 新一代数据库 SurrealDB

CHAPTER 8

本章将讲解 SurrealDB 数据库。在这一章中,首先会介绍 SurrealDB 的基本概念,让读者对这一独特的数据库有一个全面的了解。接着,说明 SurrealDB 相较于其他数据库的显著优势,帮助读者理解为什么 SurrealDB 在众多数据库中会脱颖而出。

在理论部分之后,将进入实践阶段。详细讲解如何安装 SurrealDB,确保读者能够顺利地在自己的计算机上运行这一数据库。此外,还准备了一系列精心挑选的例子,通过这些例子,读者将能系统地学习所有 CLI 命令操作,从而更深入地理解和掌握 SurrealDB 的各类 SurrealQL 语句。

在本章的学习过程中,读者不仅会学习如何使用 SurrealDB,还会了解到其背后的原理,从而能够更好地利用 SurrealDB 的优势,解决实际问题。完成这一章的学习后,读者将对 SurrealDB 有全面而深入的理解,完全掌握与之相关的操作,为进一步的学习和实践打下坚实的基础。

8.1 SurrealDB 简介

SurrealDB 是一个分布式、高性能、可扩展的端到端云原生开源数据库,并且它并非是一个关系型或非关系型数据库,而是它们的结合,它专注于提供快速的存储和检索能力,并支持对大规模数据进行处理和分析。SurrealDB 的功能丰富,无论是简单的练手项目还是需要支持高性能的分布式应用程序都有很好的表现。它具有良好的可扩展性和灵活性,可以满足不同类型的应用程序需求。以下是 SurrealDB 的一些主要特点和功能。

(1) 分布式架构:SurrealDB 使用分布式架构,可以在多个节点上存储和处理数据。这使它能够处理大规模的数据集,并提供高可用性和容错能力。当前版本的 SurrealDB 已经支持通过 Kubernetes 进行分布式部署,将来将会增加更多部署方式。

(2) 高性能:SurrealDB 采用了优化的数据存储和索引结构,以提供快速的数据访问速度。它支持基于内存和磁盘的存储引擎,并且针对不同类型的工作负载进行了优化。

(3) 数据模型:SurrealDB 支持灵活的数据模型,包括键-值对、文档和列族等。可以根据应用程序的需求选择适合的数据模型来存储和查询数据。

（4）ACID事务支持：SurrealDB提供了ACID（原子性、一致性、隔离性和持久性）事务支持，确保数据的一致性和可靠性。可以使用事务来执行复杂的操作，同时保持数据的完整性。

（5）丰富的查询语言：SurrealDB提供了强大的查询语言，可以使用类似SQL的语法进行数据查询和分析。它支持聚合、过滤条件、排序和连接等常见的查询操作，此外SurrealDB也支持使用如JSON Patch的方式对数据进行增、删、改、查操作。

（6）优秀的扩展性：SurrealDB具有良好的可扩展性，可以根据数据量和负载需求增加节点，以便进行水平扩展。它可以自动分片和负载均衡数据，以提供高吞吐量和低延迟的访问性能。

（7）多语言支持：SurrealDB提供了多种编程语言的客户端驱动程序和接口，可以方便地与各种应用程序集成。对于SurrealDB而言，不仅可以使用热门的后端语言，如Java、Rust、Go，也可以使用Node.js、JavaScript对数据库进行操作与管理。除此之外，SurrealDB还支持直接使用发起网络请求的方式对数据库进行操作，这使即使当前有些语言的SDK并没有得到完全支持，也可以通过发起请求的方式进行集成。

8.2 与其他数据库的区别

SurrealDB常常被称为新一代数据库或下一代数据库，所以在这节中主要说明SurrealDB与传统数据库相比到底有哪些不同点或者说有哪些创新点使它坐拥未来，下面对其新颖之处进行具体介绍。

8.2.1 适应未来的架构与模型

SurrealDB采用分布式架构，它是一种分布式数据库系统，可以在多个节点上分布存储和处理数据。这使它能够处理大规模的数据集，并提供高可用性和容错能力，而传统关系数据库（如MySQL、Oracle、SQL Server等）通常是针对单节点环境设计的，即将数据存储在单个服务器上，并通过单个实例进行访问和管理，因此，在这些传统数据库中，通常不包含分布式系统功能，也就无法进行分布式存储和处理。尽管传统数据库的存储和管理能力已经得到了极大提升，但是在面对海量数据和高并发访问时，仍然存在性能瓶颈和可扩展性问题。

SurrealDB拥有丰富的数据模型及大规模数据处理能力，支持灵活的数据模型，包括键-值对、文档和列族等，可以根据应用程序的需求选择适合的数据模型来存储和查询数据并且SurrealDB本身提供高性能的分布式数据处理和分析功能，支持海量数据的快速存储和检索。这使它适用于处理需要进行复杂分析和处理的大型数据集的应用场景。对于如今这种数据大爆炸的时代有着天然的优势。

SurrealDB不是一个简单的数据库，而是一个可满足不同需求的集NOSQL与关系数据库于一体的超级数据库,开发者不仅可以将它当作传统关系数据库使用,也可以将它当作 MongoDB 那样的文档数据库使用,还可以将它对标 Neo4j,作为图形数据库使用,在多方面 SurrealDB 都提供了良好的支持。

1. SurrealDB 作为传统关系数据库

作为传统关系数据库,需要具备完整的数据结构上的逻辑关系,拥有事务机制来保障数据的一致性,易于维护,有实体完整性、参照完整性以确保数据的安全和可靠。对于这些特质,SurrealDB 都能非常良好地实现。SurrealDB 目前已经支持 Rust、C、Java、Python 等主流后端语言,后续还会增加对更多语言的支持,对于前端而言目前 SurrealDB 支持直接使用 JS 进行操作,后续还会直接对多种主流前端框架进行支持,因此对于绝大多数程序而言能进行快速过渡和使用。接下来通过 SurrealDB 的系统模型与传统关系数据库的系统模型进行对比,以此来更好地理解它,如图 8-1 所示。

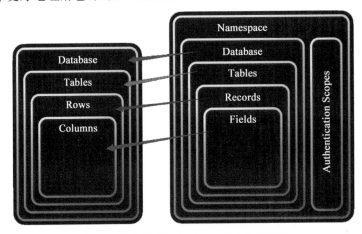

图 8-1 传统数据库与 SurrealDB 模型映射

图 8-1 展示了两者的模型映射关系,但对于没有接触过数据库中 Records 和 Fields 层的读者一定会感到有些陌生,下面对 SurrealDB 的 6 层分别进行说明。

(1) Namespace:命名空间是 SurrealDB 中最顶层的概念。它是数据库中的一个独立区域,用于组织和隔离不同的数据库和数据集。可以将命名空间看作一个数据库容器,用于存储和管理多个子数据库。

(2) Database:数据库是命名空间中的一个实体,用于组织和管理数据。在数据库中,可以创建多个表格以存储和组织数据。不要将这个概念与"数据库"相混淆。

(3) Tables:表是数据库中存储数据的主要结构。可以将其视为二维的数据表,类似于 Excel 表格或者矩阵。每个表由列(字段 Fields)和行(记录 Records)组成。表中的每列定义了特定类型的数据,而每行则表示一个完整的数据记录。

(4) Records:数据记录表示表的一行数据,它是字段的集合,对于记录而言它可以是独立的,也可以与其他记录之间建立关联关系。

(5) Fields:字段是表中的一列数据,列的集合构成一条记录,字段的类型有很多,例如字符串、整型、浮点型、布尔型等，字段的类型在一定程度上取决于数据库的设计。

（6）Authentication Scopes：身份验证范围是 SurrealDB 中对于身份权限的一个概念，用于控制对数据库的访问权限。可以为每个数据库或表格配置特定的身份验证范围，以限制或允许不同用户、角色或组织的访问，以确保不同用户对数据库操作的安全性。SurrealDB 被设计和开发为一个多租户数据库平台，具有高级 Namespace 层，用于分隔每个组织、部门或开发团队。SurrealDB 上的命名空间的数量没有限制。

下面通过一张模型映射表来陈述传统数据库和 SurrealDB 的概念映射，如表 8-1 所示。

表 8-1 传统数据库和 SurrealDB 的概念映射

传统关系数据库	SurrealDB
database	database
table	table
row	record
column	field
index	index
primary key	record id
transaction	transaction
join	record links, embedding and graph relations

2. SurrealDB 作为文档数据库

实际上 SurrealDB 的核心还是一个文档数据库，通过其底层的键值存储引擎对记录进行存储，它可直接支持数组和集合类型的数据。具有灵活的数据模型，能够存储半结构化、非结构化和结构化数据，无须事先定义固定的表结构。这种无模式特质使开发人员能够以自由形式存储和查询数据，从而提高了应对需求变化和数据多样性的能力。NOSQL 为现代数据需求提供了高效、可扩展的解决方案。各个模块都在其专业领域提供了出色的功能，并与其他模块紧密合作，确保数据的快速存取、查询与分析，如图 8-2 所示。

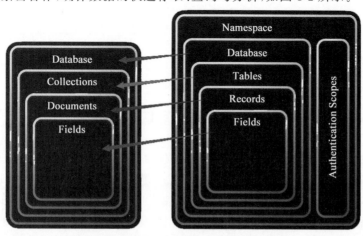

图 8-2 文档数据库与 SurrealDB 模型映射

同样也通过一张模型映射表来陈述文档数据库和 SurrealDB 的概念映射,如表 8-2 所示。

表 8-2 文档数据库和 SurrealDB 的概念映射

文档数据库	SurrealDB
database	database
collection	table
document	record
field	field
index	index
object Id	record id
transaction	transaction
reference and embedding	record links,embedding and graph relations

3. SurrealDB 作为图形数据库

由于 SurrealDB 处理记录 ID 的方式及从底层键值存储引擎获取单个记录的方式,它可以用于存储时间序列有序数据和高度连接的图形数据。使用图形数据库可以更好地表达现实世界中的关系,非常直观且自然,便于建模。图形数据库可以高效地插入大量数据。图形数据库在知识图谱等领域有着广泛的应用。由于其高效的关联查询能力,知识图谱中可以应用图形数据库来存储和查询信息。

最后也通过一张模型映射表来陈述图形数据库和 SurrealDB 的概念映射,如表 8-3 所示。

表 8-3 图形数据库和 SurrealDB 的概念映射

图形数据库	SurrealDB
database	database
node label	table
node	record
node property	field
index	index
id	record id
transaction	transaction
relationships	record links,embedding and graph relations

8.2.2 自我优化和强大的性能

SurrealDB 提供了自动化的配置和管理功能,包括自动分片、负载均衡、数据复制和故障恢复等,使它更易于部署和管理。

强大的性能与可靠的自我优化,对于传统数据库而言常常需要开发者进行调优,实际上对于多数开发者而言这个过程是比较复杂的,而且需要拥有一定的经验,对于基础类的优化,例如查询优化、数据库的设计优化及并发控制,SurrealDB 与传统数据库相差不多,但 SurrealDB 针对大规模数据处理和分析等工作负载进行了优化,提供了高效的查询和管理性能。它支持基于内存和磁盘的存储引擎,并且可以根据具体的工作负载进行自适应调整和优化。

8.2.3 多用户权限管理

SurrealDB 拥有强大的用户权限控制，支持多角色多权限等级的数据库管理控制机制，SurrealDB 支持基于行级别的权限控制，可以对数据库中的每行数据进行细粒度的权限设置。这意味着可以根据具体需要，为不同的用户或用户组分配不同的权限，除了常见的读、写权限外，还可以对用户进行更细粒度的授权，如删除、更新、插入等操作权限。这使权限管理更加灵活，可以满足不同应用场景的需求。此外，SurrealDB 具备动态权限管理机制，可以在运行时根据需求灵活地调整和管理用户权限。管理员可以根据实际情况对用户权限进行动态授权、撤销或修改，而无须重启数据库或重置用户权限。

8.3 安装 SurrealDB

SurrealDB 支持 Windows、Mac、Linux、Docker 共 4 种形式的安装，在本书中仅演示在 Windows 操作系统上安装 SurrealDB 数据库。对于其他安装方式可以参考 SurrealDB 官方文档 https://surrealdb.com/docs/installation。

相较于一些传统数据库的安装而言 SurrealDB 的安装方式十分友好，只需在终端下输入简单的一行命令便可以完成安装，安装成功后就可以在 C 盘的 Program Files 目录下的 SurrealDB 目录下找到 SurrealDB 的可执行文件，并且以这种方式安装的 SurrealDB 会自动帮助用户配置环境变量，安装命令如下：

```
//Windows 操作系统下通过终端安装 SurrealDB 命令
iwr https://windows.surrealdb.com -useb | iex
```

完成安装后，再次打开终端，输入 surreal version 或 surreal help 命令，若终端正常输出 SurrealDB 的版本或 SurrealDB 的 LOGO 标识和帮助命令信息就能够验证是否安装成功，安装成功如图 8-3 所示。

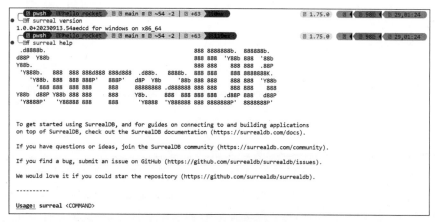

图 8-3 SurrealDB 检验安装成功

8.4 SurrealDB 命令总览

SurrealDB 命令行程序当前共有 10 个命令,下面就对这些命令进行梳理,本节结束后读者将大致掌握这些命令的用法及子命令和相关参数。命令中有些知识点或许对读者来讲并不了解,当遇到不了解的知识点时可查询 8.5 节中的 SurrealDB 基础知识说明进行学习。

完整的命令总览如表 8-4 所示。

表 8-4 SurrealDB 命令总览

命 名	解 释	例 子
start	启动命令	surreal start -s --auth --user root --pass root memory
sql	查询终端命令	surreal sql --conn http://127.0.0.1:10086 --user root --pass root --ns test --db test -pretty
export	导出命令	surreal export --conn http://127.0.0.1:10086 --user root --pass root --ns test --db test E://surreal_backup/ns_test_db_test.surql
import	导入命令	surreal import --conn http://127.0.0.1:10086 --user root --pass root --ns test2 --db test2 E://surreal_backup/ns_test_db_test.surql
version	版本命令	surreal version
upgrade	更新命令	surreal upgrade
is-ready	检查连接命令	surreal is-ready --conn http://127.0.0.1:10086
backup	备份命令	surreal backup --user root --pass root http://127.0.0.1:10086
validate	验证命令	surreal validate E://surreal_backup/ns_test_db_test.surql

8.4.1 数据库启动命令

通过 surreal start 相关命令便可以对数据库进行启动,由于启动命令的相关参数选项众多,接下来一点点进行解析,将启动命令融会贯通,首先在终端中使用 surreal start -help 命令得到启动命令的相关帮助信息。

1. 命令总述

1) 命令说明

本段主要介绍如何使用命令行启动 SurrealDB 数据库服务,并提供一些基本的操作指南和建议。

首先在终端输入 surreal start --help 命令,用户可以获取有关如何启动 SurrealDB 服务的详细帮助信息。这一步骤对于初学者或是需要快速查找特定命令选项的用户来讲非常有用。

由于 SurrealDB 默认不会随系统启动而自动启动,因此每次需要使用 SurrealDB 时都必须手动执行启动命令。这一操作步骤确保了数据库服务按需启动,避免了不必要的资源消耗。

通过命令格式可以让用户了解启动SurrealDB服务时可用的选项和参数。这里的方括号表示选项和参数是可选的,用户可以根据自己的需求选择是否添加这些选项和参数。

虽然手动启动很灵活,但为了便利,建议用户编写批处理脚本(如bat脚本),实现SurrealDB服务的开机自启。这样一来,每次开机时,SurrealDB服务就会自动启动,省去了手动启动的步骤,提高了使用效率。

SurrealDB启动命令的说明部分如下:

```
//在终端中输入启动命令帮助命令获取帮助信息
> surreal start -- help

//启动数据库服务,由于SurrealDB并不是开机自启动的,所以每次使用前需要使用启动命令开启
//SurrealDB服务
//后续可以使用bat脚本的方式使SurrealDB在开机时进行自启动
Start the database server

//命令用法:surreal start [选项] [地址]
//方括号中的内容结合帮助信息中的对应Options和Arguments便可以推断得出
Usage: surreal start [OPTIONS] [PATH]
```

2) 变量部分

接下来对变量部分进行解释,地址变量用于设置存储数据的数据库路径,用户可以通过这个参数来定义数据应该被存储在哪个具体的路径上,环境参数是一个可选项,默认值为default。这个参数的设置会直接影响数据的存储方式。

(1) default:若用户不指定环境参数,则默认使用基于内存的存储(Memory),这意味着SurrealDB将在停机后清除所有数据。这种模式适合于临时测试或开发环境,其中数据的持久化不是必需的。

(2) env:用户也可以选择使用持久化的存储方案,将数据持久化存储到文件系统或其他支持的存储后端中。支持的持久化存储方案包括以下几种。

① file:< path >:将数据存储在指定路径的文件中。
② tikv:< addr >:使用TiKV作为存储后端。
③ file://< path >:另一种文件路径指定方式。
④ tikv://< addr >:通过URL指定TiKV地址的另一种方式。

SurrealDB启动命令的变量部分如下:

```
//变量
Arguments:
//[PATH] 地址变量用于设置存储数据的数据库路径
    [PATH]
            Database path used for storing data
    //env 表示环境参数,这里指出环境参数为可选值,默认为default
    //default:表示默认的环境参数(用户不指定),使用memory,表示基于内存,使用该方式,
    //SurrealDB在停机后会清除所有数据
```

```
//env:表示使用持久化的存储方案,即用户可以将数据存储到文件中,可选方式有很多
//    1. file:<path>
//    2. tikv:<addr>
//    3. file://<path>
//    4. tikv://<addr>
//    5. default:memory
[env: SURREAL_PATH = ]
[default: memory]
```

3)选项部分

选项部分提供了对日志级别、启动画面显示等方面的配置能力。

日志选项允许用户定义 SurrealDB 的日志级别,从而控制日志的详细程度。日志不仅有助于监控数据库的运行状态,也是故障排查的重要工具。默认的日志级别是 info,根据用户的需求,可以通过环境变量 SURREAL_LOG 或命令行选项来调整。根据用户的需求,可以设置不同的日志级别。

(1) none:不记录或打印任何日志。

(2) full:记录完整的日志。

(3) error:仅记录错误级别的日志。

(4) warn:记录警告及以上级别的日志。

(5) info:记录基础信息及以上级别的日志。

(6) debug:记录调试及以上级别的日志。

(7) trace:记录所有级别的日志,提供最详细的信息。

在默认情况下,SurrealDB 在启动时会显示一个启动的 LOGO 画面。如果用户希望隐藏这个启动画面,则可以使用--no-banner 选项。这个选项可以通过环境变量 SURREAL_NO_BANNER 设置,适用于那些希望减少启动时输出信息的场景。

SurrealDB 启动命令的选项部分如下:

```
//选项
Options:
//-l, --log:表示使用的日志选项,SurrealDB 会记录数据库操作日志,以便在故障发生时更好地
//进行排错
//SurrealDB 的日志记录位置取决于用户设置的数据存储位置,若使用 memory 模式,则日志不会被记
//录到规定的目录中
//例如,如果将数据存储目录设置为 E://surrealdb_datas,日志则会记录在该目录下的 LOG 文件中
//SurrealDB 默认使用的日志级别为 info
//SurrealDB 的日志级别为 error > warn > info > debug > trace
//日志的可选值包括
//    1. none:不记录且不打印任何日志
//    2. full:记录完整日志
//    3. error:仅记录日志级别为错误(致命)级别的日志
//    4. warn:仅记录日志级别为警告及以上级别的日志( error + warn )
//    5. info:仅记录日志级别为基础信息及以上级别的日志( error + warn + info )
//    6. debug:仅记录日志级别为调试及以上级别的日志( error + warn + info + debug )
//    7. trace:仅记录日志级别为跟踪及以上级别的日志( error + warn + info + debug +
//trace )
```

```
        -l, --log <LOG>
                The logging level for the database server

                [env: SURREAL_LOG=]
                [default: info]
                [possible values: none, full, error, warn, info, debug, trace]
//--no-banner:表示隐藏 SurrealDB 的 LOGO,默认下开启
        --no-banner
                Whether to hide the startup banner

                [env: SURREAL_NO_BANNER=]
//-h --help:打印帮助信息,可使用 surreal start --help 命令
        -h, --help
                Print help (see a summary with '-h')
```

4)数据库相关参数部分

数据库相关参数部分提供了对数据库操作行为的细节控制,包括垃圾收集间隔、严格模式的开启、查询超时和事务超时等设置。

垃圾收集间隔时间,默认为 10s。根据应用程序的具体业务场景和系统负载情况,用户可以调整这个间隔时间,以平衡系统性能和资源使用效率。

启用数据库的严格模式会使系统强制执行一些严格的内部规则和检查,其目的是增强数据的一致性和可靠性。在默认情况下,数据库不启用严格模式,但对于需要高数据准确性的应用场景,启用严格模式可能是一个好的选择。

查询超时是设置一组 SQL 语句可以运行的最长持续时间,如果执行时间超过这个限制,则系统会中断该语句的执行并进行回滚。这个参数可以防止某些查询由于执行时间过长而占用过多资源,影响数据库其他操作的性能。

事务超时是设置执行一组事务的最长持续时间,如果事务执行时间超过这个限制,则系统会认为该事务失败,并取消该事务。这个参数有助于保证事务不会因为长时间运行而锁定资源,从而影响数据库的整体性能。

SurrealDB 启动命令的数据库相关参数部分如下:

```
//数据库相关参数
Database:
//--tick-interval:运行节点代理 tick 的间隔(包括垃圾收集),默认为 10s
//节点代理 tick 的间隔时间应该根据具体业务场景和系统负载情况来设定
        --tick-interval <TICK_INTERVAL>
                The interval at which to run node agent tick (including garbage collection)

                [env: SURREAL_TICK_INTERVAL=]
                [default: 10s]
//-s, --strict:表示启动数据库的严格模式,默认为使用普通模式,使用普通模式不需要指定该选项
//SurrealDB 的严格模式启动时系统会强制执行一些严格的内部规则和检查,以增强数据一致性和
//可靠性
        -s, --strict
```

```
                Whether strict mode is enabled on this database instance

                [env: SURREAL_STRICT = ]
// -- query-timeout:设置一组语句可以运行的最长持续时间(超时时间),如果超出最长时间,则会
//中断该语句并进行回滚,默认无须设置该参数
        -- query-timeout <QUERY_TIMEOUT>
                The maximum duration that a set of statements can run for

                [env: SURREAL_QUERY_TIMEOUT = ]
// -- transaction-timeout:设置执行一组事务的超时时间,若事务超出该超时时间,则表示事务
//失败,那么就会取消该事务
        -- transaction-timeout <TRANSACTION_TIMEOUT>
                The maximum duration that any single transaction can run for

                [env: SURREAL_TRANSACTION_TIMEOUT = ]
```

5)权限认证部分

权限认证相关部分提供了对数据库访问权限的初步设置,包括用户名、密码及是否启用权限认证的选项。

通常,root作为数据库的默认根用户名,但用户可以根据需要自定义用户名。这个选项支持简写形式--user,而密码将作为根用户的密码。这为数据库访问提供了基本的安全保护。这个选项也有一个简写形式--pass。

在默认情况下,SurrealDB不会启用权限认证,但在数据库涉及多用户和隐私数据时,启用权限认证变得非常重要。启用权限认证可以确保只有经过授权的用户才能访问数据库,增强了数据库的安全性。

SurrealDB启动命令的权限认证部分如下:

```
//权限认证
Authentication:
// -u, -- username:SurrealDB启动时的用户名,该选项可以简写为 -- user
//一般常使用root作为数据库的根用户名,当然也可以指定其他的用户名,这是任意的
    -u, --username <USERNAME>
            The username for the initial database root user. Only if no other root user exists

            [env: SURREAL_USER = ]
            [aliases: user]
// -p, -- password:设置当前SurrealDB用户的密码,若数据库不存在其他用户,则是根用户的密码
//同样该选项可以简写为 -- pass
    -p, --password <PASSWORD>
            The password for the initial database root user. Only if no other root user exists

            [env: SURREAL_PASS = ]
            [aliases: pass]
// -- auth:是否开启权限认证,默认不包含该选项,但当数据库涉及多用户和隐私数据时该选项就
//显得十分重要了
        -- auth
```

```
            Whether to enable authentication

          [env: SURREAL_AUTH = ]
```

6）远程 KV 存储连接

远程 KV 存储连接部分提供了用于安全连接到远程键值存储（KV 存储）的设置。这些设置通过指定证书文件、私钥文件和 CA 文件的路径来确保与远程 KV 存储的通信是安全的。

SurrealDB 启动命令的远程 KV 存储连接部分如下：

```
//数据库远程 KV 存储连接
Datastore connection:
// -- kvs-ca:指定用于与远程 KV 存储建立连接时的 CA(Certificate Authority)文件的路径
//CA 文件包含了信任的根证书,用于验证远程 KV 存储的身份
      -- kvs-ca < KVS_CA >
          Path to the CA file used when connecting to the remote KV store

          [env: SURREAL_KVS_CA = ]

// -- kvs-crt:指定用于与远程 KV 存储建立连接时使用的证书文件的路径。该证书用于验证
//SurrealDB 的身份,以确保安全通信
      -- kvs-crt < KVS_CRT >
          Path to the certificate file used when connecting to the remote KV store

          [env: SURREAL_KVS_CRT = ]

// -- kvs-key:指定用于与远程 KV 存储建立连接时使用的私钥文件的路径。私钥文件用于对连接
//进行加密和解密,确保数据传输的机密性
      -- kvs-key < KVS_KEY >
          Path to the private key file used when connecting to the remote KV store

          [env: SURREAL_KVS_KEY = ]
```

7）HTTP 服务器部分

HTTP 服务器部分提供了一系列选项，用于配置 HTTP 服务器的安全性、客户端 IP 检测方法及服务器绑定地址。

SurrealDB 启动命令的 HTTP 服务器部分如下：

```
//HTTP 服务器
HTTP server:
// -- web-crt:指定用于加密客户端连接的证书文件路径。该证书用于对客户端和服务器端之间的
//通信进行加密,确保数据传输的安全性
      -- web-crt < WEB_CRT >
          Path to the certificate file for encrypted client connections

          [env: SURREAL_WEB_CRT = ]
// -- web-key:指定用于加密客户端连接的私钥文件路径。私钥文件用于对加密通信的数据进行
//解密,确保只有合法的客户端能够访问服务器
```

```
              --web-key <WEB_KEY>
                  Path to the private key file for encrypted client connections

                  [env: SURREAL_WEB_KEY=]

//--client-ip:指定用于检测客户端 IP 地址的方法
//该选项可以帮助 SurrealDB 连接客户端的 IP 地址,进行一些操作或记录日志等
//这个选项可以设置不同的值来指定不同的客户端 IP 检测方法(该选项可能会随着 SurrealDB 的更
//新增加更多的远程连接支持)
//   1. none:不使用客户端 IP,即不获取客户端的 IP 地址
//   2. socket:使用原始套接字获取客户端的 IP 地址
//   3. CF-Connecting-IP:使用云服务提供商 Cloudflare 的连接 IP 方法获取客户端 IP
//   4. Fly-Client-IP:使用 Fly.io 平台的客户端 IP 方法获取客户端 IP
//   5. True-Client-IP:使用 Akamai、Cloudflare 等服务商的真实客户端 IP 方法获取客户端 IP
//   6. X-Real-IP:使用 Nginx 的真实 IP 方法获取客户端 IP
//   7. X-Forwarded-For:使用来自其他代理的行业标准头部获取客户端 IP
              --client-ip <CLIENT_IP>
                  The method of detecting the client's IP address

                  [env: SURREAL_CLIENT_IP=]
                  [default: socket]

                  Possible values:
                  - none:              Don't use client IP
                  - socket:            Raw socket IP
                  - CF-Connecting-IP:  Cloudflare connecting IP
                  - Fly-Client-IP:     Fly.io client IP
                  - True-Client-IP:    Akamai, Cloudflare true client IP
                  - X-Real-IP:         Nginx real IP
                  - X-Forwarded-For:   Industry standard header used by many proxies

//-b, --bind:设置 HTTP 服务器连接地址,默认使用 0.0.0.0:8000
//若个人使用,则建议使用 127.0.0.1 的本机地址,端口号设置[0,65535],建议端口号为
//[1024,49151]
          -b, --bind <LISTEN_ADDRESSES>
                  The hostname or ip address to listen for connections on

                  [env: SURREAL_BIND=]
                  [default: 0.0.0.0:8000]
```

8)功能部分

功能配置选项,允许用户根据需求启用或禁用某些功能。这些选项可以帮助用户精细地控制数据库的行为,增强安全性。

与上述允许(allow)选项相对,还有一系列禁止(deny)选项,允许用户显式禁用某些功能。

(1)-D,--deny-all:禁用所有功能,与-A 选项相对。

(2)--deny-scripting:禁止执行嵌入式脚本函数。

(3) --deny-guests：禁止游客用户执行查询操作。

(4) --deny-funcs：禁止执行指定的函数。

(5) --deny-net：禁止所有出站网络访问，或者指定禁止访问的目标。

SurrealDB 启动命令的功能部分如下：

```
//功能
Capabilities:
// -A, --allow-all:表示允许所有的功能,包括嵌入式脚本、游客用户执行查询、执行方法、
//出站访问
//需要注意,由于开启此选项可能会导致一些安全性问题,所以需要慎重考虑
      -A, --allow-all
            Allow all capabilities

            [env: SURREAL_CAPS_ALLOW_ALL = ]
//--allow-scripting:允许执行嵌入式脚本函数。启用此选项后,服务器允许执行嵌入在查询
//中的脚本函数,以扩展服务器的功能
      --allow-scripting
            Allow execution of embedded scripting functions

            [env: SURREAL_CAPS_ALLOW_SCRIPT = ]

//--allow-guests:允许游客用户执行查询。当启用此选项时,服务器允许未经身份验证的用户执
//行查询操作,而无须登录或提供凭据
      --allow-guests
            Allow guest users to execute queries

            [env: SURREAL_CAPS_ALLOW_GUESTS = ]
//--allow-funcs:允许执行特定的函数。可以通过提供逗号分隔的函数名称列表来指定要允许执
//行的函数
//例如,可以开启 http::get,说明可以使用 HTTP 的 GET 方法进行操作
      --allow-funcs [<ALLOW_FUNCS>...]
            Allow execution of functions. Optionally, you can provide a comma-separated list
of function
            names to allow.
            Function names must be in the form <family>[::<name>]. For example:
            - 'http' or 'http::*' -> Include all functions in the 'http' family
            - 'http::get' -> Include only the 'get' function in the 'http' family

            [env: SURREAL_CAPS_ALLOW_FUNC = ]
            [default: ]

//--allow-net:允许出站网络访问,允许所有出站网络访问意味着服务器可以与任何外部主
//机、服务器或网络进行通信,不受限制
      --allow-net [<ALLOW_NET>...]
            Allow all outbound network access. Optionally, you can provide a comma-separated
list of targets
            to allow.
            Targets must be in the form of <host>[:<port>], <ipv4|ipv6>[/<mask>]. For
example:
            - 'surrealdb.com', '127.0.0.1' or 'fd00::1' -> Match outbound connections to
these hosts on any
```

                port
            - 'surrealdb.com:80', '127.0.0.1:80' or 'fd00::1:80' -> Match outbound connections to these
                hosts on port 80
            - '10.0.0.0/8' or 'fd00::/8' -> Match outbound connections to any host in these networks

        [env: SURREAL_CAPS_ALLOW_NET=]
//拒绝所有功能,与-A相对
   -D, --deny-all
        Deny all capabilities

        [env: SURREAL_CAPS_DENY_ALL=]

   --deny-scripting
        Deny execution of embedded scripting functions

        [env: SURREAL_CAPS_DENY_SCRIPT=]

   --deny-guests
        Deny guest users to execute queries

        [env: SURREAL_CAPS_DENY_GUESTS=]

   --deny-funcs [<DENY_FUNCS>...]
        Deny execution of functions. Optionally, you can provide a comma-separated list of function
        names to deny.
        Function names must be in the form <family>[::<name>]. For example:
         - 'http' or 'http::*' -> Include all functions in the 'http' family
         - 'http::get' -> Include only the 'get' function in the 'http' family

        [env: SURREAL_CAPS_DENY_FUNC=]

   --deny-net [<DENY_NET>...]
        Deny all outbound network access. Optionally, you can provide a comma-separated list of targets
        to deny.
        Targets must be in the form of <host>[:<port>], <ipv4|ipv6>[/<mask>]. For example:
            - 'surrealdb.com', '127.0.0.1' or 'fd00::1' -> Match outbound connections to these hosts on any
                port
            - 'surrealdb.com:80', '127.0.0.1:80' or 'fd00::1:80' -> Match outbound connections to these
                hosts on port 80
            - '10.0.0.0/8' or 'fd00::/8' -> Match outbound connections to any host in these networks

        [env: SURREAL_CAPS_DENY_NET=]

接下来通过一张简单的表格来快速归纳启动命令的常用选项,以及给出相关例子进行快速记忆,见表 8-5。

表 8-5 常用启动参数解释表

选项	说明	例子
--user | --username | -u	-u,--username：SurrealDB 启动时的用户名,该选项可以简写为`--user`。用户名可用是任意的	--user root
--pass | --password | -p	-p,--password：设置当前 SurrealDB 用户的密码,若数据库不存在其他用户,则是根用户的密码。该选项可简写为`--pass`	--pass root
--bind	-b,--bind：设置 HTTP 服务器连接地址,默认使用 0.0.0.0:8000	--bind 127.0.0.1:6787
--strict | -s	-s,--strict：表示启动数据库的严格模式,默认使用普通模式,当使用普通模式时不需要指定该选项。当以严格模式启动时系统会强制执行一些严格的内部规则和检查,以增强数据一致性和可靠性	--strict
--log | -l	表示使用的日志选项,SurrealDB 会记录数据库操作日志以便在故障发生时更好地进行排错,默认为 info。 SurrealDB 的日志级别为 error ＞ warn ＞ info ＞ debug ＞ trace。 日志的等级如下。 1. none：不记录且不打印任何日志 2. full：记录完整日志 3. error：仅记录日志级别为错误(致命)级别的日志 4. warn：仅记录日志级别为警告及以上级别的日志(error＋warn) 5. info：仅记录日志级别为基础信息及以上级别的日志(error＋warn＋info) 6. debug：仅记录日志级别为调试及以上级别的日志(error＋warn＋info＋debug) 7. trace：仅记录日志级别为跟踪及以上级别的日志(error＋warn＋info＋debug＋trace)	--log warn
--auth	是否开启权限认证,默认不包含该选项,但当数据库涉及多用户和隐私数据时该选项就显得十分重要了	--auth
[path]	[path] 地址变量,用于设置存储数据的数据库路径,默认为 memory,表示基于内存,使用该方式,SurrealDB 在停机后会清除所有数据。表示使用持久化的存储方案,即用户可以将数据存储到文件中,可选方式有很多： 1. file：＜path＞ 2. tikv：＜addr＞ 3. file://＜path＞ 4. tikv://＜addr＞ 5. memory	file://E://surreldb_data

2. 基于 Memory 模式启动 SurrealDB

SurrealDB 默认使用内存模式进行启动，当然也可以直接进行指定，下面通过指定用户名为 root，密码为 root，绑定连接地址为 127.0.0.1:10086 进行启动，启动命令如下：

```
//指定 memory
surreal start -- user root -- pass root -- bind 127.0.0.1:10086 memory
//默认无须指定 memory,默认为 memory 模式
surreal start - - user root - - pass root - - bind 127.0.0.1:10086
```

启动后可以清晰地看到以下 3 块区域：

（1）启动的 SurrealDB 存储方式是基于内存进行存储的。

（2）SurrealDB 目前没有用户名为 root 的用户，所以该 root 用户将会被创建出来。

（3）目前 SurrealDB 绑定的连接服务地址为 127.0.0.1:10086。

启动执行的结果如图 8-4 所示。

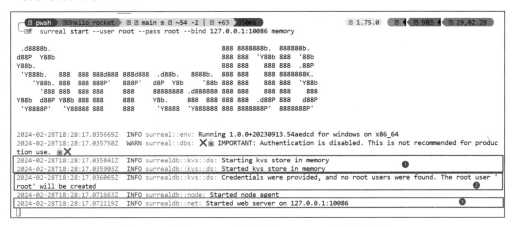

图 8-4　基于 memory 模式启动 SurrealDB 执行的结果

3. 将数据持久化到文件中

基于内存启动的 SurrealDB 在停机后数据将会被清除，无法做到数据的持久化存储，在进行测试的时候无疑是很好的选择。若需要持久化数据，则需要指定存储数据的地址，存储地址的指定方式有很多种，以下是基于本地的存储方式，启动命令如下：

```
//指定本机地址,地址为 E 盘的 surreal_datas 目录
surreal start -- user root -- pass root -- bind 127.0.0.1:10086 file:E://surreal_datas
```

启动后如内存模式一样，同样也关注这 3 块区域，第 1 块区域清楚地显示了 SurrealDB 的存储地址为 E 盘的 surreal_datas 目录，启动执行的结果如图 8-5 所示。

使用持久化存储方式启动 SurrealDB 后会在指定的存储目录中创建 7 个文件。

（1）000004.log：这是一个日志文件，用于记录 SurrealDB 的操作日志。它包含了对数据库的增、删、改操作的详细记录，用于实现数据持久化和数据恢复。

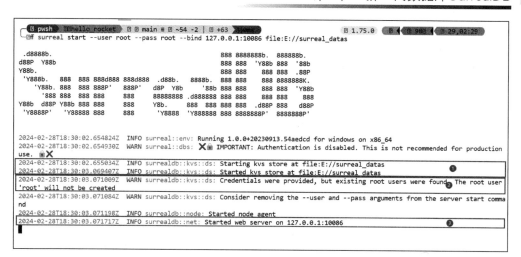

图 8-5　将数据持久化到文件中启动 SurrealDB 执行的结果

（2）CURRENT：用于记录当前使用的 SurrealDB 数据文件的编号。它会存储一个数字，表示当前正在使用的数据文件的编号。当 SurrealDB 启动时会读取 CURRENT 文件，以此来确定要加载的数据文件。

（3）IDENTITY：包含了 SurrealDB 实例的唯一标识符。它的内容可以用于识别不同的 SurrealDB 实例，以及与其他实例进行通信和同步数据。

（4）LOCK：用于实现互斥锁。在 SurrealDB 中，只允许一个进程或线程访问数据库文件，以避免并发访问导致的数据损坏。LOCK 文件用于确保只有一个实例可以同时访问数据库。

（5）LOG：这是一个日志文件，记录了 SurrealDB 的运行日志和错误信息。它包含了诊断信息、调试信息等，用于帮助开发者跟踪和解决问题。

（6）MANIFEST-000005：SurrealDB 的元数据文件，记录了数据库中存在的数据文件列表和其对应的索引信息。它用于管理和维护数据库文件，以便实现数据的持久化和恢复。

（7）OPTIONS-000007：包含了 SurrealDB 的配置选项。它记录了启动 SurrealDB 时使用的配置参数，如存储路径、数据文件大小、后台作业数等。这些配置选项可以影响 SurrealDB 的行为和性能。

文件存储目录如图 8-6 所示。

4. 基于严格模式及权限认证启动 SurrealDB

SurrealDB 默认不启动严格模式，严格模式启动时系统会强制执行一些严格的内部规则和检查，对于需要强可靠性的场景十分必要，而权限认证是当数据库涉及多用户和隐私数据时的必要需求。启动命令如下：

```
//使用严格模式启动 SurrealDB 且不指定登录用户
surreal start -- strict -- auth -- bind 127.0.0.1:10086 file:E://surreal_datas
//使用严格模式启动 SurrealDB 且指定登录的用户名和密码
surreal start -- strict -- user root -- pass root -- auth -- bind 127.0.0.1:10086 memory
```

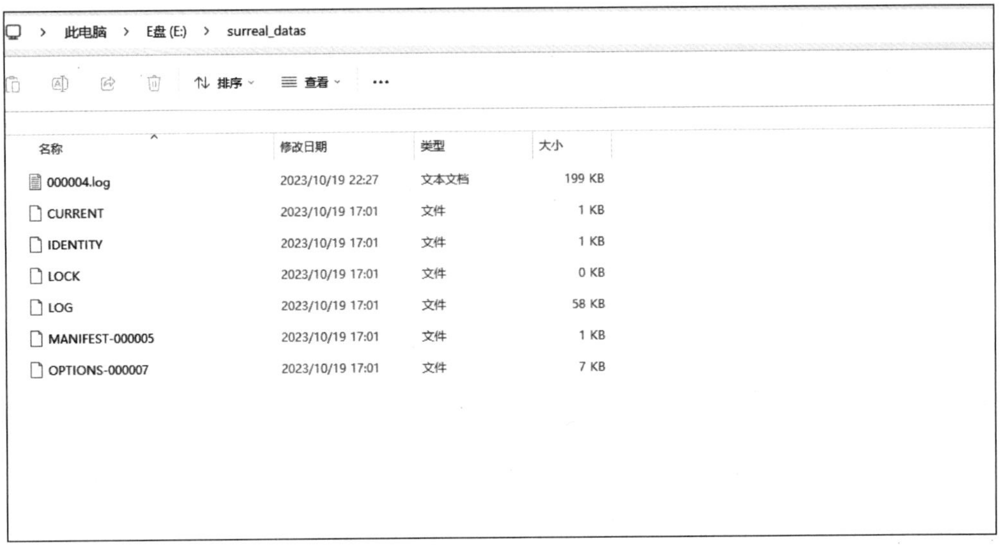

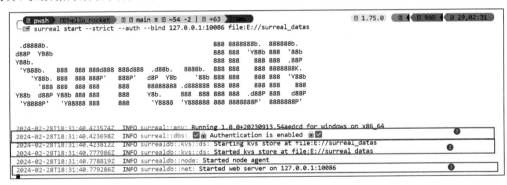

图 8-6 持久化存储模式下的文件目录

在这里主要关注到的是①号标志位的行,对比无认证方式,这种方式实际上是更加推荐的方式,数据库启动执行的结果如图 8-7 所示。

图 8-7 基于严格模式和权限认证启动 SurrealDB 执行的结果

8.4.2 数据库操作命令

通过 surreal sql 命令可以启动 SurrealDB 的命令行执行终端,该命令行终端是一种子终端,可以使用 WebSocket 协议或者 HTTP 对 SurrealDB 进行连接,通常被使用在直接与数据库进行交互的场景中。它是一种自含式语言,允许用户在终端键盘上直接输入 SQL 命令来操作数据库。通过这种方式,可以进行各种数据的基本操作,包括增加数据、删除数据、修改数据及查询数据。对于没有图形化界面的用户,这种方式是十分有效的。需要注意的是,使用该命令的基础是已经开启了 SurrealDB 数据库服务,该命令的帮助解释信息如下:

```
//SQL命令用于启动Surreal的命令行查询终端
Start an SQL REPL in your terminal with pipe support


//命令用法:surreal sql [选项]
Usage: surreal sql [OPTIONS]


//选项
Options:
//表示指定数据库连接URL的方式和连接地址,默认使用WebSocket协议连接
//localhost:8000,当然也可以使用HTTP进行连接,可以将该选项的别名指定为conn
    -e, --endpoint <ENDPOINT> Remote database server url to connect to [default: ws://
localhost:8000][aliases: conn]
//指定连接数据库的用户名,不同用户有不同的操作权限,连接的别名为user
    -u, --username <USERNAME> Database authentication username to use when connecting
[env:SURREAL_USER = ] [aliases: user]
//指定连接用户的密码,连接的别名为pass
    -p, --password <PASSWORD> Database authentication password to use when connecting
[env:SURREAL_PASS = ] [aliases: pass]
//指定连接SurrealDB数据库的命名空间,该选项的别名为ns
        --namespace <NAMESPACE> The namespace selected for the operation [env: SURREAL_
NAMESPACE = ][aliases: ns]
//指定连接SurrealDB数据库的数据库名称,该选项的别名为db
        --database <DATABASE> The database selected for the operation [env: SURREAL_
DATABASE = ][aliases: db]
//将数据库响应的打印方式设置为pretty,也就是更加优美的打印方式(格式化输出)
        --pretty Whether database responses should be pretty printed
//设置是否使用JSON方式发出结果
        --json Whether to emit results in JSON
//设置省略分号是否会导致换行,即可多行进行数据库语句的编写方式
        --multi Whether omitting semicolon causes a newline
    -h, --help Print help
```

1. 使用HTTP连接SurrealDB

下面使用HTTP连接SurrealDB服务,将连接地址指定为127.0.0.1:10086,并设定连接时使用的用户名和密码,以及连接的命名空间和数据库,虽然这里的命名空间和数据库实际上都没有定义,但可以在后续进行定义,连接命令和执行系列命令如下:

```
//使用HTTP连接
surreal sql --conn http://127.0.0.1:10086 --user root --pass root --ns test --db test
--pretty
//定义命名空间
define namespace test
//定义数据库
```

```
define database test
//定义表
define table user
//创建表中的数据
create user set userId = '1001', name = 'Matt';
//查询表
select * from user;
```

连接数据库并执行查询命令,如图 8-8 所示。

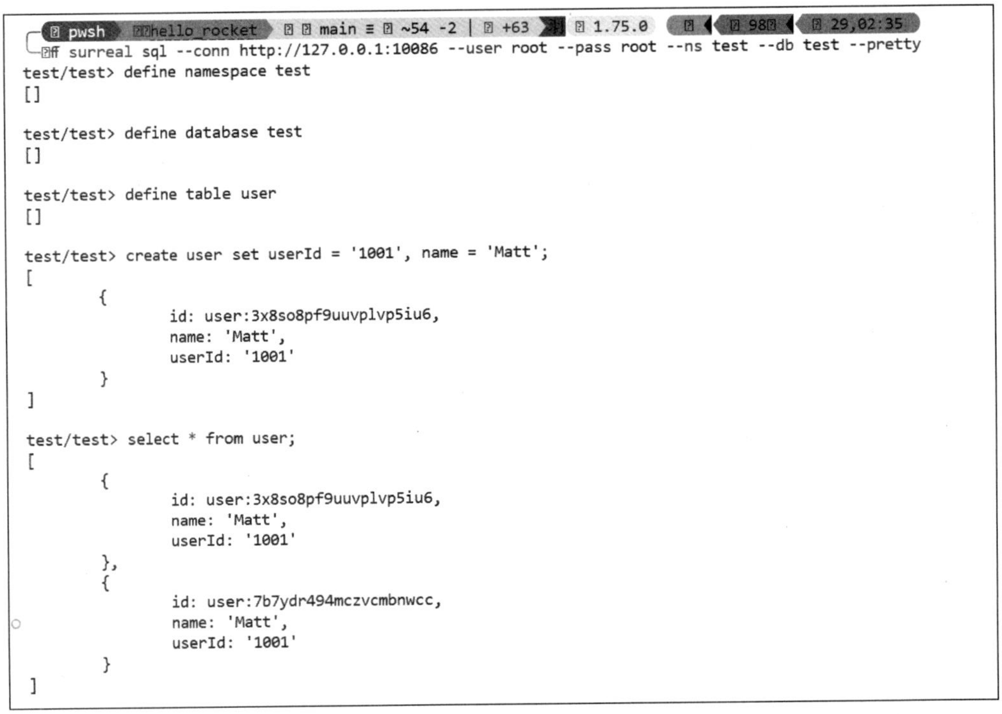

```
 pwsh    hello_rocket    main ≡   ~54 -2 |  +63  测  1.75.0    98  29,02:35
ff surreal sql --conn http://127.0.0.1:10086 --user root --pass root --ns test --db test --pretty
test/test> define namespace test
[]
test/test> define database test
[]
test/test> define table user
[]
test/test> create user set userId = '1001', name = 'Matt';
[
    {
            id: user:3x8so8pf9uuvplvp5iu6,
            name: 'Matt',
            userId: '1001'
    }
]
test/test> select * from user;
[
    {
            id: user:3x8so8pf9uuvplvp5iu6,
            name: 'Matt',
            userId: '1001'
    },
    {
            id: user:7b7ydr494mczvcmbnwcc,
            name: 'Matt',
            userId: '1001'
    }
]
```

图 8-8　基于 HTTP 连接数据库并查询

2. 使用 WebSocket 协议连接 SurrealDB

WebSocket 协议允许与 SurrealDB 进行简单的双向通信,相比 HTTP,它使实时查询成为可能,而连接方式仅需将 http 改为 ws 即可,连接命令如下。

```
//使用 WebSocket 协议连接
surreal sql --conn ws://127.0.0.1:10086 --user root --pass root --ns test --db test --pretty
```

8.4.3　数据库脚本导出命令

数据库导出命令用于将数据库中的数据和结构导出到一个文件或其他存储介质中,以便在需要时进行备份、迁移或与他人共享数据。对于通过内存模式启动的 SurrealDB 来讲该命令显得更加重要,由于内存模式不会记录持久化数据,所以在进行一系列操作之后可以通过导出命令对数据进行持久化。将数据存储到文件中有利于下次重复利用,在使用导出命令时需要指定要导出的命名空间、数据库及导出的文件名,对于保存的文件的后缀实际上SurrealDB没有加以限制,但建议使用.surql作为后缀名进行区分。导出命令的详细解释如下:

```
//导出当前数据的脚本
Export an existing database as a SurrealQL script

//用法:surreal export [选项] -- namespace 命名空间 -- database 数据库 导出文件
Usage: surreal export [OPTIONS] -- namespace <NAMESPACE> -- database <DATABASE> [FILE]

//参数
Arguments:
//设置导出文件,默认为 - ,表示写在终端进行输出
  [FILE] Path to the sql file to export. Use dash - to write into stdout. [default: -]

//选项
Options:
//表示指定数据库连接URL的方式和连接地址,默认使用WebSocket协议连接
//localhost:8000,当然也可以使用HTTP进行连接,可以将该选项的别名指定为conn
  -e, --endpoint <ENDPOINT> Remote database server url to connect to [default:
ws://localhost:8000] [aliases: conn]
//指定连接数据库的用户名,不同用户有不同的操作权限,连接的别名为user
  -u, --username <USERNAME> Database authentication username to use when connecting [env:
SURREAL_USER=] [aliases: user]
//指定连接用户的密码,连接的别名为pass
  -p, --password <PASSWORD> Database authentication password to use when connecting [env:
SURREAL_PASS=] [aliases: pass]
//指定连接SurrealDB数据库的命名空间,该选项的别名为ns
      --namespace <NAMESPACE> The namespace selected for the operation [env: SURREAL_
NAMESPACE=][aliases: ns]
//指定连接SurrealDB数据库的数据库名称,该选项的别名为db
      --database <DATABASE> The database selected for the operation [env: SURREAL_DATABASE
=][aliases: db]
  -h, --help Print help
```

接下来使用导出命令对连接地址为127.0.0.1:10086的SurrealDB上的test命名空间下的test数据库进行导出,将导出脚本存储到E盘下的surreal_backup目录,存储文件名称为ns_test_db_test.surql,导出的完整命令如下:

```
//导出http://127.0.0.1:10086,用户名为root,密码为root,命名空间为test,数据库为test,存储
//脚本地址为E://surreal_backup/ns_test_db_test.surql
surreal export --conn http://127.0.0.1:10086 --user root --pass root --ns test --db
test E://surreal_backup/ns_test_db_test.surql
```

导出成功后终端不会有任何输出结果,最终结果如图8-9所示。

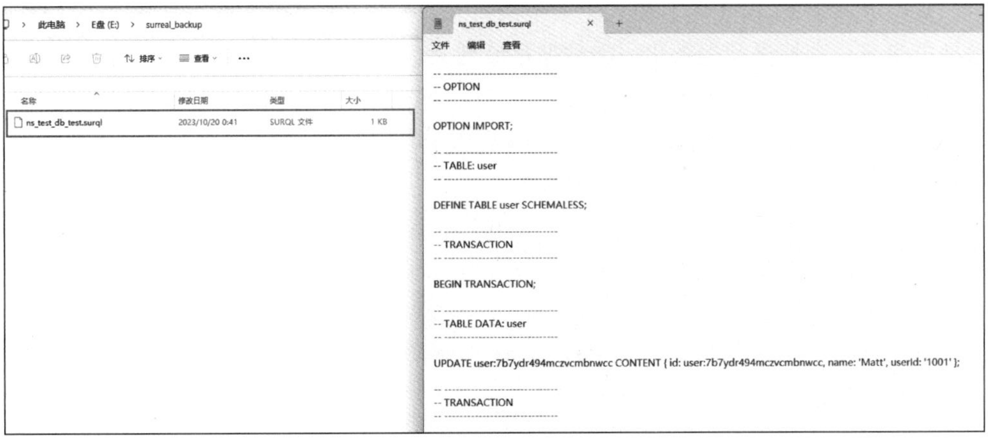

图 8-9 数据库脚本导出结果

8.4.4 数据库脚本导入命令

用于将 SQL 脚本文件中的数据导入指定的数据库中，这些数据包括表结构和数据。可以通过该手段实现故障恢复、数据迁移或与他人共享已有数据，并且可以通过一些工具实现不同数据库之间的脚本互转，以便达到无痕切换。例如将 MySQL 数据库的脚本转换为 SurrealDB 的脚本进行导入，以便用户在切换数据库时保证数据不丢失。对于导入脚本命令的详细解释如下：

```
//将数据库脚本导入已经存在的数据库中
Import a SurrealQL script into an existing database

//用法:surreal import [选项] -- namespace 命名空间 -- database 数据库 导入文件
Usage: surreal import [OPTIONS] -- namespace <NAMESPACE> -- database <DATABASE> <FILE>

//参数
Arguments:
//导入的 SQL 文件的地址
    <FILE> Path to the sql file to import

//选项
Options:

//表示指定数据库连接 URL 的方式和连接地址,默认使用 WebSocket 协议连接
//localhost:8000,当然也可以使用 HTTP 进行连接,可以将该选项的别名指定为 conn
    -e, --endpoint <ENDPOINT> Remote database server url to connect to [default:
ws://localhost:8000] [aliases: conn]
//指定连接数据库的用户名,不同用户有不同的操作权限,连接的别名为 user
    -u, --username <USERNAME> Database authentication username to use when connecting
[env:SURREAL_USER=] [aliases: user]
```

```
//指定连接用户的密码,连接的别名为pass
    -p, --password <PASSWORD> Database authentication password to use when connecting
[env:SURREAL_PASS=][aliases: pass]
//指定连接SurrealDB数据库的命名空间,该选项的别名为ns
    --namespace <NAMESPACE> The namespace selected for the operation [env: SURREAL_
NAMESPACE=][aliases: ns]
//指定连接SurrealDB数据库的数据库名称,该选项的别名为db
    --database <DATABASE> The database selected for the operation [env: SURREAL_
DATABASE=][aliases: db]
    -h, --help Print help
```

接下来首先需要将原来的数据库停机,然后重新启动,这里需要启动基于内存模式的SurrealDB,以此来完成接下来的操作。启动完成后数据应该已经被清空,再次使用SQL命令连接到当前数据库的查询子终端,在创建好需要的命名空间和数据库后使用导入命令对之前导出的SQL脚本文件进行导入,完整的示例命令如下:

```
//步骤1:重新启动基于内存的数据库,用户名为root,密码为root,绑定的地址为127.0.0.1:10086
surreal start --strict --auth --user root --pass root --bind 127.0.0.1:10086 memory
//步骤2-1:通过HTTP连接数据库
surreal sql --conn http://127.0.0.1:10086 --user root --pass root --ns test2 --db test2
--pretty
//步骤2-2:查看命名空间
info for namespace;
//步骤2-3:查看数据库
info for db;
//步骤2-4:定义test2命名空间
define namespace test2;
//步骤2-5:定义test2数据库
define database test2;
//步骤3:导入SQL脚本,将导入的命名空间设置为test2,将数据库设置为test2,导入文件的地址为
//E://surreal_backup/ns_test_db_test.surql
surreal import --conn http://127.0.0.1:10086 --user root --pass root --ns test2 --db
test2 E://surreal_backup/ns_test_db_test.surql
//步骤4:查看导入的user表数据
select * from user;
info for table user;
```

在步骤2中通过HTTP连接到SurrealDB,用户名和密码都为root,并将命名空间指定为test2,使用的数据库为test2。由于SurrealDB重新启动的关系,所以需要手动使用define命令创建命名空间和数据库,当然在创建前可以使用info语句对命名空间和数据库进行查看,避免重复创建,整体流程如图8-10所示。

接下来执行步骤3,将之前导出的数据库SQL脚本导入新的数据库中,指定使用HTTP进行连接并同样指定正确的用户名和密码,最后需要指定SQL脚本的地址,若终端打印了INFO日志surreal::cli::import: The SQL file was imported successfully,则说明脚本已经导入成功。结果如图8-11所示。

```
 pwsh   hello rocket     main ≡   ~54  -2  |   +63   310ms            1.75.0        980     29,02:37
ff surreal sql --conn http://127.0.0.1:10086 --user root --pass root --ns test2 --db test2 --pretty
test2/test2> info for namespace;
[
        {
                databases: {},
                tokens: {},
                users: {}
        }
]

test2/test2> info for db;
[
        {
                analyzers: {},
                functions: {},
                params: {},
                scopes: {},
                tables: {},
                tokens: {},
                users: {}
        }
]

test2/test2> define namespace test2;
[]

test2/test2> define database test2;
[]
```

图 8-10　步骤 2 的完整操作

```
 pwsh   hello rocket     main ≡   ~54  -2  |   +63   31ms             1.75.0        980     29,02:38
ff surreal import --conn http://127.0.0.1:10086 --user root --pass root --ns test2 --db test2 E:///surreal_backup/n
s_test_db_test.surql
2024-02-28T18:38:43.846916Z  INFO surreal::cli::import: The SQL file was imported successfully
```

图 8-11　数据库 SQL 脚本导入成功

最后回到查询终端中使用 select 语句查询 user 表，查看打印结果，若执行成功，则会输出之前导出的 user 数据，结果如图 8-12 所示。

```
test2/test2> select * from user;
[
        {
                id: user:7b7ydr494mczvcmbnwcc,
                name: 'Matt',
                userId: '1001'
        }
]

test2/test2> info for table user;
[
        {
                events: {},
                fields: {},
                indexes: {},
                lives: {},
                tables: {}
        }
]

test2/test2>
```

图 8-12　验证 SQL 脚本导入的数据

8.4.5 数据库版本信息命令

使用 surreal version 相关命令可以获取 SurrealDB 的数据库版本信息,该命令有一个选项参数-e(--endpoint),使用该参数可以获取指定远程服务器的数据库版本信息,而如果不使用该参数,则会获取本地安装的 SurrealDB 数据库版本及对应安装的操作信息。使用的命令如图 8-13 所示。

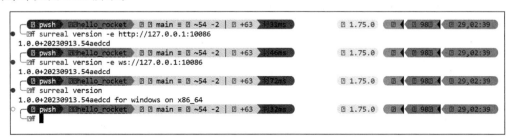

图 8-13 查询数据库版本信息

由该命令得到当前操作系统使用的是 Windows x86_64,安装的 SurrealDB 的版本是 1.0.0+20230913。实际上以下 3 个命令在本机上无任何区别,命令如下:

```
//通过 HTTP 连接获取版本信息
surreal version -e http://127.0.0.1:10086
//通过 WebSocket 协议获取版本信息
surreal version -e ws://127.0.0.1:10086
//直接获取本机上的版本信息
surreal version
```

8.4.6 数据库更新命令

SurrealDB 的更新方式十分简单,更新和安装一样,只需一行命令,这无疑降低了使用者的操作复杂度,详细的命令解释如下:

```
//普通更新,更新到最新的稳定版本
surreal upgrade
//更新到非稳定版本
surreal upgrade --nightly
//更新且不覆盖老版本
surreal upgrade -dry-run

//更新最新的稳定版本
Upgrade to the latest stable version
//用法:surreal upgrade [选项]
Usage: surreal upgrade [OPTIONS]

//选项
Options:
```

```
//nightly 表示使用预发布版本,即非稳定的最新版本,包含很多稳定版中没有正式发布的功能
    --nightly              Install the latest nightly version
//指定版本进行安装
    --version <VERSION>    Install a specific version
//表示不要替换可执行文件,意思是下载更新后保留老版本,可以说这是一种追加更新而不是覆盖
//更新
    --dry-run              Don't actually replace the executable
  -h, --help               Print help
```

8.4.7 数据库检查连接命令

数据库连接命令主要用于确认当前数据库是否连接成功,实际上对于任何操作,先确保连接成功是十分重要的。检查连接命令可以帮助使用者了解当前数据库的连接情况。这对于维护数据库的安全性和稳定性非常重要。检查连接的详细说明如下:

```
//检查 http://127.0.0.1:10086 是否连接成功
surreal is-ready --conn http://127.0.0.1:10086

//检查当前 SurrealDB 的连接是否已经准备好了
Check if the SurrealDB server is ready to accept connections
//用法:surreal is-ready [选项]
Usage: surreal is-ready [OPTIONS]
//选项
Options:
//表示指定数据库连接 URL 的方式和连接地址,默认使用 WebSocket 协议连接
//localhost:8000,当然也可以使用 HTTP 进行连接,可以将该选项的别名指定为 conn
  -e, --endpoint <ENDPOINT>  Remote database server url to connect to [default: ws://localhost:8000] [aliases: conn]
  -h, --help                 Print help
```

8.4.8 数据库备份命令

可以通过 surreal backup 命令将数据备份到现有数据库中或从现有数据库中备份数据。数据库备份命令的重要性主要体现在提高系统的高可用性和灾难可恢复性。在数据库系统崩溃时,如果没有数据库备份,就无法找回数据。使用数据库备份来还原数据库是在数据库崩溃时付出最小代价的数据恢复方案。此外,根据不同的需求和场景,可以选择不同的备份策略,如完整备份和增量备份。数据库备份命令的详细解释如下:

```
//将本机的数据备份到其他的 SurrealDB 数据库中
surreal backup --user root --pass root http://127.0.0.1:10086 http://198.121.31.147:10086

//将数据备份到现有数据库或从现有数据库备份数据
Backup data to or from an existing database
```

```
//使用方法:surreal backup [选项] <FROM>(表示可加可不加)[INTO]
Usage: surreal backup [OPTIONS] <FROM> [INTO]

//参数
Arguments:
//导出的远程数据库或文件的路径
   <FROM> Path to the remote database or file from which to export
//要导入的远程数据库或文件的路径,默认为-
   [INTO] Path to the remote database or file into which to import [default: -]

//选项
Options:
//数据库连接时的用户名
   -u, --username <USERNAME> Database authentication username to use when connecting
[env:SURREAL_USER=] [aliases: user]
//数据库连接时的密码
   -p, --password <PASSWORD> Database authentication password to use when connecting
[env:SURREAL_PASS=] [aliases: pass]
   -h, --help                Print help
```

8.4.9 数据库查询文件验证命令

如果要对 SurrealQL 本地文件进行验证,则需要使用 surreal validate 命令并指定验证文件的地址。数据库查询文件的验证命令的详细解释如下:

```
//验证 E://surreal_backup/ns_test_db_test.surql 文件
surreal validate E://surreal_backup/ns_test_db_test.surql

//验证 SurrealQL 查询文件
Validate SurrealQL query files
//用法:surreal validate [模式]
Usage: surreal validate [PATTERN]

//参数
Arguments:
//需要验证的文件的 Glob 模式,默认验证所有后缀名为.surql 的文件
   [PATTERN] Glob pattern for the files to validate [default: **/*.surql]

Options:
   -h, --help Print help
```

8.4.10 数据库帮助命令

若要查看命令行工具的常规帮助信息,则需要使用 surreal help 命令,该命令会打印出所需命令的帮助信息,所有命令行程序都应该包含该命令以提供良好的支持,对于子命令可以使用--help 或-h 的方式获取帮助。帮助命令的打印结果如图 8-14 所示。

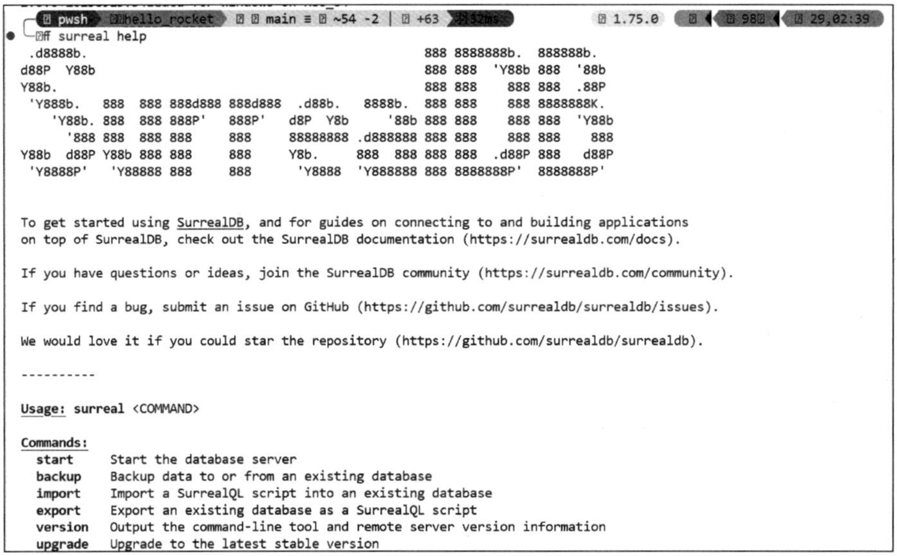

```
 pwsh  hello_rocket   main ≡ ~54 -2 |  +63  32ms          1.75.0     98   29,02:39
● └ surreal help
 .d8888b.                                             888 8888888b.  888888b.
d88P  Y88b                                            888 888   'Y88b 888  '88b
Y88b.                                                 888 888    888 888  .88P
 'Y888b.   888  888 888d888 888d888  .d88b.   8888b.  888 888    888 8888888K.
    'Y88b. 888  888 888P'   888P'   d8P  Y8b     '88b 888 888    888 888  'Y88b
      '888 888  888 888     888     88888888 .d888888 888 888    888 888    888
Y88b  d88P Y88b 888 888     888     Y8b.     888  888 888 888  .d88P 888   d88P
 'Y8888P'   'Y88888 888     888      'Y8888  'Y888888 888 8888888P'  8888888P'


To get started using SurrealDB, and for guides on connecting to and building applications
on top of SurrealDB, check out the SurrealDB documentation (https://surrealdb.com/docs).

If you have questions or ideas, join the SurrealDB community (https://surrealdb.com/community).

If you find a bug, submit an issue on GitHub (https://github.com/surrealdb/surrealdb/issues).

We would love it if you could star the repository (https://github.com/surrealdb/surrealdb).

----------

Usage: surreal <COMMAND>

Commands:
  start    Start the database server
  backup   Backup data to or from an existing database
  import   Import a SurrealQL script into an existing database
  export   Export an existing database as a SurrealQL script
  version  Output the command-line tool and remote server version information
  upgrade  Upgrade to the latest stable version
```

图 8-14　帮助命令的打印结果

8.5　SurrealDB 命令基础知识说明

8.5.1　SurrealDB 数据存储地址

在 SurrealDB 的 start 命令中，需要指定数据库的启动方式，分为基于内存的模式和持久化存储到文件目录中，这里来讨论持久化存储的文件目录写法。实际上主要分为 file 和 tikv 两种类型，其中 file 类型指的是文件目录地址，而 tikv 类型实际上指的是 TIKV 集群的地址。

使用 tikv:< addr >或 tikv://< addr >设置存储路径可以将数据存储到一个 TIKV 集群中。TIKV 是一个分布式事务键值存储引擎，可以提供高性能和可扩展的分布式存储服务。具体来讲，tikv:< addr >中的< addr >是 TIKV 集群的地址。TIKV 支持多种部署方式，如单机、本地虚拟机、Docker 容器、Kubernetes 部署等，因此< addr >的格式会有所不同。一般而言，< addr >应该包含至少一个 IP 地址和端口号（例如 1.2.3.4:10086），以指定 TIKV 集群的入口地址。需要注意的是，在使用 TIKV 作为 SurrealDB 的存储引擎时，需要先搭建好 TIKV 集群，并确保 TIKV 的稳定性和可靠性。另外，TIKV 的部署和配置非常复杂，需要对 TIKV 有一定的了解和经验，所以不建议刚入门的开发者使用这种方式。

8.5.2　SurrealDB 严格模式

SurrealDB 中的--strict 参数可以设置系统的运行模式，分为严格模式和普通模式。在严格模式下，系统会强制执行一些严格的内部规则和检查，以增强数据一致性和可靠性。与之相对，在普通模式下，则不会进行这些额外的检查和限制。具体来讲，SurrealDB 的严格模式包括以下几个方面的限制。

（1）强制使用顺序一致性协议：在严格模式下，系统只能使用顺序一致性协议，禁止使用其他类型的一致性协议（如最终一致性或弱一致性），以确保数据的一致性和可靠性。

（2）强制执行分区一致性：在严格模式下，系统会强制执行分区一致性，即每个分区中的数据必须保持一致性，不能出现数据冲突或数据不一致的情况。

（3）限制节点间消息延迟：在严格模式下，系统要求节点间消息传输的延迟不能太大，否则可能导致数据不一致或出现流量控制问题。

（4）额外的数据验证和恢复机制：在严格模式下，系统会增加一些额外的数据验证和恢复机制，以保障数据的完整性和正确性。

相比之下，普通模式则没有这些严格的限制和检查，系统运行更加灵活，并且可以容错，但是，在一些敏感性场合或需要高可靠性保障的应用中，建议采用严格模式，以确保数据的安全性和稳定性。需要注意的是，切换系统运行模式可能会影响系统性能和效率，应在实践中选取适当的模式，并进行验证和性能评估。

8.5.3　节点代理间隔

SurrealDB 中运行节点代理 tick 的间隔默认为 10s，这段时间间隔是可以配置的。一般来讲，节点代理 tick 的时间间隔应该根据具体业务场景和系统负载情况来设定。如果时间间隔太短，则会导致过多的节点代理 tick 发送和处理，增加系统负载和网络流量，降低系统性能和效率。同时，频繁地进行数据同步和传输也可能引起网络拥塞和数据冲突等问题，但如果间隔时间太长，则会导致节点状态同步不及时，可能会出现数据不一致等问题，从而降低系统可靠性和稳定性，因此，建议根据具体业务需求和系统特点，选择合适的节点代理 tick 时间间隔，并进行验证和性能调优。需要注意的是，在调整节点代理 tick 的时间间隔之前，应该了解系统架构和流程，分析瓶颈和热点，通过优化算法、协议和网络拓扑等方式，尽量减少节点代理 tick 的数量和频率，提高系统的可靠性和效率。

8.5.4　语句超时时间的作用

在 SurrealDB 中，--query-timeout 选项用于设置一组语句运行的最长时间。该参数并非必须设置，但在特定场景具有一定的作用。简单来讲，设置--query-timeout 可以帮助限制长时间运行、无响应或需要实时响应的查询，以提高系统的资源利用率、可用性和性能。具体的超时时间应该根据业务需求和系统特点进行调整，并进行测试以确保超时时间被设置得合理。需要设置--query-timeout 的具体原因主要包括以下几点。

（1）避免长时间运行的查询占用资源：某些查询可能因为复杂性或数据量大而需要较长时间才能完成。如果不设置查询超时时间，则这些长时间运行的查询可能会占用大量系统资源，导致其他查询或操作的响应时间延迟，甚至影响整个系统的正常运行。设置查询超时时间可以限制查询的执行时间，确保资源被合理分配和利用。这就是常说的慢 SQL。

（2）防止长时间无响应的查询：有时，查询可能由于各种原因导致无法正常响应。例如，查询语句可能会因为死锁、网络故障等问题而陷入无限循环或阻塞状态。如果没有查询超时时间的限制，则这些无响应的查询可能会一直持续，并且无法自动取消，从而导致系统处于不可用状态。通过设置查询超时时间，可以在超过预设时间后中断无响应的查询，保证系统的可用性和稳定性。

（3）控制查询的响应时间：在某些情况下，对查询的实时性要求较高，不能容忍过长的查询响应时间。通过设置查询超时时间，可以控制查询的最长执行时间，确保查询能够在预期的时间范围内给出响应。这对于需要及时反馈结果的应用场景非常重要，可以提升用户体验和系统的交互性。试想，对于用户来讲，若一个查询功能等待超过 30s，用户一定会认为该功能一定有什么问题或者网络环境有问题，无疑会带给用户极差的体验。

如果一组语句超出了设置的最长时间，则 SurrealDB 会自动中断这个查询，并回滚已经执行的部分操作。具体来讲，SurrealDB 会将一个中断信号发送给当前正在执行查询的进程，通知其结束当前操作，并释放相应的锁和资源。同时，SurrealDB 会将当前事务标记为失败，回滚所有已经执行的语句，使其不产生影响。需要注意的是，在查询超时的情况下，SurrealDB 并不会主动释放所有已获取的资源，因此，开发者需要在代码中捕获查询超时的异常，并显式地释放相关的资源，以避免资源泄露和其他问题。当然，SurrealDB 的查询超时机制并非是百分之百可靠。如果查询中涉及大量数据和复杂操作，则可能会存在一些延迟和误差，因此，在实际应用中，需要谨慎设置查询超时时间，并进行测试和优化，以确保系统的稳定性和正确性。

8.5.5 事务超时时间的作用

在 SurrealDB 中设置 --transaction-timeout 用于约束执行一组事务的超时时间，若事务超出该超时时间，则表示事务失败，就会取消该事务。简单来讲设置事务的超时时间可以有效地控制事务的执行时间，避免资源滥用、死锁等问题，提高系统的并发性能和用户体验，但需要根据具体的业务需求和系统特点设置事务的超时时间，并进行测试和优化。设置事务的超时时间主要有以下作用。

（1）避免长时间事务占用资源：长时间运行的事务可能会占用数据库的资源，导致其他事务无法及时执行或受到影响。通过设置事务的超时时间，可以限制事务的执行时间，确保资源被合理分配和利用。当超过设定的时间后，系统可以自动中断长时间运行的事务，释放相关资源，防止资源的滥用和浪费。

（2）防止事务锁超时：在并发环境下，事务可能会因为等待资源而进入阻塞状态，例如等待其他事务释放的锁。如果等待时间过长，则可能会造成事务锁超时，从而导致事务失败或出现死锁现象。通过设置事务的超时时间，可以避免潜在的死锁问题，当等待时间超过设定的超时时间时，系统会主动中断事务，避免出现死锁情况。

（3）提高系统的并发性能：长时间运行的事务会占用数据库的资源，并阻塞其他事务的执行，从而影响系统的并发性能。通过设置事务的超时时间，可以限制事务的执行时间，使数据库资源可以更好地分配给其他事务,提高系统的并发处理能力和吞吐量。

(4)改善用户体验:一些应用场景对事务的响应时间有较高的要求,不能容忍过长的等待时间。通过设置事务的超时时间,可以确保事务在预期的时间范围内给出响应,提升用户体验和交互性。

8.5.6 允许所有出站网络访问

SurrealDB 可以允许所有出站网络访问,这是指在 SurrealDB 服务器中设置了--allow-net 选项后,服务器将允许与服务器进行通信的数据包从服务器发送到外部网络。出站网络访问是指服务器主动发起的网络连接,可以用来与其他服务器、服务或资源进行通信。具体而言,当使用该选项并提供了目标列表时,服务器将允许与目标列表中指定的主机或网络进行通信。目标可以是主机名(如"surrealdb.com")或 IP 地址(如"127.0.0.1"),还可以指定端口号(如":80"表示 80 端口)。如果目标是一个 IP 地址,则可以指定一个可选的子网掩码(如"/8"表示只允许与该 IPv4 网络中的任何主机通信)。允许所有出站网络访问意味着服务器可以与任何外部主机、服务或网络进行通信,不受限制。这对于需要与外部系统进行数据交换或获取外部资源的应用程序非常有用,然而,需要注意网络安全,并确保只允许必要的出站连接,以防止潜在的安全风险。

第 9 章 SurrealQL

CHAPTER 9

SurrealQL 的全称是 SurrealDB Query Language,即 SurrealDB 查询语句,它是一种功能强大的数据库查询语言,它针对 SurrealDB 数据库,SurrealQL 与传统 SQL 语句非常相似,但略有不同和改进,使用 SurrealQL 可以高效地对 SurrealDB 进行操作。本章对 SurrealQL 进行详细讲解,从 SurrealDB 的数据类型开始,学习所有 SurrealQL 语句的基本语法和例子,以便对知识进行强化,再通过多种方式使用 SurrealQL 对 SurrealDB 数据库进行操作,最后学习 SurrealDB 官方 Rust API 对数据库进行操作。

9.1 数据类型

SurrealDB 有大量内置的数据类型,这些数据类型可以帮助我们对 SurrealDB 表结构进行规范,它能够更加精确地定义每个数据字段的取值范围和数据类型,以便在进行数据存储、查询和分析时更好地处理和管理数据。在 SurrealDB 中目前有 16 种数据类型。具体的数据类型及解释如表 9-1 所示。

表 9-1　SurrealDB 数据类型

序号	类型	子类型	说明
1	any	—	any 是一种比较特殊的类型,在其他数据库中几乎很难找到,它表示任意类型,常在不确定到底应该是什么类型时使用,例如当一个数据既可以是字符串又可以是数字或是时间类型时,any 类型就是一种优秀的选择
2	array	any	表示数组类型,使用时可以传入任意的子类型进行嵌套,同时还可以指定数组的长度
3	set	any	表示集合类型,集合类型对比数组而言增加了去重的功能,也就是其子类型不会存在重复元素
4	bool	—	布尔值,分为 true 和 false,在 SurrealDB 中布尔值是存在隐式转换的
5	datetime	—	日期时间类型,它用于存储符合 ISO 8601 规范的时间类型

续表

序号	类型	子类型	说明
6	duration	—	表示时间长度的值,用于存储一段持续的时间,它主要用于对日期时间类型进行计算
7	decimal	—	用于存储任意精度的真实数字,它主要用于弥补当 float 和 int 类型的精度不够时的问题
8	float	—	浮点数类型,精度是 64 位,也就是 f64
9	int	—	整数类型,精度是 64 位,也就是 i64
10	number	—	用于存储无法确定精度的数字类型,此时 SurrealDB 会根据传入的数字进行检测并使用最小字节数进行存储,若传入的是字符串类型,则会将其转换为 decimal 进行存储
11	object	any	对象类型,友好支持 OOP,对对象进行存储,它可存储包含任何受支持类型的值的格式化对象
12	option	any	可选值类型,可选值表示该类型作为可选而出现,当未定义时为 NONE,当为空值时可以是 NULL,如果非空,则有值
13	string	—	字符串类型,这是一种最常用的存储类型
14	record	RecordID	该类型表示存储对另一个记录的引用,该类型的子类型必须是合法的 SurrealDB ID 类型
15	geometry	feature	表示仅在选择数据并将其返回客户端时才计算的值,也就是说这是一种动态值,每次进行相关操作时都会进行更新
16	geometry	见下方	用于存储地理信息类型,它是 RFC 7986 兼容的数据类型
16-1	geometry	point	表示一个地理位置的点,由经度和纬度坐标组成
16-2	geometry	line	表示线或者几何路径,一条线可以由多个点组成,而线是无法闭合的,也就是说第 1 个点不应该与最后一个点重合
16-3	geometry	polygon	表示多边形或者几何区域,同样由一组点组成,它应该是闭合的
16-4	geometry	multipoint	使用该类型可存储大量的点且没有任何限制
16-5	geometry	multiline	使用该类型可以存储大量的几何路径类型
16-6	geometry	multipolygon	使用该类型可以存储大量的几何区域类型
16-7	geometry	collection	Geo 集合类型,该类型可以存储任意类型的几何类型,无论是点、几何路径、几何区域还是多点都可以

9.2 SurrealDB ID 类型

在 SurrealDB 中,表的 ID 字段类型不仅包括常见的字符串类型和数字类型,还包括一些特殊的数据类型,例如 Object 对象类型、Array 数组类型和一个特殊的 Range 范围类型。这样的设计可以使数据模型具有更强大的丰富性和关系关联性,通过这些类型可以构建出更加复杂的数据关系模型,在一些场合下这些类型会让表操作更加方便灵活,此外根据具体的数据类型,数据库系统可以针对不同类型的 ID 字段进行特定的查询和索引优化以提升查询效率。具体语法为表名:ID。接下来同样通过表 9-2 对 ID 类型进行详细说明。

表 9-2 SurrealDB ID 类型

序号	类型	说明	示例
1	string	字符串类型,最常见的表 ID 类型之一,当涉及复杂字符串时可以使用 ` 符号或<符号进行扩充	User:surrealdb
2	number	数字类型,同样也是最常使用的类型之一	User:10086
3	object	这是一种复杂的 ID 类型,当需要对一类表进行声明时无疑这是一种很优秀的方式,通过这种 ID 类型可以清楚地显示表的信息	User:{company:'surreal',date:time::now()}
4	array	数组类型,与 Object 有异曲同工之妙	User:['China','Shanghai']
5	function	这里的 function 指的是可以通过方法生成的 ID,在 SurrealDB 中表 ID 默认使用 rand()生成,此外还可以使用 uuid()和 ulid()生成	User:rand()
6	range	SurrealDB 支持使用记录 ID 查询记录范围的功能,这一点十分特殊,这意味着表的约束更加精细化	User:['Shanghai','2022-01-01T01:01:01']..['Shanghai','2023-01-01T01:01:01']

9.3 SurrealQL 语句

SurrealDB 除了有基础的增、删、改、查语句外,还有大量用于操作数据库的语句,这使 SurrealQL 的编写更像是编程语言而非简单的 SQL。在语法中有大量带有@字符的变量,可以在 9.3.15 节中进行查询,从而得到相关解释。在本节中涉及的所有查询都使用 SurrealDB 的 CLI 进行,CLI 的启动命令已在 8.4.2 中进行了说明。

9.3.1 DEFINE 语句

DEFINE 语句可以用来定义数据库中需要操作的媒介,例如命名空间、数据库、表、用户等,在严格模式下,若不使用 DEFINE 语句,则无法进一步对数据库进行操作。因为任何可操作的媒介都需要被定义出来。

1. DEFINE NAMESPACE

该语句用于定义命名空间,SurrealDB 是多用户的,使用命名空间可以有效地对每个用户进行隔离。这可以更好地组织和管理数据,避免冲突的发生。例如在一个数据库中,可能会存在多个表和字段具有相同的名称。通过将它们分组到不同的命名空间中,可以避免名称冲突,使相同名称的实体在不同的命名空间中仍然可以被唯一区分。

值得注意的是只有 Root 用户才能使用 DEFINE 语句创建命名空间。DEFINE NAMESPACE 语句的语法和示例代码如下:

```
//语法，@name:命名空间名称
DEFINE NAMESPACE @name;
//示例
DEFINE NAMESPACE test;
DEFINE NS test;
//执行结果
[]
```

2. DEFINE DATABASE

该语句用于定义数据库，该语句用于实例化一个数据库，该语句需要在指定的命名空间下进行使用，若命名空间不存在，则无法定义成功，所以在使用该语句前需要定义命名空间并使用 USE 语句启用命名空间。DEFINE DATABASE 语句的语法和示例代码如下：

```
//语法,@name:数据库名称
DEFINE DATABASE @name;
//示例
DEFINE DATABASE test;
DEFINE DB test;
//执行结果
[]
```

3. DEFINE TABLE

该语句用于定义数据库表，在定义表之前必须定义命名空间和数据库并进行启用，在 SurrealDB 中表可以被松散定义，但依旧推荐使用者对表的结构进行严格的指定，语法如下：

```
//语法
DEFINE TABLE @name
    [ DROP ]
    [ SCHEMAFULL | SCHEMALESS ]
    [ AS SELECT @projections
        FROM @tables
            [ WHERE @condition ]
            [ GROUP [ BY ] @groups ]
    ]
    [ CHANGEFEED @duration ]
    [ PERMISSIONS [ NONE | FULL
        | FOR select @expression
        | FOR create @expression
        | FOR update @expression
        | FOR delete @expression
    ] ]
```

1）松散定义

使用松散定义表明仅仅定义一个简单的表，该表没有任何附加功能，代码如下：

```
//语法
DEFINE TABLE @name;
```

```
//示例
DEFINE TABLE user;
//结果
[]
```

2）无法更改的 DROP

多数情况下 DROP 表示删除的意思,而在 SurrealDB 的 DEFINE 语句中 DROP 并不表示删除,而是类似于无法更改,使用 DROP 会使指定表无法创建或更新记录,代码如下:

```
//语法
DEFINE TABLE @name DROP;
//示例
DEFINE TABLE user DROP;
//结果
[]
```

3）发布订阅 CHANGEFEED

通过指定 CHANGEFEED 和时间的方式可以指定每隔一段时间将变更的数据推送给相应的订阅者,这是一种发布订阅模式,这种变更订阅的机制通常用于实时数据同步或事件驱动的应用场景,订阅者可以根据变更信息进行相应处理,例如更新缓存、执行业务逻辑等,代码如下:

```
//语法
DEFINE TABLE @name CHANGFEED @duration;
//示例
//表示每隔60min进行一次推送
DEFINE TABLE user CHANGEFEED 60m;
//结果
[]
```

4）预定数据模式 SCHEMA

定义表的时候可以指定表的预定数据模式,默认使用 SCHEMALESS,也就是无预定数据模式,该模式表示表在增加数据的时候可以添加额外的字段,而使用 SCHEMAFULL 则是有预定数据模式,说明表被严格约束,无法在增加数据时进行扩展,代码如下:

```
//语法
DEFINE TABLE @name SCHEMALESS|SCHEMAFULL;
//示例1:定义无预定数据模式表
DEFINE TABLE user SCHEMALESS;
//示例2:定义有预定数据模式表
DEFINE TABLE user SCHEMAFULL;
//结果
[]
```

5）通过源表构建新表 AS SELECT

SurrealDB 可以通过 DEFINE 语句的 AS SELECT 从源表构建一个新表,其原理非常容易理解,通过 SELECT 语句查询表数据并将结果的结构和数据赋予新表进行构建,代码如下：

```
//语法
DEFINE TABLE @name
        AS SELECT @projections
        FROM @tables
        [ WHERE @condition ]
        [ GROUP [ BY ] @groups ]
;
//准备工作:需要创建一个 test 表
DEFINE TABLE test;
CREATE test SET name = 'Matt', age = 16;
//示例
DEFINE TABLE user AS SELECT age as userage from test;
//结果
[]
```

6）增加表权限

通过 PERMISSIONS 可以为表增加权限，其中包括增加、创建、更新和删除数据的独立权限。这有助于对表进行更细粒度的控制，代码如下：

```
//语法
DEFINE TABLE @name
        PERMISSIONS [ NONE | FULL
        | FOR select @expression
        | FOR create @expression
        | FOR update @expression
        | FOR delete @expression
    ]
;
//示例
DEFINE TABLE user SCHEMALESS PERMISSIONS FOR select WHERE age = 16, FOR create, update, delete FULL;
//结果
[]
```

4. DEFINE USER

使用 DEFINE USER 语句可以在 SurrealDB 中创建系统用户，需要注意的是只有具备足够权限的用户才能创建新的用户，这意味着创建的用户是有等级区分的。不同的等级所具备的权限不同，等级的权限说明如表 9-3 所示。

表 9-3 等级的权限说明

等级	权限
ROOT	根用户，该用户可以创建根、命名空间、数据库所属用户，是最高等级的用户
NAMESPACE	命名空间用户可以创建数据库空间和数据库所属用户
DATABASE	数据库用户的权限最低，只能创建数据库用户

代码如下：

```
//语法
DEFINE USER @name ON [ ROOT | NAMESPACE | DATABASE ] [ PASSWORD @pass | PASSHASH @hash ] ROLES
@roles
//示例
DEFINE USER matt ON NAMESPACE PASSWORD 'matt001' ROLES OWNER;
//结果
[]
```

5. DEFINE SCOPE

设置作用域允许 SurrealDB 作为 Web 数据库运行。使用作用域，可以设置身份验证和访问规则，从而实现对表和字段的细粒度访问。定义作用域时需要用户具有足够的级别，代码如下：

```
//语法
DEFINE SCOPE @name SESSION @duration SIGNUP @expression SIGNIN @expression
//示例,构建一个作用域,这里,通过指定将会话的有效期设置为 24h
//会话是指在用户与数据库之间建立的一种交互状态,可以用于跟踪用户请求和管理用户身份验证
//等操作。在这个例子中会话的有效期被设置为 24h,意味着用户在成功登录后会话将在 24h 内
//保持有效。超过该时间后会话将自动失效,用户需要重新进行身份验证
DEFINE SCOPE account SESSION 24h SIGNUP ( CREATE user SET email = '111@test.com', pass =
crypto::argon2::generate('123456') ) SIGNIN ( SELECT * FROM user WHERE email = '111@test.com' AND
crypto::argon2::compare(pass, '123456') );
//结果
[]
```

6. DEFINE TOKEN

SurrealDB 的特别之处在于它可以与第三方 OAuth 提供者协同，通过 DEFINE TOKEN 可以设置验证 JWT 真实性所需的公钥。在 SurrealDB 中支持 ES 系列、HS 系列、PS 系列、RS 系列的加密算法，默认使用 HS512 加密算法，代码如下：

```
//语法
DEFINE TOKEN @name ON [ NAMESPACE | DATABASE | SCOPE @scope ] TYPE @type VALUE @value
//示例
DEFINE TOKEN test_tk ON DATABASE TYPE HS512 VALUE "sNSYneezcr8kqphfOC6NwwraUHJCVAtOXjsRSNmss
BaBRh3WyMa9TRfq8ST7fsU2H2kGiOpU4GbAF1bCiXmM1b3JGgleBzz7rsrz6VvYEM4q3CLkcO8CMBIlhwhzWmy8";
//结果
[]
```

7. DEFINE EVENT

DEFINE EVENT 同样是一种非常新颖的功能，使用者通过 DEFINE EVENT 语句可以定制一个事件触发器。事件触发器指的是 SurrealDB 的反馈行为，就好比之前使用 DEFINE 语句定义 NAMESPACE，如果定义成功，则会返回一个空数组，如果定义失败，则会报错，这就是 SurrealDB 的反馈行为，也就是事件触发器。DEFINE EVENT 作为一种高级功能作用于表上，当表中的记录发生特定的修改时会触发之前定制的触发器，代码如下：

```
//语法
DEFINE EVENT @name
    ON [ TABLE ] @table
    [ WHEN @expression ]
    THEN @expression;
//示例
//准备工作
//定义并使用命名空间和数据库
> DEFINE NAMESPACE test;
//结果
[]

> USE NS test;
//结果
[]

test > DEFINE DATABASE test;
//结果
[]

test > USE DB test;
//结果
[]

test/test > DEFINE TABLE user;
//结果
[]

test/test > CREATE user SET name = 'test1', pwd = '001';
[{ id: user:mqt11he7mo1rxetqhsdm, name: 'test1', pwd: '001' }]

//定义事件触发器,当 user 表中的 pwd 字段更新时会在 e_pwd 表中增加一条新记录
test/test > DEFINE EVENT change_user_pwd ON TABLE user WHEN $before.pwd != $after.pwd THEN
(CREATE e_
pwd SET time = time::now(), value = $after.pwd);
//结果
[]

//更新记录,将 pwd 修改为'002'
test/test > UPDATE user SET pwd = '002';
[{ id: user:mqt11he7mo1rxetqhsdm, name: 'test1', pwd: '002' }]

//当再次查询 e_pwd 表时会发现多出了一条新的记录
test/test > select * from e_pwd;
[{ id: e_pwd:wgvuw55aqhg4vleuk9wb, time: '2023 - 11 - 05T13:47:18.179467300Z', value: '002' }]
```

8. DEFINE PARAM

在 SurrealDB 中可以使用 DEFINE PARAM 语句定义一个由数据库层面隔离的全局

参数,该参数固定带有 $ 符号,在定义该参数的数据库中可以随意进行访问,例如 SurrealDB 的 $before 和 $after 就属于内置的全局参数,代码如下:

```
//语法
DEFINE PARAM $@name VALUE @value;
//示例
//定义一个叫作 myEmail 的参数
test/test> DEFINE PARAM $myEmail VALUE "syf20020816@outlook.com";
//结果
[]
//调用返回
test/test> RETURN $myEmail;
['syf20020816@outlook.com']
```

9. DEFINE FUNCTION

在 SurrealDB 中通过 DEFINE FUNCTION 语句便可以定义一个自定义的函数并允许在整个数据库中进行使用,就像内置函数一样,不同的是自定义函数是在命名空间和数据库层面进行隔离的,也就是在不同的数据库中可以定义相同名字的自定义函数,但它们的行为模式可以不同,代码如下:

```
//语法
DEFINE FUNCTION fn::@name(
    [ @argument: @type ... ]
) {
    [ @query ... ]
    [ RETURN @returned ]
}

//示例
//定义一个自定义函数
test/test> DEFINE FUNCTION fn::hello( $name:string){RETURN "name:" + $name;};
//结果
[]

//通过 RETURN 语句调用函数
test/test> RETURN fn::hello('Matt');
['name:Matt']
```

10. DEFINE ANALYZER

Analyzer 被解释为分析器,实际上它用于分析并处理文本,也可以称为分词器,分析器是标记器和过滤器的组合,在自然语言处理中也有着广泛的应用。例如,在 Elasticsearch 中,中文分词器可以对文本根据预定的分词规则进行切分,这对于实现高效的搜索功能非常关键。分词器的主要作用是将一段连续的文本按照一定的规则切分成一个个独立的单元,以便计算机进行后续处理和分析,代码如下:

```
//语法
DEFINE ANALYZER @name [ TOKENIZERS @tokenizers ] [ FILTERS @filters ];
//示例
//创建一个叫作 to_lower 的分词器,采用 blank 标记器和 ascii、lowercase、snowball 过滤器
DEFINE ANALYZER to_lower TOKENIZERS blank FILTERS lowercase , snowball(english) , ascii;
//结果
[ ]
```

11. DEFINE INDEX

SurrealDB 中也存在索引的概念,这和其他数据库是一样的,索引可以帮助优化查询的性能。索引其实是一种数据结构,是为了提高查询速度而对表字段附加的一种标识,它允许数据库程序不必扫描整个表就能快速地找到所需数据,代码如下:

```
//语法
DEFINE INDEX @name ON [ TABLE ] @table
    [ FIELDS | COLUMNS ] @fields
    [ UNIQUE | SEARCH ANALYZER @analyzer [ BM25 [(@k1, @b)] ] [ HIGHLIGHTS ] ];
//示例
//设置一个叫作 userAge 的索引,作为 user 表 age 字段的唯一索引
DEFINE INDEX userAge ON TABLE user COLUMNS age UNIQUE;
//结果
[ ]
```

12. DEFINE FIELD

DEFINE FIELD 语句用于实例化表上的命名字段,在 SurrealDB 中创建表并添加数据实际上并不需要像 MySQL 数据库那样在设置表数据前硬性规定表中的字段及字段的类型,SurrealDB 使用的是一种柔性策略,柔性策略指的是数据库会通过用户添加的数据推测字段的数据类型,当然这些推测都是基于内置的默认策略的,推测出的类型可能是不合理的,代码如下:

```
//语法
DEFINE FIELD @name ON [ TABLE ] @table
    [ [ FLEXIBLE ] TYPE @type ]
    [ DEFAULT @expression ]
    [ VALUE @expression ]
    [ ASSERT @expression ]
    [ PERMISSIONS [ NONE | FULL
        | FOR select @expression
        | FOR create @expression
        | FOR update @expression
        | FOR delete @expression
    ] ]

//示例
//首先定义 user 表
test/test > DEFINE TABLE user;
```

```
[ ]

//将表中的字段 name 定义为 string 类型
test/test > DEFINE FIELD name ON TABLE user TYPE string;
[ ]
//定义表中的字段 sex,默认值为 true
test/test > DEFINE FIELD sex ON TABLE user TYPE bool DEFAULT true;
[ ]

//创建并设置 user 表记录,这里可以看到没有设置 sex 字段,但因为之前设置了默认值,所以 sex 也
//被设置为 true
test/test > CREATE user SET name = "Matt";
[{id: user:yrgl1qgweniixk9e6h4p, name: 'Matt', sex: true}]
```

9.3.2 USE 语句

USE 语句是最基础的几个语句之一,通过该语句可以使用被 DEFINE 语句定义的命名空间和数据库,常用于使用和切换的场景,代码如下:

```
//语法
USE [ NS @ns ] [ DB @db ];

//示例1:使用命名空间
USE NS test;
//示例2:使用数据库
USE DB test;
//示例3:同时使用命名空间和数据库
USE NS test DB test;
```

9.3.3 INFO 语句

INFO 语句用于输出有关 SurrealDB 系统设置的信息,它可以输出包括 ROOT、命名空间、数据库、约束、表的相关信息,代码如下:

```
//语法
INFO FOR [
    ROOT
    | NS | NAMESPACE
    | DB | DATABASE
    | SCOPE @scope
    | TABLE @table
];

//示例
test/test > INFO FOR ROOT
[{namespaces: {test: 'DEFINE NAMESPACE test'}, users: {root: "DEFINE USER root ON ROOT PASSHASH
'$argon2id$v=19$m=19456,t=2,p=1$nr2y9h2ObPhhp7aZ0jP70A$tx08Ufl8jfTLNGg6qNiHwRqVWyKJQe
20kND22XHIDfg' ROLES OWNER"}}]
```

```
test/test > INFO FOR NS
[{ databases: { test: 'DEFINE DATABASE test' }, tokens: { }, users: { } }]

test/test > INFO FOR DB
[{ analyzers: { }, functions: { }, params: { }, scopes: { }, tables: { user: 'DEFINE TABLE user
SCHEMALESS' }, tokens: { }, users: { } }]

test/test > INFO FOR TABLE user;
[{ events: { }, fields: { name: 'DEFINE FIELD name ON user TYPE string', sex: 'DEFINE FIELD sex ON
user TYPE bool DEFAULT true' }, indexes: { }, lives: { }, tables: { } }]
```

9.3.4 REMOVE 语句

增加、修改、查找这3个语句分别对应 DEFINE、USE、INFO 语句，最后还有 REMOVE 语句，表示删除，需要注意，不要使用该语句对表中的记录进行删除。它可以用来删除命名空间、数据库、索引、表、事件等一切能够使用 DEFINE 进行定义的类型，代码如下：

```
//语法
REMOVE [
    NAMESPACE @name
    | DATABASE @name
    | USER @name ON [ ROOT | NAMESPACE | DATABASE ]
    | LOGIN @name ON [ NAMESPACE | DATABASE ]
    | TOKEN @name ON [ NAMESPACE | DATABASE ]
    | SCOPE @name
    | TABLE @name
    | EVENT @name ON [ TABLE ] @table
    | FUNCTION fn::@name
    | FIELD @name ON [ TABLE ] @table
    | INDEX @name ON [ TABLE ] @table
    | PARAM $@name
]
//示例
REMOVE NAMESPACE test;
REMOVE DATABASE test;
REMOVE USER Matt ON ROOT;
REMOVE LOGIN Matt ON NAMESPACE;
REMOVE TOKEN Matt ON NAMESPACE;
REMOVE SCOPE Matt;
REMOVE TABLE user;
REMOVE EVENT change_user_pwd ON TABLE user;
REMOVE FUNCTION fn::hello;
REMOVE FIELD age ON TABLE user;
REMOVE INDEX userAge ON TABLE user;
REMOVE PARAM $age;
```

9.3.5 CREATE 语句

CREATE 语句用于在表中创建一条新的记录，每条记录有不同的记录 id,id 不需要直接进行指定,默认使用 rand() 函数自动生成,当然该字段也可以手动进行设置,有两种方式可供选择。若 id 存在,则创建记录失败,代码如下:

```
//语法
CREATE [ ONLY ] @targets
    [ CONTENT @value
        | SET @field = @value ...
    ]
    [ RETURN [ NONE | BEFORE | AFTER | DIFF | @projections ... ]
    [ TIMEOUT @duration ]
    [ PARALLEL ]
;

//示例1:简单创建记录
CREATE user SET name = "Matt1";
//示例2:创建记录并通过 SET 指定 id 字段
CREATE user SET id = 1 , name = "Matt1";
//示例3:创建记录并直接指定 id
CREATE user:2 SET name = "Matt2";
//示例4:使用 CONTENT 创建记录
CREATE user:3 CONTENT { name:"Matt3" };
//示例5:使用 RETURN 设置返回,其中 NONE 表示不返回记录,BEFORE 表示返回上一条记录
//AFTER 表示返回当前记录,DIFF 表示返回变更差异,FIELD @projections 表示返回某条记录
CREATE user:4 SET name = "Matt4" RETURN FIELD name;
//示例6:使用 TIMEOUT 设置延迟
CREATE user:5 SET name = "Matt5" TIMEOUT 5s;
//示例7:使用 PARALLEL 设置并行处理
CREATE user:6 SET name = "Matt6" PARALLEL;
```

9.3.6　INSERT 语句

用于将数据插入或更新到数据库中,有两种插入操作,并且插入操作可以插入多条记录,代码如下:

```
//语法
INSERT [ IGNORE ] INTO @what
    [ @value
        | (@fields) VALUES (@values)
            [ ON DUPLICATE KEY UPDATE @field = @value ... ]
    ]
;
//示例1:通过对象方式插入
INSERT INTO user {name:"Matt8"};
//示例2:通过字段方式插入
INSERT INTO user (id,name) VALUES (9,"Matt9");
//示例3:通过对象方式插入多条记录
INSERT INTO user [
 {name:"Matt10"},{name:"Matt11"},{name:"Matt12"}
```

```
]
//示例4:通过字段方式插入多条记录
INSERT INTO user (name) VALUES ("Matt13"), ("Matt14")
//示例5:通过 ON DUPLICATE KEY UPDATE 在插入时更新记录
INSERT INTO user (name) VALUES ("Matt15") ON DUPLICATE KEY UPDATE age += 1;
```

9.3.7 SELECT 语句

SELECT 语句用于查询数据表中的信息,SELECT 语句中包含多种子语句,例如条件查询、分组、排序、分割等,查询语句的语法如下:

```
//语句
SELECT [ VALUE ] @fields [ AS @alias ]
    [ OMIT @fields ... ]
    FROM [ ONLY ] @targets
    [ WITH [ NOINDEX | INDEX @indexes ... ]]
    [ WHERE @conditions ]
    [ SPLIT [ AT ] @field ... ]
    [ GROUP [ BY ] @fields ... ]
    [ ORDER [ BY ]
        @fields [
            RAND()
            | COLLATE
            | NUMERIC
        ] [ ASC | DESC ] ...
    ]]
    [ LIMIT [ BY ] @limit ]
    [ START [ AT ] @start ]
    [ FETCH @fields ... ]
    [ TIMEOUT @duration ]
    [ PARALLEL ]
    [ EXPLAIN [ FULL ]]
;
```

1. 基本查询

在基本查询中将对 SELECT 语句进行简单讲解,用法不带有任何其他子语句,这是最简单查询,代码如下:

```
//示例1:查询表中的所有记录
test/test > SELECT * FROM user;
[{ id: user:1, name: 'Matt2' }, { id: user:2, name: 'M2att3' }, { id: user:3, name: 'Matt4' },
{ id: user:5, name: 'Matt4' }, { id: user:7, name: 'Matt7' }, { id: user:7o6s1solsy2cmsir9yf3,
name: ' Matt ' }, { id: user: ad0x4upoapti5y0aufte, name: 'Matt2' }, { id: user:
bhy9oohd5e1gkhbwdjwh, name: 'Matt' },{ id: user:lnd0f3cwdo3yexvmxszh, name: 'Matt7' }]

//示例2:查询某个字段
test/test > SELECT id FROM user;
```

```
[{ id: user:1 }, { id: user:2 }, { id: user:3 }, { id: user:5 }, { id: user:7 }, { id: user:
7o6s1solsy2cmsir9yf3 }, { id: user:ad0x4upoapti5y0aufte }, { id: user:bhy9oohd5e1gkhbwdjwh },
{ id: user:lnd0f3cwdo3yexvmxszh }]

//示例3:使用 AS 关键字
test/test> SELECT id AS userId FROM user;
[{ userId: user:1 }, { userId: user:2 }, { userId: user:3 }, { userId: user:5 }, { userId: user:
7 }, { userId: user:7o6s1solsy2cmsir9yf3 }, { userId: user:ad0x4upoapti5y0aufte }, { userId:
user:bhy9oohd5e1gkhbwdjwh }, { userId: user:lnd0f3cwdo3yexvmxszh }]

//示例4:查询单条记录,相当于使用了 WHERE 子语句对 id 进行过滤
test/test> SELECT * FROM user:2;
[{ id: user:2, name: 'M2att3' }]
```

2. 排序与分组

通过 ORDER BY 子语句和 GROUP BY 子语句可以对结果进行排序与分组,排序分为 ASC 和 DESC,分别按照字典顺序进行升序和降序排序,GROUP BY 能够对某个或多个字段进行分组,从而得到具有相似特质的结果,代码如下:

```
//示例1:对 id 进行升序排序
test/test> SELECT * FROM user ORDER BY id ASC;
[{ id: user:1, name: 'Matt2' }, { id: user:2, name: 'M2att3' }, { id: user:3, name: 'Matt4' },
{ id: user:5, name: 'Matt4' }, { id: user:7, name: 'Matt7' }, { id: user:7o6s1solsy2cmsir9yf3,
name: 'Matt' }, { id: user: ad0x4upoapti5y0aufte, name: 'Matt2' }, { id: user:
bhy9oohd5e1gkhbwdjwh, name: 'Matt' }, { id: user:lnd0f3cwdo3yexvmxszh, name: 'Matt7' }]

//示例2:对 id 进行降序排序
test/test> SELECT * FROM user ORDER BY id DESC;
[{ id: user:lnd0f3cwdo3yexvmxszh, name: 'Matt7' }, { id: user:bhy9oohd5e1gkhbwdjwh, name: 'Matt' },
{ id: user:ad0x4upoapti5y0aufte, name: 'Matt2' }, { id: user:7o6s1solsy2cmsir9yf3, name: 'Matt' },
{ id: user:7, name: 'Matt7' }, { id: user:5, name: 'Matt4' }, { id: user:3, name: 'Matt4' }, { id:
user:2, name: 'M2att3' }, { id: user:1, name: 'Matt2' }]

//示例3:对 name 字段进行分组
test/test> SELECT * FROM user ORDER BY name;
[{ id: user:2, name: 'M2att3' }, { id: user:7o6s1solsy2cmsir9yf3, name: 'Matt' }, { id: user:
bhy9oohd5e1gkhbwdjwh, name: 'Matt' }, { id: user: 1, name: 'Matt2' }, { id: user:
ad0x4upoapti5y0aufte, name: 'Matt2' }, { id: user:3, name: 'Matt4' }, { id: user:5, name: 'Matt4' },
{ id: user:7, name: 'Matt7' }, { id: user:lnd0f3cwdo3yexvmxszh, name: 'Matt7' }]
```

3. 限制和跳过

通过 LIMIT 子语句可以对查询得到的结果限制条数,使用 START 子语句可以对结果跳过指定的条数,常用于进行分页查询,代码如下:

```
//示例1:查询 5 条记录
test/test> SELECT * FROM user LIMIT 5;
[{ id: user:1, name: 'Matt2' }, { id: user:2, name: 'M2att3' }, { id: user:3, name: 'Matt4' },
{ id: user:5, name: 'Matt4' }, { id: user:7, name: 'Matt7' }]
```

```
//示例2:查询5条记录并跳过前3条
test/test> SELECT * FROM user LIMIT 5 START 3;
[{ id: user:5, name: 'Matt4' }, { id: user:7, name: 'Matt7' }, { id: user:7o6s1solsy2cmsir9yf3,
name: 'Matt' }, { id: user: ad0x4upoapti5y0aufte, name: 'Matt2' }, { id: user:
bhy9oohd5e1gkhbwdjwh, name: 'Matt' }]
```

4. 省略字段

有些时候表中有大量字段,需要查询绝大多数的字段,但有些字段,则需要省略,在进行查询时一个一个地写会非常麻烦,写 * 又会导致查询所有字段,这就会导致最终查询结果需要进一步提取,此时 OMIT 子语句可以帮助省略某些字段,代码如下:

```
//示例
test/test> SELECT * OMIT id FROM user;
[{ name: 'Matt2' }, { name: 'M2att3' }, { name: 'Matt4' }, { name: 'Matt4' }, { name: 'Matt7' },
{ name: 'Matt' }, { name: 'Matt2' }, { name: 'Matt' }, { name: 'Matt7' }]
```

5. 条件查询

WHERE 子语句用于进行条件查询,对于多种传统数据库也都是一样的,SurrealDB 为减少使用者学习成本同样也采用这种方式,而在 SQLServer 或 MySQL 数据库中还有 HAVEING 子语句,用于在带有聚合函数的时候代替 WHERE 子语句,在 SurrealDB 中则没有这种限制,一律采用 WHERE,代码如下:

```
//示例1:查询 id 为 2 的记录
test/test> SELECT * FROM user WHERE id = "user:2";
[{ id: user:2, name: 'M2att3' }]

//示例2:使用聚合函数
test/test> SELECT count(name) AS num FROM user WHERE id = "user:2";
[{ num: 1 }]

//示例3:模糊查询
test/test> SELECT * FROM user WHERE name ~ "Mat";
[{ id: user:1, name: 'Matt2' }, { id: user:2, name: 'M2att3' }, { id: user:3, name: 'Matt4' },
{ id: user:5, name: 'Matt4' }, { id: user:7, name: 'Matt7' }, { id: user:7o6s1solsy2cmsir9yf3,
name: 'Matt' }, { id: user: ad0x4upoapti5y0aufte, name: 'Matt2' }, { id: user:
bhy9oohd5e1gkhbwdjwh, name: 'Matt' }, { id: user:lnd0f3cwdo3yexvmxszh, name: 'Matt7' }]
```

6. 分析查询

EXPLAIN 是一个用于分析查询语句执行计划的关键字。当在数据库中执行一条查询语句时,数据库系统需要决定如何最有效地获取所需的数据。EXPLAIN 语句可以提供有关数据库系统执行查询的详细信息,包括它计划如何访问表、使用哪些索引及执行查询的算法等。

通过执行 EXPLAIN 语句,可以获得关于查询执行计划的重要信息,这些信息对于优化查询性能非常有帮助。具体来讲,EXPLAIN 语句可以告诉使用者数据库系统将如何处理查询,包括使用哪些索引、如何连接表及执行查询所需的步骤顺序。这些信息对于识别查询性能瓶颈、优化索引和重写查询语句都非常有用,代码如下:

```
//示例 1
test/test > select * from user EXPLAIN;
[{ detail: { table: 'user' }, operation: 'Iterate Table' }]

//示例 2
test/test > select * from user EXPLAIN FULL;
[{ detail: { table: 'user' }, operation: 'Iterate Table' }, { detail: { count: 9 }, operation: 'Fetch' }]

//示例 3
test/test > select * from user WHERE name = "Matt4" EXPLAIN FULL;
[{ detail: { table: 'user' }, operation: 'Iterate Table' }, { detail: { reason: 'NO INDEX FOUND' }, operation: 'Fallback' }, { detail: { count: 2 }, operation: 'Fetch' }]
```

7. 连接查询

SurrealDB 中最强大的功能之一是记录连接和图形连接,连接查询的作用是在多个表之间建立关联,以便同时检索相关数据。通过连接查询,可以根据两个或多个表之间共享的列来组合数据,从而获取更加全面和有关联性的结果。用 FETCH 子语句代替了传统数据库中的 JOIN 子语句,但实际上操作方式可能会出乎多数人的意料,因为 SurrealDB 并不会如 MySQL 那样,当物理表不存在时就会构建一张虚表进行联合,最终展示结果,而是需要一张预先定义好的物理表。以下的示例采取一种简单的操作,即通过 CREATE 语句的方式对连接表进行构建,但实际上真正的使用方式则是使用 RELATE 语句构建记录之间的联系,形成边表,使用 RELATE 语句的方式会在 9.3.10 节中进行讲解,代码如下:

```
//定义 job 表
test/test > DEFINE TABLE job;
[]
//定义 person 表
test/test > DEFINE TABLE person;
[]

//定义一张连接 person 和 job 的 employee 表
test/test > DEFINE TABLE employee;
[]
//向 person 表中添加一条数据
test/test > CREATE person:1 set name = "Matt";
[
        {
                id: person:1,
                name: 'Matt'
        }
]
//向 job 表中添加一条数据
```

```
test/test > CREATE job:1 set jname = "teacher";
[
        {
                id: job:1,
                jname: 'teacher'
        }
]
//在 employee 表中构建一条数据
//设置 person 是 person 表中 id 为 1 的数据
//设置 job 是 job 表中 id 为 1 的数据
test/test > CREATE employee:1 set person = person:1 , job = job:1;
[
        {
                id: employee:1,
                job: job:1,
                person: person:1
        }
]
//使用 FETCH 子语句查询 employee 表,让 job 字段连接到所属的 job 表的数据
//这样就能得出 person 表中 id 为 1 的记录对应的 job 是 job 表中 id 为 1 的记录并且 jname
//为'teacher'
test/test > select * , job.jname from employee fetch job;
[
        {
                id: employee:1,
                job: {
                        id: job:1,
                        jname: 'teacher'
                },
                person: person:1
        }
]
```

8. 实时查询

在 SurrealDB 中存在一种实时查询的方式,那就是 LIVE SELECT 语句,当执行 LIVE SELECT 查询时,就会触发一个正在进行的会话,该会话会实时捕获数据的任何后续更改。然后这些更改会被立即传输到客户端,确保客户端始终使用最新的数据进行更新。这种方式是基于 WebSocket 协议的,但在目前版本中 SurrealDB 还未完全支持,基于 WebSocket 协议的使用仍在开发中,所以接下来的示例仅介绍语法和使用方式。LIVE SELECT 语句与其关闭的 KILL 语句的示例代码如下:

```
//创建实时查询语法
LIVE SELECT
    [
        [ VALUE ] @fields [ AS @alias ]
        | DIFF
    ]
```

```
    FROM @targets
    [ WHERE @conditions ]
    [ FETCH @fields ... ]
;

//关闭实时查询语句
KILL @value;

//示例
//定义一张需要被实时查询的表
test/test > DEFINE TABLE user;
[]

//给表添加一些数据
test/test > CREATE user:1 SET name = "Matt";
[
    {
            id: user:1,
            name: 'Matt'
    }
]

//使用实时查询监控 user 表中的所有字段
test/test > LIVE SELECT * FROM user;
[
        '60e873f1 - f127 - 42a6 - b593 - 3b665139fddb'
]

//通过实时查询的 UUID 来关闭实时查询
test/test > KILL '60e873f1 - f127 - 42a6 - b593 - 3b665139fddb';
[]
```

9.3.8 UPDATE 语句

SurrealDB 中 UPDATE 语句与其他数据库一样,都用于更新或修改某条记录,不同的是它提供了更多更新的方式,包含常用的 SET 和 CONTENT 方式,以及在关系数据库中没有的 PATCH 和 MERGE 方式,这也进一步证明 SurrealDB 实际上是一个组合数据库。UPDATE 语句的语法如下:

```
//语法
UPDATE [ ONLY ] @targets
    [ CONTENT @value
        | MERGE @value
        | PATCH @value
        | SET @field = @value ...
    ]
    [ WHERE @condition ]
```

```
    [ RETURN [ NONE | BEFORE | AFTER | DIFF | @projections ... ]
    [ TIMEOUT @duration ]
    [ PARALLEL ]
;
```

1. 使用 SET 方式更新

SET 方式是最常规的更新方式之一，使用 SET 方式可应对更新字段个数较少的场景，它的目的是更新某个或某几个字段，是一种针对型的更新方式，使用 SET 方式更新字段的示例代码如下：

```
//定义一张表
test/test > DEFINE TABLE user;
[ ]
//创建原始记录
test/test > create user:1 set name = "Matt1", age = 16, sex = "male";
[
        {
                age: 16,
                id: user:1,
                name: 'Matt1',
                sex: 'male'
        }
]
//使用 SET 方式将 age 修改为 18
test/test > UPDATE user SET age = 18 WHERE id = user:1 RETURN AFTER;
[
        {
                age: 18,
                id: user:1,
                name: 'Matt1',
                sex: 'male'
        }
]
```

2. 使用 CONTENT 方式更新

CONTENT 方式对比 SET 方式而言则是为了大批量地更新字段，适合大量字段需要修改的情况，例如表中的 14 个字段需要更新 11 个，此时再使用 SET 方式就极其复杂了，在这种情景下 CONTENT 方式的优势就能够体现出来。使用 CONTENT 方式更新数据，代码如下：

```
//CONTENT 采用对象方式进行更新
test/test > UPDATE user CONTENT {name:"MATT1",age:32,sex:"female"} WHERE id = user:1
[
        {
                age: 32,
                id: user:1,
```

```
                    name: 'MATT1',
                    sex: 'female'
                }
]
```

3. 使用 PATCH 方式更新

PATCH 语句用于修改和更新数据，PATCH 语句提供了一种通用的方式来表示数据的增、删、改操作，并且可以适用于各种数据存储系统。它遵循 JSON Patch 规范。PATCH 语句由一个 JSON 数组组成，每个数组元素表示一个要应用的修改操作。

一个 PATCH 语句通常包含以下 3 个属性。

(1) "op"：指定要执行的操作类型。常见的操作类型包括 add、replace、remove、copy、test、move 共 6 种。

(2) "path"：指定要操作的目标路径。路径是一个字符串，可以使用斜杠 / 分隔不同的层级。

(3) "value"：对于 "add"、"replace" 或 "test" 操作，指定要应用的新值。

代码如下：

```
//使用 PATCH 语句修改和更新数据
test/test > UPDATE user:1 PATCH [{"op":"replace","path":"age","value":48}
]
[
        {
                    age: 48,
                    birth: '07 - 21',
                    height: 177,
                    id: user:1,
                    job: 'teacher',
                    name: 'MATT1',
                    sex: 'female'
        }
]
```

4. 使用 MERGE 方式更新

MERGE 方式用于代替 SET 和 CONTENT 方式，常用于对数据进行附加操作，虽然 SET 和 CONTENT 方式也可以增加额外的新字段，但 MERGE 方式直译为合并的意思，更加能够表现出意思，听上去更像是将某些额外的数据或新的数据向原始数据进行合并。以 CONTENT、SET、MERGE 方式新增或修改字段的代码如下：

```
//通过 CONTENT 方式新增字段
test/test > UPDATE user CONTENT {name:"MATT1",age:32,sex:"female",job:"teacher"} WHERE id = user:1
[
        {
                    age: 32,
```

```
                id: user:1,
                job: 'teacher',
                name: 'MATT1',
                sex: 'female'
        }
]
//通过 SET 方式新增字段
test/test > UPDATE user SET birth = "08 - 21" WHERE id = user:1 RETURN AFTER;
[
        {
                age: 32,
                birth: '08 - 21',
                id: user:1,
                job: 'teacher',
                name: 'MATT1',
                sex: 'female'
        }
]
//通过 MERGE 方式新增|修改字段
test/test > UPDATE user:1 MERGE {age:48,height:177};
[
        {
                age: 48,
                birth: '07 - 21',
                height: 177,
                id: user:1,
                job: 'teacher',
                name: 'MATT1',
                sex: 'female'
        }
]
```

9.3.9　DELETE 语句

DELETE 语句用于从表中删除记录。通过 DELETE 语句，可以根据指定的条件删除表中的数据，代码如下：

```
//语法
DELETE [ ONLY ] @targets
    [ WHERE @condition ]
    [ RETURN [ NONE | BEFORE | AFTER | DIFF | @projections ... ]
    [ TIMEOUT @duration ]
    [ PARALLEL ]
;
//示例
//首先在表中创建一条记录
test/test > CREATE user:1 SET name = "Matt";
[
```

```
                {
                        id: user:1,
                        name: 'Mat'
                }
]
//删除 id 为 user:1 的记录
test/test > DELETE user:1 RETURN NONE
[]

test/test > SELECT * FROM user
[]
```

9.3.10　RELATE 语句

RELATE 语句可以用于在数据库中使两条记录之间产生图形边，即 Graph Edges，这里简单说明一下图形数据库中的两个概念。

(1) 节点(Vertex)：表示图中的实体或对象的数据点。每个节点通常包含一个或多个属性，用于描述该实体的特征。

(2) 边(Edge)：表示节点之间的关系或连接。边通常也可以包含属性，用于描述关系的特征。

在 SurrealDB 中利用 RELATE 语句可以高效地遍历相关记录，而无须从多张表中提取数据，使用 SQL JOIN 语句将这些数据合并在一起，这里需要注意 SQL JOIN 语句只是一种泛泛的说法，在 SurrealDB 中指的是 FETCH 语句。接下来用 RELATE 语句快速进行演示，以便更好地进行理解，代码如下：

```
//语法
RELATE [ ONLY ] @from_record -> @table -> @to_record
    [ CONTENT @value
        | SET @field = @value ...
    ]
    [ RETURN [ NONE | BEFORE | AFTER | DIFF | @fields ... ]
    [ TIMEOUT @duration ]
    [ PARALLEL ]
;

//定义 person 表
test/test > DEFINE TABLE person;
[]

//定义 job 表
test/test > DEFINE TABLE job;
[]

//创建 person:1 的记录
test/test > CREATE person:1 SET name = "Matt";
```

```
[
    {
            id: person:1,
            name: 'Matt'
    }
]

//创建 job:1 的记录
test/test > CREATE job:1 SET jname = "teacher";
[
    {
            id: job:1,
            jname: 'teacher'
    }
]

//定义边表 employee
test/test > DEFINE TABLE employee;
[]

//使用 RELATE 语句进行连接
test/test > RELATE person:1 -> employee -> job:1;
[
    {
            id: employee:76z1ejzwxkleoi8v5h3y,
            in: person:1,
            out: job:1
    }
]
```

从这个示例中可以看到 RELATE 语句为 employee 表生成了一条以 person 表中 id 为 person:1 的记录作为 in 字段,以 job 表中 id 为 job:1 的记录作为 out 字段的记录,这样做的作用是什么呢?接下来通过以下查询的示例检测一下结果。这里需要注意,查询使用了 SELECT 语句中的 FETCH 子语句,示例代码如下:

```
//通过 FETCH 子语句将 job 中的数据附加上
test/test > SELECT out.jname FROM employee FETCH job;
[
    {
            out: {
                    jname: 'teacher'
            }
    }
]
```

9.3.11 SHOW 语句

在 SurrealDB 中可以采用 SHOW 语句重新展示对表进行了修改操作,修改操作包括新增记录、修改记录、删除记录。实际上对 SHOW 语句更应该称为 SHOW CHANGES 语句，但目前版本 1.0.0+20230913.54aedcd for Windows on x86_64 中对 SHOW 语句的支持存在一定的问题，并且 SHOW 语句的语法规则也有错误。SHOW 语句的使用方式如下：

```
//语法
//该语法的错误出现在 SINCE 上,根据语法的规则显示 SINCE 子句应该是可选的,但实际进行验
//证时发现 SINCE 语句必须使用
//且目前版本 SHOW 语句不起效果,无法显示对表的更改信息
SHOW CHANGES FOR TABLE @tableName [SINCE "@timestamp"] [LIMIT @number]
//正确语法
SHOW CHANGES FOR TABLE @tableName SINCE "@timestamp" [LIMIT @number]

//使用示例
test/test > select * from user;
[
        {
                id: user:1,
                name: 'new Matt'
        },
        {
                id: user:abnzkr4llhgm7fz0xdux,
                name: 'Matt2'
        }
]

//进行更新操作
test/test > update user:1 set name = "Matt"
[
        {
                id: user:1,
                name: 'Matt'
        }
]

//使用 SHOW CHANGES 语句重放
test/test > show changes for table user since '2023 - 12 - 02T13:03:55.533329Z'
[]

//对应时区
test/test > show changes for table user since '2023 - 12 - 02T21:00:01 + 08:00'
[]
```

9.3.12　SLEEP 语句

　　SLEEP 语句的作用就是进行延迟，通常也可以使用 sleep() 函数进行代替。在许多语句中（例如 SELECT、UPDATE、DELETE 等）都含有延迟的功能，只是其中使用的并不是 SLEEP 作为子语句存在，而是使用 TIMEOUT 子语句，所以 SLEEP 语句常常被单独嵌入

在其他语句中,例如 FOR、IF ELSE、事务。SLEEP 语句的使用示例如下:

```
//语法
SLEEP @duration;

//示例
SLEEP 10s;

SLEEP 1000m;

BEGIN {
    //语句
    SLEEP 100ms;
    //语句
}
```

9.3.13　SurrealDB 中的编程式语句

在 SurrealDB 中提供了一系列编程式语句,包括 LET、IF ELSE、FOR、BREAK、CONTINUE、RETURN、THROW 共 7 个语句。在多数数据库中实际上并不存在编程式语句,而是声明式语句。实际上 SurrealDB 中的编程语句除了上述 7 种以外,DEFINE FUNCTION 语句也可以被纳入。对于诸如这样较为完整的体系,可以使 SurrealDB 的脚本变得极其强大且不依赖其他编程语言。以下对 7 种语句进行简单解释。

(1) LET 语句:用于定义并存储一个变量,然后可以在后续的查询中使用该变量。变量的值可以是任何 SurrealDB 提供的值的类型。类似于编程语言中的 let 赋值,但 SurrealDB 中 LET 声明的变量必须带有前缀 $ 符号。

(2) IF ELSE 语句:用于进行条件判断,它和编程语言中的 if else 功能相同,IF ELSE 同样包括 3 类分支,即 IF、ELSE IF、ELSE。它既可以用作主语句,又可以在父语句中使用,以便根据条件或一系列条件是否匹配返回值。

(3) FOR 语句:可用于遍历可迭代的值,并对这些值执行某些操作,它就是编程语言中的循环,SurrealDB 中只有 FOR 而没有 WHILE 或者 DO WHILE。

(4) BREAK:和编程语言中的 break 语句一样,用于直接中断并跳出整个循环。

(5) CONTINUE:和编程语言中的 continue 相同,用于直接中断当前循环并直接开启下次循环。

(6) RETURN:这是返回语句,用于返回一个结果,常出现在 SurrealDB 的 DEFINE FUNCTION 语句中,用于设置函数的返回值,或者用于直接返回一些函数操作。它在 DEFINE FUNCTION 中担任的角色和编程语言中担任的角色是一致的,但需要注意,RETURN 无法中断循环。

(7) THROW:可用于在发生意外情况的地方抛出错误。查询的执行将被中止,错误将返回客户端。它没有编程语言中的 throw 那么复杂,只是简单地抛出错误,并且会携带自定义错误抛出的原因的字符串。

下面首先罗列出这些语句的语法和简单的示例,示例代码如下:

```
//LET 语句语法
LET $@parameter = @value;
//LET 示例
LET $name = "Matt";
LET $age = 16;
LET $jobs = ["teacher","worker","doctor"];

//IF ELSE 语句语法
IF @condition {
    @expression
}
ELSE IF @condition {
    @expression ...
}
ELSE {
    @expression
}
//IF ELSE 示例
IF $score > 90 {RETURN "A"} ELSE {RETURN time::now()};
//注意 SurrealDB 中没有 = 只是赋值符的概念,它也可以用来判断
IF $auth = "super" {
    SELECT * FROM vip;
}ELSE IF $auth = "normal" {
    SELECT * FROM user;
}ELSE {
    THROW "no auth!"
}

//FOR 语句语法
FOR @item IN @iterable @block
//FOR 语句示例
FOR $name IN ['Matt1', 'Matt2', 'Matt3'] {CREATE type::thing('person', $name) SET name = $name};

//BREAK 语句语法
BREAK
//BREAK 语句示例
FOR $name IN ['Matt1', 'Matt2', 'Matt3'] {
    IF $name = 'Matt2' {
        BREAK
    } ELSE {
        CREATE type::thing('person', $name) SET name = $name
    }
};
//CONTINUE 语句语法
CONTINUE

//CONTINUE 语句示例
```

```
FOR $name IN ['Matt1', 'Matt2', 'Matt3'] {
    IF $name = 'Matt2' {
        BREAK
    } ELSE {
        CREATE type::thing('person', $name) SET name = $name
    }
};

//RETURN 语句语法
RETURN @value
//RETURN 语句示例
RETURN time::now();
RETURN 100;
RETURN {
    FOR $name IN ['Matt1', 'Matt2', 'Matt3'] {
        IF $name = 'Matt2' {
            BREAK
        } ELSE {
            CREATE type::thing('person', $name) SET name = $name
        }
    };

    LET $person = SELECT * FROM person;

    RETURN $person.id;
}
//THROW 语句语法
THROW @error
//THROW 示例
THROW "this is an error!";
FOR $name IN ['Matt1', 'Matt2', 'Matt3'] {
    IF $name = 'Matt2' {
        THROW "name cannot be Matt2";
    } ELSE {
        CREATE type::thing('person', $name) SET name = $name
    }
};
```

1. 声明式语言和编程式语言

在数据库中,查询语言通常可以分为两大类:声明式语言和编程式语言。

(1)声明式语言:声明式语言关注描述想要得到的结果,而不关心如何实现。SQL 是典型的声明式语言,通过 SQL 查询描述需要的数据,数据库系统会决定如何获取这些数据。

(2)编程式语言:编程式语言关注解决问题的步骤和实现细节。这可能包括迭代、条件逻辑、变量赋值等。在数据库领域,存储过程和触发器具有一些编程式的特质。

声明式语言的优点是简洁、直观,不需要关心实现细节;数据库系统可以进行优化,提高性能。缺点是可能不够灵活,对于某些场景,无法直接控制执行过程;某些复杂的计算可能不容易表达,而编程式语言则更灵活,可以执行更复杂的逻辑;可以直接控制执行过程,更容易进行手动优化,但语法可能更复杂,学习和理解成本较高。优化难度较大,数据库无法自动优化,需要手动进行。

2. 未来发展趋势

未来数据库领域的发展趋势可能会在两者之间找到一种平衡。一方面,声明式语言的优势在于简洁和易用,特别适合大多数数据查询场景。另一方面,对于一些需要更多控制和复杂逻辑的场景,可能会看到一些编程式语言特质的引入,以便提供更大的灵活性。数据库系统可能会在查询优化和执行引擎方面进行更多创新,以提高声明式语言的灵活性和性能。同时,更高级的编程式语言特质可能会被引入数据库中,以解决一些复杂的数据处理问题。

9.3.14 SurrealDB 中的事务语句

1. 数据库中为什么需要事务

在了解为什么需要事务前,先了解一下事务是什么。

事务(Transaction)是数据库管理系统中的一个重要概念,用于确保数据库操作的一致性、隔离性、持久性和原子性这 4 个特质,通常对这 4 个特质取首字母,称为 ACID。

(1)原子性(Atomicity):事务是原子单位,原子性指的是指定的语句要么全部执行成功,要么全部不执行,不存在部分执行的情况。如果事务的所有操作都成功,则称为提交(Commit),如果任何一个操作失败,则称为回滚(Rollback),数据库会将所有修改恢复到事务开始前的状态,保证数据库执行失败事务之后不会产生任何错误变动。

(2)一致性(Consistency):事务执行前后,数据库的状态应保持一致。事务执行的结果必须是从一个一致性状态转变到另一个一致性状态。

(3)隔离性(Isolation):当多个事务并发执行时,每个事务的执行都应该与其他事务隔离,互不干扰。隔离性防止了一个事务的执行对其他事务产生影响。

(4)持久性(Durability):一旦事务提交,其结果应该被永久地保存在数据库中,即使发生系统崩溃或重启,数据库也能够恢复到事务提交后的状态。

由此可以得出,由于拥有事务,数据库可以保证其 ACID 特质,事务提供了一种可靠的方式来处理数据库操作,尤其是在多用户并发访问的环境中。

2. SurrealDB 中如何使用事务

在 SurrealDB 中每个语句都在自己的事务中运行,如果需要一起进行一组更改,则可以将多组语句作为单个事务一起运行,要么作为一个整体执行成功,要么执行失败而不留下任何剩余的数据修改。这是来自官方的解释,简单来讲在 SurrealDB 中一个单独的语句就是一个事务,单独的语句同样满足事务的特质,一组语句同样可以组成事务,若一组语句中有任意一条失败,则对整个事务进行回滚。

在 SurrealDB 中通过 BEGIN 语句来创建一组事务,使用 CANCEL 语句来取消一组事

务,使用 COMMIT 语句对事务进行提交操作。事务的示例代码如下:

```
//BEGIN 语法
BEGIN [ TRANSACTION ];
//CANCEL 语法
CANCEL [ TRANSACTION ];
//COMMIT 语法
COMMIT [ TRANSACTION ];

//示例
BEGIN;

CREATE user:1 SET name = "1";
CREATE user:2 SET name = "2";
CREATE user:3 SET name = "3";
SLEEP 1000ms;
CREATE user:4 SET name = "4";

COMMIT;
```

9.3.15 @变量解释

1. @name

表示诸如命名空间、数据库、表等操作主体的名称,由操作主体的创建者进行定义。

2. @projections

表示 SELECT 语句查询的列。

3. @tables

表示多张表的名称,常出现在 SELECT 关键字后。

4. @condition

表示条件,出现在 where 子句后,从而形成查询或更新的条件。

5. @groups

表示进行分组的字段,出现在 group by 后。

6. @duration

表示时间长度,需要使用 duration 数据类型,时间单位的说明如表 9-4 所示。

表 9-4 时间单位的说明

单 位	说 明
y	年
w	周
d	天
h	小时

续表

单 位	说 明
m	分钟
s	秒
ms	毫秒
μs	微秒
ns	纳秒

7．@expression

表示表达式语句，表达式有很多种，常作为 select、create、update、delete 出现。

8．@pass 和 @hash

常用于设置账号的密码。

9．@roles

设置账号的角色，目前包含 3 种内置角色，分别是 OWNER、EDITOR、VIEWER，这 3 种角色对应着不同权限。需要注意，这里不是创建的等级权限而是使用权限，角色与使用权限的对照如表 9-5 所示。

表 9-5　角色与使用权限的对照

角 色	权 限
OWNER	可以查看和编辑当前用户级别或更低级别的任何资源，包括用户和令牌（IAM）资源。它还被授予支持 PERMISSIONS 子语句的子资源（表、字段等）的完全权限
EDITOR	与 OWNER 相比，EDITOR 无法查看和编辑用户及令牌（IAM）资源
VIEWER	仅可以进行查看而无法进行编辑，是最低等级的角色

10．@scope

表示定义的作用域，通过 DEFINE SCOPE 语句进行定义。

11．@value

表示变量或参数的值，值需要对应类型，否则无法起效。

12．@type

表示变量或参数的类型，具体的类型可查看 9.1 节。

13．@query

表示 DEFINE FUNCTION 语句中的方法的具体语句。

14．@returned

表示 DEFINE FUNCTION 语句的返回语句。

15．@tokenizers

表示分词器中的标记器，是分析器的组成部分，在 SurrealDB 中内置了 4 种标记器，分别是 blank、camel、class、punct。具体解释如表 9-6 所示。

表 9-6 标记器的说明

标 记 器	说　　明
blank	当标记器解析文本时如果遇到空格、制表符、换行符就会创建一个新的标记,标记会对文本进行分解,这样一整段文本就会被分解为数组
camel	一种基于单词首字母大写和小写的规则的标记器,当出现包含大小写混合的值时进行拆分,它可以将连续的单词组合拆分成单独的单词,例如 helloWorld 会被拆为 hello 和 World
class	检测 Unicode 字符类中的更改,例如数字、字母、标点符号等,对文本进行分割,当字符类出现更改时将会创建一个新的标记进行区分,常用于需要灵活标记字符类型的情景
punct	当标记器在解析文本时遇到标点字符时就会对文本进行分割,以此来生成标记,常用于对长文本句子进行分割,从而形成更小的单元的情景

16. @filters

表示分词器中的过滤器,是分析器的组成部分,用于进一步地处理文本,在 SurrealDB 中内置了 5 种常用过滤器,分别是 ascii、edgengram、lowercase、uppercase、snowball。具体解释如表 9-7 所示。

表 9-7 过滤器的说明

标 记 器	说　　明
ascii	该过滤器用于筛选并替换文本中的变音符号,变音符号指的是形如拼音声调的符合,被标注在文本字符上,常见于法语中,使用 ascii 过滤器可以去除或转化这些符号,最后形成标准化文本
edgengram(min, max)	该过滤器通过设置 min 和 max 对文本进行切分,切分方式采用逐步切分的方式,例如将 min 设置为 2,将 max 设置为 5 对 surrealism 这个单词进行切分,得到的结果为["u","ur","urr","urre"],这种过滤对应于需要处理搜索结果时的情景
lowercase	lowercase 可以将文本转换为全小写的形式
uppercase	uppercase 则与 lowercase 相反,将文本转换为全大写的形式
snowball(language)	该过滤器用于将词干提取出来,应用于标记,将它们还原为根形式,并将大小写转换为小写,语言上支持 Arabic、Danish、Dutch、English、French、German、Greek、Hungarian、Italian、Norwegian、Portuguese、Romanian、Russian、Spanish、Swedish、Tamil、Turkish。例如使用该过滤器可以将单词 dogs 转换为 dog,从而得到该词根

17. @field

表示一个字段名或者列名,常出现在 CREATE、UPDATE、SELECT 等语句中。

9.4　通过 HTTP 发起交互

在 9.3 节中,通过终端构建了使用 HTTP 或 HTTPS 协议作为桥梁的查询方式,但实际是通过 SurrealQL 语句发起了查询,并不是真正地通过 HTTP 发起的查询,它的精髓在于能够屏蔽语言的差异,即任何语言只要能够与网络进行交互就都能够使用 SurrealDB。

数据库实现 HTTP 作为查询方式不仅可以屏蔽语言上的差异,而且通过 HTTP 提供的 RESTful API 风格,可以使用通用的 CRUD 操作(创建、读取、更新、删除)进行数据库操作。RESTful API 设计简单、可读性强,使开发人员更容易理解和使用,并且 HTTP 是一种开放标准的协议,这意味着可以使用标准的 HTTP 工具,例如 ApiFox、Postman、浏览器自带控制台等进行数据库查询。这样的开放性使在不同系统之间传递和处理数据变得更为简便。在测试时通过 HTTP 协议进行查询使对数据库的测试更容易实现。由于可以使用通用的 HTTP 测试工具,所以可以在不同的编程语言中编写自动化测试用例。

在接下来的示例中会通过 ApiFox 工具与 SurrealDB 数据库进行交互,并通过 ApiFox 形成完整的能够被统一管理的文档。若没有使用过类似 API 发送工具,则可跳转至本书附录 A 进行学习。

9.4.1　使用 ApiFox 创建团队项目

首先打开 ApiFox 创建一个新团队并设置团队名称,在新团队中新建一个项目,这里将其命名为 surrealDB-http 并保存。由于 ApiFox 提供了一个集中的平台,所以可以使团队成员在同一地方进行协作,支持多用户同时在线编辑和查看,这使团队成员可以实时共享信息和反馈,这有助于提高效率和生产力,在后续形成一个统一的实时的可管理的文档。创建新团队并建立项目,如图 9-1 所示。

接下来,将进入新创建的 surrealDB-http 项目中。在这个项目中,需要在接口的位置上新建一些分组。这些分组将帮助我们更好地管理和区分不同类型的接口。

首先,需要创建 5 个分组。这 5 个分组的名称分别是 DIL(数据库信息)、DML(数据库管理)、DDL(数据库定义)、DQL(数据库查询)和 TCL(数据库事务)。

(1) DIL(Database Information Language)分组主要用于存放与数据库信息相关的接口。这些接口可能包括获取数据库的基本信息、查看数据库的版本信息等。

(2) DML(Data Manipulation Language)分组则主要用于存放与数据库管理相关的接口。这些接口可能包括添加、删除、修改和查询数据库中的数据等。

(3) DDL(Data Definition Language)分组主要用于存放与数据库定义相关的接口。这些接口可能包括创建、修改和删除数据库、数据表等。

(4) DQL(Data Query Language)分组主要用于存放与数据库查询相关的接口。这些接口可能包括执行各种复杂的 SQL 查询,以及获取数据库中的数据等。

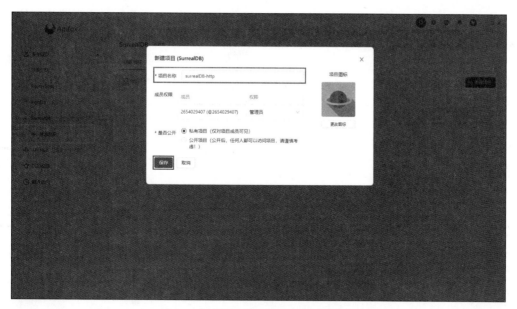

图 9-1 ApiFox 创建新团队并建立项目

（5）TCL(Transaction Control Language)分组主要用于存放与数据库事务相关的接口。这些接口可能包括开始、提交和回滚事务等。

通过这样的分组，可以更好地管理和区分不同类型的接口，使项目的组织更加清晰，也更有利于后续的开发和维护工作。创建分组，如图 9-2 所示。

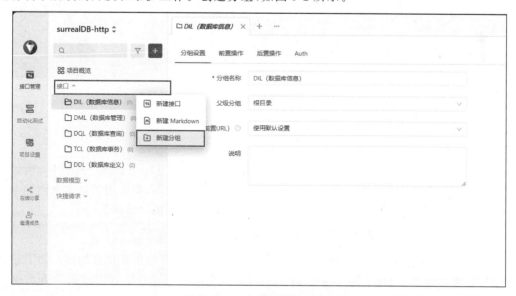

图 9-2 ApiFox 创建接口分组

在完成上述操作之后，需要对开发环境进行一些必要的配置，以便满足接下来的测试需求。在 ApiFox 界面的右上角会看到一个选择框。这个选择框是用来切换不同的环境的，包括开发环境、测试环境和生产环境等。在这个步骤中，需要选择管理环境。在选择了管理环境之后，就可以开始对开发环境进行配置了。在这个环境中，需要修改默认的服务地址。默认的服务地址通常是 http://127.0.0.1:数据库端口号。这个地址是在本机上运行的数据库服务的地址，由于通过这个地址就可以访问数据库，所以需要将这个默认的服务地址修改为实际的数据库服务地址。具体的修改方法可能会因为不同的数据库启动端口的不同而有所不同，但是大致的步骤都是相似的。首先需要找到设置服务地址的地方，然后将默认的地址替换为实际的地址。在完成了这些步骤之后，开发环境就配置好了。配置环境管理如图 9-3 所示。

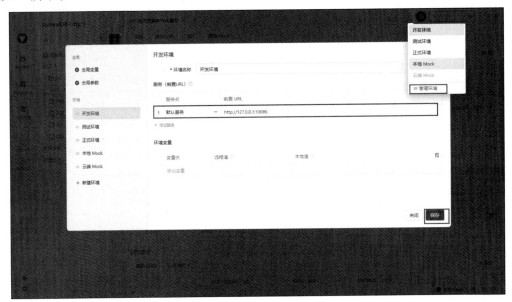

图 9-3　ApiFox 配置环境管理

9.4.2　DIL 数据库信息语言

实际上，DIL 这个概念并不存在。在这里，我们只是为了更好地管理一些操作，例如获取数据库的状态、获取数据库的版本信息及获取数据库的心跳等，而采用了这个方便的命名方式。

1. GET /status 检查数据库 Web 服务器是否正在运行

当需要对数据库进行实际操作时，首先需要确保 Web 服务器正在正常运行。为了达到这一目的，可以将一个 GET 请求发送到"/status"这个路径。通过这种方式来检查数据库 Web 服务器的状态，以确保在进行后续操作之前，服务器正在正常工作。

如果该 GET 请求成功返回了预期的 200 作为结果，就可以继续执行后续的操作了，但是，如果该请求失败，就不需要再进行后续的请求了。因为这意味着数据库 Web 服务器可能已经停止运行或者出现了其他问题,此时继续执行后续操作可能会导致错误或者无法达到预期的效果,因此,通过将 GET 请求发送到"/status"路径来检查数据库 Web 服务器的状态是非常重要的。它可及时发现并解决潜在的问题,从而确保操作能够顺利进行。接口的请求示例如图 9-4 所示。

图 9-4　GET /status 请求示例

请求所需的具体参数如表 9-8 所示。

表 9-8　GET/status 请求参数

请　　求	说　　明	Header	说　　明	参　　数	说　　明
请求方式	GET	无	无	无	无
请求地址	/status				

2. GET /health 检查数据库服务器和存储引擎是否正在运行

当使用 GET 请求访问"/health"这个 URL 时,实际上是在检查 SurrealDB 数据库服务器和存储引擎是否正在正常运行。这个过程与访问"/status"请求的效果非常相似。当请求成功时,系统会返回一种状态码 200,表示一切正常。这种状态码通常用于表示客户端请求已成功处理,并且服务器返回了预期的响应内容。在这种情况下可以确信 SurrealDB 数据库服务器和存储引擎正在正常运行,没有任何问题,然而,如果请求失败,则系统会返回一种状态码 500,表示服务器内部发生了错误。这种状态码通常用于表示服务器无法完成客户端的请求,可能是因为服务器遇到了意外情况或者出现了故障。在这种情况下,需要进一步调查并解决潜在的问题,以确保操作能够顺利进行。

通过定期访问"/health"这个 URL,系统可及时发现并解决任何可能影响 SurrealDB 数据库服务器和存储引擎正常运行的问题。这有助于确保后续的操作不会受到任何意外中断或故障的影响,从而保证系统的可靠性和稳定性。请求所需的具体参数如表 9-9 所示。

表 9-9　GET/health 请求参数

请　　求	说　　明	Header	说　　明	参　　数	说　　明
请求方式	GET	无	无	无	无
请求地址	/health				

3. GET /version 返回 SurrealDB 数据库服务器的版本

当向 SurrealDB 数据库服务器将 GET 请求发送到路径"/version"时,系统将返回该服务器的版本信息。这个操作可以帮助使用者了解当前正在使用的 SurrealDB 数据库服务器的具体版本。请求所需的具体参数如表 9-10 所示。

表 9-10 GET/version 请求参数

请求	说明	Header	说明	参数	说明
请求方式	GET	无	无	无	无
请求地址	/version				

发起请求获得的结果如图 9-5 所示。

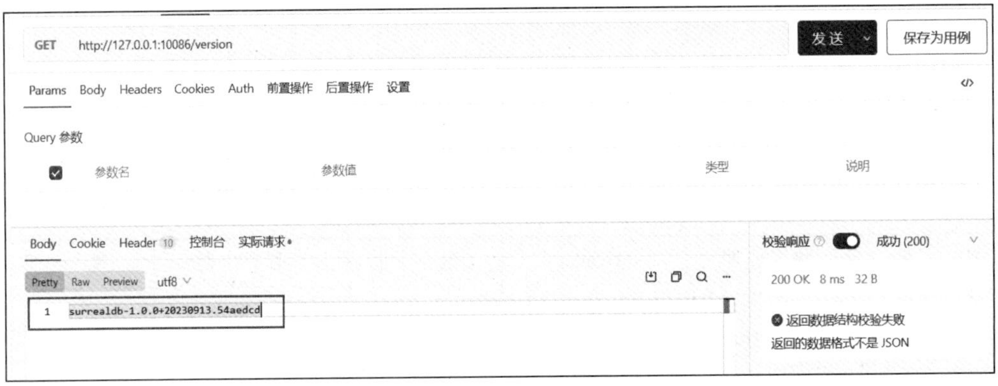

图 9-5 返回 SurrealDB 数据库服务器的版本

9.4.3 DML 数据库操作语言

1. POST /signin 登录 SurrealDB 数据库服务器

在需要对数据库进行任何操作前,首先需要进行登录。登录 SurrealDB 数据库服务器的方式是通过 POST 方法向请求路径/sigin 发送请求并携带登录所需的参数。

在 SurrealDB 中有 4 种登录模式,分别是 scope、database、namespace 和 root,它们分别对应作用域、数据库、命名空间和根用户。这 4 种登录方式的权限是按从小到大的顺序进行排列的,其中 scope、database 和 namespace 的登录用户需要使用 root 用户进行分配。需要注意,这 4 种登录方式都需要添加名为 Accept 的请求头并将对应的值设置为 application/json,即使用 JSON 字符串的形式对响应数据进行接收。

首先是 root 登录方式,它是权限最大的登录方式,也就是数据库的根用户,但需要的登录参数最少,仅需要用户名(user)和密码(pass)。接下来是 namespace 方式,它需要增加一个命名空间字段(ns),然后是 database 方式,它需要在 namespace 的登录方式的请求参数的基础上增加 db 字段来指明数据库。最后就是 scope 方式,它需要在 database 登录方式的请求参数的基础上添加作用域字段 sc。下面是用户的登录所需的具体参数,如表 9-11 所示。

表 9-11　POST/signin 请求参数

请求	说明	Header	说明	Body 参数	说明
请求方式	POST	Accept	application/json 使用 JSON 字符串形式对响应数据进行接收	user	登录数据库的用户名
				pass	登录数据库的密码
请求地址	/signin			ns	使用 namespace 方式登录时指定的命名空间
				db	使用 scope 和 database 方式登录时指定的数据库
				sc	使用 scope 方式登录时指定的作用域

在登录 SurrealDB 数据库的请求发送后,系统会返回一个 JSON 形式的响应,其中包含如下字段。

(1) code:这是响应的状态码,用于表示请求的处理结果。如果登录成功,则返回 200,如果登录失败,则返回 401,表示该用户没有相关权限。

(2) details:这是响应的信息,用于提供关于请求处理结果的详细信息。如果请求成功,则 details 可能会包含一些关于请求成功的额外信息;如果请求失败,则 details 可能会包含一些关于失败原因的错误信息。在这个例子中如果登录成功,则返回 Authentication succeeded,如果登录失败,则返回 Authentication failed。

(3) token:这是用户的 token,仅在用户登录成功时才会返回,它用于在后续的请求中验证用户的身份。每个用户在登录时都会生成一个唯一的 token,这个 token 会在后续的请求中被发送到服务器,服务器会使用这个 token 来验证用户的身份。

(4) description:这是关于响应的更加详细的描述,仅当失败时会返回 " Your authentication details are invalid. Reauthenticate using valid authentication parameters.",提示身份验证细节无效,需要使用有效的身份验证参数重新进行身份验证。

(5) information:提供了更加通用的信息,仅在登录失败时会返回,能够让用户更加简单地知道错误的具体原因。

发起请求并响应成功的结果如图 9-6 所示。

2. POST /signup 创建数据库新用户

SurrealDB 是多租户数据库,为了更精细化地进行管理,自然需要创建多个用户,而创建新用户前需要保证有新用户的操作实体,意思是若需要创建一个能够管理命名空间的用户,则需要先有对应的命名空间。创建操作实体需要使用 DDL 语句,在接下来的示例中会先创建用户所需的操作实体,因此可以先跳转至 9.4.4 节进行学习。

为了在某个特定的作用域中创建一个新的数据库用户,首先需要定义这个作用域(scope),然而,在定义作用域之前,还需要完成一些前置步骤,包括命名空间的定义、数据库的定义及作用域登录注册验证表的定义。

图 9-6 登录成功的响应结果

定义这些操作实体需要通过 POST 方式发送到/sql 请求路径。在发送请求时，需要将请求头的 Accept 字段设置为 application/json，这表示希望以 JSON 格式接收响应数据。在请求参数选项中，需要选择 Auth 选项卡，并在这里选择 Basic Auth 作为认证方式，然后设置登录所需的用户名和密码。最后，在 Body 选项中，需要选择 row，并在这里填写定义语句。这样，就完成了数据库资源的定义，如图 9-7 所示，定义语句如下：

```
//定义命名空间
DEFINE NS test;
USE NS test;
//定义数据库
DEFINE DB test;
USE DB test;
//定义登录注册的验证表
DEFINE TABLE user;
//定义作用域 test_sc_1,将会话时间设置为 48h
DEFINE SCOPE test_sc_1 SESSION 48h SIGNUP ( CREATE user SET username = 'test001', password = 'test001' ) SIGNIN ( SELECT * FROM user WHERE username = 'test001' AND password = 'test001');
```

完成数据库作用域所需的操作实体的定义后就可以注册登录用户了，使用 POST 请求方式发送到/signup 路径，将请求头 Accept 设置为 application/json，将请求体设置为 JSON 形式，如果成功注册，则可以获取一个登录的 token 值，如图 9-8 所示，请求体数据如下：

```
{
    "ns": "test",
    "db" : "test",
    "sc" : "test_sc_1",
    "username": "test001",
    "password": "test001",
}
```

图 9-7　定义数据库作用域所需的操作实体

图 9-8　数据库作用域注册

POST /signup 的请求参数如表 9-12 所示。

表 9-12 POST/signup 请求参数

请　　求	说　　明	Header	说　　明	Body 参数	说　　明
请求方式	POST	Accept	application/json 使用 JSON 字符串形式对响应数据进行接收	user	登录数据库的用户名
				pass	登录数据库的密码
				ns	使用 namespace 方式登录时指定的命名空间
请求地址	/signup			db	使用 scope 和 database 方式登录时指定的数据库
				sc	使用 scope 方式登录时指定的作用域

3. GET/key/{table}查询目标表中的所有数据

在查询某张表中的所有数据时，需要使用 GET 请求方法，将请求发送到/key/{table}这个请求路径。需要注意，这里的{table}是 RESTFul 请求路径的写法，作为路径占位符存在。在真实请求发送时，它会被替换为真实的表名。为了能够成功地查询表中的数据，需要拥有操作权限，因此，在发送请求之前，需要确保已经选择了 Auth 选项，并设置了登录数据库的用户名和密码。这些信息将在请求过程中用于验证身份。接下来，在请求头中将 Accept 设置为 application/json。这将告诉服务器期望接收 JSON 格式的响应。此外，还需要增加 NS 和 DB 两个请求头，分别用于设置操作的命名空间和数据库。这两个参数将指定要查询的具体表所在的命名空间和数据库。最后，在 Path 参数中填写真实的表名。这将告诉服务器要查询哪个表中的数据。完成以上步骤后，单击"运行"按钮发送请求。当请求发送成功后，将收到一个包含查询结果的响应。这个响应将以 JSON 格式呈现，请求结果如图 9-9 所示。

图 9-9 GET/key/{table}查询表中的数据

GET/key/{table}的请求参数如表9-13所示。

表 9-13 GET/key/{table}请求参数

请 求	说 明	Header	说 明	Auth	说 明
请求方式	GET	Accept	application/json 使用JSON字符串形式对响应数据进行接收	username	登录数据库的用户名
		Authorization	数据库登录权限验证方式		
请求地址	/key/{table}	NS	SurrealDB的命名空间名称	password	登录数据库的密码
请求参数	table表示表名	DB	SurrealDB的数据库名称		

4. POST/key/{table}新增表中的数据

在RESTful请求中,可以通过POST请求的方式发送到特定的请求路径,以此来新增表中的数据。这个请求路径通常是/key/{table},其中{table}是想要新增数据的表名。这种方式看起来与查询目标表中的数据的请求方式非常相似,但实际上它们的目标是不同的,所以RESTful请求的核心思想是通过改变请求的路径和方法实现不同的功能。在这个例子中,通过将请求方法从GET改为POST,就可以实现从查询数据变为新增数据的功能。为了能够成功地发送这个POST请求,需要添加一些请求头信息。这些请求头包括Accept、NS和DB。Accept请求头用于指定希望接收的数据类型,NS请求头用于指定要操作的数据库,DB请求头用于指定要操作的数据库中的表,并且还需要在请求中添加用户名和密码进行验证。这是因为需要确保只有拥有相应权限的用户才能对数据库进行操作。最后,需要注意的是,在使用这种方式对数据库的表新增数据时,无法使用SET的方式,而是需要使用CONTENT的方式。这意味着该请求需要设置一个JSON格式的请求体,并在其中包含想要新增的数据,请求结果如图9-10所示。JSON请求体的代码如下:

```
{
    "username" : "Matt001",
    "password" : "Matt001"
}
```

POST/key/{table}的请求参数如表9-14所示。

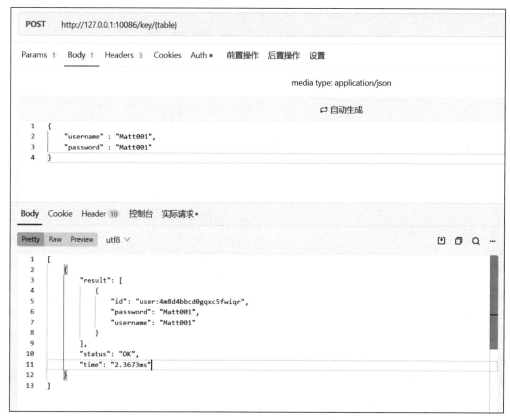

图 9-10　POST/key/{table}新增表中的数据

表 9-14　POST/key/{table}请求参数

请求	说明	Header	说明	Auth	说明
请求方式	POST	Accept	application/json 使用 JSON 字符串形式对响应数据进行接收	username	登录数据库的用户名
		Authorization	数据库登录权限验证方式		
请求地址	/key/{table}	NS	SurrealDB 的命名空间名称	password	登录数据库的密码
请求参数	table 表示表名	DB	SurrealDB 的数据库名称		

5. PUT/key/{table}更新表中的所有数据

通过 PUT 请求方式请求/key/{table}便可以更新表中的所有数据，需要注意，不是某条数据而是所有的数据，PUT 方式所需的请求参数与 POST 方式相同，同样使用 CONTENT 方式更新数据，更新表中数据的执行结果如图 9-11 所示。

图 9-11　PUT/key/{table}更新表中的所有数据

PUT/key/{table}的请求参数如表 9-15 所示。

表 9-15　PUT/key/{table}请求参数

请　　求	说　　明	Header	说　　明	Auth	说　　明
请求方式	PUT	Accept	application/json 使用 JSON 字符串形式对响应数据进行接收	username	登录数据库的用户名
		Authorization	数据库登录权限验证方式		
请求地址	/key/{table}	NS	SurrealDB 的命名空间名称	password	登录数据库的密码
请求参数	table 表示表名	DB	SurrealDB 的数据库名称		

6. DELETE/key/{table}删除表中所有的数据

通过 DELETE 的请求方式便可将表中所有的数据删除，但这仅可删除表中的数据，不会将表删除，删除数据的请求无须任何请求体数据，当删除成功后会返回所有被删除的数据，后续再次对表进行查询后会得到一个空数组，执行结果如图 9-12 所示。

图 9-12　DELETE/key/{table}删除表中所有数据

DELETE/key/{table}的请求参数如表 9-16 所示。

表 9-16　DELETE/key/{table}请求参数

请　　求	说　　明	Header	说　　明	Auth	说　　明
请求方式	DELETE	Accept	application/json 使用 JSON 字符串形式对响应数据进行接收	username	登录数据库的用户名
		Authorization	数据库登录权限验证方式		
请求地址	/key/{table}	NS	SurrealDB 的命名空间名称	password	登录数据库的密码
请求参数	table 表示表名	DB	SurrealDB 的数据库名称		

7. RESTful 方式针对表中某条数据进行增、删、改、查

SurrealDB 官方提供的 RESTful 的请求并没有十分精细地对表进行控制，针对表中某条数据的增、删、改、查的请求路径为/key/{table}/{id}，增加了{id}这一路径参数，该参数对应表中的某条数据的 id，通过数据的 id 进行表操作的定位，而对于复杂的条件查询、条件更新、条件删除就显得力不从心了，对于复杂的条件语句仍需要使用 9.4.4 节中的 SurrealDB 提供的统一化请求方式。下面的示例简单地对某条数据进行查询操作，结果如图 9-13 所示。

图 9-13　根据 id 查询表中的某条数据

针对某条数据的增、删、改、查/key/{table}/{id}的请求参数如表 9-17 所示。

表 9-17　针对某条数据的增、删、改、查/key/{table}/{id}请求参数

请　　求	说　　明	Header	说　　明	Auth	说　　明
请求方式	GET/POST/PUT/DELETE	Accept	application/json 使用 JSON 字符串形式对响应数据进行接收	username	登录数据库的用户名
		Authorization	数据库登录权限验证方式		
请求地址	/key/{table}	NS	SurrealDB 的命名空间名称	password	登录数据库的密码
请求参数	table 表示表名 id 表示字段的 id	DB	SurrealDB 的数据库名称		

9.4.4 其他统一化请求方式

SurrealDB 的 HTTP 发起方式并没有独立的请求 URL 路径来发起，例如 TCL、DDL 语句，而是使用统一的 POST 方式发送到/sql 路径并将必需的响应接收的请求头 Accept 值设置为 application/json，以及需要设置用户验证方式，用户验证使用的字段便是数据库登录时所用的字段，当使用 root 方式时使用 user 和 pass 设置用户名和密码，当使用 namespace 方式时，则需要增加 NS 和 Authorization 两个请求头，如果使用 scope 方式登录，则还需要在 namespace 的方式的基础上增加 DB 请求头。这个请求作为一种统一性请求，可以说它是其他请求的超集。

接下来演示使用 ApiFox 发起/sql 来使用 SurrealDB 中的 DDL 数据库定义语句，首先创建一个新接口，将请求方式设置为 POST 并将请求地址设置为/sql，然后选择请求参数中的 Header 选项，设置 4 个请求头，分别是 Accept、Authorization、NS 和 DB，并勾选 Accept 参数，使其变为必选参数，将其示例值设置为 application/json，如图 9-14 所示。

图 9-14 DDL 设置请求头

然后在请求参数中选择 Auth 选项，Auth 选项用于设置服务器验证方式，选择验证类型为 Basic Auth，然后填入登录 SurrealDB 的数据库的用户名和密码，如图 9-15 所示。

最后还要设置请求体，选择请求参数中的 Body 选项，然后选择其中的 row 方式设置请求体，再在示例值中编写需要的 DDL 语句，例如 DEFINE NS test；用来定义命名空间，如图 9-16 所示。

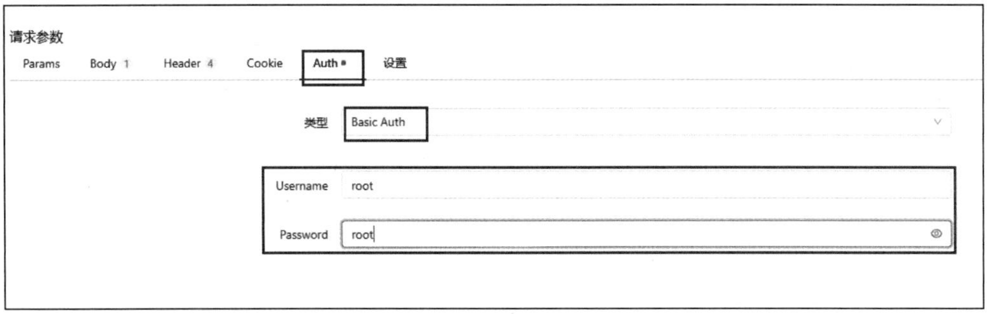

图 9-15　DDL 设置服务器验证

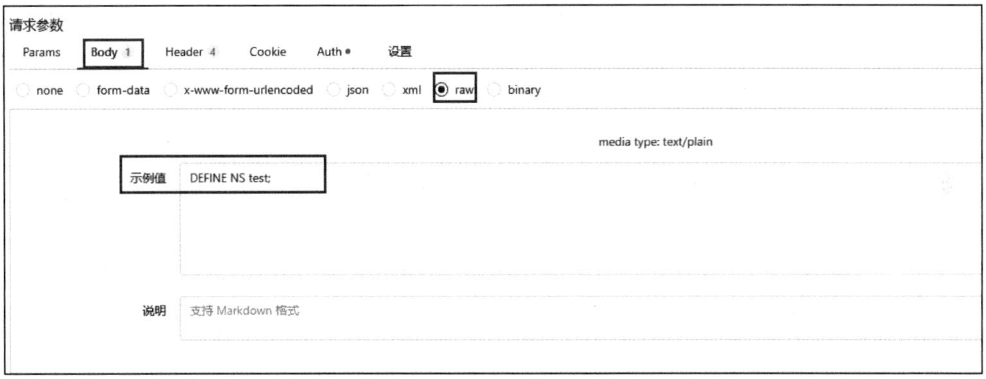

图 9-16　DDL 设置请求体

完成接口编写后选择运行以发起请求,可以看到 JSON 响应数据,其中包含 result、status 和 time 这 3 个字段,分别是响应数据、响应状态及响应时间,结果如图 9-17 所示。

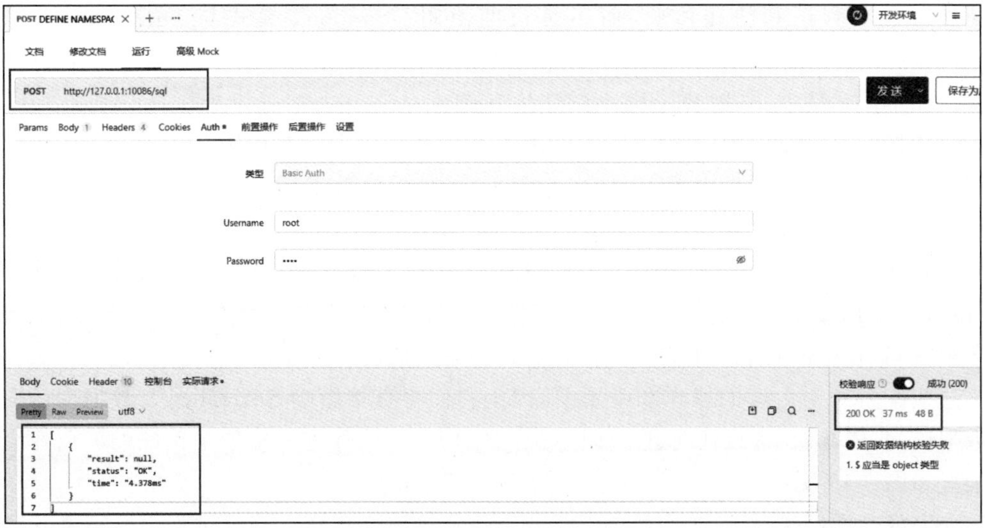

图 9-17　DDL 运行结果

9.5 Surrealist 可视化工具

在本节中将使用 Surrealist 可视化工具来体验对 SurrealDB 数据库的增、删、改、查操作。为了顺利地学习本节内容，需要确保已经按照 12.5 节中的说明完成了 Surrealist 的安装和下载步骤。

Surrealist 是一款功能强大的可视化工具，它虽然不是 SurrealDB 官方提供的可视化工具，但它不仅免费而且专业，专门用于与 SurrealDB 数据库进行交互。它提供了直观的用户界面，从而使对数据库的操作变得更加简单和高效。通过 Surrealist 可以方便地进行数据的增、删、改、查操作，从而更好地理解和管理 SurrealDB 数据库。

接下来的示例将从创建会话开始，一步一步地对 Surrealist 与 SurrealDB 数据库进行交互使用。

9.5.1 创建会话并连接

当第 1 次启动 Surrealist 时，系统会弹出一个创建会话的窗口。这个窗口中有两个选项可供选择，分别是 Database 和 Sandbox。这两个选项的含义分别是数据库和沙盒。

首先，让我们来看 Database 选项。当选择这个选项时，表示当前环境已经安装了 SurrealDB 数据库，并且 Surrealist 将会采取连接的方式与该数据库进行交互，而 Sandbox 选项则表示当前环境没有安装 SurrealDB 数据库。在这种情况下，Surrealist 将采用内存模拟的方式进行虚拟连接。这种方式的好处是它不需要实际的数据库，而是通过在内存中模拟数据库的行为实现连接，然而，需要注意的是，这种方式会在每次重启后删除数据，因此，它更加适合于测试和快捷体验，而不是长期使用。Sandbox 模式与 SurrealDB 的基于 memory 形式的启动非常相似。数据都会因为重启而丢失，但 Sandbox 的虚拟模拟性更加彻底。在本次示例中，采用 Database 的连接方式。

在选择好连接方式后，需要进行一些相关的配置。首先需要设置 Tab name，这个名称将用于标识会话。接下来设置 Endpoint URL，这是连接数据库的地址和端口的组合。由于当前不需要使用远程连接，所以可以将其设置为 127.0.0.1。

然后就需要将 Authentication mode 设置为 Root authentication，这意味着数据库的登录方式将使用 Root 身份进行登录，然后需要填写命名空间和数据库的名称。最后，输入用户名和密码，并单击右下角的保存具体信息按钮来完成创建过程。

这些配置对于后续的操作非常重要，因为它们将直接影响 Surrealist 与数据库的交互和数据访问，因此，在进行任何进一步的操作之前，必须确保这些配置是正确的。创建会话的配置如图 9-18 所示。

在完成会话创建后，单击右侧的 Connect 按钮来建立连接。这个过程可能需要几秒的时间，因为 Surrealist 需要与服务器进行通信并确认连接状态。一旦连接成功就会发现原

图 9-18 创建 Surrealist 会话配置

来的 Connect 按钮位置已经变成了 Send Query,这意味着可以开始发起查询了。Surrealist 连接成功,如图 9-19 所示。

图 9-19 Surrealist 连接成功

若连接失败,则需要重新检查并修改 Surrealist 当前会话的配置。首先,单击 Surrealist 图标右侧部分,这将展开一个窗口,其中包含需要修改配置的会话选项。接下来,选择会话上的 3 个点的图标,这将弹出一个设置窗口。在设置窗口中,选择 Edit 选项,这样就可以对原来的配置进行修改了。修改配置方法,如图 9-20 所示。

图 9-20 修改 Surrealist 会话配置

9.5.2 发起查询

在 Surrealist 中，发起查询的方式非常简单。首先，在左侧的 Query 区域编写相关的 SurrealQL 语句。完成编写后单击 Send Query 按钮即可发起查询。每条语句将会得到一个返回结果，这些结果将在右侧的区域显示出来。右侧 Result 区域的设计非常清晰，可以方便地展示每条查询结果。可以在这里看到查询的结果，无论是文本、图像还是其他类型的数据，在该区域中显示数据的方式有 3 种，分别是条目、JSON、表格形式，保证了使用者可以清晰明了地理解结果。

在 Query 下方的区域用于表示变量。在 Surrealist 中，变量是非常重要的概念，通过 LET 语句，就可以创建自己的变量。一旦创建了变量，它们将在这里显示出来，方便使用时随时查看。这种设计有效地解决了在命令行中创建变量而无法记住的问题。在命令行中，可能需要记住大量的变量名和值，这可能会非常烦琐和容易出错，而在 Surrealist 中，可以通过直观的界面轻松地创建和管理变量，无须担心忘记或混淆变量名和值。查询示例的结果如图 9-21 所示。

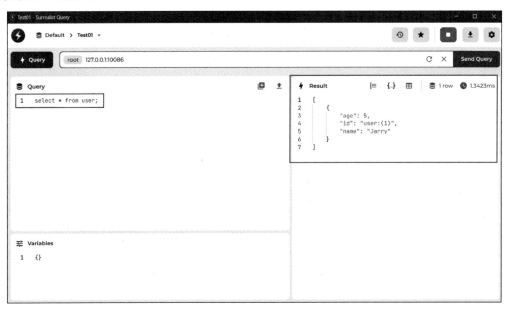

图 9-21　查询示例结果

9.5.3　使用 Surrealist 内置控制台连接 SurrealDB

在之前的操作中都是通过命令行的方式来启动 SurrealDB 数据库的。实际上，Surrealist 内部已经提供了一个内置的控制台，可以利用这个控制台来连接 SurrealDB 数据库。

首先，需要在界面的右上角找到并单击"设置"按钮。单击后会弹出一个设置窗口。在这个窗口中，选择"Local database"选项。在"Local database"选项中，需要配置一些启动参数。设置初始化根用户的用户名和密码。这两个参数是非常重要的，因为它们将用于在后续的操作中连接到数据库进行鉴权登录。

接下来，需要设置连接端口。这个端口号用于在本地网络中连接到数据库。

然后需要选择存储模式。存储模式的选择在 8.4.1 节中已经进行了详细说明。在这里，再简单地介绍这 3 种存储模式：第 1 种是 Memory，这是一种基于内存的模式，当数据库重启后，数据将会丢失。这种模式适合进行测试。第 2 种是 File，这是一种本地存储模式，数据会被持久化到本地目录中。第 3 种是 TIKV 集群模式，这是一种远程存储的方式。在进行练习时，选择 Memory 内存模式即可。

最后，设置 SurrealDB 的执行路径。这个路径是指含有 Surreal.exe 执行文件的目录。Surrealist 需要根据这个路径来启动 SurrealDB，但是，如果本地已经配置好了环境变量，则可以将这个路径设置为空。完成所有的设置后，只需选择设置窗口右上角的关闭按钮，Surrealist 会响应式地更新状态并保存。Surrealist 设置的本地数据库连接参数如图 9-22 所示。

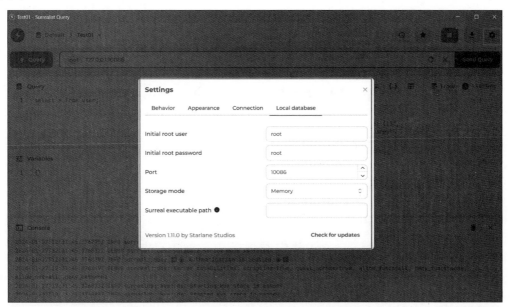

图 9-22　Surrealist 设置的本地数据库连接参数

在完成本地数据库连接参数的设置后，只需轻松地单击右上角的第 3 个启动按钮，便可迅速启动 Surrealist 并连接到本地的 SurrealDB 数据库。一旦启动成功，将在最下方弹出的控制台中看到 SurrealDB 启动的信息。这个简单的操作步骤使启动本地数据库变得非常便捷。通过单击"启动"按钮，Surrealist 将自动加载之前设置的数据库连接参数，确保与本地 SurrealDB 数据库的顺畅连接。无须烦琐的重新输入命令的过程，可以轻松地开始使用

SurrealDB，并且这种方式避免了使用者误关闭命令行、多面板可视困难的问题，以及重连数据库重复导入数据等问题。使用 Surrealist 启动 SurrealDB，如图 9-23 所示。

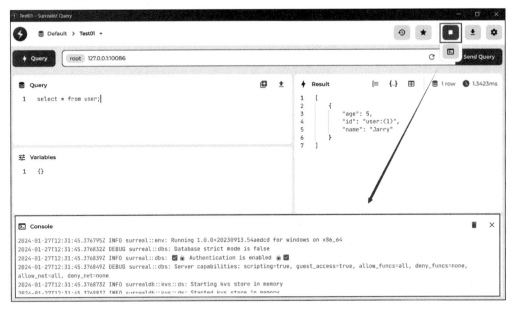

图 9-23　使用 Surrealist 启动 SurrealDB

9.6　Rust-surrealdb 库支持

本节将详细介绍如何使用 SurrealDB 官方提供的 surrealdb 库。首先，通过一个 QuickStart 教程来快速入门，以此来对 surrealdb 库有一个基本的了解。接下来，将完成一个完整的增、删、改、查案例，以便能够更好地掌握这个库的使用方法。

9.6.1　QuickStart

1. 创建新工程 hello_surreal 并安装依赖

首先，打开 Visual Studio Code(VS Code)编辑器。在 VS Code 的界面中，选择想要创建新项目的目录。接下来，通过 cargo init 命令来创建一个新的 Rust 工程，然后通过 cargo add surrealdb 命令来安装 SurrealDB 官方提供的库，由于还需要 tokio 库帮助程序实现异步操作，所以还需要使用 cargo add tokio 命令进行安装。最后安装 serde 库，以此进行序列化与反序列的工作。耐心等待安装结束。这个过程可能需要一些时间，在安装过程中，可关注终端中的输出信息，以了解安装的进度和状态。创建新工程并安装依赖，如图 9-24 所示。

完整的初始化和安装命令如下：

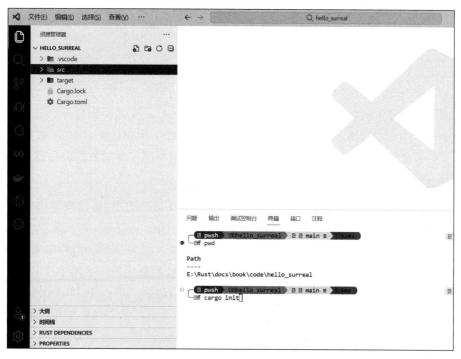

图 9-24　创建新工程并安装依赖

```
//初始化 Rust 项目
cargo init
//安装 surrealdb 库
cargo add surrealdb
//安装 tokio 库
cargo add tokio
//安装 serde 库并开启 derive 特质
cargo add serde -- features derive
```

2. 使用 Surrealist 开启 SurrealDB 数据库

在 9.5.3 节中已经学习过使用 Surrealist 的内置控制台启动 SurrealDB，本节中依然采用这种形式启动 SurrealDB，将用户名设置为 root，将密码设置为 root，将启动端口设置为 10086 后单击"启动"按钮启动即可。启动结果如图 9-25 所示。

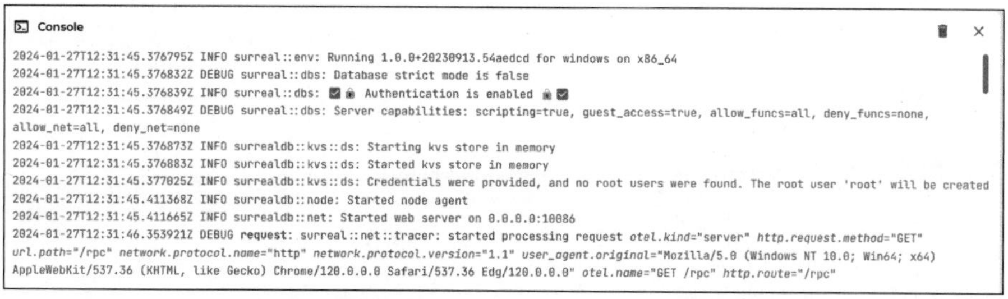

图 9-25　使用 Surrealist 启动 SurrealDB 数据库

9.6.2 完整的增、删、改、查

在做好充分的准备工作之后，就可以开始编写代码了，然而，编写代码并不是随意地想到什么就写什么，而是需要有一定的规划和策略。在进行增、删、改、查等操作之前，最关键的是要确保有可操作的数据，而要创建这些可操作的数据，首先需要创建一个能够容纳这些数据的操作实体。对于 SurrealDB 数据库而言，这个操作实体就是命名空间、数据库和数据表，因此，在创建数据之前，需要先创建命名空间、数据库及用于容纳数据的数据表。

1. 尝试连接到 SurrealDB 并获取版本

在创建操作实体之前，由于需要使用 Rust 连接到 SurrealDB，所以需要编写连接的代码，这部分代码十分简单，在下方示例中首先使用 tokio 库的 #[tokio::main] 宏将 Rust 的 main 函数改造为异步函数并在 main 函数前添加 async 关键字，然后使用 SurrealDB 提供的 Result 类型作为 main 函数的返回值类型，实际上这种类型就是标准库中的 Result 类型，由于使用这种方式进行改造，所以 main 函数最后必须返回一个 Result 与之对应，然后使用 WebSocket 协议对 SurrealDB 进行连接，连接地址为 127.0.0.1:10086，对应启动时的节点地址。接下来需要设置数据库登录所需的用户名和密码，调用 signin() 方法发起登录并提供 SurrealDB 所需的登录类型，在这里简单地使用 Root 方式登录指定登录所需要的用户名和密码进行验证。最后尝试获取 SurrealDB 的数据库版本信息，版本信息会被包装为一个 Version 结构体，通过调用 to_string() 方法转换为 String 类型进行打印即可得到当前数据库的版本信息，示例代码如下：

```rust
//第 9 章 hello_surreal/src/examples/01_connect.rs
use surrealdb::{engine::remote::ws::Ws, opt::auth::Root, Surreal};

//使用 tokio 进行标记
//允许 main 函数变为异步函数
#[tokio::main]
async fn main() -> surrealdb::Result<()> {
    //使用 WebSocket 协议连接 SurrealDB 数据库
    //将连接地址设置为 127.0.0.1:10086
    let db = Surreal::new::<Ws>("127.0.0.1:10086").await?;
    //登录 SurrealDB 数据库
    //使用账号:root
    //使用密码:root
    db.signin(Root {
        username: "root",
        password: "root",
    })
    .await?;
    //获得 SurrealDB 数据库的版本信息
    let version = db.version().await?;
    println!("SurrealDB Version:\n{}", version.to_string());
    Ok(())
}
```

2. 创建操作实体

在成功连接到 SurrealDB 数据库后,就可以开始创建操作实体了。由于创建的顺序对于操作实体的层级非常重要,因此需要按照正确的顺序进行操作。首先,需要创建一个命名空间,然后创建数据库,最后创建数据表。

对于非增、删、改、查语句,SurrealDB 不提供额外的 API,而是使用 db.query() 这个统一的方法来发起查询语句。首先需要发送 DEFINE NS test 语句,以创建一个名为 test 的命名空间。接下来,使用 db.use_ns() 方法来将使用的命名空间指定为 test。这个 API 相当于向 SurrealDB 数据库发送了 USE NS test 这个语句。接下来,创建一个名为 test 的数据库。同样地,可以使用 db.use_db() 方法来告诉 SurrealDB 使用 test 这个数据库。最后,就可以再次使用 query() 方法发送 DEFINE TABLE person 语句了,以创建一个名为 person 的数据表。这种创建方式非常简单,没有任何字段约束。

完成表的创建后,通过发送 INFO FOR TABLE person 语句来查看 person 表的信息并进行确认。SurrealDB 数据库将返回一个 Response 响应结构体,告知 person 表的具体信息。通过这种方式就可以确保代码已经成功地创建了一个名为 person 的数据表,并且可以进一步对其进行操作和查询,示例代码如下:

```rust
//第 9 章 hello_surreal/src/examples/02_define_opts.rs

use surrealdb::{engine::remote::ws::Ws, opt::auth::Root, Surreal};

//使用 tokio 进行标记
//允许 main 函数变为异步函数
#[tokio::main]
async fn main() -> surrealdb::Result<()> {
    //使用 WebSocket 协议连接 SurrealDB 数据库
    //将连接地址设置为 127.0.0.1:10086
    let db = Surreal::new::<Ws>("127.0.0.1:10086").await?;
    //登录 SurrealDB 数据库
    //使用账号:root
    //使用密码:root
    db.signin(Root {
        username: "root",
        password: "root",
    })
    .await?;
    //使用 Define 语句创建操作实体
    //操作实体包括命名空间、数据库、数据表
    //首先创建命名空间
    let _ = db.query("DEFINE NS test;").await?;
    //选择操作实体
    //首先选择命名空间:test
    db.use_ns("test").await?;
    //然后创建数据库:test
```

```
        let _ = db.query("DEFINE DB test;").await?;
        db.use_db("test").await?;
        //定义使用的数据表
        let _ = db.query("DEFINE TABLE person;").await?;
        //查看 person 表的信息
        let table_info = db.query("INFO FOR TABLE person;").await?;
        println!("{:#?}", table_info);
        Ok(())
    }

    //返回结果
    Response(
        {
            0: Ok(
                [
                    Object(
                        Object(
                            {
                                "events": Object(
                                    Object(
                                        {},
                                    ),
                                ),
                                "fields": Object(
                                    Object(
                                        {},
                                    ),
                                ),
                                "indexes": Object(
                                    Object(
                                        {},
                                    ),
                                ),
                                "lives": Object(
                                    Object(
                                        {},
                                    ),
                                ),
                                "tables": Object(
                                    Object(
                                        {},
                                    ),
                                ),
                            },
                        ),
                    ),
                ],
            ),
        },
    )
```

3．增加数据

在下面的示例中，它的核心目的是添加数据，由于在增加数据前已经对数据库的操作实体进行了创建，所以就可以去除相应的 DEFINE 语句，只需使用 use_ns() 和 use_d() 方法使用相应的 test 命名空间和 test 数据库。

在使用 db.create() 方法添加数据时首先需要对应添加数据的表名，在这里就是 person 表，然后使用 content() 方法添加数据，content 方法会接收一个结构体实例作为添加的数据，因此创建了一个 Person 结构体并使用 #[derive(Debug,Serialize,Deserialize)] 宏进行标注，说明这个结构体是可直接打印的，并且可序列化与反序列化，需要注意，这里的 Serialize 和 Deserialize 使用的是 serde 库提供的 trait，而不是 Rust 官方库本身的。可以看到这个 Person 结构体包含 3 个字段，分别是 name、age 和 job，其中 job 字段的类型为 Jobs 枚举类型，为了使 Person 结构体能够顺利地被序列化与反序列化，也需要在 Jobs 类型上添加，代码如下：

```rust
//第9章 hello_surreal/src/examples/03_create.rs
use serde::{Deserialize, Serialize};
use surrealdb::sql::Thing;
use surrealdb::{engine::remote::ws::Ws, opt::auth::Root, Surreal};

//职业的枚举
#[derive(Debug, PartialEq, Eq, Serialize, Deserialize)]
enum Jobs {
    Worker,
    Teacher,
    Doctor,
}

//person结构体对应person表的存储字段
#[derive(Debug, Serialize, Deserialize)]
struct Person {
    name: String,
    age: u8,
    job: Jobs,
}

//实现new方法，以此来快速创建一个Person结构体
impl Person {
    pub fn new(name: &str, age: u8, job: Jobs) -> Self {
        Person {
            name: String::from(name),
            age,
            job,
        }
    }
}
```

```rust
//SurrealDB 返回响应的结构体
//其中 Thing 包含返回的数据表的名称和记录的 ID
#[derive(Debug, Deserialize)]
struct Record {
    #[allow(dead_code)]
    id: Thing,
}

//使用 tokio 进行标记
//允许 main 函数变为异步函数
#[tokio::main]
async fn main() -> surrealdb::Result<()> {
    //使用 WebSocket 协议连接 SurrealDB 数据库
    //将连接地址设置为 127.0.0.1:10086
    let db = Surreal::new::<Ws>("127.0.0.1:10086").await?;
    //登录 SurrealDB 数据库
    //使用账号:root
    //使用密码:root
    db.signin(Root {
        username: "root",
        password: "root",
    })
    .await?;
    //使用 test 命名空间,使用 test 数据库
    db.use_ns("test").use_db("test").await?;
    //使用 create 方式添加数据
    let create_res: Vec<Record> = db
        .create("person")
        .content(Person::new("Matt", 26, Jobs::Teacher))
        .await?;
    println!("{:#?}", create_res);
    Ok(())
}

//结果
[
    Record {
        id: Thing {
            tb: "person",
            id: String(
                "xgzy9rv14z6ea5yg4ghg",
            ),
        },
    },
]
```

4. 查询数据

对表中数据的查询可以使用 db.select() 方法,使用表的名称作为参数,便可以得到表

中所有的数据，相当于向数据库发送了 SELECT * FROM person 语句进行查询。为了让最终得到的记录携带该记录的 id，创建了一个 PersonDTO 结构体，相对于 Person 结构体它增加了一个 id 字段，该字段的类型为 Thing，并且对 PersonDTO 结构体标注 #[derive(Debug, Deserialize)]宏使其可以进行 Debug 打印和反序列化，它将作为 select()方法的返回值，通过这种方式便可以得到一个携带记录 id 的结果，示例代码如下：

```rust
//第 9 章 hello_surreal/src/examples/04_select.rs
use serde::{Deserialize, Serialize};
use surrealdb::sql::Thing;
use surrealdb::{engine::remote::ws::Ws, opt::auth::Root, Surreal};

//职业的枚举
#[derive(Debug, PartialEq, Eq, Serialize, Deserialize)]
enum Jobs {
    Worker,
    Teacher,
    Doctor,
}

//person 结构体对应 person 表的存储字段
#[derive(Debug, Serialize, Deserialize)]
struct Person {
    name: String,
    age: u8,
    job: Jobs,
}

//实现 new 方法，以此来快速创建一个 Person 结构体
impl Person {
    pub fn new(name: &str, age: u8, job: Jobs) -> Self {
        Person {
            name: String::from(name),
            age,
            job,
        }
    }
}

//SurrealDB 返回响应的结构体
//其中 Thing 包含返回的数据表的名称和记录的 ID
#[derive(Debug, Deserialize)]
struct Record {
    #[allow(dead_code)]
    id: Thing,
}

//定义一个 PersonDTO 作为 Person 的数据传输对象
//增加 id 字段来得到每条记录的 ID
```

```rust
#[derive(Debug, Deserialize)]
#[allow(dead_code)]
struct PersonDTO {
    id: Thing,
    name: String,
    age: u8,
    job: Jobs,
}

//使用 tokio 进行标记
//允许 main 函数变为异步函数
#[tokio::main]
async fn main() -> surrealdb::Result<()> {
    //使用 WebSocket 协议连接 SurrealDB 数据库
    //将连接地址设置为 127.0.0.1:10086
    let db = Surreal::new::<Ws>("127.0.0.1:10086").await?;
    //登录 SurrealDB 数据库
    //使用账号:root
    //使用密码:root
    db.signin(Root {
        username: "root",
        password: "root",
    })
    .await?;
    //使用 test 命名空间,使用 test 数据库
    db.use_ns("test").use_db("test").await?;
    //查询所有数据
    //通过 PersonDTO 进行单条接收
    let select_res: Vec<PersonDTO> = db.select("person").await?;
    dbg!(select_res);
    Ok(())
}

//结果
[src\main.rs:71] select_res = [
    PersonDTO {
        id: Thing {
            tb: "person",
            id: String(
                "xgzy9rv14z6ea5yg4ghg",
            ),
        },
        name: "Matt",
        age: 26,
        job: Teacher,
    },
]
```

5. 更新数据

更新数据可以使用 3 种 API,分别是 content、merge 和 patch,这 3 种方式在 9.3.8 节

中都详细说明过,这里再简单描述一下,content 适合大批量更改数据,是十分常规的更新方式,merge 方式常用于对数据进行附加操作,有合并的意思,常用于将新数据向旧数据进行合并,patch 方式则提供了一种通用的方式来表示数据的增、删、改操作,它遵循 JSON Patch 规范,下面的示例采用 content 方式对数据进行更新,在更新数据之前使用 create 方式先向 person 表中增加一条新记录,将 name 设置为 Jary,将 age 设置为 32,将 job 设置为 Worker,并且将该条数据的 id 设置为 002,然后使用 db.update()方法对新增的记录进行更新,将该方法的参数设置为元组形式,其中第 1 个元素为表的名称,第 2 个元素则是表中更新记录的 id,通过这个 id 便可以针对 person 表中对应的数据进行更新,否则就会对所有数据都进行更新。更新数据的示例代码如下:

```rust
//第 9 章 hello_surreal/src/examples/05_update.rs
use serde::{Deserialize, Serialize};
use surrealdb::sql::Thing;
use surrealdb::{engine::remote::ws::Ws, opt::auth::Root, Surreal};

//职业的枚举
#[derive(Debug, PartialEq, Eq, Serialize, Deserialize)]
enum Jobs {
    Worker,
    Teacher,
    Doctor,
}

//person 结构体对应 person 表的存储字段
#[derive(Debug, Serialize, Deserialize)]
struct Person {
    name: String,
    age: u8,
    job: Jobs,
}

//实现 new 方法,以此来快速创建一个 Person 结构体
impl Person {
    pub fn new(name: &str, age: u8, job: Jobs) -> Self {
        Person {
            name: String::from(name),
            age,
            job,
        }
    }
}

//SurrealDB 返回响应的结构体
//其中 Thing 包含返回的数据表的名称和记录的 ID
#[derive(Debug, Deserialize)]
struct Record {
```

```rust
    #[allow(dead_code)]
    id: Thing,
}

//定义一个 PersonDTO 作为 Person 的数据传输对象
//增加 id 字段来得到每条记录的 ID
#[derive(Debug, Deserialize)]
#[allow(dead_code)]
struct PersonDTO {
    id: Thing,
    name: String,
    age: u8,
    job: Jobs,
}

//使用 tokio 进行标记
//允许 main 函数变为异步函数
#[tokio::main]
async fn main() -> surrealdb::Result<()> {
    //使用 WebSocket 协议连接 SurrealDB 数据库
    //将连接地址设置为 127.0.0.1:10086
    let db = Surreal::new::<Ws>("127.0.0.1:10086").await?;
    //登录 SurrealDB 数据库
    //使用账号:root
    //使用密码:root
    db.signin(Root {
        username: "root",
        password: "root",
    })
    .await?;
    //使用 test 命名空间,使用 test 数据库
    db.use_ns("test").use_db("test").await?;
    let _create_res: Option<Record> = db
        .create(("person", "002"))
        .content(Person::new("Jany", 32, Jobs::Worker))
        .await?;
    //将新增的 id 更新为 002 的数据
    let update_res: Option<Record> = db
        .update(("person", "002"))
        .content(Person::new("Jany", 66, Jobs::Doctor))
        .await?;
    dbg!(update_res);
    //查询所有数据
    //通过 PersonDTO 进行单条接收
    let select_res: Option<PersonDTO> = db.select(("person", "002")).await?;
    dbg!(select_res);
    Ok(())
}

//结果
```

```
[src\main.rs:77] update_res = Some(
    Record {
        id: Thing {
            tb: "person",
            id: String(
                "002",
            ),
        },
    },
)
[src\main.rs:81] select_res = Some(
    PersonDTO {
        id: Thing {
            tb: "person",
            id: String(
                "002",
            ),
        },
        name: "Jany",
        age: 66,
        job: Doctor,
    },
)
```

6. 删除数据

在 surrealdb 的 API 中提供了一个 delete 方法，此方法能够简单地对数据进行删除操作，同样它也可以通过元组形式的入参针对单条记录进行删除，在下面的示例中通过 db.delete() 方法对 person 表中的数据进行删除，记录被成功地删除后会返回所有被删除的记录。删除数据的示例如下：

```rust
//第 9 章 hello_surreal/src/examples/06_delete.rs
use serde::{Deserialize, Serialize};
use surrealdb::sql::Thing;
use surrealdb::{engine::remote::ws::Ws, opt::auth::Root, Surreal};

//职业的枚举
#[derive(Debug, PartialEq, Eq, Serialize, Deserialize)]
enum Jobs {
    Worker,
    Teacher,
    Doctor,
}

//person 结构体对应 person 表的存储字段
#[derive(Debug, Serialize, Deserialize)]
struct Person {
    name: String,
    age: u8,
```

```rust
    job: Jobs,
}

//实现 new 方法,以此来快速创建一个 Person 结构体
impl Person {
    pub fn new(name: &str, age: u8, job: Jobs) -> Self {
        Person {
            name: String::from(name),
            age,
            job,
        }
    }
}

//SurrealDB 返回响应的结构体
//其中 Thing 包含返回的数据表的名称和记录的 ID
#[derive(Debug, Deserialize)]
struct Record {
    #[allow(dead_code)]
    id: Thing,
}

//定义一个 PersonDTO 作为 Person 的数据传输对象
//增加 id 字段来得到每条记录的 ID
#[derive(Debug, Deserialize)]
#[allow(dead_code)]
struct PersonDTO {
    id: Thing,
    name: String,
    age: u8,
    job: Jobs,
}

//使用 tokio 进行标记
//允许 main 函数变为异步函数
#[tokio::main]
async fn main() -> surrealdb::Result<()> {
    //使用 WebSocket 协议连接 SurrealDB 数据库
    //将连接地址设置为 127.0.0.1:10086
    let db = Surreal::new::<Ws>("127.0.0.1:10086").await?;
    //登录 SurrealDB 数据库
    //使用账号:root
    //使用密码:root
    db.signin(Root {
        username: "root",
        password: "root",
    })
    .await?;
    //使用 test 命名空间,使用 test 数据库
    db.use_ns("test").use_db("test").await?;
```

```rust
    //删除指定的单条记录
    let delete_single: Option<PersonDTO> = db.delete(("person", "002")).await?;
    dbg!(delete_single);
    //删除所有记录
    let delete_res: Vec<PersonDTO> = db.delete("person").await?;
    dbg!(delete_res);
    Ok(())
}

//结果
[src\main.rs:69] delete_single = Some(
    PersonDTO {
        id: Thing {
            tb: "person",
            id: String(
                "002",
            ),
        },
        name: "Jany",
        age: 66,
        job: Doctor,
    },
)
[src\main.rs:71] delete_res = [
    PersonDTO {
        id: Thing {
            tb: "person",
            id: String(
                "xgzy9rv14z6ea5yg4ghg",
            ),
        },
        name: "Matt",
        age: 26,
        job: Teacher,
    },
]
```

9.6.3　Rust-surrealdb 库 API 梳理

在 9.6.2 节中简单地使用了 surrealdb 库中的多个 API，快速地了解了这些 API 的功能，其中包含连接数据库，使用命名空间和数据库操作实体，使用通用的 query() 方法发起查询，以此来定义数据库操作实体，对数据表进行增、删、改、查操作。在本节中将会对所有常用 API 更加系统化地进行说明。总体来讲，9.6.2 节提供了一个 surrealdb 库的快速入门，但为了更深入地理解和掌握这个库，还需要通过本节进一步学习和实践。

在下面的学习中首先会说明 API 的用途，然后对 API 方法的签名进行说明并提供一个或多个实例帮助读者进行理解。

1. 创建数据库实例

创建数据库实例是为了在应用程序中与数据库进行交互。数据库实例通常代表着与某个具体数据库系统的连接,通过这个连接,应用程序可以执行查询、插入、更新、删除等数据库操作。

在 SurrealDB 的官方库 surrealdb 中使用 new() 方法便能够创建一个数据库实例,new() 方法的函数签名如下:

```
//函数签名
//创建 surrealdb 数据库实例
//函数接受一个泛型 P
//函数的入参为 address,它的类型为一个实现了 IntoEndpoint 的 trait 的类型,也就是任
//何实现了 IntoEndpoint 这个 trait 的结构体都可以是这个 new 方法的入参,其中
//IntoEndpoint 这个 trait 的泛型参数为 P, Client = C
//函数的返回为 Connect 这个结构体,它需要两个泛型,一个是 C,而另一个则是 Self,指向了
//Surreal 这个结构体
//其中 C 这个泛型指的是所有实现了 Connection 这个 trait 的泛型,它是引擎所支持的连接
pub fn new<P>(address: impl IntoEndpoint<P, Client = C>) -> Connect<C, Self>

//例子
//使用 Ws 进行连接
let db_ws = Surreal::new::<Ws>("127.0.0.1:10086").await?;
//使用加密 Wss 进行连接
let db_wss = Surreal::new::<Wss>("127.0.0.1:10086").await?;
```

在这个例子中使用两种连接方式,第 1 种是 Ws,这很容易理解,表示使用 WebSocket 协议进行连接,第 2 种使用 Wss,它是 WebSocket 的加密版本,全称为 Web Socket Secure, 它提供了 SSL/TLS 加密,是一种用于保护网络通信安全的协议,它可以确保数据在传输过程中的安全,当需要处理一些敏感信息(例如手机号码、用户密码、家庭住址、身份证号码等)时就可以采用 Wss 协议作为 SurrealDB 的连接方式。

2. 创建一个静态单例的实例

静态单例被推荐在大型项目中进行使用,只有一个到数据库的连接被实例化,使用静态单例可以保证适用于全局共享的数据库连接需求,将数据库连接作为静态单例,使多部分或模块可以共享相同的数据库连接。这有助于避免频繁地创建和销毁数据库连接,提高资源的重用性,减小系统开销。

通过 Surreal::init() 方法便可以创建一个静态单例,需要注意的是在下面的示例中额外安装了 lazy_static 库,通过该库的帮助使用 lazy_static 宏实现惰性初始化静态实例,函数签名与示例如下:

```
//函数签名
//这个函数签名很简单,无参数,调用该方法后会返回 Self,Self 指向 Surreal 结构体
pub fn init() -> Self

//示例
```

```
//1.安装 lazy_static 库
cargo add lazy_static
//2.使用 init()方法创建静态单例
use lazy_static::lazy_static;
use surrealdb::{engine::remote::ws::Client, Surreal};

//使用 lazy static 宏
lazy_static! {
    static ref DB: Surreal<Client> = Surreal::init();
}

#[tokio::main]
async fn main() -> surrealdb::Result<()> {
    //不建议,失去了静态单例的意义
    let other_db: Surreal<Client> = Surreal::init();
    Ok(())
}
```

3. 连接到 SurrealDB 数据库

使用 connec()方法可以将当前的实例与指定的数据库连接地址进行连接操作。这种方法通常被用在使用 init()方法创建出静态单例的情况下,因为它不会与 new()方法联合使用。在创建实例时,new()方法会自动进行连接操作,这是自动进行的,因此,connect()方法被认为是可被控制的手动操作。当使用 connect()方法连接 SurrealDB 数据库时,它同样需要像 new()方法一样指定连接方式。通过调用 connect()方法,就可以显式地指定要连接的数据库地址和连接方式。这样,可以更加灵活地控制数据库连接的过程。

由此可知,connect()方法还可以用于重新连接到数据库。意思是如果已经有一个实例与数据库建立了连接,但需要重新建立新的数据库实例,则可以使用 connect()方法实现这一点。connect()方法的函数签名与示例如下:

```
//函数签名
//connect()方法需要一个泛型 P,它和 new()方法中的泛型 P 一样
//由于 connect()方法和 new()方法拥有相同的行为,所以也需要一个实现了 IntoEndpoint 这个
//trait 的 address 作为入参
//与 new()方法不同的是 connect()方法需要原始实例,而 new()方法则直接返回了原始实例
pub fn connect<P>(
        &self,
        address: impl IntoEndpoint<P, Client = Client>,
) -> Connect<Client, ()>
//示例
use lazy_static::lazy_static;
use surrealdb::{
        engine::remote::ws::{Client, Ws},
        Surreal,
};
```

```
//使用 lazy static 宏
lazy_static! {
        static ref DB: Surreal<Client> = Surreal::init();
}

#[tokio::main]
async fn main() -> surrealdb::Result<()> {
        //不建议,失去了静态单例的意义
        let other_db: Surreal<Client> = Surreal::init();
        DB.connect::<Ws>("127.0.0.1:10086").await?;
        other_db.connect::<Ws>("127.0.0.1:10086").await?;
        Ok(())
}
```

4. 登录与注册

对于数据库而言,登录是至关重要的一步。只有成功登录后,数据库用户才能对数据库进行各种操作。SurrealDB 数据库也不例外,它提供了 4 种不同的登录方式,包括 Root 根用户登录、命名空间用户登录、数据库用户登录及作用域用户登录。这些登录方式在 SurrealDB 库中都有详细的说明和使用方法,具体可以参考 9.4.3 节的内容。在这里,主要关注这 4 种登录方式在 SurrealDB 库中的实际应用。

首先,来看一下这 4 种登录方式对应的 4 种结构体。每种登录方式都有其独特的结构和属性,用于存储用户的登录信息和权限设置。通过了解这些结构体的定义和使用,可以更好地理解如何在 SurrealDB 库中使用不同的登录方式。接下来将了解这 4 种登录方式对应的结构体,4 种结构体的源码及说明如下:

```
//Root 根用户登录:Root 根用户是 SurrealDB 数据库的最高权限用户,拥有对整个数据库的完
//全控制权限
//该登录方式对应的结构体包含 Root 根用户的用户名和密码等信息。在使用 Root 根用户登录
//时,需要提供正确的用户名和密码才能获得最高权限
//Root 结构体包含两个字段 username 和 password,它们都是用 &'a str 作为类型,这说明在使用
//时可以快速使用字符串填充到 Root 结构体的字段
#[derive(Debug, Clone, Copy, Serialize)]
pub struct Root<'a> {
    //The username of the root user
    #[serde(rename = "user")]
    pub username: &'a str,
    //The password of the root user
    #[serde(rename = "pass")]
    pub password: &'a str,
}
//命名空间用户登录:命名空间用户是在特定的命名空间下具有特定权限的用户
//该登录方式对应的结构体包含命名空间用户的用户名、密码及所属的命名空间等信息。在使用
//命名空间用户登录时,需要提供正确的用户名、密码及所属的命名空间才能获得相应的权限
#[derive(Debug, Clone, Copy, Serialize)]
pub struct Namespace<'a> {
```

```rust
    //The namespace the user has access to
    #[serde(rename = "ns")]
    pub namespace: &'a str,
    //The username of the namespace user
    #[serde(rename = "user")]
    pub username: &'a str,
    //The password of the namespace user
    #[serde(rename = "pass")]
    pub password: &'a str,
}

//数据库用户登录:数据库用户是在特定的数据库下具有特定权限的用户
//该登录方式对应的结构体包含数据库用户的用户名、密码、登录作用域及所属的数据库等信息
//它的权限等级也自然比 NameSpace 低一级
#[derive(Debug, Clone, Copy, Serialize)]
pub struct Database<'a> {
    //The namespace the user has access to
    #[serde(rename = "ns")]
    pub namespace: &'a str,
    //The database the user has access to
    #[serde(rename = "db")]
    pub database: &'a str,
    //The username of the database user
    #[serde(rename = "user")]
    pub username: &'a str,
    //The password of the database user
    #[serde(rename = "pass")]
    pub password: &'a str,
}

//作用域用户登录:作用域用户是在特定的作用域下具有特定权限的用户
//该登录方式对应的结构体包含作用域用户的用户名、密码、作用域所属命名空间、作用域所属
//数据库及所属的作用域信息
//在这里需要注意的是 Scope 这种作用域登录方式并不是用类似于前 3 种那样的 username 和
//password 字段去指定,而是一个 params 字段,这个字段是一个泛型 P,这个泛型是自由灵活的,它
//需要对应使用 DEFINE SCOPE 创建的作用域的鉴权方式
//意思是使用这种方式进行登录时,常由 Root 用户或更高权限的用户在数据库中创建一个作用
//域并指定好了该作用域登录鉴权的方式,例如指明登录使用 email、password、name 这 3 个字
//段,那么相应地应该创建一个由这 3 个字段组成的结构体作为 Scope 结构体传入的泛型
#[derive(Debug, Serialize)]
pub struct Scope<'a, P> {
    //The namespace the user has access to
    #[serde(rename = "ns")]
    pub namespace: &'a str,
    //The database the user has access to
    #[serde(rename = "db")]
    pub database: &'a str,
    //The scope to use for signin and signup
    #[serde(rename = "sc")]
    pub scope: &'a str,
```

```
    //The additional params to use
    #[serde(flatten)]
    pub params: P,
}
```

下面的示例给出了这 4 种登录方式在 sign() 方法中的使用,在这个示例中主要解释作用域方式的 params 字段如何设置,可以看到,params 字段需要的泛型为 ScopeCredential 这个结构体,该结构体会对应 Scope 的登录鉴权所需的字段,并实现 serde 库的 Serialize 和 Debug 两个 trait 对应的 Scope 结构体,代码如下:

```
//第 9 章 hello_surreal/src/examples/09_1_sigin_credentials.rs
use serde::Serialize;
use surrealdb::opt::auth::{Database, Namespace, Root, Scope};

fn main() {
    //设置一个对应 Scope 的结构体 ScopeCredential
    //对应 Scope 中的 params 字段
    //由于 Scope 实现了 serde 的 Serialize 和 Debug trait,所以自己编写的
    //ScopeCredential 也需要去实现
    #[derive(Serialize, Debug)]
    struct ScopeCredential<'a> {
        email: &'a str,
        pass: &'a str,
        name: &'a str,
    }
    let root = Root {
        username: "root",
        password: "root",
    };
    let namespace = Namespace {
        namespace: "test",
        username: "root",
        password: "root",
    };
    let database = Database {
        namespace: "test",
        database: "test",
        username: "root",
        password: "root",
    };
    let scope = Scope {
        namespace: "test",
        database: "test",
        scope: "test_sc",
        params: ScopeCredential {
            email: "Matt@gmail.com",
            pass: "Matt001",
            name: "Matt",
        },
    };
}
```

接下来解析一下 sign() 方法的函数签名及使用示例,具体的代码如下:

```rust
//第 9 章 hello_surreal/src/examples/09_sigin.rs
//函数签名
//函数需要一个泛型 R,这个泛型实际上在 credentials 这个参数的类型中使用了
//credentials 这个参数需要一个实现了 Credentials 这个 trait 的结构体,而
//Credentials trait 的第 2 个泛型就是 R,也就是对应的 Response
//所以实际上这是响应的类型,那么这个响应类型到底是哪个呢?我们要明确,实际上这个实现
//了 Credentials 的结构体就是前面的 4 个登录方式的结构体
//所以在这里只需要看 4 个登录方式的实现,这里关注到下面的 Root 方式实现的
//Credentials trait 中的第 2 个泛型参数,得出 Jwt 这个结构体就是实际上 sign() 方法的响应
//结构体
pub fn signin<R>(&self, credentials: impl Credentials<auth::Signin, R>) -> Signin<C, R>

//Credentials trait 签名
pub trait Credentials<Action, Response>: Serialize {}
//Root 方式实现的 Credentials trait
impl Credentials<Signin, Jwt> for Root<'_> {}

//示例
use lazy_static::lazy_static;
use surrealdb::{
    engine::remote::ws::{Client, Ws},
    opt::auth::Root,
    Surreal,
};

//使用 lazy static 宏
lazy_static! {
    static ref DB: Surreal<Client> = Surreal::init();
}

#[tokio::main]
async fn main() -> surrealdb::Result<()> {
    DB.connect::<Ws>("127.0.0.1:10086").await?;
    //使用 Root 方式进行登录
    //返回 Jwt 结构体
    let jwt_root = DB
        .signin(Root {
            username: "root",
            password: "root",
        })
        .await?;
    //使用 as_insecure_token 方法获取 jwt 令牌
    dbg!(jwt_root.as_insecure_token());
    Ok(())
}

//结果
[src\main.rs:23] jwt_root.as_insecure_token() = "eyJ0eXAiOiJKV1QiLCJhbGciOiJIUzUxMiJ9.eyJ
pYXQiOjE3MDUxMzU2MjEsIm5iZiI6MTcwNTEzNTYyMSwiZXhwIjoxNzA1MTM5MjIxLCJpc3MiOiJTdXJyZWFsREIiL
CJJRCI6InJvb3QifQ.1LhyPHAsUC9oMI-7LaxYcIhwy6pqvdBV8C9LAo5T2gvwFlGlQO7jSGmuGxiDaIHYQ4L27wm
a3A_WHpFYa8twfA"
```

在注册过程中需要使用 signup() 方法。这里需要注意的是，当使用 signup() 方法进行注册时，只能使用 Scope 作用域结构体来注册凭证。虽然这是 SurrealDB 的设计，其目的是实现层级用户的隔离，但在这里可以使用源码进行讲解。

在源码中，需要关注 Scope 结构体对于 Credentials 这个 trait 的实现。从实现签名中可以看出，对于其他 3 个 Root、Namespace 和 Database 来讲，Credentials 将它的两个泛型参数分别指定为 Signin 和 Jwt 结构体。这样做的目的是杜绝将这 3 种登录方式的结构体用于注册。因为在 signup() 方法的函数签名中明确指出，参数对应的类型必须实现的是 Credentials trait 中第 1 个泛型为 Signup 的结构体，而 Scope 这个登录方式的结构体对 Credentials trait 的实现的第 1 个泛型则是 T，这并没有将这个泛型定死，因此，Scope 既满足登录时的函数签名的参数要求，又满足注册时的参数要求。对 signup() 方法的函数签名的说明及示例如下：

```rust
//第 9 章 hello_surreal/src/examples/10_sigup.rs
//函数签名
//这里可以看到 signup() 方法和 signin() 方法一样，它们需要一种方法泛型，当前这个泛型也由内
//部提供，并不需要在写代码时进行指定，而这个泛型也同样是响应的泛型，即 Jwt 这个结构体
//该方法的参数和 signin() 方法一样，都是 credentials，但需要注意的是它们的类型虽然都需要
//实现 Credentials 这个 trait，但第 1 个泛型参数不同，这里是 Signup，也就是说这个参数的结构
//体不能是前 3 种登录方式了
pub fn signup<R>(&self, credentials: impl Credentials<auth::Signup, R>) -> Signup<C, R>

//Scope 实现 Credentials 的签名
//从这个签名中可以看出 Scope 对于 Credentials trait 的实现并没有像 Root、Namespace 和
//Database 那样将第 1 个泛型定死为 Signin，而是使用 T 这个泛型绕了过去，因此
//Scope 满足了 signup() 方法参数的类型需求
impl<T, P> Credentials<T, Jwt> for Scope<'_, P> where P: Serialize {}


//示例
use lazy_static::lazy_static;
use serde::Serialize;
use surrealdb::{
    engine::remote::ws::{Client, Ws},
    opt::auth::{Root, Scope},
    Surreal,
};

//使用 lazy static 宏
lazy_static! {
    static ref DB: Surreal<Client> = Surreal::init();
}

//设置一个对应 Scope 的结构体 ScopeCredential
//对应 Scope 中的 params 字段
```

```rust
//由于 Scope 实现了 serde 的 Serialize 和 Debug trait,所以自己编写的 ScopeCredential 也需要去
//实现
#[derive(Serialize, Debug)]
struct ScopeCredential<'a> {
    email: &'a str,
    pass: &'a str,
    name: &'a str,
}

#[tokio::main]
async fn main() -> surrealdb::Result<()> {
    DB.connect::<Ws>("127.0.0.1:10086").await?;
    //这里是准备工作
    //首先使用 Root 根用户登录到数据库,然后创建一个 Scope 作用域
    //DB.signin(Root {
    //username: "root",
    //password: "root",
    //})
    //.await?;
    //使用 test 命名空间和 test 数据库
    //DB.use_ns("test").use_db("test").await?;
    //使用 query()方法定义 test_sc 这个作用域并将时效设置为 24h
    //设置登录鉴权方式,使用 scopeCredential 这个表
    //而 scopeCredential 表的实际字段则和上方的 scopeCredential 结构体相同
    //let scope_res = DB.query("DEFINE SCOPE test_sc SESSION 24h SIGNUP(CREATE
scopeCredential SET email = 'test001', pass = .'test001', name = 'test001') SIGNIN ( SELECT *
FROM scopeCredential WHERE email = 'test001' AND pass = 'test001' AND name = 'test001');").
await?;
    //dbg!(scope_res);
    //成功后会打印如下响应
    //[src\main.rs:34] scope_res = Response(
    //{
    //0: Ok(
    //[],
    //),
    //},
    //)
    //使用 signup()方法注册到 test_sc 这个作用域
    //params 字段则是 scopeCredential 这个结构体
    let jwt = DB
        .signup(Scope {
            namespace: "test",
            database: "test",
            scope: "test_sc",
            params: ScopeCredential {
                email: "Matt@gmail.com",
                pass: "Matt001",
                name: "Matt",
            },
        })
```

```
        .await?;
    //使用 as_insecure_token 方法获取 jwt 令牌
    dbg!(jwt.as_insecure_token());
    Ok(())
}

//结果
[src\main.rs:48] jwt.as_insecure_token() = "eyJ0eXAiOiJKV1QiLCJhbGciOiJIUzUxMiJ9.
eyJpYXQiOjE3MDUxMzg0OTcsIm5iZiI6MTcwNTEzODQ5NywiZXhwIjoxNzA1MjI0ODk3LCJpc3MiOiJTdXJyZWFsRE
IiLCJOUyI6InRlc3QiLCJEQiI6InRlc3QiLCJTQyI6InRlc3Rfc2MiLCJJRCI6InNjb3BlOjJlZGVudGlhbHDo2bHVz
YzMxamJhbXdtaWRcxMyJ9.tUjS0LNkM5OfmDzKjyP1UCG0LT_YVyC12dGEcVWVuKLxlFggqmDi7G0rK4WZTQCfF
aoUFTwTI45O6ZT6AqfAIg"
```

5. 验证当前的连接

通过 authenticate() 方法就可以验证当前的连接是否有效。这种方法接受一个参数，即 SurrealDB 颁发的 token 值。这个 token 值的类型看起来是一个需要实现 From for Jwt 的类型，但实际上它就是 String 和 &str 类型。这是因为 surrealdb 库已经对这两种类型进行了处理，以此可以快速便捷地使用它们作为 token 值。

在函数签名中可以看到 authenticate() 方法的参数说明。它接受一个名为 token 的参数，该参数的类型是 String 或 &str。这意味着使用时可以直接传递一个字符串或字符串切片作为 token 值，而不需要显式地进行类型转换。当调用 authenticate() 方法时，它会将传入的 token 值与 SurrealDB 颁发的 token 进行比较。如果两者匹配，则连接就被认为是有效的，否则它将被视为无效。这种验证机制可以确保只有具有有效 token 的用户才能访问数据库，从而提高了系统的安全性。对 authenticate() 方法的函数签名的详细说明和示例如下：

```
//函数签名
//这种方法需要一个实现了 Into<Jwt>这个 trait 的结构体,意思是这个参数的结构体实际上要
//实现 From<T> for Jwt
//实际上就是指这个 token 是一个 &str 或 String 类型,这里 surrealdb 中已经实现好了
//最后这种方法会返回一个 Authenticate 结构体
pub fn authenticate(&self, token: impl Into<Jwt>) -> Authenticate<C>

//该结构体包含两个字段,即 router 和 token
//但在这里不要单纯地以为返回的数据会包含这两个字段
//因为我们使用异步进行处理,所以要看 Authenticate 对于异步的处理,就要聚焦于下方的它
//对于 IntoFuture 这个 trait 的实现
pub struct Authenticate<'r, C: Connection> {
    pub(super) router: Result<&'r Router<C>>,
    pub(super) token: Jwt,
}

//这里是 Authenticate 结构体对 IntoFuture trait 的实现
//先来说明一下 IntoFuture trait,通过实现这个 trait 就能将结果转换为 Future
//聚焦于 Output 这种类型,实际上它才是真正异步执行后的返回,由此得出这个 authenticate
```

```
//方法最后实际上会返回一个 Result<()>类型,而这种类型就是标准库中的
//Result<(),crate::Error>,这里注意 crate::Error 是 surrealdb 库定义的 Error 类
//型,把它看作 dyn Error 即可
impl<'r, Client> IntoFuture for Authenticate<'r, Client>
where
    Client: Connection,
{
    type Output = Result<()>;
    type IntoFuture = Pin<Box<dyn Future<Output = Self::Output> + Send + Sync + 'r>>;

    fn into_future(self) -> Self::IntoFuture {
        Box::pin(async move {
            let router = self.router?;
            let mut conn = Client::new(Method::Authenticate);
            conn.execute_unit(router, Param::new(vec![self.token.0.into()])).await
        })
    }
}

//示例
let res = DB.authenticate("eyJ0eXAiOiJKV1QiLCJhbGciOiJIUzUxMiJ9.eyJpYXQiOjE3MDUxMzg0OTcsIm
5iZiI6MTcwNTEzODQ5NywiZXhwIjoxNzA1MjI0ODk3LCJpc3MiOiJTdXJyZWFsREIiLCJOUyI6InRlc3QiLCJEQiI6
InRlc3QiLCJTQyI6InRlc3Rfc2MiLCJJRCI6InNjb3BlQ3JlZGVudGlhbDo2bHVzYzMxamJhdWthWthcDcxMyJ9.
tUjS0LNkM5OfmDzKjyP1UCG0LT_YVyC12dGEcVWVuKLxlFggqmDi7G0rK4WZTQCfFaoUFTwTI45O6ZT6AqfAIg").
await;
let res = DB.authenticate("token").await;
//验证失败结果
[src\main.rs:37] res = Err(
    Api(
        Query(
            "There was a problem with authentication",
        ),
    ),
)
```

6. 使当前连接失效

通过 invalidate()方法可以使当前的连接失效。这种方法不需要任何参数,只需直接调用。在下方的示例中可以看到当不使用该方法使连接失效时,可以查询到 scopeCredential 表中的数据,然而,当使用该方法后,查询结果为空数组,这说明当前的连接确实被无效化了。

需要注意的是,invalidate()方法并没有关闭连接,而是让实例继续工作。这意味着所有的操作都是无效操作。这种方法常被使用在高级权限用户希望限制低级权限的用户时。通过无效化连接,高级权限用户可以有效地控制低级权限用户对数据的访问和操作。该方法的函数签名和示例如下:

```rust
//第 9 章 hello_surreal/src/examples/12_invalidate.rs
//函数签名
pub fn invalidate(&self) -> Invalidate<C>

//示例
use lazy_static::lazy_static;
use serde::{Deserialize, Serialize};
use surrealdb::{
    engine::remote::ws::{Client, Ws},
    opt::auth::{Root, Scope},
    sql::Thing,
    Surreal,
};

//使用 lazy static 宏
lazy_static! {
    static ref DB: Surreal<Client> = Surreal::init();
}

//设置一个对应 Scope 的结构体 ScopeCredential
//对应 Scope 中的 params 字段
//由于 Scope 实现了 serde 的 Serialize 和 Debug trait,所以自己编写的
//ScopeCredential 也需要去实现
#[derive(Serialize, Debug)]
struct ScopeCredential<'a> {
    email: &'a str,
    pass: &'a str,
    name: &'a str,
}

//SurrealDB 返回响应的结构体
//其中 Thing 包含返回的数据表的名称和记录的 ID
#[derive(Debug, Deserialize)]
struct Record {
    #[allow(dead_code)]
    id: Thing,
}

#[tokio::main]
async fn main() -> surrealdb::Result<()> {
    DB.connect::<Ws>("127.0.0.1:10086").await?;
    //登录数据库
    let jwt = DB
        .signin(Root {
            username: "root",
            password: "root",
        })
        .await?;

    //使用命名空间和数据库
```

```
        DB.use_ns("test").use_db("test").await?;
        //使用 as_insecure_token 方法获取 jwt 令牌进行验证
        DB.authenticate(jwt.as_insecure_token()).await?;
        //使当前的连接无效
        DB.invalidate().await?;
        //再次验证,查询结果为空
        //当不使用 invalidate 方法时
        //[src\main.rs:52] r = [
        //Record {
        //id: Thing {
        //tb: "scopeCredential",
        //id: String(
        //    "6lusc31jbamwmikap713",
        //),
        //},
        //},
        //]
        let r: Vec<Record> = DB.select("scopeCredential").await?;
        dbg!(r);
        Ok(())
    }
```

7. 指定使用的命名空间和数据库

通过 use_ns()和 use_db()方法便能够指定使用的命名空间和数据库,只有指定了这两个之后才能对数据表进行一系列操作。虽然这两种方法的函数签名基本一样,但是需要注意的是一定是先使用 use_ns()方法,然后使用 use_db()方法,这是 SurrealDB 设计的层级关系,这一点在 8.2.1 节中通过文字与图像结合的方式已经进行了说明。具体的函数签名和示例代码如下:

```
//第 9 章 hello_surreal/src/examples/13_use.rs
//函数签名
//这两种方法的入参都需要实现 Into<String>这个 trait,实际上就是需要实现 From<T>
//for String
pub fn use_ns(&self, ns: impl Into<String>) -> UseNs<C>
pub fn use_db(&self, db: impl Into<String>) -> UseDb<C>
//例如这里,创建一个叫作 MyNS 的结构体
struct MyNS<'a> {
    ns: &'a str,
}
//这里为 String 实现 From<MyNS<'a>>这个 trait
//因此该结构体就能直接使用在 use_ns()和 use_db 两种方法的参数位置
impl<'a> From<MyNS<'a>> for String {
    fn from(value: MyNS<'a>) -> Self {
        format!("surrealdb-{}", value.ns)
    }
}
```

```rust
DB.use_ns(MyNS { ns: "test" }).use_db("test").await?;


//示例
use lazy_static::lazy_static;
use surrealdb::{
    engine::remote::ws::{Client, Ws},
    opt::auth::{Root, Scope},
    Surreal,
};

//使用 lazy static 宏
lazy_static! {
    static ref DB: Surreal<Client> = Surreal::init();
}

#[tokio::main]
async fn main() -> surrealdb::Result<()> {
    DB.connect::<Ws>("127.0.0.1:10086").await?;
    //登录数据库
    let jwt = DB
        .signin(Root {
            username: "root",
            password: "root",
        })
        .await?;

    //使用命名空间和数据库
    DB.use_ns("test").use_db("test").await?;
    Ok(())
}
```

8. 统一查询语句

通过 query() 方法可以实现对数据库的统一查询。这种方法适用于所有 SurrealQL 语句，无论是简单的查询还是复杂的操作都可以通过 query() 方法来发送。这种方法与 9.4.4 节中介绍的通过 HTTP 发起交互中使用了/sql 作为统一化的请求方式异曲同工。

使用 query() 方法的主要优点在于它的统一性。所有的查询语句都可以通过同一个 API 进行发送，这意味着使用时无须记住各种不同的查询方法，只需掌握这一个 API。此外，query() 方法还支持处理多条语句和事务操作，这使在执行复杂查询时更加方便。

然而，query() 方法也存在一些明显的缺点。首先，由于需要编写大量的 SurrealQL 语句，这无疑增加了工作量，其次，如果语句存在错误，则这些错误会直接影响查询结果，可能导致无法得到正确的数据，因此，在使用 query() 方法时，需要格外注意语句的正确性，以避免出现错误。以下是具体的函数签名和示例：

```
//第 9 章 hello_surreal/src/examples/14_query.rs
//函数签名
```

```
//首先来看这种方法的参数 query,这个参数的类型需要实现 IntoQuery 这个 trait,这个
//trait 就是用来将使用者的输入转换为 SurrealQL 语句的,这里就不展开讲解了,只要知道这个
//trait 的用途即可,因为所有的内置语句都已经实现好了这个 trait,例如 impl IntoQuery
//for UseStatement,这个就是 Use 语句实现的签名
//最重要的一点就是 &String 类型也实现了这个 trait,例如 impl IntoQuery for &String,由于这些
//都在源码中可以清晰地看到,所以进行查询时就可以简单地使用字符串切片作为参数进行查询
//最后关注这种方法的返回值,这种方法会返回 Self,指向 Surreal 结构体,这说明可以采用链
//式调用的方式编写
pub fn query(mut self, query: impl opt::IntoQuery) -> Self


//示例
use lazy_static::lazy_static;
use surrealdb::{
    engine::remote::ws::{Client, Ws},
    opt::auth::{Root, Scope},
    Surreal,
};

//使用 lazy static 宏
lazy_static! {
    static ref DB: Surreal<Client> = Surreal::init();
}

#[tokio::main]
async fn main() -> surrealdb::Result<()> {
    DB.connect::<Ws>("127.0.0.1:10086").await?;
    //登录数据库
    let jwt = DB
        .signin(Root {
            username: "root",
            password: "root",
        })
        .await?;

    //使用命名空间和数据库
DB.query("USE NS test;").await?;
    //链式调用
    DB.query("USE DB test").query("SELECT * FROM user").await?;
    Ok(())
}
```

9. 声明变量

在 SurrealDB 的命令行界面(CLI)中,可以使用 SurrealQL 语言的 LET 语句声明变量。这种方式可以帮助使用者在后续的查询语句中使用这些变量,从而使查询更加灵活和高效。

而在使用的 surrealdb 库中,则需要使用 set()方法声明变量。这种方法对应了在 CLI 中使用 LET 语句声明变量的方式,但是需要注意的是,set()方法并不是用来更新数据的,

而是用来声明变量的,这是一个容易混淆的点,其中 set() 方法的参数与 HashMap 相似,可以通过键-值对的形式设置变量,键就是要声明的变量名,而值则需要符合 SurrealDB 中的所有值类型。这样,就可以在后续的查询语句中使用这些已经声明过的变量了。以下是具体的函数签名和示例:

```rust
//第 9 章 hello_surreal/src/examples/15_set.rs
//函数签名
//该方法接受两个参数,即键-值对,其中 key 需要实现了 From<T> for String 这个
//trait,而 value 则需要实现 Serialize 这个序列化的 trait
pub fn set(&self, key: impl Into<String>, value: impl Serialize) -> Set<C>

//示例
use lazy_static::lazy_static;
use surrealdb::{
    engine::remote::ws::{Client, Ws},
    opt::auth::{Root, Scope},
    Surreal,
};

//使用 lazy static 宏
lazy_static! {
    static ref DB: Surreal<Client> = Surreal::init();
}

#[tokio::main]
async fn main() -> surrealdb::Result<()> {
    DB.connect::<Ws>("127.0.0.1:10086").await?;
    //登录数据库
    let _jwt = DB
        .signin(Root {
            username: "root",
            password: "root",
        })
        .await?;

    //使用命名空间和数据库
    DB.use_ns("test").use_db("test").await?;
    //设置变量
    DB.set("target_user", "Matt").await?;
    //使用变量进行查询
    DB.query("SELECT * FROM user WHERE username = $target_user;")
        .await?;
    Ok(())
}
```

10. 常用增、删、改、查

在 9.6.2 节中已经详细地介绍了所有常用的增、删、改、查方法。由于这些方法在之前的章节中已经进行了详细展示,因此在本节中,将不再重复这些内容。相反将主要关注函数

签名的分析。

在这里将 4 个函数签名全部罗列出来,并进行纵向对比。通过这种方式可以很容易地发现,这 4 个函数签名在结构上其实是非常相似的,它们的主要区别在于函数的返回值。

首先,关注这些函数的入参。这些入参需要实现了 IntoResource<R>这个 trait 的类型,因此,只需关注哪些类型已经实现了这个 trait。在源码中,实际上已经实现了很多这样的类型,例如 String、&str、&String、Table、Object、Resource、Thing 等。

接下来,来看这些函数的返回类型。虽然有 4 种不同的返回类型,但是如果只看字段,则除了 Create 这个结构体少了 range 字段外,其他的字段都是一致的。实际上,这一点并不需要过于关心,只需知道它们都有相同的返回处理。这个返回处理根据 resource 这个入参的类型的不同,将会返回两种不同的类型。当程序认为传入参数可能获得多条记录时,将会返回 Vec<T>,而如果它认为是单条记录,则会将返回类型设置为 Option<T>。这里的 T 表示泛型,实际上是表的实体类。

为了确定返回的类型,只需记住一个简单的规则:清晰地告诉程序记录是否为多条的可能性。这意味着,如果是单条记录,则它一定采用类似键-值对的形式,表名为键,记录的 id 字段为值。从传入的结构中就可以看出这种关系。以下是 4 种方法的函数签名及函数返回的代码:

```
//函数签名
pub fn select<R>(&self, resource: impl opt::IntoResource<R>) -> Select<C, R>
pub fn create<R>(&self, resource: impl opt::IntoResource<R>) -> Create<C, R>
pub fn update<R>(&self, resource: impl opt::IntoResource<R>) -> Update<C, R>
pub fn delete<R>(&self, resource: impl opt::IntoResource<R>) -> Delete<C, R>
//函数返回
Select {
        router: self.router.extract(),
        resource: resource.into_resource(),
        range: None,
        response_type: PhantomData,
    }
```

11. merge 与 patch 更新数据

对于 merge 和 patch 两种更新方式的基础知识已经在 9.3.8 节中进行了具体说明,本节中着重使用示例来学习这两种更新数据的方式。

首先来看 merge 方式,merge 方式更新数据其实和 content 方式写出来的代码是相同的,只是在概念上有所不同,所以 merge 也会十分容易地被采用。merge 方式更新数据的示例代码如下:

```
//第 9 章 hello_surreal/src/examples/16_merge.rs
//merge 示例
use lazy_static::lazy_static;
use serde::{Deserialize, Serialize};
```

```rust
use surrealdb::{
    engine::remote::ws::{Client, Ws},
    opt::auth::{Root, Scope},
    Surreal,
};

//使用 lazy static 宏
lazy_static! {
    static ref DB: Surreal<Client> = Surreal::init();
}

//对应的 user 表的实体类
#[derive(Debug, Serialize, Deserialize)]
struct User {
    name: String,
    age: u8,
}

impl User {
    pub fn new(name: &str, age: u8) -> Self {
        User {
            name: String::from(name),
            age,
        }
    }
}
#[tokio::main]
async fn main() -> surrealdb::Result<()> {
    DB.connect::<Ws>("127.0.0.1:10086").await?;
    //登录数据库
    let _jwt = DB
        .signin(Root {
            username: "root",
            password: "root",
        })
        .await?;

    //使用命名空间和数据库
    DB.use_ns("test").use_db("test").await?;
    //使用 merge 方式更新数据
    let res: Option<User> = DB
        .update(("user", "1"))
        .merge(User::new("Matt", 16))
        .await?;
    dbg!(res);
    Ok(())
}

//结果
```

```
[src\main.rs:47] res = Some(
    User {
        name: "Matt",
        age: 16,
    },
)
```

接下来是 patch 方式，由于 patch 方式需要遵循 JSON Patch 规范，对于接触过的使用者来说明显就显得难度高了一些，但幸好 surrealdb 库中提供了 PatchOp 结构体，能够弥补这个问题，以下是以 patch 方式更新数据的示例代码：

```rust
//第9章 hello_surreal/src/examples/17_patch.rs
//patch 示例
use lazy_static::lazy_static;
use serde::{Deserialize, Serialize};
use surrealdb::{
    engine::remote::ws::{Client, Ws},
    opt::{
        auth::{Root, Scope},
        PatchOp,
    },
    Surreal,
};

//使用 lazy_static 宏
lazy_static! {
    static ref DB: Surreal<Client> = Surreal::init();
}

#[derive(Debug, Serialize, Deserialize)]
struct User {
    name: String,
    age: u8,
}

impl User {
    pub fn new(name: &str, age: u8) -> Self {
        User {
            name: String::from(name),
            age,
        }
    }
}
#[tokio::main]
async fn main() -> surrealdb::Result<()> {
    DB.connect::<Ws>("127.0.0.1:10086").await?;
    //登录数据库
    let _jwt = DB
        .signin(Root {
```

```rust
            username: "root",
            password: "root",
        })
        .await?;

    //使用命名空间和数据库
    DB.use_ns("test").use_db("test").await?;
    //使用 patch 修改数据
    let res: Option<User> = DB
        .update(("user", "1"))
        .patch(PatchOp::replace("/name", "Jarry")) //替换 name 为 Jarry
        .patch(PatchOp::add("/age", 5)) //由于 age 不是迭代器形式,所以无法使用 add 附加
        .await?;
    dbg!(res);
    Ok(())
}

//结果
[src\main.rs:49] res = Some(
    User {
        name: "Jarry",
        age: 5,
    },
)
```

第 10 章　surreal_use

CHAPTER 10

第 9 章已经对 SurrealDB 的 SurrealQL 语句及官方库 surrealdb 进行了系统的学习和实践。在这个过程中，不仅掌握了 SurrealDB 的基本概念和使用方法，还通过实际操作加深了对 SurrealQL 语句的理解，然而，在学习和使用的过程中，也发现了一些不足之处，这些不足可能在日常工作中会影响开发效率。

为了解决这些问题，本章将重点讲解如何基于 surrealdb 库来编写一个名为 surreal_use 的库。这个库的目的是帮助开发者更好地利用 SurrealDB 的功能，提高日常开发的效率。为此针对 surrealdb 库的设计框架需要考虑如何抽离数据库配置与代码、减少编写 SurrealQL 语句、进行差异化 API 查询、降低学习成本和使用成本及省力地进行复杂查询等方面的问题。只有在这些方面进行深入思考和优化，才能设计出一个优秀的框架，帮助开发者更高效地使用 surrealdb 库进行开发。

10.1　需求分析与设计

10.1.1　发现需求

需求的发现和分析在设计框架中起着至关重要的作用。首先，需求是项目中开发方和需求方共同关注的焦点，它对项目的成功所造成的影响是根源性的。当需求明确且准确时，它可以为整个项目提供一个清晰的方向，避免不必要的返工和修改。反之，如果需求不明确或存在偏差，则可能会导致项目失败。

对于 surrealdb 库来讲，利用它编写代码的使用者就是需求的需求方，而现在我们就扮演这个角色，同时我们也具备能力去实现所提出的需求，这就带来了这个项目。

发现需求的过程是困难的，必须仔细认真地思考，而不是机械地使用库，将核心思维放在如何偷懒上面是设计框架的重中之重，因为框架就是帮助使用者偷懒而产生的，所以只有想要偷懒的人才具备优秀的设计能力。

针对 surrealdb 库，在 9.6 节中已经详细地进行了讲解和实践，在实践过程中其实可以清楚地发现有些时候代码的编写其实并不省力，对于需求的思考主要集中在以下几个方面。

（1）如何抽离数据库配置与代码：在使用 surrealdb 库时，需要对数据库的配置信息与代码进行分离，以便更好地管理和维护。这需要思考如何设计一个灵活的配置系统，使数据库的配置信息可以轻松地进行修改和扩展。

（2）如何减少编写 SurrealQL 语句：SurrealDB 提供了强大的查询语言 SurrealQL，但是在实际开发中，希望能够减少编写 SurrealQL 语句的工作量，因此，需要思考如何设计一个简洁而高效的查询接口，使开发者可以通过简单的方法完成复杂的查询操作。

（3）如何进行差异化 API 查询：SurrealDB 中有大量语句，例如 DEFINE、SELECT、INFO、RELATE 等，但在标准库中很多语句没有直接支持 API，而是使用 query() 方法统一化查询。为了提高开发效率，需要思考如何设计一个差异化的 API 查询系统，使开发者可以根据不同的需求选择不同的查询方式。

（4）如何降低学习成本：对于初学者来讲，学习一个新的数据库可能会有一定的学习成本。为了降低学习成本就需要思考如何设计一个易于理解和使用的接口，提供详细的文档和示例代码，以及提供良好的社区支持。

（5）如何降低使用成本：除了学习成本外，使用一个新的数据库也会有一定的使用成本。为了降低使用成本，需要让框架向外暴露的使用方式足够简单并且兼具灵活的扩展性，达到这一点往往是极具挑战性的。

（6）如何省力地进行复杂查询：在实际开发中，经常需要进行复杂的查询操作。为了提高开发效率，需要思考如何设计一个简单而强大的查询接口，使开发者可以通过简单的方法完成复杂的查询操作。

10.1.2 准备工作

1. 在 GitHub 上创建仓库

首先，登录 GitHub，在页面的顶部右侧，能够看到一个加号按钮。单击这个按钮后，一个弹窗将会展开。在这个弹窗中，选择"New repository"选项来创建一个新的远程仓库。

如果没有 GitHub 账号，则可以选择使用 Gitee 或 Gitlab 作为远程仓库托管平台。这些平台都提供了类似的功能，用于托管项目。通过远程仓库，开发者可以方便地托管自己的项目，分享代码，并参与他人的开源项目等，因此，并不需要纠结于选择哪个平台。

一旦进入了创建新仓库的界面，就需要填写项目的相关信息，以此来完成创建过程。在这里，可以将仓库的名字设置为 surreal_use，并将项目的描述设置为 An extension library based on the Surrealdb library to help users develop more conveniently。这意味着这是一个基于 surrealdb 库的扩展库，旨在帮助用户更便捷地进行开发。后续通过远程仓库便可以轻松地管理项目的代码版本，跟踪贡献，并确保项目的稳定性和可靠性。创建新仓库的方式如图 10-1 所示。

2. 初始化项目并添加依赖

打开 VS Code 编辑器。在 VS Code 中，创建一个新的 Rust 项目。创建新项目后，需要

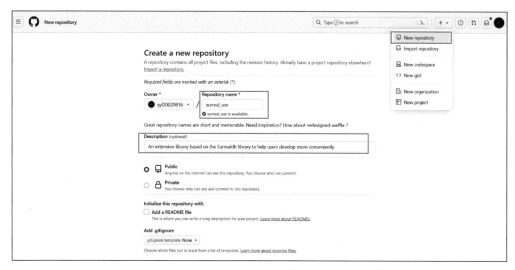

图 10-1　创建 GitHub 仓库

添加一些必要的依赖库。目前还不需要添加太多的依赖库，只需添加 3 个库，分别是 surrealdb 库、serde 库和 serde_json 库。

在添加这些库之后，还需要开启 serde 库的 derive 特质来更好地使用 serde 库提供的序列化与反序列化宏。项目的依赖如图 10-2 所示。

```toml
[package]
name = "surreal_use"
version = "0.1.0"
edition = "2021"
description = "An extension library based on the Surrealdb library to help users develop more conveniently"
authors = ["syf20020816@outlook.com"]
license = "MIT"
repository = "https://github.com/Surrealism-All/surreal_use"
keywords = ["surreal","surreal_db","sql"]
# See more keys and their definitions at https://doc.rust-lang.org/cargo/reference/manifest.html

[dependencies]
serde = { version = "1.0.195", features = ["derive"] }
serde_json = "1.0.111"
surrealdb = "1.1.0"
```

图 10-2　surreal_use 项目依赖

3．对原始项目进行清理并配置库信息

选择名为 lib.rs 的文件，并删除其中的所有默认代码，以获得一个干净的导出接口，然后进入名为 Cargo.toml 的文件，在此文件中编写库信息。需要注意，如果 Cargo.toml 文件中的信息不符合最小需求，则将无法在 crates.io 上发布项目，库的信息如下：

```toml
#第 10 章 Cargo.toml
[package]
#库的名字
name = "surreal_use"
```

```
#库的版本号
#每次版本发布都需要一个新的版本号
version = "0.0.1"
#使用的 Rust 编程语言的版本
#用于指定项目的编译和运行时环境,以便与特定的 Rust 版本兼容
edition = "2021"
#库的简要说明
description = "An extension library based on the Surrealdb library to help users develop more conveniently"
#库的开发者
authors = ["syf20020816@outlook.com"]
#库使用的协议
license = "MIT"
#库的远程仓库地址
repository = "https://github.com/Surrealism-All/surreal_use"
#库的关键字,通过关键字可以更加方便地找到该库
keywords = ["surreal","surreal_db","sql"]
# See more keys and their definitions at https://doc.rust-lang.org/cargo/reference/manifest.html
```

4. 编写 README 并进行首次提交

创建一个名为 README.md 的文件,此文件将作为项目的说明文档。创建这个文件的主要目的是让使用者能够快速地了解项目及项目的用途和使用方式,因此,在编写这个文件时需要保持简洁和高效,避免过多的冗余信息。

在 README.md 文件中,需要提供一些基本的项目信息,例如项目的名称、版本、作者等。这些信息可以帮助使用者快速地了解项目的基本概况。同时,还需要简要地介绍项目的用途,让使用者知道这个项目可以解决什么问题或者满足什么需求。

此外,还需要提供项目的使用方式,包括如何安装、如何运行及如何使用项目的功能等。这部分内容应该尽量详细且易于理解,以便使用者能够顺利地上手使用项目,不过目前只需简单地写一些项目信息,可以在后续继续完善,READMD.md 的示例编写如图 10-3 所示。

完成 README 的编写之后就可以进行第 1 次提交了,使用 Ctrl+` 在 VS Code 中打开终端并编写 git 命令,整个提交的命令如下:

```
//初始化 Git 仓库
git init
//提交仓库
git commit -m "init surreal_use"
//将主分支设置为 main
git branch -M main
//设置远程仓库地址
git remote add origin https://github.com/Surrealism-All/surreal_use.git
//上传到远程仓库中,连带该分支
git push -u origin main
```

第10章　surreal_use

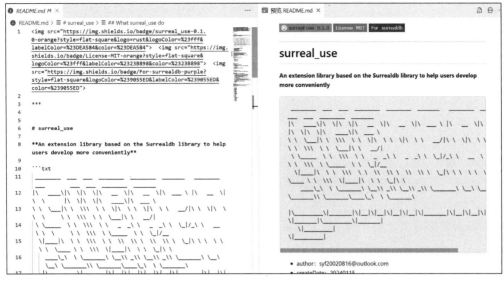

图 10-3　surreal_db README.md 的编写示例

10.2　抽离数据库配置与代码

这种设计思想是不要把配置写在代码里，而是写在配置文件中，将配置信息抽离到文件中，文件的类型可以是随意的，例如 JSON、YAML、TOML，甚至是 TXT 类型的文件，在使用时对文件进行读取，将其转换为可用的配置的优势主要有以下几点。

（1）提高代码的可维护性、灵活性和扩展性：对配置信息进行集中管理，使代码更加整洁，便于后期维护和更新。当需要修改配置时，只需更改配置文件，而不需要深入代码中去查找和修改，节省了大量的时间。通过外部配置文件，可以灵活地调整应用的行为，而无须修改代码。同时，这种方式也便于扩展新的配置项，以满足应用的发展需求。

（2）增强代码的可读性：配置文件通常有清晰的结构和注释，使其他开发者可以快速理解应用的配置信息，提高了代码的可读性。

（3）提升代码的复用性：将公共的配置信息抽离出来，可以在多个项目中复用，减少了重复编写相同配置信息的工作量。

（4）方便配置的管理：通过外部配置文件管理配置信息，可以方便地进行版本控制，例如使用 Git 来追踪配置的变更历史。

（5）提高安全性：将敏感的配置信息（如数据库密码）从代码中抽离出来，可以减少因代码泄露而导致的安全风险。

（6）便于环境切换：在不同的开发、测试、生产环境中，可能需要不同的配置信息。通过外部配置文件，可以快速切换不同环境的配置，而无须修改代码。

（7）减少编译时间：如果将配置信息嵌入在代码中，则每次修改配置都可能需要重新编译整个项目,而外部配置文件的修改通常不需要重新编译,从而节省了编译时间。

10.2.1 构想设计

对如何抽离数据库配置与代码,以及抽取后如何在代码中使用进行构想,主要思路如下。

(1) 使用 JSON 文件存储数据库配置:由于 JSON 文件具有易于编写、易于阅读、跨平台兼容、可将配置进行序列化与反序列化的特质,十分适合对数据库配置进行存储,当然其将 YAML 和 TOML 等作为配置文件也是非常好的选择,但当前项目作为第 1 个版本,主要的考量点并不在这里,可以后续增加其他类型文件作为配置文件的支持。

(2) SurrealConfig:配置结构体,这个结构体的字段就是所需的配置,并且通过这个结构体可以获取所有需要的配置,其中的登录鉴权方式的获取来源于 AuthCredentials 这个枚举。

(3) JsonParser:JSON 解析器,这个解析器专门用来解析 JSON 文件配置,解析后返回一个通用的数据类型,这种数据类型可以转换为 SurrealConfig 这个结构体。

(4) Parsers:解析器枚举,这个枚举是用来扩展解析器的类型的,意思是后续可以使用多种解析器对不同类型的配置文件进行解析。

(5) AuthCredentials:登录鉴权方式枚举,这个枚举包含 Root、Namespace、Database、Scope 共 4 种登录鉴权方式,这 4 种鉴权方式实际上 surrealdb 库中已经写好,但十分简单,没有什么扩展方法,所以需要对这 4 种方式进行扩展。

10.2.2 具体实现

1. 实现 JsonParser 和 Parsers

JsonParser 和 Parsers 作为 JSON 配置解析器和解析器枚举,是 SurrealDB 将配置解析到可操作结构体的基础,其中,最主要的方法是 Parsers 解析器枚举中的 parse()方法和 parse_to_config()方法。

parse()方法用于解析 JSON 配置并将其转换为 serde_json 库提供的 Value 枚举。它接受一个文件地址字符串作为输入,也可以传 None,当传输为 None 时会查找并解析默认的配置文件地址。这种方式的好处在于使用者可以抛弃框架内部的实现,自己编写结构体进行转换。

parse_to_config()方法同样也能够解析 JSON 配置并且与 parse()方法的入参一致,但它的返回值类型为 SurrealConfig 这个结构体,使用 SurrealConfig 获取配置更加方便,无须使用者再去编写配置的结构体和获取具体配置的方法,由框架内部提供。

这两种方法在 SurrealDB 的配置解析过程中起到了重要的作用。它们使开发者能够方便地获取配置信息并进行相应处理,提高了开发效率和灵活性。JsonParser 和 Parser 的实现代码如下:

```rust
//第 10 章 surreal_use/src/config/parser.rs
use super::{SurrealConfig, DEFAULT_CONFIG_NAME};
use serde_json::Value;
use std::{
    env::current_dir,
    fs::{canonicalize, read_to_string},
    path::{Path, PathBuf},
};

//解析器枚举
//可以包含多种解析器、例如 JSON 解析器、TOML 解析器、YAML 解析等
//这里先只实现 JSON 解析器
//对于外部而言应该只使用 Parsers 枚举来选择解析器进行解析
pub enum Parsers {
    Json,
}

impl Parsers {
    //提供简便的处理解析入口
    //内部匹配解析器类型进行解析
    //最后会返回 Value 类型,这种方式的好处在于使用者可以抛弃框架内部的实现,自己编写
    //结构体进行转换
    pub fn parse(&self, path: Option<&str>) -> Value {
        match self {
            Parsers::Json => JsonParser::parse(path),
            _ => panic!("Invalid Parser"),
        }
    }
    //提供下层处理器
    //便于进行更加复杂的解析
    pub fn json() -> JsonParser {
        JsonParser
    }
    //解析为 SurrealConfig 的形式
    //直接使用框架内提供的 SurrealConfig
    //借助 SurrealConfig 得到具体的配置信息进行使用
    pub fn parse_to_config(&self, path: Option<&str>) -> SurrealConfig {
        let config: SurrealConfig = self.parse(path).into();
        config
    }
}

//JSON 文件解析器
//用于解析 JSON 形式的配置文件
//将 JSON 文件转换为统一 serde_json::Value
pub struct JsonParser;

impl JsonParser {
    //解析配置文件
```

```rust
//使用JsonParser解析某个JSON文件,从而得到配置数据
//
//配置数据不需要进行封装,直接返回
//
//当传入路径为None时表示使用默认解析文件地址
//
//当传入路径为相对路径时使用根目录作为路径凭据
//param
//1. path : Option<&Path>
//return
//serde_json::Value
pub fn parse<P>(path: Option<P>) -> Value
where
        P: AsRef<Path>,
{
        //当为Some时借助canonicalize进行解析,赋予处理相对路径的能力
        let path: PathBuf = match path {
            Some(p) => canonicalize(p).unwrap(),
            None => {
                let mut current_dir = current_dir().unwrap();
                let _ = current_dir.push(DEFAULT_CONFIG_NAME);
                current_dir
            }
        };
        //获取字符串文本
        let config_str = read_to_string(path.as_path()).unwrap_or(String::new());
        let res: Value = serde_json::from_str(&config_str).unwrap();
        return res;
    }
}

#[cfg(test)]
mod parser_test {
    use std::path::Path;

    use serde_json::Value;

    use super::{JsonParser, Parsers};

    //使用JSON字符串与JsonParser获取的文件配置进行匹配测试
    //确认解析出的serde_json::Value能够得到相同的结果
    #[test]
    fn test_json_str_parser_match() {
        //编写一个JSON满足需要解析的格式
        let json_str = r#"
        {
            "endpoint":"127.0.0.1",
            "port":10086,
            "auth":{
                "user":"root",
```

```rust
            "pass":"root"
        }
    }
    "#;
        let json_value1: Value = serde_json::from_str(json_str).unwrap();
        //通过绝对路径的方式得到文件配置
        let json_value2 = JsonParser::parse(Some(Path::new(
            "E:\\Rust\\docs\\book\\code\\surreal_use\\surrealdb.config.json",
        )));
        assert_eq!(json_value1, json_value2)
    }

    //对使用相对路径和绝对路径的方式进行测试
    //当使用相对路径时需要以根目录作为路径依据
    //主要测试相对路径是否能够得到相同的解析结果
    #[test]
    fn test_json_parser_with_path() {
        let json_value1 = JsonParser::parse(Some(Path::new(
            "E:\\Rust\\docs\\book\\code\\surreal_use\\surrealdb.config.json",
        )));
        let json_value2 = JsonParser::parse(Some(Path::new("./surrealdb.config.json")));
        assert_eq!(json_value1, json_value2);
    }

    //测试当参数为 None 的形式时以自动获得配置路径的方式解析配置文件
    //在这种情况下默认获取根目录下的 surrealdb.config.json 配置文件
    #[test]
    fn test_json_parser_no_path() {
        let json_value1 = JsonParser::parse::<&str>(None);
        let json_value2 = JsonParser::parse(Some(Path::new("./surrealdb.config.json")));
        assert_eq!(json_value1, json_value2);
    }

    //测试使用上层解析器枚举帮助进行解析
    //间接使用下层而不直接调用
    #[test]
    fn test_parsers_run() {
        let json_value1 = Parsers::Json.parse(None);
        let json_value2 = Parsers::Json.parse(Some("./surrealdb.config.json"));
        assert_eq!(json_value1, json_value2);
    }
}
```

2. 实现 SurrealConfig

SurrealConfig 是 SurrealDB 的配置结构体,它主要负责管理 SurrealDB 的配置信息。这些配置信息包括数据库服务器的地址,用于启动 SurrealDB 的端口号,以及用于登录

SurrealDB 的凭证信息。这些信息都是从配置文件中读取并解析出来的，而这个过程是由 Parsers 枚举来完成的，因此，SurrealConfig 可以看作 Parsers 枚举解析配置文件后的结果，它包含了 SurrealDB 运行所需的所有关键信息。SurrealConfig 的实现，代码如下：

```rust
//第 10 章 surreal_use/src/config/mod.rs
use std::fmt::Debug;

use serde::{de::DeserializeOwned, Serialize};
use serde_json::Value;
use surrealdb::opt::auth::{Credentials, Jwt};

use self::auth::AuthCredentials;

pub mod auth;
pub mod parser;

//默认的配置文件的名字
//当不传入指定的配置文件的位置时使用
//通过当前项目网址和文件名字构建默认配置文件地址并以此进行推测
const DEFAULT_CONFIG_NAME: &str = "surrealdb.config.json";

//认证桥接器
//所有能够进行登录认证的凭证类型都应该实现这个 trait
pub trait AuthBridger<'a, Action> {
    type AuthType;
    //获取低级实例,返回值是真实的类型
    fn to_lower_cast(&'a self) -> Self::AuthType
    where
        Self::AuthType: Credentials<Action, Jwt>;
    fn keys() -> Vec<&'a str>;
    //转换为低级实例,这不会消耗自身
    fn to_lower(&'a self) -> impl Credentials<Action, Jwt>;
}

//SurrealDB 的配置
#[derive(Debug, Serialize, Clone)]
pub struct SurrealConfig {
    //启动 URL 网址
    endpoint: String,
    //启动端口
    port: u16,
    //登录凭证数据
    auth: Value,
}

//将 serde_json::Value 转换为 SurrealConfig
impl From<Value> for SurrealConfig {
    fn from(value: Value) -> Self {
        let endpoint = value.get("endpoint").unwrap().as_str().unwrap().to_string();
```

```rust
            let port = value.get("port").unwrap().as_u64().unwrap() as u16;
            let auth = value.get("auth").unwrap().clone();
            Self {
                endpoint,
                port,
                auth,
            }
        }
    }
}

impl SurrealConfig {
    //获取登录凭证数据
    //所有的凭证实际上都能够进行转换
    //事实上用户可能完全不知道是什么类型的登录凭证
    //@return AuthCredentials
    pub fn get_auth<P>(&self) -> AuthCredentials<P>
    where
        P: Serialize + DeserializeOwned,
    {
        let res: AuthCredentials<P> = self.auth.clone().into();
        res
    }
    //获取配置的 SurrealDB 的地址
    pub fn get_endpoint(&self) -> &str {
        &self.endpoint
    }
    //获取配置的 SurrealDB 的端口
    pub fn get_port(&self) -> u16 {
        self.port
    }
    //获取 URL,实际格式为{{地址}}:{{端口}}
    pub fn url(&self) -> String {
        format!("{}:{}", self.endpoint, self.port)
    }
}

#[cfg(test)]
mod test_config {

    use serde_json::Value;

    use crate::config::auth::AuthCredentials;

    use super::{parser::Parsers, SurrealConfig};
    //尝试解析配置
    #[test]
    fn test_parser_config() {
        let json = Parsers::Json.parse(None);
        let config: SurrealConfig = json.into();
        dbg!(&config);
```

```
            let auth_credentail: AuthCredentials<Value> = config.get_auth();
            dbg!(&auth_credentail);
            //当 JSON 为
            //{
            //"endpoint":"127.0.0.1",
            //"port":10086,
            //"auth":{
            //"user":"root",
            //"pass":"root",
            //"sc":"test_sc",
            //"db":"surrealdb",
            //"ns":"test_ns"
            //}
            //}
            //得到 AuthCredentials
            //Some(
            //Scope {
            //ns: "test_ns",
            //db: "surrealdb",
            //sc: "test_sc",
            //params: Object {
            //"user": String("root"),
            //"pass": String("root"),
            //},
            //},
            //),
        }
    }
```

3. 实现 4 种登录方式的扩展

4 种登录方式分别是 Root、Namespace、Database、Scope，这 4 种方式中 Scope 最为复杂，它涉及泛型数据及序列化时的结构平展。

首先来看 Root 方式的实现，Root 方式作为根用户的登录方式只需 username 和 password 两个字段，在 Root 结构体中表示为 user 和 pass 进行简化，Root 结构体通过 derive 自动实现 Debug、Clone、Serialize、Deserialize 和 PartialEq 这些基本的 trait。手动实现 Default、ToString、AuthBridger 和 From<AuthCredentails>这 4 个 trait。主要来说明一下最后两个。

首先 AuthBridger trait 是认证的桥接器，所有能够进行登录认证的凭证类型都应该实现这个 trait，它有以下 3 种方法。

（1）to_lower_cast()方法：它能够获取 surrealdb 原始实例，也就是未被扩展的 Root 结构体，主要用于与 surrealdb 库的 signin()和 signup()方法进行交互。

（2）keys()方法：获取登录凭证所需要的字段，Root 方式只有 user 和 pass 两个字段。

（3）to_lower()方法：与 to_lower_cast()方法类似，用于获取原始实例，但返回值为 impl Credentials<Action,Jwt>，并不是一个具体的类型，而是一个实现了 Credentials 这个

trait 的类型,意思是只要结构体实现了这个 trait 都能允许作为返回值出现。

然后是 From<AuthCredentails>这个 trait,通过实现这个 trait,Root 结构体就能够由 AuthCredentials 这个枚举转换生成,事实上配置获取后不会直接使用 Root 结构体,其中的登录凭证以 Value 的形式能够转换为 AuthCredentials 这个统一管理登录鉴权方式的枚举,具体的凭证类型由这个枚举继续向下转换而得到。Root 方式的实现,代码如下:

```
//第 10 章 surreal_use/src/config/auth.rs

//Root 方式的登录凭证的扩展
#[derive(Debug, Clone, Serialize, Deserialize, PartialEq)]
pub struct Root {
    //The username of the root user
    user: String,
    //The password of the root user
    pass: String,
}

impl Default for Root {
    fn default() -> Self {
        Self::new("root", "root")
    }
}

impl<'a> AuthBridger<'a, Signin> for Root {
    type AuthType = auth::Root<'a>;
    fn to_lower_cast(&'a self) -> Self::AuthType
    where
        Self::AuthType: Credentials<Signin, Jwt>,
    {
        auth::Root {
            username: &self.user,
            password: &self.pass,
        }
    }
    fn keys() -> Vec<&'a str> {
        vec!["user", "pass"]
    }
    fn to_lower(&'a self) -> impl Credentials<Signin, Jwt> {
        Self::AuthType {
            username: &self.user,
            password: &self.pass,
        }
    }
}

impl Root {
    pub fn new(user: &str, pass: &str) -> Self {
        Root {
```

```
                user: user.to_string(),
                pass: pass.to_string(),
            }
        }
        pub fn user(&self) -> &str {
            &self.user
        }
        pub fn pass(&self) -> &str {
            &self.pass
        }
    }

    //实现 ToString trait,赋予转换 String 的能力
    impl ToString for Root {
        fn to_string(&self) -> String {
            to_string(self)
        }
    }

    impl From< AuthCredentials<()>> for Root {
        fn from(value: AuthCredentials<()>) -> Self {
            match value {
                AuthCredentials::Root(root) => root,
                _ => panic!("Credentials is not Root"),
            }
        }
    }
```

其他 3 种方式与 Root 基本一样,对于 Scope 方式的实现,则需要注意其泛型的约束,由于 Scope 是可序列化和反序列化的,所以这个泛型也需要实现 serde 库提供的序列化和反序列化的 trait。所有 4 种登录方式的扩展的完整实现代码如下:

```
//第 10 章 surreal_use/src/config/auth.rs
use super::AuthBridger;
use serde::de::DeserializeOwned;
use serde::Deserialize;
use serde::Serialize;
use serde_json::Value;
use std::collections::HashSet;
use surrealdb::opt::auth;
use surrealdb::opt::auth::Credentials;
use surrealdb::opt::auth::Jwt;
use surrealdb::opt::auth::Signin;

//该宏用于生成 AuthCredentails 结构体的 is_xxx 方法
//使用 matches!宏进行匹配,返会 bool
//is_xxx 方法用于判断登录的凭证类型
//1. is_root
//2. is_ns
```

```rust
//3. is_db
//4. is_sc
macro_rules! is_auth {
    ( $auth:ident, $authType:ident ) => {
        pub fn $auth(&self) -> bool {
            matches!(self, AuthCredentials::$authType(_))
        }
    };
}

//登录鉴权凭证
//1. Root: 根用户
//2. NS: 命名空间方式
//3. DB: 数据库方式
//4. SC: Scope 作用域方式
//由于希望 SC 中的 Scope 结构体的泛型是一种可传入的,所以使用 Option 进行包裹
#[derive(Debug, PartialEq, Serialize, Clone, Deserialize)]
pub enum AuthCredentials<P> {
    Root(Root),
    NS(Namespace),
    DB(Database),
    SC(Option<Scope<P>>),
}

//example
//
//```rust
//let auth_scope_json = json!({
//"ns":"test",
//"sc":"test_sc",
//"db":"test",
//"user":"root",
//"pass":"root",
//});
//[derive(Debug, Serialize, Deserialize)]
//struct Params {
//user: String,
//pass: String,
//}
//let auth_root_json = json!({
//"user":"root",
//"pass":"root"
//});
//let auth_root: AuthCredentials<()> = auth_root_json.into();
//assert!(auth_root.is_root());
//let auth_scope: AuthCredentials<Params> = auth_scope_json.into();
//assert!(auth_scope.is_sc());
//```
impl<P> AuthCredentials<P> {
    is_auth!(is_root, Root);
```

```rust
        is_auth!(is_ns, NS);
        is_auth!(is_db, DB);
        is_auth!(is_sc, SC);
}

impl<P> From<Value> for AuthCredentials<P>
where
    P: Serialize + DeserializeOwned,
{
    fn from(value: Value) -> Self {
        //尝试将 Value 转换为 Scope 结构体
        fn try_sc<P>(value: Value) -> Result<AuthCredentials<P>, &'static str>
        where
            P: Serialize + DeserializeOwned,
        {
            if let Ok(scope) = serde_json::from_value::<Scope<P>>(value) {
                return Ok(AuthCredentials::SC(Some(scope)));
            }
            Err("SurrealDB Configuration Error : Couldn't deserialize Scope credentials")
        }
        //将 Value 转换为 Map
        let trans_value = value.as_object().unwrap().clone();
        //转换为 Vec<&str>
        let keys = trans_value
            .keys()
            .map(|k| k.as_str())
            .collect::<Vec<&str>>();
        //判断参数
        //1. 判断长度
        //2. 判断传入字段
        //当有两个参数的时候使用 Root 进行反序列化
        //当有 3 个参数的时候使用 Namespace
        //当有 4 个参数的时候使用 Database 或 Scope
        //当有 4 个参数的时候需要对 Scope 进行校验
        //当有更多参数的时候使用 Scope
        match trans_value.len() {
            2 => {
                if to_hashset(Root::keys()).eq(&to_hashset(keys)) {
                    return AuthCredentials::Root(serde_json::from_value::<Root>(value).unwrap());
                } else {
                    panic!("SurrealDB Configuration Error : Credential Root should use `user` and `pass`");
                }
            }
            3 => {
                if to_hashset(Namespace::keys()).eq(&to_hashset(keys)) {
                    return AuthCredentials::NS(
                        serde_json::from_value::<Namespace>(value).unwrap(),
                    );
```

```rust
                } else {
                    panic!("SurrealDB Configuration Error : Credential Namespace should use `user`, `pass`, `ns`");
                }
            }
            4 => {
                if to_hashset(Database::keys()).eq(&to_hashset(keys)) {
                    return AuthCredentials::DB(serde_json::from_value::<Database>(value).unwrap());
                } else {
                    //尝试转换为 Scope
                    match try_sc::<P>(value){
                        Ok(sc) => sc,
                        Err(_) => panic!("SurrealDB Configuration Error : Credential Namespace should use `user`, `pass`, `ns`, `db`"),
                    }
                }
            }
            _ => match try_sc::<P>(value) {
                Ok(sc) => sc,
                Err(e) => panic!("{}", e),
            },
        }
    }
}

//Root 方式的登录凭证的扩展
#[derive(Debug, Clone, Serialize, Deserialize, PartialEq)]
pub struct Root {
    //The username of the root user
    user: String,
    //The password of the root user
    pass: String,
}

impl Default for Root {
    fn default() -> Self {
        Self::new("root", "root")
    }
}

impl<'a> AuthBridger<'a, Signin> for Root {
    type AuthType = auth::Root<'a>;
    fn to_lower_cast(&'a self) -> Self::AuthType
    where
        Self::AuthType: Credentials<Signin, Jwt>,
    {
        auth::Root {
            username: &self.user,
            password: &self.pass,
```

```rust
        }
    }
    fn keys() -> Vec<&'a str> {
        vec!["user", "pass"]
    }
    fn to_lower(&'a self) -> impl Credentials<Signin, Jwt> {
        Self::AuthType {
            username: &self.user,
            password: &self.pass,
        }
    }
}

impl Root {
    pub fn new(user: &str, pass: &str) -> Self {
        Root {
            user: user.to_string(),
            pass: pass.to_string(),
        }
    }
    pub fn user(&self) -> &str {
        &self.user
    }
    pub fn pass(&self) -> &str {
        &self.pass
    }
}

//实现 ToString trait,赋予转换 String 的能力
impl ToString for Root {
    fn to_string(&self) -> String {
        to_string(self)
    }
}

impl From<AuthCredentials<()>> for Root {
    fn from(value: AuthCredentials<()>) -> Self {
        match value {
            AuthCredentials::Root(root) => root,
            _ => panic!("Credentials is not Root"),
        }
    }
}

//命名空间方式的登录凭证
#[derive(Debug, Clone, Serialize, Deserialize, PartialEq)]
pub struct Namespace {
    //The namespace the user has access to
    ns: String,
    //The username of the namespace user
```

```rust
        user: String,
        //The password of the namespace user
        pass: String,
}

impl<'a> AuthBridger<'a, Signin> for Namespace {
    type AuthType = auth::Namespace<'a>;
    fn to_lower_cast(&'a self) -> Self::AuthType
    where
        Self::AuthType: Credentials<Signin, Jwt>,
    {
        Self::AuthType {
            namespace: &self.ns,
            username: &self.user,
            password: &self.pass,
        }
    }
    fn keys() -> Vec<&'a str> {
        vec!["ns", "user", "pass"]
    }
    fn to_lower(&'a self) -> impl Credentials<Signin, Jwt> {
        Self::AuthType {
            namespace: &self.ns,
            username: &self.user,
            password: &self.pass,
        }
    }
}

impl Namespace {
    pub fn new(user: &str, pass: &str, ns: &str) -> Self {
        Self {
            ns: ns.to_string(),
            user: user.to_string(),
            pass: pass.to_string(),
        }
    }
    pub fn ns(&self) -> &str {
        &self.ns
    }
    pub fn user(&self) -> &str {
        &self.user
    }
    pub fn pass(&self) -> &str {
        &self.pass
    }
}

impl ToString for Namespace {
    fn to_string(&self) -> String {
```

```rust
            to_string(self)
        }
    }

    impl From<AuthCredentials<()>> for Namespace {
        fn from(value: AuthCredentials<()>) -> Self {
            match value {
                AuthCredentials::NS(ns) => ns,
                _ => panic!("Credentials is not Namespace"),
            }
        }
    }

    //数据库类型登录凭证
    #[derive(Debug, Clone, Serialize, Deserialize, PartialEq)]
    pub struct Database {
        //The namespace the user has access to
        pub ns: String,
        //The database the user has access to
        pub db: String,
        //The username of the database user
        pub user: String,
        //The password of the database user
        pub pass: String,
    }

    impl<'a> AuthBridger<'a, Signin> for Database {
        type AuthType = auth::Database<'a>;
        fn to_lower_cast(&'a self) -> Self::AuthType
        where
            Self::AuthType: Credentials<Signin, Jwt>,
        {
            Self::AuthType {
                namespace: &self.ns,
                database: &self.db,
                username: &self.user,
                password: &self.pass,
            }
        }
        fn keys() -> Vec<&'a str> {
            vec!["ns", "db", "user", "pass"]
        }
        fn to_lower(&'a self) -> impl Credentials<Signin, Jwt> {
            Self::AuthType {
                namespace: &self.ns,
                database: &self.db,
                username: &self.user,
                password: &self.pass,
            }
        }
    }
```

```rust
}
impl ToString for Database {
    fn to_string(&self) -> String {
        to_string(self)
    }
}

impl From<AuthCredentials<()>> for Database {
    fn from(value: AuthCredentials<()>) -> Self {
        match value {
            AuthCredentials::DB(db) => db,
            _ => panic!("Credentials is not Database"),
        }
    }
}

impl Database {
    pub fn new(ns: &str, db: &str, user: &str, pass: &str) -> Self {
        Self {
            ns: ns.to_string(),
            db: db.to_string(),
            user: user.to_string(),
            pass: pass.to_string(),
        }
    }
    pub fn db(&self) -> &str {
        &self.db
    }
    pub fn ns(&self) -> &str {
        &self.ns
    }
    pub fn user(&self) -> &str {
        &self.user
    }
    pub fn pass(&self) -> &str {
        &self.pass
    }
}

//作用域类型登录凭证
//需要传入类型
//该传入类型在序列化时进行平展
#[derive(Debug, Clone, Serialize, PartialEq, Deserialize)]
pub struct Scope<P> {
    //The namespace the user has access to
    pub ns: String,
    //The database the user has access to
    pub db: String,
    //The scope to use for signin and signup
```

```rust
        pub sc: String,
        //The additional params to use
        #[serde(flatten)]
        pub params: P,
}

impl<'a, T, P> AuthBridger<'a, T> for Scope<P>
where
    P: Serialize + Clone,
{
    type AuthType = auth::Scope<'a, P>;
    fn to_lower_cast(&'a self) -> Self::AuthType
    where
        Self::AuthType: Credentials<T, Jwt>,
    {
        Self::AuthType {
            namespace: &self.ns,
            database: &self.db,
            scope: &self.sc,
            params: self.params.clone(),
        }
    }
    fn keys() -> Vec<&'a str> {
        vec!["sc", "ns", "db"]
    }
    fn to_lower(&'a self) -> impl Credentials<T, Jwt> {
        Self::AuthType {
            namespace: &self.ns,
            database: &self.db,
            scope: &self.sc,
            params: self.params.clone(),
        }
    }
}

//impl<'a,P> AuthBridger<'a,Signin> for Scope<P> where P:Serialize+Clone {
//type AuthType = auth::Scope<'a,P>;
//fn to_lower_cast(&'a self)->Self::AuthType where Self::AuthType : Credentials<Signin,Jwt>
{
//Self::AuthType{
//namespace: &self.ns,
//database: &self.db,
//scope: &self.sc,
//params: self.params.clone(),
//}
//}
//fn keys() -> Vec<&'a str> {
//vec!["sc","ns","db"]
//}
//}
```

```rust
impl<P> ToString for Scope<P>
where
    P: Serialize,
{
    fn to_string(&self) -> String {
        to_string(self)
    }
}

impl<P> From<AuthCredentials<P>> for Scope<P> {
    fn from(value: AuthCredentials<P>) -> Self {
        match value {
            AuthCredentials::SC(sc) => sc.unwrap(),
            _ => panic!("Credentials is not Scope"),
        }
    }
}

impl<P> Scope<P>
where
    P: Serialize,
{
    pub fn new(ns: &str, db: &str, sc: &str, params: P) -> Self {
        Scope {
            ns: ns.to_string(),
            db: db.to_string(),
            sc: sc.to_string(),
            params,
        }
    }
    pub fn db(&self) -> &str {
        &self.db
    }
    pub fn ns(&self) -> &str {
        &self.ns
    }
    pub fn sc(&self) -> &str {
        &self.sc
    }
    pub fn params(&self) -> &P {
        &self.params
    }
}

//通过 serde_json 帮助转换为 String 字符串
fn to_string<T>(value: &T) -> String
where
    T: ?Sized + Serialize,
{
    serde_json::to_string(value).unwrap()
```

```rust
}

//转换为hashset,用于匹配字段
fn to_hashset(value: Vec<&str>) -> HashSet<&str> {
    value.into_iter().collect::<HashSet<&str>>()
}
```

4. 单元测试

虽然 Rust 作为一种强调类型安全和并发安全的语言,其强大的编译时检查已经提供了一定的错误预防功能,但是,单元测试提供了一种在运行时进一步验证程序逻辑的方法,是高质量 Rust 程序不可或缺的一部分,单元测试的用途主要包括以下几点。

(1) 确保代码正确性:单元测试允许开发者验证代码块(如函数、方法或模块)按预期工作。这有助于捕获错误和问题,确保代码实现了其应有的功能。

(2) 使用文档:单元测试不仅是验证代码的手段,同时也是一种文档形式。通过查看测试案例,其他开发者可以了解代码的预期行为和使用方式。能够帮助开发者更加快捷地学习和了解使用方式。

(3) 提高代码设计与重构的质量:编写可测试的代码通常需要更好的设计决策,如使用更清晰的接口和更低的耦合。这促进了更高质量的代码设计和架构。有了单元测试作为安全网,开发者可以更自信地重构代码,因为原先的测试可以快速验证和更改而没有破坏现有功能。当对当前库进行更新或重构时单元测试还能减少回归错误确认新的或更改的代码是否破坏了既有功能。

(4) 提高代码可维护性:有良好单元测试覆盖的代码通常更易于维护,因为测试有助于开发者理解代码的预期行为,并在修改代码时提供反馈。

(5) 增强团队合作:在团队项目中,单元测试有助于确保团队成员的更改不会意外破坏其他人的代码,从而提高团队协作效率。

下方代码是对于 4 种登录方式的扩展的单元测试,其中大量测试了从 JSON 数据解析为各类登录凭证的能力及这些登录方式转换为原始库的能力,单元测试的代码如下:

```rust
//第 10 章 surreal_use/src/config/auth.rs
#[cfg(test)]
mod test_surreal_config {
    use super::{to_hashset, AuthCredentials, Namespace, Root, Scope};
    use crate::config::AuthBridger;
    use serde::{Deserialize, Serialize};
    use serde_json::json;
    use surrealdb::opt::auth::{self, Signin};

    //测试登录凭证的反序列化
    #[test]
    fn test_auth_deserialize() {
        let auth_scope_json = json!({
            "ns":"test",
```

```rust
        "sc":"test_sc",
        "db":"test",
        "user":"root",
        "pass":"root",
    });
    #[derive(Debug, Serialize, Deserialize)]
    struct Params {
        user: String,
        pass: String,
    }
    let auth_root_json = json!({
        "user":"root",
        "pass":"root"
    });
    let auth_root: AuthCredentials<()> = auth_root_json.into();
    assert!(auth_root.is_root());
    let auth_scope: AuthCredentials<Params> = auth_scope_json.into();
    assert!(auth_scope.is_sc());
}
//测试对 surrealdb 库中的类型进行低类型转换
#[test]
fn test_lower_cast() {
    let root = Root::new("Matt", "123456");
    let root_lower = root.to_lower_cast();
    dbg!(serde_json::to_string_pretty(&root_lower).unwrap());
}

//测试 Scope 的反序列化
#[test]
fn test_scope_deserialize() {
    #[derive(Serialize, Debug, Clone, Deserialize, PartialEq)]
    struct Params {
        name: String,
        email: String,
    }

    let scope = Scope::new(
        "test",
        "surreal",
        "use",
        Params {
            name: "Matt".to_string(),
            email: "Matt@gmail.com".to_string(),
        },
    );

    let json_scope = json!(
        {
            "ns":"test",
            "db":"surreal",
```

```rust
                    "sc":"use",
                    "name":"Matt",
                    "email":"Matt@gmail.com"
                }
            );

            //json_scope -> scope
            let scope2: Scope<Params> = serde_json::from_value(json_scope).unwrap();
            assert_eq!(scope2, scope);
        }

        //测试 Scope 方式
        #[test]
        fn test_scope() {
            #[derive(Serialize, Debug, Clone)]
            struct Params {
                name: String,
                email: String,
            }

            let scope = Scope::new(
                "test",
                "surreal",
                "use",
                Params {
                    name: "Matt".to_string(),
                    email: "Matt@gmail.com".to_string(),
                },
            );
            dbg!(&scope.to_string());

            let scope_keys = <Scope<Params> as AuthBridger<'_, Signin>>::keys();
            dbg!(scope_keys);
            let scope_lower = <Scope<Params> as AuthBridger<'_, Signin>>::to_lower_cast(&scope);
            dbg!(scope_lower);
        }

        //使用原始 surrealdb::Root 转换为 String 和 JSON 文本进行匹配
        #[test]
        fn test_root_credential_from() {
            let root_str = json!({
                "user" : "root",
                "pass" : "root",
            });
            let root_entity = auth::Root {
                username: "root",
                password: "root",
            };
            let json_str1 = serde_json::to_string(&root_entity).unwrap();
```

```rust
        let json_str2 = serde_json::to_string(&root_str).unwrap();
        assert_eq!(json_str1, json_str2);
    }
    //测试使用default方法生成Root方式的登录凭证
    #[test]
    fn test_root_new_default() {
        let root = Root::new("root", "root");
        let root_default = Root::default();
        assert_eq!(root, root_default);
    }
    #[test]
    fn test_root_to_string() {
        let root_value = json!({"user":"root", "pass":"root"});
        let root_str = Root::new("root", "root").to_string();
        assert_eq!(root_str, serde_json::to_string(&root_value).unwrap());
    }
    #[test]
    fn test_ns_to_string() {
        let ns_value = json!({"ns":"test","user":"root", "pass":"root"});
        let ns_str = Namespace::new("root", "root", "test").to_string();
        assert_eq!(ns_str, serde_json::to_string(&ns_value).unwrap());
    }
    //测试将表示Root的JSON数据转换为Root结构体
    #[test]
    fn test_trans_root_to_struct() {
        let trans_json = json!(
            {
                "ns" : "test",
                "user" : "root",
                "pass" : "root",
            }
        );
        let trans_value = trans_json
            .as_object()
            .unwrap()
            .clone()
            .into_iter()
            .map(|(k, v)| (k, v.as_str().unwrap().to_string()))
            .collect::<Vec<(String, String)>>();
        let trans_keys = trans_value
            .iter()
            .map(|(k, _v)| k.as_str())
            .collect::<Vec<&str>>();
        let root_keys = Root::keys();
        assert!(to_hashset(root_keys).ne(&to_hashset(trans_keys)));
    }
    //测试将表示Namespace的JSON数据转换为Namespace结构体
    #[test]
    fn test_trans_ns_to_struct() {
        let trans_json = json!(
```

```
            {
                "ns" : "test",
                "user" : "root",
                "pass" : "root",
            }
        );

        let trans_value = trans_json
            .as_object()
            .unwrap()
            .clone()
            .into_iter()
            .map(|(k, v)| (k, v.as_str().unwrap().to_string()))
            .collect::<Vec<(String, String)>>();
        let trans_keys = trans_value
            .iter()
            .map(|(k, _v)| k.as_str())
            .collect::<Vec<&str>>();

        let ns_keys = Namespace::keys();
        assert!(to_hashset(ns_keys).eq(&to_hashset(trans_keys)));
    }
}
```

10.2.3 使用 surreal_use 获取配置

1. 新建 hello_surreal_use 测试项目

对抽离数据库配置与代码的实现完成后就可以进行验证了，首先使用 cargo 新建一个名叫 hello_surreal_use 的新项目并导入所有 hello_surreal 项目中的依赖，接下来在 Cargo.toml 文件中增加 surreal_use 框架的依赖信息，由于这个项目还没有发布到 crates.io 上，所以需要引入本地路径，依赖如图 10-4 所示。

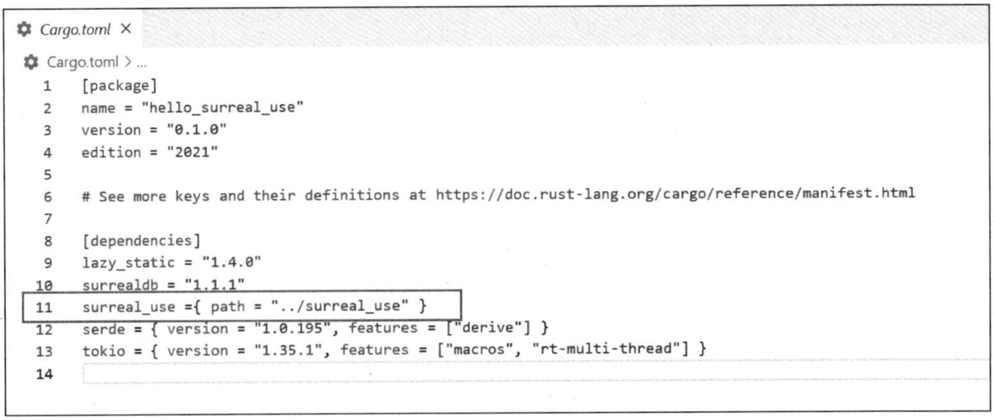

```
 1  [package]
 2  name = "hello_surreal_use"
 3  version = "0.1.0"
 4  edition = "2021"
 5
 6  # See more keys and their definitions at https://doc.rust-lang.org/cargo/reference/manifest.html
 7
 8  [dependencies]
 9  lazy_static = "1.4.0"
10  surrealdb = "1.1.1"
11  surreal_use ={ path = "../surreal_use" }
12  serde = { version = "1.0.195", features = ["derive"] }
13  tokio = { version = "1.35.1", features = ["macros", "rt-multi-thread"] }
14
```

图 10-4　hello_surreal_use 依赖

2. 编写 surrealdb.config.json 配置文件

完成依赖的引入后需要在项目的根目录中编写一个名叫 surrealdb.config.json 的配置文件来存储 SurrealDB 的配置信息,其中包括连接地址、连接端口、登录鉴权信息这 3 个最主要的配置。具体配置信息如下:

```
//这个配置十分简单,使用的是 Root 方式的登录鉴权方式
{
    "endpoint":"127.0.0.1",
    "port":10086,
    "auth":{
        "user":"root",
        "pass":"root"
    }
}
```

3. 测试验证

尽管在开发 surreal_use 框架的过程中,已经投入了大量的精力,编写了一系列的单元测试,以此来验证其功能的正确性和稳定性,这些测试无疑为框架提供了强有力的保障,但是,仍然需要在实际的开发环境中进行更为全面和深入的测试。因为在实际的开发环境中,可能会遇到一些在单元测试中无法模拟或者预见的情况,例如数据的复杂性、系统的并发性等,因此,需要在实际的开发环境中进行测试,以确保 surreal_use 框架在各种情况下都能表现出良好的性能和稳定性。测试获取配置并进行登录鉴权,代码如下:

```rust
//第 10 章 01_test_parse_config.rs
use lazy_static::lazy_static;
use surreal_use::config::{auth::Root, parser::Parsers, AuthBridger};
use surrealdb::{
    engine::remote::ws::{Client, Ws},
    Surreal,
};

//使用 lazy static 宏
lazy_static! {
    static ref DB: Surreal<Client> = Surreal::init();
}

#[tokio::main]
async fn main() -> surrealdb::Result<()> {
    //使用 surreal_use 获取项目包下的 surrealdb.config.json 的配置
    let config = Parsers::Json.parse_to_config(None);
    DB.connect::<Ws>(config.url()).await?;
    //转换为扩展后的凭证
    let credentail: Root = config.get_auth().into();
    //使用 Root 方式进行登录
    //返回 Jwt 结构体
    let jwt_root = DB.signin(credentail.to_lower_cast()).await?;
```

```
        //使用 as_insecure_token 方法获取 jwt 令牌
        dbg!(jwt_root.as_insecure_token());
        Ok(())
    }
```

10.3 零 SurrealQL 语句

surreal_use 库的主要目标是实现一种功能,使用户无须手动编写 SurrealQL 语句。这意味着开发者可以通过这个库来轻松地构建和管理 SurrealQL 查询,从而提高开发效率和降低出错率。为了实现这个目标,需要对大量原始库中的结构体与枚举进行扩展。这样,开发者就可以更加方便地使用这些扩展后的结构体和枚举,而不需要担心编写错误的 SurrealQL 语句。

10.3.1 编写 core 模块

在 surreal_use 项目中,core 模块扮演着至关重要的角色。它是整个系统的核心,负责处理所有的语句及原始库的扩展。core 模块内部包含了 8 个子模块,分别是 create、delete、insert、select、sql、stmt、update 和 use。这些子模块各自承担着不同的功能,大体分为语句和语法扩展,语句指的是对原 surrealdb 库的语句的构造方法的实现,语法扩展是对 surrealdb 库的基础构建语法的功能进行扩展,它们共同构成了一个强大且完整的核心模块。

语法扩展模块是 sql 模块,在 sql 模块中包含了大量对于原始 surrealdb 库构建结构体及枚举的扩展。对于这些扩展,它们的名字会和原始库中的名字一模一样,因为它们的目的是在扩展后代替原始库进行工作,因此,所有扩展都会提供 to_origin() 方法或实现 From trait 来转换为原始库。

此外,core 模块还提供了 stmt 模块,它是所有语句的构造工厂,它会被直接暴露,通过工厂统一调用对应语句的构造器对语句进行构造。图 10-5 显示了 core 模块的模块分层。

1. 编写模块部分

代码中首先列出了一系列模块声明:

```
//第 10 章 surreal_use/src/lib.rs
mod create;
mod delete;
mod insert;
mod select;
pub mod sql;
mod stmt;
mod update;
mod r#use;

pub use stmt::Stmt;
```

图 10-5　core 模块的模块分层

这些模块包含与 SQL 语句的创建、删除、插入、选择、更新和使用相关的功能。sql 模块被公开，意味着它可以在此库的外部使用，而 stmt 模块中的 Stmt 结构体作为语句构造工厂，外部通过 Stmt 就能直接构造任何 SurrealQL 语句。

2. 编写语句桥接 trait

这段代码定义了一个名为 StmtBridge 的 trait（特质）和一个宏 impl_stmt_bridge，它们共同构成了一个框架，用于在自定义的语句类型和某个原始语句类型之间建立一种"桥接"。这在数据库操作、查询构建器、ORM（对象关系映射）等场景中尤为有用。

首先是 StmtBridge trait，StmtBridge 是一个特质，它定义了一个桥接器的接口，允许将自定义的语句类型转换为一个原始的语句类型。这个特质定义了两种方法和一个关联类型。

（1）type OriginType：这是一个关联类型，代表原始数据结构的类型。

（2）to_origin()方法：这种方法消耗自身，返回一个原始类型的实例。它用于将自定义的语句转换成原始语句。

（3）origin()方法：这种方法提供了对原始数据结构的借用。它允许访问原始语句，但不转移所有权。

StmtBridge trait 的实现如下：

```
//第 10 章 surreal_use/src/core/mod.rs
//语句桥接器
//实现语句桥接器能够赋予语句转换为原始语句的能力
pub trait StmtBridge {
    type OriginType;
```

```
    //转换为原始数据结构体
    fn to_origin(self) -> Self::OriginType;
    //获得原始数据结构体的借用
    fn origin(&self) -> &Self::OriginType;
}
```

3. 实现宏

impl_stmt_bridge 宏用于自动实现 StmtBridge 特质。这个宏简化了为不同的语句类型实现 StmtBridge 特质的过程。使用此宏时，需要提供两种类型：自定义的语句类型和它对应的原始语句类型。宏展开后的代码类似于宏内部注释中的示例。总体来讲，这段代码提供了一种机制，允许在 Rust 中方便地处理不同类型的 SQL 语句，同时保持与原始语句类型的紧密联系。这种模式在构建数据库访问层或类似的库时很有用。impl_stmt_bridge 宏的实现代码如下：

```
//第10章 surreal_use/src/core/mod.rs
//语句桥接器宏
//生成语句桥接器的实现的宏
//需要传入扩展的语句类型和原始的语句类型
//生成的语法如下
//```
//impl StmtBridge for UseStmt {
//type OriginType = UseStatement;
//
//fn to_origin(self) -> Self::OriginType {
//self.origin
//}
//fn origin(&self) -> &Self::OriginType {
//&self.origin
//}
//}
//```
#[macro_export]
macro_rules! impl_stmt_bridge {
    ( $ stmt:ty , $ origin:ty ) => {
        impl StmtBridge for $ stmt {
            type OriginType = $ origin;

            fn to_origin(self) -> Self::OriginType {
                self.origin
            }

            fn origin(&self) -> &Self::OriginType {
                &self.origin
            }
        }
    };
}
```

4. 完整代码

以下是完整的 core 中的代码：

```rust
//第10章 surreal_use/src/core/mod.rs
mod create;
mod delete;
mod insert;
mod select;
pub mod sql;
mod stmt;
mod update;
mod r#use;

pub use stmt::Stmt;

//语句桥接器
//实现语句桥接器能够赋予语句转换为原始语句的能力
pub trait StmtBridge {
    type OriginType;
    //转换为原始数据结构体
    fn to_origin(self) -> Self::OriginType;
    //获得原始数据结构体的借用
    fn origin(&self) -> &Self::OriginType;
}

//语句桥接器宏
//生成语句桥接器的实现的宏
//需要传入扩展的语句类型和原始的语句类型
//生成的语法如下
//```
//impl StmtBridge for UseStmt {
//type OriginType = UseStatement;
//
//fn to_origin(self) -> Self::OriginType {
//self.origin
//}
//fn origin(&self) -> &Self::OriginType {
//&self.origin
//}
//}
//```
#[macro_export]
macro_rules! impl_stmt_bridge {
    ( $ stmt:ty , $ origin:ty) => {
        impl StmtBridge for $ stmt {
            type OriginType = $ origin;

            fn to_origin(self) -> Self::OriginType {
                self.origin
```

```
        }
        fn origin(&self) -> &Self::OriginType {
            &self.origin
        }
    }
  };
}
```

10.3.2 扩展原始库

1. 编写模块部分

代码的第一部分定义了一系列模块,这些模块是对 SurrealDB 库中的原始类型的扩展。每个模块专注于数据库操作的不同方面,例如创建(Create)、插入(Insert)、更新(Update)、条件表达式(Cond)等。

(1) cond:实现 WHERE 子语句。

(2) create:扩展 CREATE 语句中的添加数据部分。

(3) edges:扩展图形边。

(4) field:扩展字段部分。

(5) insert:扩展 INSERT 语句中的添加数据部分。

(6) order:扩展 ORDER BY 子语句。

(7) patch:扩展 UPDATE 语句中所使用的 JSON PATCH 更新方式。

(8) set_field:扩展 SET 子语句,结果形如 a=b。

(9) table:扩展 SurrealDB 表的表示方式。

(10) update:扩展 UPDATE 语句中的更新数据部分。

模块实现的具体的代码如下:

```
//第 10 章 surreal_use/src/core/sql/mod.rs
//扩展 WHERE 子语句
mod cond;
//扩展 CREATE 语句中的添加数据部分
mod create;
//扩展图形边
mod edges;
//扩展字段部分,如 SELECT xxx FROM 中的 xxx
mod field;
//扩展 INSERT 语句中的添加数据部分
mod insert;
//扩展 ORDER BY 子语句
mod order;
//扩展 UPDATE 语句中所使用的 JSON PATCH 更新方式
mod patch;
//扩展 SET 子语句,结果形如 a = b
mod set_field;
```

```
//扩展 SurrealDB 表的表示方式
mod table;
//扩展 UPDATE 语句中的更新数据部分
mod update;

pub use cond::Cond;
pub use create::CreateData;
pub use edges::Edges;
pub use field::Field;
pub use insert::InsertData;
pub use order::Order;
pub use patch::PatchOp;
pub use set_field::SetField;
pub use table::SurrrealTable;
pub use update::UpdateData;
```

2. 通过单元测试得出 Value 的能力

对所有原始 surrealdb 库中的 Value 进行测试,由此得到对应 Value 的表现形式,这些测试确保了 Value 类型在不同情况下的正确性和预期行为。每个测试用例针对 Value 的一个特定变体,测试的代码如下:

```
//第 10 章 surreal_use/src/core/sql/mod.rs
//对所有原始 surrealdb 库中的 Value 进行测试
//由此得到对应 Value 的表现形式
//这些测试确保了 Value 类型在不同情况下的正确性和预期行为
//每个测试用例针对 Value 的一个特定变体
//
// - none:测试表示无值的 Value::None
// - null:测试表示空值的 Value::Null
// - number:测试表示数值的 Value::Number
// - bool:测试表示布尔值的 Value::Bool
// - strand:测试表示字符串的 Value::Strand
// - duration:测试表示时间长度的 Value::Duration
// - datetime:测试表示日期时间的 Value::Datetime
// - uuid:测试表示 UUID 的 Value::Uuid
// - array:测试表示数组的 Value::Array
// - object:测试表示对象(键-值对)的 Value::Object
// - bytes:测试表示字节序列的 Value::Bytes
// - table:测试表示表名的 Value::Table
// - thing:测试表示具体事物(例如表中的条目)的 Value::Thing
// - param:测试表示参数的 Value::Param
// - idiom:测试表示复杂表达式的 Value::Idiom
// - mock:测试表示模拟值的 Value::Mock
// - cast:测试表示类型转换的 Value::Cast
#[cfg(test)]
mod test_value {
    use std::{collections::BTreeMap, time};

    use surrealdb::sql::{
```

```rust
            Array, Cast, Datetime, Duration, Ident, Idiom, Mock, Object, Param, Part, Strand,
    Table,
            Thing, Value,
        };

        #[test]
        fn none() {
            let none = Value::None;
            assert_eq!(none.to_string().as_str(), "NONE");
        }
        #[test]
        fn null() {
            let null = Value::Null;
            assert_eq!(null.to_string().as_str(), "NULL");
        }
        #[test]
        fn number() {
            let number = Value::Number(16.into());
            assert_eq!(number.to_string().as_str(), "16");
        }
        #[test]
        fn bool() {
            let bool = Value::Bool(true);
            assert_eq!(bool.to_string().as_str(), "true");
        }
        #[test]
        fn strand() {
            let strand1 = Value::Strand(Strand(String::from("surreal")));
            let strand2 = Value::Strand(Strand(String::from("surreal:use")));
            assert_eq!(strand1.to_string().as_str(), "'surreal'");
            assert_eq!(strand2.to_string().as_str(), "s'surreal:use'");
        }
        #[test]
        fn duration() {
            let duration = Value::Duration(Duration(time::Duration::new(7711, 1)));
            assert_eq!(duration.to_string().as_str(), "2h8m31s1ns");
        }
        #[test]
        fn datetime() {
            let datetime = Value::Datetime(Datetime::default());
            //'2024-01-23T06:27:14.086126Z'
            dbg!(datetime.to_string().as_str());
        }
        #[test]
        fn uuid() {
            let uuid = Value::Uuid(surrealdb::sql::Uuid::new());
            //'018d3500-b7d8-7398-86eb-d9ba80c3fe5f'
            dbg!(uuid.to_string());
        }
        #[test]
```

```rust
fn array() {
    let arr = Value::Array(Array(vec![17.into(), "jhell".into()]));
    assert_eq!(arr.to_string().as_str(), "[17, 'jhell']");
}
#[test]
fn object() {
    let mut map: BTreeMap<String, Value> = BTreeMap::new();
    map.insert("a".to_owned(), 1.into());
    map.insert("b".to_owned(), "2".into());
    let object = Value::Object(Object(map));
    assert_eq!(object.to_string().as_str(), "{ a: 1, b: '2' }");
}
#[test]
fn bytes() {
    let b_str = String::from("hello").into_bytes();
    let b = Value::Bytes(b_str.into());
    assert_eq!(
        b.to_string().as_str(),
        "encoding::base64::decode(\"aGVsbG8\")"
    );
}
#[test]
fn table() {
    let table = Value::Table(Table("user".to_string()));
    assert_eq!(table.to_string().as_str(), "user");
}
#[test]
fn thing() {
    let thing = Value::Thing(Thing {
        tb: "surreal".to_string(),
        id: "use".into(),
    });
    assert_eq!(thing.to_string().as_str(), "surreal:use")
}
#[test]
fn param() {
    let ident = Ident("user".to_string()).to_raw();
    let param = Value::Param(Param(Ident("name".to_string())));
    assert_eq!(param.to_string().as_str(), "$name");
    assert_eq!(ident.as_str(), "user");
}
#[test]
fn idiom() {
    let idiom = Value::Idiom(Idiom(vec![
        Part::All,
        Part::Flatten,
        Part::First,
        Part::Last,
        Part::Index(surrealdb::sql::Number::Float(32.92)),
    ]));
```

```
            //[ * ] … [0][ $ ][32.92f]
            dbg!(idiom.to_string());
        }
        #[test]
        fn mock() {
            let mock_count = Value::Mock(Mock::Count("name".to_string(), 64));
            let mock_range = Value::Mock(Mock::Range("age".to_string(), 18, 88));
            assert_eq!(mock_count.to_string().as_str(), "|name:64|");
            assert_eq!(mock_range.to_string().as_str(), "|age:18..88|");
        }
        #[test]
        fn cast() {
            let cast = Value::Cast(Box::new(Cast(surrealdb::sql::Kind::Any, "hello".into
())));
            dbg!(cast.to_string());
        }
    }
```

3. 编写 cond.rs 文件实现 WHERE 子语句的扩展

这段代码定义了一个名为 Cond 的结构体，它主要用于构建和表示数据库查询中的 WHERE 条件表达式。Cond 结构体封装了 surrealdb::sql::Cond 类型，并提供了一系列方法，以此来方便地构建条件表达式。以下是对这些方法和结构体的详细解释。

（1）Cond Struct：Cond 是一个包装了 surrealdb::sql::Cond 的结构体。它的主要作用是提供一个方便的接口来构建条件表达式。

（2）new() 方法：new() 方法用于创建一个新的 Cond 实例。它初始化一个基本的二元表达式（Binary Expression），其中包含默认值。

（3）left()、left_value() 和 left_easy() 方法：这 3 种方法用于设置条件表达式的左侧值。left() 方法接受一个实现了 Into<Field>特征的参数，允许灵活的输入类型；left_value() 方法直接接受一个 Value 类型的参数，提供了更广泛的灵活性；left_easy() 方法则是为了简化常见场景，它接受一个字符串参数并将其转换为字段名。

（4）right() 方法：right() 方法用于设置条件表达式的右侧值。它接受一个 Value 类型的参数。

（5）op() 方法：op() 方法用于设置条件表达式中的操作符。它接受一个 Operator 类型的参数。

（6）replace() 方法：这是一个内部使用的方法，用于替换条件表达式中的特定部分，如左值、右值或操作符。它接受一个函数作为参数，该函数对表达式进行修改。

（7）to_origin() 方法：用于获取封装的原始 surrealdb::sql::Cond 值。

（8）to_string() 方法：实现了 ToString 特征，允许将条件表达式转换为字符串形式，通常用于生成 SQL 查询语句。

以下是 Cond 结构体的具体实现代码：

```rust
//第10章 surreal_use/src/core/sql/cond.rs
use super::Field;
use std::mem;
use surrealdb::sql::{self, Expression, Operator, Value};

//use super::Edges;(not reachable)

//条件表达式(WHERE)
//在 WHERE 子语句中,构造条件表达式
//```
//cond: Some(Cond(Value::Expression(Box::new(Expression::Binary {
//l: Value::Strand(Strand("name".to_string())),
//o: surrealdb::sql::Operator::Equal,
//r: Value::Strand(Strand("zhang".to_string())),
//})))),
//```
//example
//```
//recommend
//let cond = Cond::new()
//.left("user.name")
//.op(surrealdb::sql::Operator::Add)
//.right(" - vip".into());
//assert_eq!(cond.to_string().as_str(), "WHERE user.name + ' - vip'");
//--------------------------------------------------
//let cond = Cond::new()
//.left_value(Value::Array(vec![
//"Jack","John"
//].into()))
//.op(surrealdb::sql::Operator::Contain)
//.right(Value::Strand( "(SELECT name FROM vip WHERE id = '1')".into()));
//assert_eq!(
//cond.to_string().as_str(),
//"WHERE ['Jack', 'John'] CONTAINS \"(SELECT name FROM vip WHERE id = '1')\""
//);
//--------------------------------------------------
//let cond = Cond::new()
//.left_easy("username")
//.op(surrealdb::sql::Operator::Equal)
//.right("Matt".into());
//assert_eq!(cond.to_string().as_str(), "WHERE username = 'Matt'");
//```
#[derive(Debug, Clone, PartialEq)]
pub struct Cond(sql::Cond);

impl Cond {
    //创建条件表达式
    //使用 Expression::Binary 的方式进行构建
    pub fn new() -> Cond {
```

```rust
                Cond(sql::Cond(Value::Expression(Box::new(Expression::Binary {
                    l: Value::default(),
                    o: Operator::default(),
                    r: Value::default(),
                }))))
        }
        pub fn to_origin(self) -> sql::Cond {
            self.0
        }

        //构建左侧(Field)
        //使用 surreal_use::core::sql::Field 构建左侧
        //1. 多种类型传入,相对灵活
        //2. 指向明确
        //example
        //```
        //let cond = Cond::new()
        //.left("user.name")
        //.op(surrealdb::sql::Operator::Add)
        //.right("-vip".into());
        //assert_eq!(cond.to_string().as_str(), "WHERE user.name + '-vip'");
        //```
        pub fn left(self, left: impl Into<Field>) -> Self {
            let field: Field = left.into();
            self.left_value(field.into())
        }
        //构建左侧(recommend)
        //使用原始 Value 的形式,灵活且易扩展
        //example
        //```
        //let cond = Cond::new()
        //.left_value(Value::Array(vec!["Jack", "John"].into()))
        //.op(surrealdb::sql::Operator::Contain)
        //.right(Value::Strand(
        //"(SELECT name FROM vip WHERE id = '1')".into(),
        //));
        //assert_eq!(
        //cond.to_string().as_str(),
        //"WHERE ['Jack', 'John'] CONTAINS \"(SELECT name FROM vip WHERE id = '1')\""
        //);
        //```
        pub fn left_value(mut self, left: Value) -> Self {
            self.replace(|expression| match expression {
                Expression::Unary { o: _, v: _ } => {
                    panic!("Unexpected unary expression, If you see this panic, please send issue!")
                }
                Expression::Binary { l, o: _, r: _ } => {
                    let _ = mem::replace(l, left.into());
                }
```

```rust
            });
            self
        }

        //构建左侧(简单)
        //用于比较简单的条件表达,左侧将变为简单的field
        //example
        //```
        //let cond = Cond::new()
        //.left_easy("username")
        //.op(surrealdb::sql::Operator::Equal)
        //.right("Matt".into());
        //assert_eq!(cond.to_string().as_str(), "WHERE username = 'Matt'");
        //```
        pub fn left_easy(self, left: &str) -> Self {
            //let left = Idiom::from(vec![Part::from(left)]);
            //let left = Field::from(str);
            self.left(left)
        }
        //构建右侧
        pub fn right(mut self, right: Value) -> Self {
            self.replace(|expression| match expression {
                Expression::Unary { o: _, v: _ } => {
                    panic!("Unexpected unary expression , If you see this panic , please send issue!")
                }
                Expression::Binary { l: _, o: _, r } => {
                    let _ = mem::replace(r, right);
                }
            });
            self
        }
        //构建逻辑操作符
        pub fn op(mut self, op: Operator) -> Self {
            self.replace(|expression| match expression {
                Expression::Unary { o: _, v: _ } => {
                    panic!("Unexpected unary expression , If you see this panic , please send issue!")
                }
                Expression::Binary { l: _, o, r: _ } => {
                    let _ = mem::replace(o, op);
                }
            });
            self
        }

        //替换表达式中的字段
        //可能是
        // - left
        // - right
```

```rust
        // - op
        //所以采用 FnOnce 进行区分操作
        fn replace<F>(&mut self, f: F) -> &mut Self
        where
            F: FnOnce(&mut Expression),
        {
            match &mut self.0 .0 {
                Value::Expression(expression) => {
                    let mut expr = expression.as_mut();
                    f(&mut expr);
                }
                _ => {}
            };
            self
        }
    }

    impl ToString for Cond {
        fn to_string(&self) -> String {
            self.0.to_string()
        }
    }

    //impl From<Edges> for Cond {
    //fn from(value: Edges) -> Self {
    //Cond(sql::Cond(value.into()))
    //}
    //}

    #[cfg(test)]
    mod test_cond {
        use surrealdb::sql::{Expression, Value};

        use super::Cond;

        #[test]
        fn left_field() {
            let cond = Cond::new()
                .left("user.name")
                .op(surrealdb::sql::Operator::Add)
                .right("-vip".into());
            assert_eq!(cond.to_string().as_str(), "WHERE user.name + '-vip'");
        }
        #[test]
        fn complex() {
            let cond = Cond::new()
                .left_value(Value::Array(vec!["Jack", "John"].into()))
                .op(surrealdb::sql::Operator::Contain)
                .right(Value::Strand(
                    "(SELECT name FROM vip WHERE id = '1')".into(),
```

```
            ));
            assert_eq!(
                cond.to_string().as_str(),
                "WHERE ['Jack', 'John'] CONTAINS \"(SELECT name FROM vip WHERE id = '1')\""
            );
        }
        //简单的例子
        #[test]
        fn simple() {
            let cond = Cond::new()
                .left_easy("username")
                .op(surrealdb::sql::Operator::Equal)
                .right("Matt".into());
            assert_eq!(cond.to_string().as_str(), "WHERE username = 'Matt'");
        }
        #[test]
        fn test_expression_unary() {
            let express = Expression::Unary {
                o: surrealdb::sql::Operator::Add,
                v: "name".into(),
            };
            assert_eq!(express.to_string().as_str(), " + 'name'");
        }
    }
}
```

4. 编写 edges.rs 文件实现对连接边的扩展

这段代码定义了一个名为 Edges 的结构体，用于表示在数据库操作中的连接边。这个结构体是为了在 SurrealDB 环境中使用而设计的，主要用于表达数据库中记录之间的关系。SurrealDB 是一个基于 JSON 文档的支持 SQL 查询语言的数据库。Edges 结构体在这个上下文中表示两条数据记录（或者说是表）之间的连接方式。Edges 包含 3 个主要的字段。

(1) dir：Dir 表示连接的方向。这里的 Dir 是一个枚举类型，包含 3 个可能的值：In（表示方向为<-）、Out（表示方向为->）和 Both（表示方向为<->）。

(2) from：SurrealTable 表示连接边的左侧表或记录。

(3) to：SurrealTable 表示连接边的右侧表或记录。

Edges 结构体的具体实现，代码如下：

```
//第 10 章 surreal_use/src/core/sql/edges.rs
//边节点
//生成 from dir to 的结构
//如
// - surreal -> hello
// - surreal -> surrealdb <-> user
// - surreal:db -> user:matt
//注意
//区分 surrealdb::sql::Edges (两者不同,但设计理念相同)
#[derive(Debug, Clone, PartialEq)]
```

```rust
pub struct Edges {
    //连接边类型
    // - In : <-
    // - Out : ->
    // - Both : <->
    pub dir: Dir,
    //在连接边左边的表|记录
    pub from: SurrrealTable,
    //在连接边右边的表|记录
    pub to: SurrrealTable,
}
```

接下来是 Edges 的方法的实现及 trait 的实现。

（1）构造函数 new() 方法：用于创建一个新的 Edges 实例。

（2）类型转换：通过为 Edges 实现 From trait，代码允许从不同的类型直接转换为 Edges。这包括从元组((&str, Id), Dir, (&str, Id)) 和 (&str, Dir, &str) 进行转换，其中 Id 是一个枚举类型，可能是字符串或数字标识符。

（3）字符串表示：实现 ToString trait，允许将 Edges 实例转换为其字符串表示，格式取决于 dir 字段的值。

代码如下：

```rust
//第 10 章 surreal_use/src/core/sql/edges.rs
impl Edges {
    //创建新连接 Edges
    //params
    // - from : SurrrealTable
    // - dir : Dir
    // - to : SurrrealTable
    //return
    //Edges
    //example
    //```
    //let edges = Edges::new(
    //Edges::new("a".into(), Dir::Out, "b".into()).into(),
    //Dir::In,
    //Edges::new("c".into(), Dir::Out, "d".into()).into()
    //);
    //let edges_str = "a->b<-c->d";
    //assert_eq!(edges.to_string().as_str(),edges_str);
    //```
    pub fn new(from: SurrrealTable, dir: Dir, to: SurrrealTable) -> Self {
        Edges { dir, from, to }
    }
}

//转换((&str, Id), Dir, (&str, Id))
//```
```

```rust
//let simple: Edges = (
//("surreal", Id::String("hello".to_string())),
//Dir::In,
//("db", Id::Number(15)),
//)
//.into();
//```
impl From<((&str, Id), Dir, (&str, Id))> for Edges {
    fn from(value: ((&str, Id), Dir, (&str, Id))) -> Self {
        Edges {
            dir: value.1,
            from: value.0.into(),
            to: value.2.into(),
        }
    }
}

impl From<(&str, Dir, &str)> for Edges {
    fn from(value: (&str, Dir, &str)) -> Self {
        Edges::new(value.0.into(), value.1, value.2.into())
    }
}

impl From<(SurrrealTable, Dir, SurrrealTable)> for Edges {
    fn from(value: (SurrrealTable, Dir, SurrrealTable)) -> Self {
        Edges {
            dir: value.1,
            from: value.0,
            to: value.2,
        }
    }
}

impl ToString for Edges {
    fn to_string(&self) -> String {
        format!(
            "{}{}{}",
            self.from.to_string(),
            self.dir.to_string(),
            self.to.to_string()
        )
    }
}
```

在测试用例中主要验证了以下几点：

(1) complex_edges 测试验证能否正确地处理复杂的边结构，如嵌套的 Edges。

(2) simple_str 测试验证了基本字符串转换功能。

（3）simple 测试检查了从元组构造 Edges 的能力。

代码如下：

```rust
//第 10 章 surreal_use/src/core/sql/edges.rs
#[cfg(test)]
mod test_edges {
    use super::Edges;
    use surrealdb::sql::{Dir, Id};

    #[test]
    fn complex_edges() {
        let edges = Edges::new(
            Edges::new("a".into(), Dir::Out, "b".into()).into(),
            Dir::In,
            Edges::new("c".into(), Dir::Out, "d".into()).into(),
        );
        let edges_str = "a->b<-c->d";
        assert_eq!(edges.to_string().as_str(), edges_str);
    }
    #[test]
    fn simple_str() {
        let edges = Edges::new("surreal".into(), Dir::In, "db".into());
        let edges_str = "surreal<-db";
        assert_eq!(edges_str, edges.to_string().as_str());
    }
    #[test]
    fn simple() {
        //[src/core/value/edges.rs:51] &edges = Edges {
        //dir: In,
        //from: Thing(
        //Thing {
        //tb: "surreal",
        //id: String(
        // "hello",
        //),
        //},
        //),
        //to: Thing(
        //Thing {
        //tb: "db",
        //id: Number(
        // 15,
        //),
        //},
        //),
        //}
        let simple: Edges = (
            ("surreal", Id::String("hello".to_string())),
            Dir::In,
```

```
            ("db", Id::Number(15)),
        )
            .into();
        let edges = Edges::new(
            ("surreal", "hello").into(),
            Dir::In,
            ("db", Id::Number(15)).into(),
        );
        assert_eq!(edges, simple);
    }
}
```

5. 编写 create.rs 文件实现 CREATE 语句创建数据部分的扩展

这段代码定义了一个名为 CreateData 的枚举类型,用于表示在使用 SurrealDB 数据库时创建数据的不同方式。CreateData 枚举有两种变体:Set 和 Content,分别用于不同的数据创建场景。

(1) Set(Vec<SetField>):这个变体用于存储一组字段赋值操作。每个 SetField 表示一个字段的名称及其要设置的值。这种方式类似于在 SQL 中使用 SET 语句进行数据更新。

(2) Content(Value):这个变体用于存储一个 Value,表示要插入的整个数据对象。这更类似于以整个对象的形式向数据库插入一条记录。

CREATE 语句添加数据的方式的枚举实现如下:

```
//第 10 章 surreal_use/src/core/sql/create.rs
//CREATE 语句添加数据的方式
// - SET @field = @value
// - CONTENT @value
#[derive(Debug, Clone, PartialEq)]
pub enum CreateData {
    Set(Vec<SetField>),
    Content(Value),
}
```

CreateData 的方法说明及代码如下。

(1) pub fn set()-> Self:这种方法用于创建一个新的 CreateData::Set 变体,初始化为空的字段集合。

(2) pub fn push(mut self, sf: SetField)-> Self:向 Set 类型的 CreateData 添加一个 SetField。如果当前枚举是 Content 类型,则会触发 panic。

(3) pub fn pop(mut self)-> Self:移除 Set 类型的 CreateData 中的最后一个 SetField。如果当前枚举是 Content 类型,则会触发 panic。

(4) pub fn content<D>(value: D)-> Self:将一个可序列化的数据结构转换为 CreateData::Content 类型。

(5) pub fn is_set(&self)-> bool 和 pub fn is_content(&self)-> bool:这两种方法用于

检查 CreateData 的当前变体。

（6）pub fnto_set(self)-> Option < Vec < SetField >>和 pub fnto_content(self)-> Option < Value >：将 CreateData 转换为相应的变体类型，返回 Option。

（7）pub fnfrom_vec(values：Vec < impl Into < SetField >>)-> Self：从一个 SetField 的向量创建 CreateData::Set。

代码如下：

```rust
//第 10 章 surreal_use/src/core/sql/create.rs
impl CreateData {
    //初始化 CreateData::Set 方式
    pub fn set() -> Self {
        CreateData::Set(vec![])
    }
    //增加 Set 类型数据
    pub fn push(mut self, sf: SetField) -> Self {
        match &mut self {
            CreateData::Set(s) => {
                s.push(sf);
            }
            CreateData::Content(_) => panic!("Cannot push to CreateData::Content"),
        };
        self
    }
    //去除 Set 类型的最后一个数据
    pub fn pop(mut self) -> Self {
        match &mut self {
            CreateData::Set(s) => s.pop(),
            CreateData::Content(_) => panic!("Cannot pop to CreateData::Content"),
        };
        self
    }
    //将可被序列化的结构体数据转换为 CreateData::Content
    pub fn content<D>(value: D) -> Self
    where
        D: Serialize,
    {
        match to_value(value) {
            Ok(content) => CreateData::Content(content),
            Err(e) => panic!("{}", e),
        }
    }
    pub fn is_set(&self) -> bool {
        matches!(self, Self::Set(_))
    }
    pub fn is_content(&self) -> bool {
        !self.is_set()
    }
    pub fn to_set(self) -> Option < Vec < SetField >> {
        match self {
            CreateData::Set(s) => Some(s),
```

```rust
                CreateData::Content(_) => None,
            }
        }
        pub fn to_content(self) -> Option<Value> {
            match self {
                CreateData::Set(_) => None,
                CreateData::Content(c) => Some(c),
            }
        }

        pub fn from_vec(values: Vec<impl Into<SetField>>) -> Self {
            let sets = values
                .into_iter()
                .map(|x| x.into())
                .collect::<Vec<SetField>>();
            Self::Set(sets)
        }
    }
```

接下来是 CreateData 实现的各个特质：

（1）为 CreateData 实现了 ToString trait，用于将枚举转换为字符串表示。不同的变体会有不同的字符串格式。

（2）实现了两个 From trait，分别用于将可序列化类型和 CreateData 本身转换为 Data 类型。Data 是用于 SurrealDB 数据库操作的一个结构，表示数据库操作的不同数据类型。

代码如下：

```rust
//第 10 章 surreal_use/src/core/sql/create.rs
impl ToString for CreateData {
    fn to_string(&self) -> String {
        match self {
            CreateData::Set(s) => s
                .into_iter()
                .map(|x| x.to_string())
                .collect::<Vec<String>>()
                .join(", "),
            CreateData::Content(s) => s.to_string(),
        }
    }
}

impl<D> From<D> for CreateData
where
    D: Serialize,
{
    fn from(value: D) -> Self {
        CreateData::content(value)
    }
}
```

```rust
impl From<CreateData> for Data {
    fn from(value: CreateData) -> Self {
        match value {
            CreateData::Set(s) => {
                let stmt = s
                    .into_iter()
                    .map(|x| x.to_origin())
                    .collect::<Vec<(Idiom, Operator, Value)>>();
                Data::SetExpression(stmt)
            }
            CreateData::Content(c) => Data::ContentExpression(c),
        }
    }
}
```

最后编写测试用例,在 test_create_data 模块中,编写了几个测试用例,以此来验证 CreateData 枚举的功能,包括创建 Set 类型、Content 类型及将 Set 类型转换为 Data::SetExpression。

代码如下:

```rust
//第10章 surreal_use/src/core/sql/create.rs
#[cfg(test)]
mod test_create_data {
    use serde::Serialize;
    use surrealdb::sql::{Data, Ident, Idiom, Operator, Part};

    use crate::core::sql::SetField;

    use super::CreateData;

    #[test]
    fn test_set() {
        let set = CreateData::set()
            .push(SetField::new("name", None, "Matt"))
            .push(SetField::new("age", None, 14));
        dbg!(set.to_string());
    }

    #[test]
    fn test_content() {
        #[derive(Debug, Clone, Serialize)]
        struct Person {
            name: String,
            age: u8,
        }

        let content = CreateData::content(Person {
            name: "sp".to_string(),
```

```rust
            age: 8,
        });
        assert_eq!(content.to_string().as_str(), "{ age: 8, name: 'sp' }");
    }

    #[test]
    fn origin_set() {
        let d = Data::SetExpression(vec![(
            Idiom(vec![Part::Field(Ident(String::from("name")))]),
            Operator::Equal,
            "Matt".into(),
        )]);
        assert_eq!(d.to_string().as_str(), "SET name = 'Matt'");
    }
}
```

6. 编写 field.rs 文件实现对字段的扩展

这段代码定义了一个名为 Field 的结构体,用于表示数据库查询语句中的字段。这个结构体是对 surrealdb::sql::Field 的一个封装,提供了更易于使用的接口。以下是 Field 结构体的实现代码:

```rust
//第 10 章 surreal_use/src/core/sql/field.rs
//字段
//常用于语句中
//```
// --- field -----
//⇩
//SELECT * FROM user;
// ---------- field --------------
//⇩⇩⇩⇩⇩⇩⇩⇩⇩⇩⇩⇩⇩⇩⇩
//SELECT name AS username FROM user;
// ---- field -----
//⇩
//WHERE userId = "001"
// -------- field ----------
//⇩⇩⇩⇩⇩⇩⇩
//SELECT user.name FROM user;
//```
#[derive(Debug, Clone, PartialEq)]
pub struct Field(sql::Field);
```

接下来需要实现 Field 的方法,这些方法包括以下几种。

(1) pub fn all()-> Self:创建一个代表 SQL 中的 * 的 Field 实例,用于选择所有字段。

(2) pub fn single(field: &str, r#as: Option< &str >)-> Self:创建一个代表单个字段的 Field 实例。如果提供了别名(as),则字段会带有该别名。

(3) pub fn signle_value(field: Idiom, r#as: Option< Idiom >)-> Self:类似于 single()方法,但接受的参数是 Idiom 类型。

(4) pub fn new(field: &str)->Self：快速创建一个没有别名的 Field 实例。

(5) pub fn to_origin(self)-> sql::Field：将 Field 实例转换回 surrealdb::sql::Field。

(6) pub fn to_idiom(self)-> Idiom：将 Field 实例转换为 Idiom。

(7) pub fn from_vec(value: Vec<&str>)-> Vec<Field>：从字符串向量创建 Field 实例的向量。

除了这些方法外，还需要实现以下两个辅助函数。

(1) fn str_to_idiom(value: &str)-> Idiom：将点分隔的字符串转换为 Idiom。

(2) fn vec_to_idiom(value: Vec<&str>)-> Idiom：将字符串向量转换为 Idiom。

首先实现辅助函数，因为辅助函数会影响主方法的实现，两个辅助函数的实现代码如下：

```
//第 10 章 surreal_use/src/core/sql/field.rs
//切分.生成父子结构
fn str_to_idiom(value: &str) -> Idiom {
    let values = value.split('.').collect::<Vec<&str>>();
    vec_to_idiom(values)
}

//vec -> Idiom
fn vec_to_idiom(value: Vec<&str>) -> Idiom {
    let parts = value
        .into_iter()
        .map(|x| Part::Field(Ident::from(x)))
        .collect::<Vec<Part>>();
    parts.into()
}
```

完成辅助函数后再编写 Field 的方法，对这些方法的具体实现，代码如下：

```
//第 10 章 surreal_use/src/core/sql/field.rs
impl Field {
    //设置 All Field
    // *
    //example
    //```
    //let f_all = Field::all();
    //assert_eq!(f_all.to_string().as_str()," * ");
    //```
    pub fn all() -> Self {
        Field(sql::Field::All)
    }

    //设置常规 Field
    //1. field
    //2. field AS alias
    //example
    //```
    //no alias
```

```rust
//let f_single = Field::single("name", None);
//assert_eq!(f_single.to_string().as_str(),"name");
//has alias
//let f_single = Field::single("name", Some("username"));
//assert_eq!(f_single.to_string().as_str(),"name AS username");
//```
pub fn single(field: &str, r#as: Option<&str>) -> Self {
    let alias = match r#as {
        Some(a) => Some(str_to_idiom(a)),
        None => None,
    };
    let expr = str_to_idiom(field).into();
    Field(sql::Field::Single { expr, alias })
}
pub fn signle_value(field: Idiom, r#as: Option<Idiom>) -> Self {
    Field(sql::Field::Single {
        expr: sql::Value::Idiom(field),
        alias: r#as,
    })
}
//快速设置Field
//这种方式没有别名
pub fn new(field: &str) -> Self {
    let expr = str_to_idiom(field).into();
    Field(sql::Field::Single { expr, alias: None })
}
pub fn to_origin(self) -> sql::Field {
    self.0
}
pub fn to_idiom(self) -> Idiom {
    sql::Value::from(self).to_idiom()
}
pub fn from_vec(value: Vec<&str>) -> Vec<Field> {
    value
        .into_iter()
        .map(|x| Field::from(x))
        .collect::<Vec<Field>>()
}
```

然后对 Field 涉及的 trait 进行实现,这些 trait 包括以下几种。

(1) 为 Field 实现 ToString trait,以便可以方便地将字段转换为字符串形式。

(2) 实现 Default trait,提供了一个默认构造函数,它创建一个包含默认 surrealdb::sql::Field 的 Field 实例。

(3) 实现了多个 From trait,用于将不同类型转换为 Field,包括字符串、字符串向量、Part 向量等的转换。

(4) 实现了从 Field 到 surrealdb::sql::Value 的转换,这在将字段转换为查询值时很

有用。

代码如下：

```rust
//第 10 章 surreal_use/src/core/sql/field.rs
impl ToString for Field {
    fn to_string(&self) -> String {
        self.0.to_string()
    }
}

impl From<Field> for sql::Output {
    fn from(value: Field) -> Self {
        sql::Output::Fields(Fields(vec![value.to_origin()], false))
    }
}

impl From<Vec<&str>> for Field {
    fn from(value: Vec<&str>) -> Self {
        Field::signle_value(vec_to_idiom(value), None)
    }
}

impl From<Vec<String>> for Field {
    fn from(value: Vec<String>) -> Self {
        Field::from(value.iter().map(|x| x.as_str()).collect::<Vec<&str>>())
    }
}

impl From<Vec<Part>> for Field {
    fn from(value: Vec<Part>) -> Self {
        Field::signle_value(value.into(), None)
    }
}

//将 a.b.c 类 &str 转换为 Field
//这类转换不会存在 AS
impl From<&str> for Field {
    fn from(value: &str) -> Self {
        Field::signle_value(str_to_idiom(value), None)
    }
}

impl From<String> for Field {
    fn from(value: String) -> Self {
        Field::from(value.as_str())
    }
}

//⚠ 将 Field 转换为 Value 时会丢弃 AS
```

```rust
impl From<Field> for sql::Value {
    fn from(value: Field) -> Self {
        //sql::Value::Idiom(vec![Part::Field(value.to_string().into())].into())
        match value.to_origin() {
            sql::Field::All => sql::Value::Idiom("*".to_string().into()),
            sql::Field::Single { expr, alias: _ } => expr,
        }
    }
}
```

最后编写多个测试用例,以此来验证 Field 的功能,包括创建不同类型的字段、转换为字符串和其他类型等。编写测试用例,代码如下:

```rust
//第 10 章 surreal_use/src/core/sql/field.rs
#[cfg(test)]
mod test_field {
    use surrealdb::sql::{Output, Part, Value};

    use super::Field;
    #[test]
    fn test_dot() {
        let f = Field::single("a.b", None);
        assert_eq!(f.to_string().as_str(), "a.b");
    }
    #[test]
    fn to_value() {
        let parts = vec![
            Part::Field("a".to_string().into()),
            Part::Field("b".to_string().into()),
        ];
        let f: Field = parts.into();
        let v: Value = f.into();
        assert_eq!(v.to_string().as_str(), "a.b");
    }
    #[test]
    fn from_vec_part() {
        let parts = vec![
            Part::Field("a".to_string().into()),
            Part::Field("b".to_string().into()),
        ];
        let f: Field = parts.into();
        assert_eq!(f.to_string().as_str(), "a.b");
    }

    #[test]
    fn all() {
        let f_all = Field::all();
        assert_eq!(f_all.to_string().as_str(), "*");
    }
}
```

```rust
#[test]
fn single_no_as() {
    let f_single = Field::single("name", None);
    assert_eq!(f_single.to_string().as_str(), "name");
}
#[test]
fn single_as() {
    let f_single = Field::single("name", Some("username"));
    assert_eq!(f_single.to_string().as_str(), "name AS username");
}
#[test]
fn to_output() {
    let f1 = Field::single("name", Some("username"));
    let f2 = Field::single("name", None);
    assert_eq!(
        Output::from(f1).to_string().as_str(),
        "RETURN name AS username"
    );
    assert_eq!(Output::from(f2).to_string().as_str(), "RETURN name");
}
```

7. 编写 insert.rs 文件实现对 INSERT 语句添加数据的扩展

在下方的代码中，定义了一个枚举 InsertData，这个枚举用于表示要插入数据库中的数据。这个枚举有两种变体：Set 和 Content。它们代表了不同的数据插入方式。

(1) Set：用于存储一系列键-值对，其中键是 Idiom 类型，值是 Value 类型。通常用于插入多个字段的数据。

(2) Content：用于存储单个 Value 类型的数据。这适用于更简单的数据插入场景。

代码如下：

```rust
//第 10 章 surreal_use/src/core/sql/insert.rs
//Set : Data::ValueExpression
//Content : Data::SingleExpression
#[derive(Debug, Clone, PartialEq)]
pub enum InsertData {
    Set(Vec<Vec<(Idiom, Value)>>),
    Content(Value),
}
```

接下来是对 InsertData 涉及的方法进行实现，这些方法如下。

(1) pub fn set() -> Self：创建一个空的 Set 类型的 InsertData 实例。

(2) pub fn content<D>(value: D) -> Self：接收一个可以序列化的数据，并尝试将其转换为 Value 类型，然后创建一个 Content 类型的 InsertData 实例。如果转换失败，则触发 panic。

(3) pub fn push<D>(mut self, key: impl Into<Field>, value: D) -> Self：向 Set 类

型的 InsertData 实例中添加键-值对。键被转换为 Field 类型，值可以是任何可序列化的数据。如果当前实例是 Content 类型，则触发 panic。

（4）pub fn is_content(&self) -> bool：判断当前 InsertData 实例是否是 Content 类型。

（5）pub fn is_set(&self) -> bool：判断当前 InsertData 实例是否是 Set 类型。

（6）pub fn to_origin(self) -> Data：将 InsertData 实例转换为 surrealdb::sql::Data 类型，这是一个用于与数据库交互的类型。

代码如下：

```rust
//第 10 章 surreal_use/src/core/sql/insert.rs
impl InsertData {
    pub fn set() -> Self {
        InsertData::Set(vec![])
    }
    //设置 Content 方式
    pub fn content<D>(value: D) -> Self
    where
        D: Serialize,
    {
        match to_value(value) {
            Ok(v) => InsertData::Content(v),
            Err(e) => panic!("{}", e),
        }
    }
    //添加数据,使用 push 方式为 SET 方式添加数据
    pub fn push<D>(mut self, key: impl Into<Field>, value: D) -> Self
    where
        D: Serialize,
    {
        match &mut self {
            InsertData::Set(s) => {
                let value = match to_value(value) {
                    Ok(v) => v,
                    Err(e) => panic!("{}", e),
                };
                let item = (Value::from(key.into()).to_idiom(), value);
                if s.len().eq(&0) {
                    s.push(vec![item]);
                } else {
                    s[0].push(item);
                }
                self
            }
            InsertData::Content(_) => panic!("Cannot push to InsertData::Content"),
        }
    }
    //判断是否为 CONTENT 方式
```

```rust
    pub fn is_content(&self) -> bool{
        matches!(self,InsertData::Content(_))
    }
    pub fn is_set(&self) -> bool{
        !self.is_content()
    }
}
//转换为原始对象
    pub fn to_origin(self) -> Data {
        Data::from(self)
    }
}
```

接下来对 Field 需要实现的各类转换特质及 ToString 特质进行实现：

（1）实现了 From<InsertData> for Data trait，允许将 InsertData 实例转换为 Data 实例。将 Set 变体转换为 Data::ValuesExpression，而将 Content 变体转换为 Data::SingleExpression。

（2）实现了 ToString trait，以便可以直接将 InsertData 实例转换为字符串表示。

代码如下：

```rust
//第 10 章 surreal_use/src/core/sql/insert.rs
//从 InsertData 转换为 Data
impl From<InsertData> for Data {
    fn from(value: InsertData) -> Self {
        match value {
            InsertData::Set(s) => Data::ValuesExpression(s),
            InsertData::Content(c) => Data::SingleExpression(c),
        }
    }
}

//实现 ToString trait
impl ToString for InsertData {
    fn to_string(&self) -> String {
        match self {
            InsertData::Set(s) => Data::ValuesExpression(s.to_vec()).to_string(),
            InsertData::Content(c) => c.to_string(),
        }
    }
}
```

最后编写测试用例，它们用来验证 InsertData 枚举的不同功能，包括创建 Content 和 Set 类型的实例，以及将数据添加到 Set 类型的实例中。

代码如下：

```rust
//第 10 章 surreal_use/src/core/sql/insert.rs
#[cfg(test)]
mod test_insert_data {
    use serde::Serialize;
```

```
use super::InsertData;
#[derive(Debug,Clone,Serialize)]
struct IdCard{
    id : String,
    card_type:String,
}

#[test]
fn content() {
    let content = InsertData::content(IdCard{
        id: "jshdo18ch1823".to_string(),
        card_type: "temp".to_string(),
    });
    assert_eq!(content.to_string().as_str(),"{card_type: 'temp', id: 'jshdo18ch1823'}");
}
#[test]
fn set() {
    let set = InsertData::set().push("username", "Matt");
    let set_object = InsertData::set().push("name", "John")
        .push("IdCard.info", IdCard{
            id: "jshdo18ch1823".to_string(),
            card_type: "temp".to_string(),
        });
    assert_eq!(set.to_string().as_str(),"(username) VALUES ('Matt')");
    assert_eq!(set_object.to_string().as_str(),"(name, IdCard.info) VALUES ('John',
{ card_type: 'temp', id: 'jshdo18ch1823' })");
}
}
```

8. 编写 order.rs 文件实现对 ORDER BY 子语句的扩展

这段代码定义了一个名为 Order 的结构体，用于实现 SQL 中的 ORDER BY 子语句。该结构体对 surrealdb::sql::Order 进行了封装，提供了一系列方法来构建和修改排序子语句。Order 结构体包含一个 surrealdb::sql::Order 类型的字段。这个字段是私有的，只能通过提供的方法进行访问和修改。对 Order 结构体的实现，代码如下：

```
//第10章 surreal_use/src/core/sql/order.rs
//实现 ORDER BY 子语句
//[ ORDER [ BY ]
//@fields [
//RAND()
//| COLLATE
//| NUMERIC
//] [ ASC | DESC ] ...
//] ]
pub struct Order(sql::Order);
```

接下来实现 Order 结构体所包含的方法。

(1) pub fn new(field: impl Into<Field>) -> Self：创建一个新的 Order 实例。它接受一个可以转换为 Field 类型的参数，这个字段表示要排序的列。

(2) pub fn asc(mut self) -> Self：将排序方向设置为升序(ASC)。这种方法用于修改 Order 实例的内部状态，并返回修改后的实例。

(3) pub fn desc(mut self) -> Self：将排序方向设置为降序(DESC)。与 asc() 方法类似，用于修改并返回 Order 实例。

(4) pub fn numeric(mut self) -> Self：将排序设置为数字排序。在某些情况下，需要对数字字符串进行排序，而不是按照默认的字典序。

(5) pub fn collate(mut self) -> Self：设置使用 COLLATE 关键字。这通常与数据库的特定字符集和排序规则有关。

(6) pub fn rand(mut self) -> Self：设置随机排序。使用 Rand() 函数可以获得随机排序的结果。

(7) pub fn to_origin(self) -> sql::Order：将 Order 实例转换回 surrealdb::sql::Order 类型。这通常在需要将 Order 实例传递给数据库操作函数时使用。

代码如下：

```rust
//第 10 章 surreal_use/src/core/sql/order.rs
impl Order {
    pub fn new(field: impl Into<Field>) -> Self {
        let field: Field = field.into();
        Order(sql::Order {
            order: field.to_idiom(),
            random: false,
            collate: Default::default(),
            numeric: Default::default(),
            direction: Default::default(),
        })
    }
    //使用 ASC 方式升序排序
    pub fn asc(mut self) -> Self {
        self.0.direction = false;
        self
    }
    //使用 DESC 方式降序排序
    pub fn desc(mut self) -> Self {
        self.0.direction = true;
        self
    }
    //使用 NUMERIC 关键字
    pub fn numeric(mut self) -> Self {
        self.0.numeric = true;
        self
    }
    //使用 COLLATE 关键字
```

```rust
    pub fn collate(mut self) -> Self {
        self.0.collate = true;
        self
    }
    //使用随机方式
    pub fn rand(mut self) -> Self {
        self.0.random = true;
        self
    }
    pub fn to_origin(self) -> sql::Order {
        self.0
    }
}

impl From<Order> for sql::Order {
    fn from(value: Order) -> Self {
        value.to_origin()
    }
}
```

最后实现转换特质,这里实现了从 Order 到 surrealdb::sql::Order 的转换,以及从 surrealdb::sql::Order 到 Order 的转换。这允许在这两种类型之间灵活地转换,代码如下:

```rust
//第10章 surreal_use/src/core/sql/order.rs
impl From<Order> for sql::Order {
    fn from(value: Order) -> Self {
        value.to_origin()
    }
}

impl From<sql::Order> for Order {
    fn from(value: sql::Order) -> Self {
        Order(value)
    }
}
```

9. 编写 patch.rs 文件实现对 JSON PATCH 方式的扩展

这段代码定义了一个用于处理 JSON PATCH 操作的结构和函数,特别是在数据库更新语句中使用。JSON PATCH 是一种用于描述 JSON 文档中的修改的格式,它允许指定一系列操作(如添加、删除、替换、更改),这些操作可以应用于 JSON 数据并以此来更新其内容。

第 1 步是实现 InnerOp 枚举,InnerOp 是一个枚举,它定义了 4 种不同的 JSON PATCH 操作。

(1) Add:在给定的路径上添加一个新值。

(2) Remove:移除给定路径上的值。

(3) Replace：替换给定路径上的值。

(4) Change：更改给定路径上的值。

每种操作都涉及一个路径(path)，指示要在 JSON 文档中进行修改的位置。对于 Add、Replace 和 Change 操作，还需要提供一个值(value)。对 InnerOp 的实现，代码如下：

```
//第 10 章 surreal_use/src/core/sql/patch.rs
//内置操作方式
#[derive(Debug, Serialize)]
#[serde(tag = "op", rename_all = "lowercase")]
enum InnerOp<'a, T> {
    Add { path: &'a str, value: T },
    Remove { path: &'a str },
    Replace { path: &'a str, value: T },
    Change { path: &'a str, value: String },
}
```

然后需要实现 PatchOp 结构体，PatchOp 结构体封装了一个 Value 类型的字段，用于表示 JSON PATCH 操作时使用的数据，看似好像与 InnerOp 没有任何关系，但实际上巧妙地运用了解耦处理，这一点会在后续对 PatchOp 的方法实现时体现。PatchOp 的实现，代码如下：

```
//第 10 章 surreal_use/src/core/sql/patch.rs
//JSON PATCH 操作
//使用 JSON PATCH 的方式对数据进行更新
//这种方式出现在 UPDATE 语句中
pub struct PatchOp(Value);
```

接下来需要实现一个辅助函数 get_value()，get_value() 函数用于将 InnerOp 枚举转换为 Value 类型。它使用 to_value 函数来序列化 InnerOp 的内容，并处理可能出现的错误。get_value()辅助函数的实现，代码如下：

```
//第 10 章 surreal_use/src/core/sql/patch.rs
fn get_value<'a, T>(value: InnerOp<'a, T>) -> Value
where
    T: Serialize,
{
    match to_value(value) {
        Ok(v) => v,
        Err(e) => panic!("{}", e),
    }
}
```

接下来编写 PatchOp 的方法，这些方法包括以下几种。

(1) pub fn add<T>(path：&str, value：T) -> Self：创建一个添加操作。

(2) pub fn remove(path：&str) -> Self：创建一个移除操作。

(3) pub fn replace<T>(path：&str, value：T) -> Self：创建一个替换操作，其中 T 需

要实现 Serialize 特质。

（4）pub fn change(path: &str, diff: &str) -> Self：创建一个更改操作。

（5）pub fn to_value(self) -> Value：将 PatchOp 转换为 Value，这会消耗自身。

（6）pub fn to_origin(self) -> Data：将 PatchOp 转换为 Data::PatchExpression，同样也会消耗自身。

这些方法允许用户构造不同类型的 JSON PATCH 操作，并将它们封装在 PatchOp 实例中，代码如下：

```
//第 10 章 surreal_use/src/core/sql/patch.rs

impl PatchOp {
    //Patch Add
    pub fn add<T>(path: &str, value: T) -> Self
    where
        T: Serialize,
    {
        let value = get_value(InnerOp::Add { path, value });
        Self(value)
    }
    //Patch Remove
    pub fn remove(path: &str) -> Self {
        let value = get_value(UnitOp::Remove { path });
        Self(value)
    }
    //Patch Replace
    pub fn replace<T>(path: &str, value: T) -> Self
    where
        T: Serialize,
    {
        let value = get_value(InnerOp::Replace { path, value });
        Self(value)
    }
    //Patch Change
    pub fn change(path: &str, diff: &str) -> Self {
        let value = get_value(UnitOp::Change {
            path,
            value: diff.to_string(),
        });
        Self(value)
    }
    pub fn to_value(self) -> Value {
        self.0
    }
    pub fn to_origin(self) -> Data {
        Data::PatchExpression(self.to_value())
    }
}
```

最后实现两个 From 特质,用于进行类型转换,这里实现了从 PatchOp 到 Value 和 Data 的转换。这允许在这些类型之间灵活地转换,便于在不同上下文中使用 PatchOp 实例。From 特质的实现,代码如下:

```
//第 10 章 surreal_use/src/core/sql/patch.rs
impl From<PatchOp> for Value {
    fn from(value: PatchOp) -> Self {
        value.to_value()
    }
}

impl From<PatchOp> for Data {
    fn from(value: PatchOp) -> Self {
        value.to_origin()
    }
}
```

10. 编写 set_field.rs 文件实现对 SET 方式添加数据的辅助

这段代码定义了一个名为 SetField 的结构体,用于表示数据库操作中的字段赋值或更新操作。这些操作通常出现在数据库的 SET 语句中,用于更新记录的字段值。SetField 结构体在处理字段(field)、操作符(operator)和值(value)组合的场景下特别有用。

SetField 包含以下 3 个主要的成员。

(1) field:类型为 Field,表示要操作的字段。
(2) op:类型为 Operator,表示对字段执行的操作,例如赋值、加法、减法等。
(3) value:类型为 Value,表示要设置或与字段进行操作的值。

代码如下:

```
//第 10 章 surreal_use/src/core/sql/set_field.rs
//处理 @field @op @value 的情况
//例如
// - name = "Matt"
// - age += 1
// - user.name += "hello"
// - ["true", "test", "text"] ?~ true
//Operator 枚举含有所有操作符
//```
//对齐 Data::SetExpression(Vec<(Idiom, Operator, Value)>),
// ⇧⇧⇧⇧⇧⇧⇧⇧⇧⇧⇧⇧⇧⇧⇧⇧⇧⇧⇧⇧⇧
//```
#[derive(Debug, Clone, PartialEq, Default)]
pub struct SetField {
    field: Field,
    op: Operator,
    value: Value,
}
```

接下来实现 SetField 的方法，这些方法包括以下几种。

(1) pub fn new(field: impl Into<Field>, op: Option<Operator>, value: impl Into<Value>)->Self：创建一个新的 SetField 实例。如果没有指定操作符，则使用默认操作符（通常是等号＝）。

(2) pub fn field(mut self, field: impl Into<Field>) -> Self：设置字段。

(3) pub fn op(mut self, op: Operator) -> Self：设置操作符，默认为 Operator::Equal，表示赋值操作。

(4) pub fn value(mut self, value: impl Into<Value>) -> Self：设置操作符右侧的值。

(5) pub fn to_origin(self) -> (Idiom, Operator, Value)：将 SetField 实例转换为 (Idiom, Operator, Value) 三元组，这种类型的元组实际上是 SetField 的原始类型。当后续需要原始类型时可以使用该方法进行转换。

代码如下：

```rust
//第 10 章 surreal_use/src/core/sql/set_field.rs
impl SetField {
    pub fn new(field: impl Into<Field>, op: Option<Operator>, value: impl Into<Value>) -> Self {
        let op = match op {
            Some(o) => o,
            None => Operator::default(),
        };
        SetField {
            field: field.into(),
            op,
            value: value.into(),
        }
    }

    pub fn field(mut self, field: impl Into<Field>) -> Self {
        self.field = field.into();
        self
    }
    //设置操作符
    //一般不用设置，默认为等号 Operater::Equal
    pub fn op(mut self, op: Operator) -> Self {
        self.op = op;
        self
    }
    pub fn value(mut self, value: impl Into<Value>) -> Self {
        self.value = value.into();
        self
    }
    //转换为(Idiom, Operator, Value)
    pub fn to_origin(self) -> (Idiom, Operator, Value) {
        let idiom = Value::from(self.field).to_idiom();
```

```
            let op = self.op;
            let value = self.value;
            (idiom, op, value)
        }
    }
```

然后对 SetField 结构体实现各种特质,其中包括以下两种特质。

(1) 为两种元组实现了 From 特质:对 (&str, &str)元组实现 From 特质,将其转换为 SetField,这表示从一个包含字段名和值的元组创建 SetField 实例。对 (&str, Operator, &str)这样的三元组实现 From 特质,这可以从一个包含字段名、操作符和值的元组创建 SetField 实例。这些实现简化了从基本元组到 SetField 的转换。

(2) 实现 ToString 特质:SetField 为 ToString 特质提供了实现,允许将 SetField 实例格式化为人类可读的字符串形式。

代码如下:

```
//第 10 章 surreal_use/src/core/sql/set_field.rs
impl From<(&str, &str)> for SetField {
    fn from(value: (&str, &str)) -> Self {
        Self {
            field: value.0.into(),
            op: Operator::default(),
            value: value.1.into(),
        }
    }
}

impl From<(&str, Operator, &str)> for SetField {
    fn from(value: (&str, Operator, &str)) -> Self {
        Self {
            field: value.0.into(),
            op: value.1,
            value: value.2.into(),
        }
    }
}

impl ToString for SetField {
    fn to_string(&self) -> String {
        format!(
            "{} {} {}",
            self.field.to_string(),
            self.op.to_string(),
            self.value.to_string()
        )
    }
}
```

最后完成单元测试,进行验证,代码还包含了针对 SetField 的一些单元测试,以验证其功能，包括测试设置字段和值，测试使用 new() 方法创建新实例，以测试默认实例的行为，代码如下：

```rust
//第 10 章 surreal_use/src/core/sql/set_field.rs
#[cfg(test)]
mod test_set_field {
    use super::SetField;

    #[test]
    fn field_value() {
        let sf = SetField::default().field("name").value("Matt");
        assert_eq!(sf.to_string().as_str(), "name = 'Matt'");
    }

    #[test]
    fn new() {
        let sf = SetField::new("name", None, "Matt");
        assert_eq!(sf.to_string().as_str(), "name = 'Matt'");
    }

    #[test]
    fn default() {
        let s_f = SetField::default();
        //[src/core/sql/set_field.rs:26] s_f = SetField {
        //field: Field(
        //All,
        //),
        //op: Equal,
        //value: None,
        //}
        dbg!(s_f);
    }
}
```

11. 编写 table.rs 文件实现对表的表现形式

这段代码定义了一个名为 SurrealTable 的枚举类型，用于表示与 SurrealDB 数据库交互时所需的不同表格类型。这个枚举提供了灵活的方式来处理数据库中的表、记录和连接。

SurrealTable 枚举包含以下 3 个变体。

（1）Table(Table)：表示一个普通的表，只包含表名，不包含记录的 ID。

（2）Thing(Thing)：表示一个带有 ID 的表，包含表名和记录 ID。

（3）Edges(Box<Edges>)：表示表之间的连接关系，例如 {{ATable}}->{{BTable}}->{{CTable}}、{{ATable}}<->{{BTable}} 等。

代码如下：

```
//第 10 章 surreal_use/src/core/sql/table.rs/
//SurrealDB 表的表示方式
```

```rust
//1. 常规通过 str 生成的表:Table
//2. 直接声明带有 Id 的表:Thing
//3. 表示表的连接:Edges
#[derive(Debug, Clone, PartialEq)]
pub enum SurrealTable {
    //不建议使用 Strand(Strand)
    //表类型,仅有表名而没有 ID
    Table(Table),
    //表 + ID 类型,有表名 + 记录 ID
    Thing(Thing),
    //连接边类型
    //1. {{ATable}}->{{BTable}}->{{CTable}}
    //2. {{ATable}}->{{BTable}}<-{{CTable}}
    //3. ...
    Edges(Box<Edges>),
}
```

然后实现 SurrealTable 所需要的实用方法,这些方法包括以下几种。

(1) pub fn table(table: &str) -> Self:接受一个字符串参数,根据该字符串创建 SurrealTable::Table 实例。

(2) pub fn table_id(name: &str, id: Id) -> Self:接受表名和 ID,创建 SurrealTable::Thing 实例。

(3) pub fn edges(edges: Edges) -> Self:接受 Edges 类型的参数,创建 SurrealTable::Edges 实例。

代码如下:

```rust
//第 10 章 surreal_use/src/core/sql/table.rs
impl SurrealTable {
    //创建 SurrealTable::Table
    //这种方式直接传入 &str 生成表,可以带有 ID,也可以不带 ID,是一种常规方式
    //example
    //```
    //let table_without_id: SurrealTable = "surreal".into();
    //let table_with_id: SurrealTable = "surreal:use".into();
    //assert_eq!(
    //table_without_id,
    //SurrealTable::table("surreal")
    //);
    //assert_eq!(
    //table_with_id,
    //SurrealTable::table("surreal:use")
    //);
    //```
    pub fn table(table: &str) -> Self {
        table.into()
    }
    //创建带有 ID 的 SurrealTable::Thing
    //这种方式可直接显式地声明表的 ID
    //example
    //```
    //let table_normal = SurrealTable::table_id("surreal", "use".into());
```

```rust
//let table_number = SurrealTable::table_id("surreal", 12.into());
//let table_uuid = SurrealTable::table_id("surreal", Id::uuid());
//dbg!(table_normal.to_string());
//dbg!(table_number.to_string());
//dbg!(table_uuid.to_string());
//```
pub fn table_id(name: &str, id: Id) -> Self {
    let thing = Thing {
        tb: String::from(name),
        id,
    };
    thing.into()
}
pub fn edges(edges: Edges) -> Self {
    edges.into()
}
}
```

接下来实现 SurrealTable 的各种特质，这些特质包括以下几种。

（1）From Trait：为不同类型实现了 From trait，方便从不同类型的数据创建 SurrrealTable 实例。例如，可以从字符串、表名与 ID 的元组或者 Table、Thing 和 Edges 类型创建 SurrrealTable 实例。

（2）ToString 实现：这允许将 SurrrealTable 枚举的实例转换为字符串。

代码如下：

```rust
//第 10 章 surreal_use/src/core/sql/table.rs
//为 SurrealTable 类型实现 ToString trait,以便可将其转换为字符串表示
impl ToString for SurrealTable {
    fn to_string(&self) -> String {
        match self {
            //分别处理 SurrealTable 的每种可能的枚举变体,并调用相应变体值的
            //`to_string`方法
            SurrealTable::Table(table) => table.to_string(),
            SurrealTable::Thing(thing) => thing.to_string(),
            SurrealTable::Edges(edges) => edges.to_string(),
        }
    }
}

//实现从 SurrealTable 到 Value 的转换
impl From<SurrealTable> for Value {
    fn from(value: SurrealTable) -> Self {
        match value {
            //根据`SurrealTable`的枚举变体将其转换为 Value 类型
            SurrealTable::Table(table) => table.into(),
            SurrealTable::Thing(thing) => thing.into(),
            SurrealTable::Edges(edges) => edges.to_string().into(),
        }
```

```rust
    }
}

//实现从 SurrealTable 到 Values 的转换, Values 是 Value 的集合
impl From<SurrealTable> for Values {
    fn from(value: SurrealTable) -> Self {
        //将`SurrealTable`转换为单个元素的`Values`集合
        Values(vec![Value::from(value)])
    }
}
```

最后需要编写几个测试用例，以此来验证 SurrrealTable 枚举的功能，如创建不同类型的表格实例，确保它们被正确地转换为字符串。单元测试的代码如下：

```rust
//第 10 章 surreal_use/src/core/sql/table.rs
#[cfg(test)]
mod test_surreal_table {
    use surrealdb::sql::{Dir, Id};

    use crate::core::sql::Edges;

    use super::SurrealTable;

    #[test]
    fn test_table_edges() {
        //[src/core/value/table.rs:105] edges = Edges(
        //Edges {
        //dir: In,
        //from: Edges(
        //Edges {
        //   dir: Out,
        //   from: Table(
        //       Table(
        //           "a",
        //       ),
        //   ),
        //   to: Table(
        //       Table(
        //           "b",
        //       ),
        //   ),
        //},
        //),
        //to: Edges(
        //Edges {
        //   dir: Out,
        //   from: Table(
        //       Table(
        //           "c",
```

```rust
            //          ),
            //      ),
            //      to: Table(
            //          Table(
            //              "d",
            //          ),
            //      ),
            //  },
            // ),
            // },
            // )
            let edges = SurrealTable::edges(Edges::new(
                Edges::new("a".into(), Dir::Out, "b".into()).into(),
                Dir::In,
                Edges::new("c".into(), Dir::Out, "d".into()).into(),
            ));
            let edges_str = "a->b<-c->d";

            assert_eq!(edges_str, edges.to_string().as_str());
        }

        #[test]
        fn test_table_thing() {
            let table_normal = SurrealTable::table_id("surreal", "use".into());
            let table_number = SurrealTable::table_id("surreal", 12.into());
            let table_uuid = SurrealTable::table_id("surreal", Id::uuid());
            dbg!(table_normal.to_string());
            dbg!(table_number.to_string());
            dbg!(table_uuid.to_string());
        }

        #[test]
        fn test_table() {
            let table_without_id: SurrealTable = "surreal".into();
            let table_with_id: SurrealTable = "surreal:use".into();
            assert_eq!(table_without_id, SurrealTable::table("surreal"));
            assert_eq!(table_with_id, SurrealTable::table("surreal:use"));
        }

        #[test]
        fn test_table_str() {
            let table_without_id: SurrealTable = "surreal".into();
            let table_with_id: SurrealTable = "surreal:use".into();
            assert_eq!(table_without_id.to_string(), String::from("surreal"));
            assert_eq!(table_with_id.to_string(), String::from("`surreal:use`"));
        }
    }
}
//实现从 SurrealTable 到 Table 的转换
impl From<SurrealTable> for Table {
    fn from(value: SurrealTable) -> Self {
```

```rust
            match value {
                //如果 SurrealTable 是 Table 类型,则直接返回
                SurrealTable::Table(table) => table,
                //如果不是,则抛出 panic 异常,因为无法转换
                _ => panic!("{:#?} cannot be converted to surrealdb::sql::Table", value),
            }
        }
    }

    //实现从 SurrealTable 到 Thing 的转换
    impl From<SurrealTable> for Thing {
        fn from(value: SurrealTable) -> Self {
            match value {
                //如果 SurrealTable 是 Thing 类型,则直接返回
                SurrealTable::Thing(thing) => thing,
                //如果不是,则抛出 panic 异常,因为无法转换
                _ => panic!("{:#?} cannot be converted to surrealdb::sql::Thing", value),
            }
        }
    }

    //实现从 SurrealTable 到 Edges 的转换
    impl From<SurrealTable> for Edges {
        fn from(value: SurrealTable) -> Self {
            match value {
                //如果 SurrealTable 是 Edges 类型,则直接返回,需要解引用,因为 Edges 被
    //包裹在 Box 中
                SurrealTable::Edges(edges) => *edges,
                //如果不是,则抛出 panic 异常,因为无法转换
                _ => panic!("{:#?} cannot be converted to surreal_use::core::sql::Edges", value),
            }
        }
    }

    //允许从字符串切片 &str 并转换为 SurrealTable::Table
    impl From<&str> for SurrealTable {
        fn from(value: &str) -> Self {
            SurrealTable::Table(value.into())
        }
    }

    //允许从元组(&str, &str)转换为 SurrealTable::Thing
    impl From<(&str, &str)> for SurrealTable {
        fn from(value: (&str, &str)) -> Self {
            SurrealTable::Thing(value.into())
        }
    }

    //允许从元组(&str, Id)转换为 SurrealTable::Thing
```

```rust
impl From<(&str, Id)> for SurrealTable {
    fn from(value: (&str, Id)) -> Self {
        SurrealTable::Thing(value.into())
    }
}

//允许从 Table 转换为 SurrealTable::Table
impl From<Table> for SurrealTable {
    fn from(value: Table) -> Self {
        SurrealTable::Table(value)
    }
}

//允许从 Thing 转换为 SurrealTable::Thing
impl From<Thing> for SurrealTable {
    fn from(value: Thing) -> Self {
        SurrealTable::Thing(value)
    }
}

//允许从 Edges 转换为 SurrealTable::Edges,使用 Box 进行包装以处理所有权
impl From<Edges> for SurrealTable {
    fn from(value: Edges) -> Self {
        SurrealTable::Edges(Box::new(value))
    }
}
```

12. 编写 update.rs 文件实现 UPDATE 语句添加数据的扩展

这段代码定义了一个名为 UpdateData 的枚举,用于表示不同形式的数据更新操作。这个枚举有 4 个变体：Set、Content、Merge 和 Patch。每个变体都用于处理特定类型的更新场景,以满足不同的数据更新需求。以下是对这些变体及其用途的详细解释。

(1) Set(Vec<SetField>)：Set 变体用于更新一组有限的字段。这是最常见的更新方式,特别适用于只需修改少量字段的情况。它包含一个 SetField 类型的向量,每个 SetField 表示一个待更新的字段。可以使用 push 方法将新的字段添加到更新列表中,或使用 pop() 方法移除最后一个添加的字段。

(2) Content(Value)：当需要更新大量字段时,使用 Content 变体更为合适。例如,如果一张表有 14 个字段,需要更新其中的 11 个,则使用 Set 方式将非常复杂,而 Content 可以更有效地处理这种情况。Content 保存一个 Value 类型的数据,这通常是一个序列化的结构体。可以通过 content() 方法将一个可序列化的结构体转换成 Content 类型的 UpdateData。

(3) Merge(Value)：Merge 用于将新数据合并到现有数据中。虽然 Set 和 Content 也可以用于添加新字段,但 Merge 更专注于数据的合并操作。类似于 Content,Merge 也保存一个 Value 类型的数据,表示要合并的新数据。可以通过 merge() 方法将一个可序列化的

结构体转换成 Merge 类型的 UpdateData。

（4）Patch(Value)：Patch 用于更复杂的数据修改操作，允许进行增加、删除和修改操作。它遵循 JSON PATCH 规范，提供了一种灵活的方式来表达对数据的修改。Patch 包含一个 Value 类型的数据，通常是一系列 PatchOp 操作的集合。可以通过 patch() 方法将一系列 PatchOp 转换成 Patch 类型的 UpdateData。

更新数据的形式的枚举代码如下：

```
//第 10 章 surreal_use/src/core/sql/update.rs
//更新数据的形式
// - SET
// - CONTENT
// - MERGE
// - PATCH
#[derive(Debug, Clone, PartialEq)]
pub enum UpdateData {
    Set(Vec<SetField>),
    Content(Value),
    Merge(Value),
    Patch(Value),
}
```

接下来对 UpdateData 枚举实现它的实用方法，这些方法包括以下几种。

（1）set() 方法：使用 SET 方式初始化 UpdateData 枚举，这会为 Set 初始化一个空 vec。

（2）push() 方法：添加 UpdateData::Set 的数据，每个条目必须是 SetField 类型的实例。

（3）pop() 方法：去除 UpdateData::Set 的最后一个元素。

（4）content() 方法：将可被序列化的结构体数据转换为 UpdateData::Content，这个数据必须实现 serde 库的 Serialize 特质。

（5）merge() 方法：将可被序列化的结构体数据转换为 UpdateData::Merge，同样数据必须实现 serde 库的 Serialize 特质。

（6）patch() 方法：使用 JSON PATCH 方式修改数据，它接受 Vec<PatchOp> 类型的数据。

（7）is_set() 方法：判断当前 UpdateData 的实例是否为 SET 类型。

（8）is_content() 方法：判断当前 UpdateData 的实例是否为 CONTENT 类型。

（9）is_patch() 方法：判断当前 UpdateData 的实例是否为 PATCH 类型。

（10）is_merge() 方法：判断当前 UpdateData 的实例是否为 MERGE 类型。

（11）to 类型方法：其中包括有 to_set()、to_content()、to_merge()、to_patch() 共 4 种方法，若无法实现转换，则会返回 None。

代码如下：

```rust
//第 10 章 surreal_use/src/core/sql/update.rs
impl UpdateData {
    //初始化 UpdateData::Set 方式
    pub fn set() -> Self {
        UpdateData::Set(vec![])
    }
    //增加 Set 类型数据
    pub fn push(mut self, sf: SetField) -> Self {
        match &mut self {
            UpdateData::Set(s) => {
                s.push(sf);
            }
            _ => panic!("Cannot push to UpdateData::Content"),
        };
        self
    }
    //去除 Set 类型最后一个数据
    pub fn pop(mut self) -> Self {
        match &mut self {
            UpdateData::Set(s) => s.pop(),
            _ => panic!("Cannot pop to UpdateData::Content"),
        };
        self
    }
    //将可被序列化的结构体数据转换为 UpdateData::Content
    pub fn content<D>(value: D) -> Self
    where
        D: Serialize,
    {
        match to_value(value) {
            Ok(content) => UpdateData::Content(content),
            Err(e) => panic!("{}", .e),
        }
    }
    pub fn merge<D>(value: D) -> Self
    where
        D: Serialize,
    {
        match to_value(value) {
            Ok(content) => UpdateData::Merge(content),
            Err(e) => panic!("{}", e),
        }
    }
    //使用 JSON PATCH 方式修改
    pub fn patch(value: Vec<PatchOp>) -> Self {
        let value = value
            .into_iter()
            .map(|x| x.to_value())
            .collect::<Vec<Value>>();
        UpdateData::Patch(value.into())
```

```rust
        }
        pub fn is_set(&self) -> bool {
            matches!(self, Self::Set(_))
        }
        pub fn is_content(&self) -> bool {
            matches!(self, Self::Content(_))
        }
        pub fn is_patch(&self) -> bool {
            matches!(self, Self::Patch(_))
        }
        pub fn is_merge(&self) -> bool {
            matches!(self, Self::Merge(_))
        }
        pub fn to_set(self) -> Option<Vec<SetField>> {
            match self {
                UpdateData::Set(s) => Some(s),
                _ => None,
            }
        }
        pub fn to_content(self) -> Option<Value> {
            match self {
                UpdateData::Content(c) => Some(c),
                _ => None,
            }
        }
        pub fn to_patch(self) -> Option<Value> {
            match self {
                UpdateData::Patch(p) => Some(p),
                _ => None,
            }
        }
        pub fn to_merge(self) -> Option<Value> {
            match self {
                UpdateData::Merge(m) => Some(m),
                _ => None,
            }
        }
    }
```

接下来实现 UpdateData 枚举，以便向 SurrealDB 库中的 Data 进行转换，实际上 UpdateData 可以看作 Data 的子集。进行转换的代码如下：

```rust
//第 10 章 surreal_use/src/core/sql/update.rs
impl From<UpdateData> for Data {
    fn from(value: UpdateData) -> Self {
        match value {
            //除了 SET 方式需要处理，其他方式直接转换
            UpdateData::Set(s) => Data::SetExpression(
                s.into_iter()
```

```
                    .map(|x| x.to_origin())
                    .collect::<Vec<(Idiom, Operator, Value)>>(),
            ),
            UpdateData::Content(c) => Data::ContentExpression(c),
            UpdateData::Merge(m) => Data::MergeExpression(m),
            UpdateData::Patch(p) => Data::PatchExpression(p),
        }
    }
}
```

最后对 UpdateData 编写单元测试，由于 SET 方式和 CONTENT 方式在 CreateData 中已经测试过了，所以这里只需编写对于 PATCH 和 MERGE 的单元测试。用于单元测试的代码如下：

```
//第 10 章 surreal_use/src/core/sql/update.rs
#[cfg(test)]
mod test_update_data {
    use serde::Serialize;
    use surrealdb::sql::Data;
    use crate::core::sql::PatchOp;
    use super::UpdateData;

    //测试 PATCH 方式
    #[test]
    fn patch() {
        let update = UpdateData::patch(vec![
            PatchOp::add("/tags", &["developer", "engineer"]),
            PatchOp::replace("/settings/active", false),
        ]);
        dbg!(Data::from(update).to_string().as_str());
    }
    //测试 MERGE 方式
    #[test]
    fn merge() {
        #[derive(Debug, Clone, Serialize)]
        struct Person {
            marketing: bool,
        }
        let update = UpdateData::merge(Person { marketing: true });
        assert_eq!(
            Data::from(update).to_string().as_str(),
            "MERGE { marketing: true }"
        );
    }
}
```

10.3.3 编写第 1 个语句

完成了 10.3.2 节中各种对原始 surrealdb 库的语法生成部分的扩展，接下来就可以使用这些扩展对语句的构造器进行辅助了。本节中将实现第 1 个语句 USE 的构造器的编写。

1. 查看 UseStatement 的源码了解需要哪些方法

UseStatement 结构体用来表示 SurrealDB 中的 USE 语句,其中使用了命名空间(ns)和数据库(db)的信息。

(1) ns:表示命名空间(ns)的名称,类型为 Option<String>,意味着该字段是可选的。如果命名空间未指定,则该字段为 None。

(2) db:表示数据库(db)的名称,类型同样为 Option<String>,表示数据库名称也是可选的。

UseStatement 的源码如下:

```
//第 10 章 surreal_use/src/core/use.rs
#[derive(Clone, Debug, Default, Eq, PartialEq, PartialOrd, Serialize, Deserialize, Store, Hash)]
#[revisioned(revision = 1)]
pub struct UseStatement {
    pub ns: Option<String>,
    pub db: Option<String>,
}
```

2. 使用结构体包裹原始 UseStatement 作为构造器

接下声明一个叫作 UseStmt 的结构体,其中仅包含一个字段 origin,这个字段的类型就是原始类型 UseStatement,由于 UseStatement 实现了大量的特质,所以 UseStmt 结构体也可以对这些特质进行实现,从而保持一致性,当然这里也可以进行最小化实现,也就是实现必要的 Clone 和 ParticalEq,代码如下:

```
//第 10 章 surreal_use/src/core/use.rs
#[derive(Clone, Debug, Default, Eq, PartialEq, PartialOrd, Serialize, Deserialize, Hash)]
pub struct UseStmt {
    origin: UseStatement,
}
```

3. 完成构造器方法

所有构造器方法都需要实现 new()方法,以此来创建实例,而其他的方法就是用于创建字段的方法,由于 UseStatement 结构体只包含两个字段 ns 和 db,所以在构造器中实现这两个字段的同名方法,以此来对这两个字段进行构建。实现所有的方法,代码如下:

```
//第 10 章 surreal_use/src/core/use.rs
impl UseStmt {
    //创建实例
    pub fn new() -> Self {
        UseStmt {
            origin: UseStatement { ns: None, db: None },
        }
    }
```

```rust
//设置命名空间
pub fn ns(mut self, ns: &str) -> Self {
    self.origin.ns = Some(ns.to_string());
    self
}
//设置数据库
pub fn db(mut self, db: &str) -> Self {
    self.origin.db = Some(db.to_string());
    self
}
```

4. 实现特质

接下来需要实现两个必要的特质，一个是 ToString 特质，为的是让构造器可以直接调用 to_string() 方法将结构体转换为字符串，从而完成整个语句的构造，另一个是在 10.3.1 节中自己实现的 StmtBridge 特质，以此来完成包装的构造器向原始 UseStatement 结构体的转变。由于对于 StmtBridge 特质已经封装好了一个 impl_stmt_bridge 宏进行生成，所以在这里只需使用该宏。以下是对所有特质的实现代码：

```rust
//第 10 章 surreal_use/src/core/use.rs
//引入桥接宏
impl_stmt_bridge!(UseStmt, UseStatement);

impl ToString for UseStmt {
    fn to_string(&self) -> String {
        self.origin.to_string()
    }
}
```

5. 进行单元测试

在完成所有的编写工作之后，需要进行一些单元测试，以此来确保 UseStmt 的功能可以正常运行。为了验证整体构造器的能力，需要对 UseStmt 的 to_origin() 方法和 to_string() 方法进行测试。通过对这两种方法进行测试，便可以全面地验证 UseStmt 的整体构造器能力。这些测试将确保 UseStmt 的功能正确无误，并且能够在实际项目中稳定运行，代码如下：

```rust
//第 10 章 surreal_use/src/core/use.rs
#[cfg(test)]
mod test_use_stmt {
    use surrealdb::sql::Statement;

    use super::*;

    #[test]
    fn test_to_origin() {
```

```rust
        let use_stmt = UseStmt::new().ns("test_ns").db("test_db");
        let origin = use_stmt.to_origin();
        //[src/core/use.rs:49] Statement::Use(origin) = Use(
        //UseStatement {
        //ns: Some(
        //"test_ns",
        //),
        //db: Some(
        //"test_db",
        //),
        //},
        //)
        dbg!(Statement::Use(origin));
    }

    //测试从结构体转换为语句
    #[test]
    fn test_to_string() {
        let use_stmt = UseStmt::new().ns("test_ns").db("test_db");
        let use_str = "USE NS test_ns DB test_db";
        assert_eq!(use_stmt.to_string(), use_str);
    }
}
```

10.3.4 完成增、删、改、查语句

1. SelectStmt

这段代码定义了一个名为 SelectStmt 的结构体，提供了一系列方法，以此来构建复杂的 SELECT 语句，并能将其转换为字符串形式的 SQL 查询。同样，这个结构体只包含一个 origin 字段，该字段是 SelectStatement 类型，用于存储构建的 SELECT 语句的内部表示。结构体的实现代码如下：

```rust
//第 10 章 surreal_use/src/core/select.rs
//查询 SELECT 语句
//SELECT 语句可用于选择和查询数据库中的数据
//
//每个 SELECT 语句支持从多个目标中进行选择,其中可以包括表、记录、边、子查询、参数、
//数组、对象和其他值
//# example
//```
//let select1 = SelectStmt::new().table("person".into()).field_all();
//let select2 = SelectStmt::new()
//.table(("person", "tobie").into())
//.fields(vec![
//Field::new("name"),
//Field::new("address"),
//Field::new("email"),
```

```rust
//]);
//let select3 = SelectStmt::new()
//.table(("person", "tobie").into())
//.fields(vec![Field::new("user.name")]);
//assert_eq!(select1.to_string().as_str(), "SELECT * FROM person");
//assert_eq!(
//select2.to_string().as_str(),
//"SELECT name, address, email FROM person:tobie"
//);
//assert_eq!(
//select3.to_string().as_str(),
//"SELECT user.name FROM person:tobie"
//);
//let select1 = SelectStmt::new()
//.table("person".into())
//.fields(vec![Field::single(
//"address.ord.coordinates",
//Some("coordinates"),
//)]);
//let select2 = SelectStmt::new()
//.only()
//.fields(vec![Field::new("address"), Field::new("name")])
//.tables(vec!["person".into(), "user".into()])
//.fetch(vec![Field::new("artist")])
//.timeout(Duration::from_secs(1))
//.with_index(vec!["ft_email"])
//.split(vec![Field::new("email")])
//.order_by(vec![Order::new("cityId").desc().numeric()])
//.parallel();
//assert_eq!(
//select1.to_string().as_str(),
//"SELECT address.ord.coordinates AS coordinates FROM person"
//);
//assert_eq!(
//select2.to_string().as_str(),
//"SELECT address, name FROM ONLY person, user WITH INDEX ft_email SPLIT
//ON email ORDER BY cityId NUMERIC FETCH artist TIMEOUT 1s PARALLEL"
//);
//```
#[derive(Debug, Clone, PartialEq)]
pub struct SelectStmt {
    origin: SelectStatement,
}
```

接下来完成 SelectStmt 的方法,这些方法包括以下几种。

(1) pub fn new()-> Self:创建一个新的 SelectStmt 实例。

(2) pub fn only(mut self)-> Self:将查询设置为 ONLY 模式,用于精确选择数据。

(3) pub fn table(mut self, table: SurrealTable)-> Self 和 pub fn tables(mut self,

tables: Vec<SurrealTable>)->Self 方法:分别用于指定单个表或多个表。

(4) pub fn fields(mut self, fields: Vec<Field>)->Self:用于指定查询的字段。

(5) pub fn field_all(mut self)->Self:选择所有字段(*)。

(6) pub fn order_by(mut self, orders: Vec<Order>)->Self:指定排序顺序。

(7) pub fn group_by(mut self, groups: Vec<Field>)->Self:指定分组字段。

(8) pub fn cond(mut self, cond: Cond)->Self:添加 WHERE 子语句。

(9) pub fn split(mut self, splits: Vec<Field>)->Self:指定分割字段,用于数据分析。

(10) pub fn omit(mut self, omits: Vec<Field>)->Self:省略输出记录中的某些字段。

(11) pub fn fetch(mut self, fetchs: Vec<Field>)->Self:用于获取并替换记录数据。

(12) pub fn explain(mut self, full: bool)->Self:添加 EXPLAIN 子语句,用于查询优化。

(13) pub fn limit(mut self, len: usize)->Self 和 pub fn start(mut self, len: usize)->Self:用于分页。

(14) pub fn timeout(mut self, timeout: Duration)->Self:设置查询超时。

(15) pub fn with(mut self, with: With)->Self 和 pub fn with_index(mut self, with: Vec<&str>)->Self:指定索引。

(16) pub fn parallel(mut self)->Self:设置查询是否并行处理。

代码如下:

```rust
//第 10 章 surreal_use/src/core/select.rs
impl SelectStmt {
    pub fn new() -> Self {
        SelectStmt {
            origin: SelectStatement::default(),
        }
    }
    pub fn only(mut self) -> Self {
        self.origin.only = true;
        self
    }
    pub fn table(mut self, table: SurrealTable) -> Self {
        self.origin.what = table.into();
        self
    }
    //选择多个目标 FROM
    pub fn tables(mut self, tables: Vec<SurrealTable>) -> Self {
        self.origin.what = Values(
            tables
                .into_iter()
                .map(|x| Value::from(x))
                .collect::<Vec<Value>>(),
        );
        self
    }
    pub fn fields(mut self, fields: Vec<Field>) -> Self {
        let fields = fields
            .into_iter()
```

```rust
            .map(|x| x.to_origin())
            .collect::<Vec<sql::Field>>();
        self.origin.expr = Fields(fields, false);
        self
    }
    pub fn field_all(mut self) -> Self {
        self.fields(vec![Field::all()])
    }
    //为了对记录进行排序,SurrealDB 允许对多个字段和嵌套字段进行排序
    //使用该 ORDER BY 子语句指定应用对结果记录进行排序的逗号分隔的字段名称列表
    //和关键字,可用于指定结果是否应按升序或降序排序 ASC
    //DESC 在对字符串值中的文本进行排序时,该 COLLATE 关键字可使用 unicode 排序
    //规则,确保不同情况和不同语言以一致的方式排序
    //最后,NUMERIC 可用于正确排序包含数值的文本
    pub fn order_by(mut self, orders: Vec<Order>) -> Self {
        self.origin.order.replace(Orders(
            orders
                .into_iter()
                .map(|x| x.to_origin())
                .collect::<Vec<sql::Order>>(),
        ));
        self
    }
    //SurrealDB 支持数据聚合和分组,支持多字段、嵌套字段和聚合函数
    //在 SurrealDB 中,出现在 SELECT 语句的字段投影中的每个字段(并且不是聚合函数)也必须出
    //现在子语句 GROUP BY 中
    pub fn group_by(mut self, groups: Vec<Field>) -> Self {
        let groups = groups
            .into_iter()
            .map(|x| Group(x.to_idiom()))
            .collect::<Vec<Group>>();
        self.origin.group.replace(Groups(groups));
        self
    }
    //与传统 SQL 查询一样,SurrealDB SELECT 查询支持使用 WHERE 子语句进行条件过滤
    //如果子语句中的表达式 WHERE 的计算结果为 true,则将返回相应的记录
    pub fn cond(mut self, cond: Cond) -> Self {
        self.origin.cond.replace(cond.to_origin());
        self
    }
    //由于 SurrealDB 支持数组和数组中的嵌套字段,因此可以根据特定字段名称拆分结果
    //将数组中的每个值作为单独的值返回,以及记录内容本身。这在数据分析环境中很有用
    pub fn split(mut self, splits: Vec<Field>) -> Self {
        let splits = splits
            .into_iter()
            .map(|x| Split(x.to_idiom()))
            .collect::<Vec<Split>>();
        self.origin.split.replace(Splits(splits));
        self
    }
```

```rust
//有时,特别是对于包含大量列的表,用户可能希望有一种更简单的方法来选择除少数特定列
//之外的所有列,使用该 OMIT 子语句可以在输出记录时省略记录中的某些字段
pub fn omit(mut self, omits: Vec<Field>) -> Self {
    let omits = omits
        .into_iter()
        .map(|x| x.to_idiom())
        .collect::<Vec<Idiom>>();
    self.origin.omit.replace(Idioms(omits));
    self
}
//SurrealDB 中最强大的功能之一是记录链接和图形链接
//
//SurrealDB 无须从多个表中提取数据并将数据合并在一起,而是允许使用者高效地遍历相关
//记录,而无须使用 JOIN
//
//如果要获取记录并用远程记录数据替换记录,则可使用 FETCH 子语句指定应就地获取并在
//最终语句响应输出中返回哪些字段和嵌套字段
pub fn fetch(mut self, fetchs: Vec<Field>) -> Self {
    let fetchs = fetchs
        .into_iter()
        .map(|x| Fetch(x.to_idiom()))
        .collect::<Vec<Fetch>>();
    self.origin.fetch.replace(Fetchs(fetchs));
    self
}
pub fn explain(mut self, full: bool) -> Self {
    self.origin.explain.replace(Explain(full));
    self
}
//如果要限制返回的记录数,则可使用 LIMIT 子语句
pub fn limit(mut self, len: usize) -> Self {
    self.origin.limit.replace(Limit(len.into()));
    self
}
//使用 LIMIT 子语句时,可以通过该 START 子语句从结果集中的特定记录开始对结果进行分页
pub fn start(mut self, len: usize) -> Self {
    self.origin.start.replace(Start(len.into()));
    self
}
pub fn timeout(mut self, timeout: Duration) -> Self {
    self.origin.timeout = Some(Timeout(timeout));
    self
}
//查询规划器可以根据查询的结构和要求,用一个或多个索引迭代器替换标准表迭代器
//然而,在某些情况下,可能需要或需要对这些潜在的优化进行手动控制
//例如,索引的基数可能很高,甚至可能等于表中的记录数。多个索引迭代的记录总和最终可
//能大于迭代表获得的记录数
//在这种情况下,如果存在不同的索引可能性,则最可能的最佳选择是使用基数最低的已知
//索引
```

```rust
    pub fn with(mut self, with: With) -> Self {
        self.origin.with.replace(with);
        self
    }
    //WITH NOINDEX 强制查询规划器使用表迭代器
    pub fn with_no_index(mut self) -> Self {
        self.origin.with.replace(With::NoIndex);
        self
    }
    //WITH INDEX @indexes ...限制查询计划程序,仅使用指定的索引
    pub fn with_index(mut self, with: Vec<&str>) -> Self {
        self.origin.with.replace(With::Index(
            with.into_iter()
                .map(|x| x.to_string())
                .collect::<Vec<String>>(),
        ));
        self
    }
    //#设置语句是否可以并行处理
    //默认关闭
    pub fn parallel(mut self) -> Self {
        self.origin.parallel = true;
        self
    }
}
```

实现 ToString 特质和 StmtBridge 特质,代码如下:

```rust
//第 10 章 core/select.rs
impl_stmt_bridge!(SelectStmt, SelectStatement);

impl ToString for SelectStmt {
    fn to_string(&self) -> String {
        self.origin.to_string()
    }
}
```

在测试模块中 complex()和 simple()两个测试函数展示了如何使用 SelectStmt 构建不同复杂度的 SELECT 查询。complex()函数构建了一个较为复杂的查询,涉及多表选择、索引、分割、排序、提取、超时和并行处理等,而 simple()函数创建了一些简单的查询,包括选择所有字段、指定字段和表。用于单元测试的代码如下:

```rust
//第 10 章 surreal_use/src/core/select.rs
#[cfg(test)]
mod test_select_stmt {

    use surrealdb::sql::Duration;

    use crate::core::sql::{Field, Order};
```

```rust
        use super::SelectStmt;
        #[test]
        fn complex() {
            let select1 = SelectStmt::new()
                .table("person".into())
                .fields(vec![Field::single(
                    "address.ord.coordinates",
                    Some("coordinates"),
                )]);
            let select2 = SelectStmt::new()
                .only()
                .fields(vec![Field::new("address"), Field::new("name")])
                .tables(vec!["person".into(), "user".into()])
                .fetch(vec![Field::new("artist")])
                .timeout(Duration::from_secs(1))
                .with_index(vec!["ft_email"])
                .split(vec![Field::new("email")])
                .order_by(vec![Order::new("cityId").desc().numeric()])
                .parallel();
            assert_eq!(
                select1.to_string().as_str(),
                "SELECT address.ord.coordinates AS coordinates FROM person"
            );
            assert_eq!(
                select2.to_string().as_str(),
                "SELECT address, name FROM ONLY person, user WITH INDEX ft_email SPLIT ON email ORDER BY cityId NUMERIC FETCH artist TIMEOUT 1s PARALLEL"
            );
        }
        #[test]
        fn simple() {
            let select1 = SelectStmt::new().table("person".into()).field_all();
            let select2 = SelectStmt::new()
                .table(("person", "tobie").into())
                .fields(vec![
                    Field::new("name"),
                    Field::new("address"),
                    Field::new("email"),
                ]);
            let select3 = SelectStmt::new()
                .table(("person", "tobie").into())
                .fields(vec![Field::new("user.name")]);
            assert_eq!(select1.to_string().as_str(), "SELECT * FROM person");
            assert_eq!(
                select2.to_string().as_str(),
                "SELECT name, address, email FROM person:tobie"
            );
            assert_eq!(
                select3.to_string().as_str(),
```

```
            "SELECT user.name FROM person:tobie"
        );
    }
}
```

2. InsertStmt

这段代码创建了 InsertStmt 结构体，InsertStmt 结构体是用于构建和表示 SQL 的 INSERT 语句的主要结构体。它包含一个 origin 字段，这是一个 InsertStatement 类型的字段，用于存储 SQL INSERT 语句的实际结构体。InsertStmt 的实现代码如下：

```
//第 10 章 surreal_use/src/core/insert.rs
//插入数据(INSERT 语句)
//INSERT 语句可用于将数据插入或更新到数据库中,使用与传统 SQL Insert 语句相同的语句语法
//# example for set
//```
//let insert = InsertStmt::new()
//.table("product".into())
//.data(
//InsertData::set()
//.push("name", "Salesforce")
//.push("url", "salesforce.com"),
//)
//.update(vec![SetField::new("tags", Some(Operator::Inc), "crm")]);
//assert_eq!(insert.to_string().as_str(),"INSERT INTO product (name, url) VALUES
('Salesforce', 'salesforce.com') ON DUPLICATE KEY UPDATE tags += 'crm'");
//```
//# example for content
//```
//#[derive(Deserialize, Serialize, Clone, Debug, PartialEq)]
//struct Company {
//name: String,
//founded: String,
//founders: Vec<Thing>,
//tags: Vec<String>,
//}
//let insert = InsertStmt::new()
//.table("company".into())
//.data(InsertData::content(Company {
//name: "SurrealDB".to_string(),
//founded: "2021-09-10".to_string(),
//founders: vec![
//Thing {
//    tb: "person".to_string(),
//    id: "tobie".into(),
//},
//Thing {
//    tb: "person".to_string(),
//    id: "jaime".into(),
```

```
//},
//],
//tags: vec!["big data".to_string(), "database".to_string()],
//}));
//assert_eq!(insert.to_string().as_str(),"INSERT INTO company { founded: '2021 - 09 - 10',
founders: [person:tobie, person:jaime], name: 'SurrealDB', tags: ['big data', 'database'] }");
//```
#[derive(Clone, Debug, PartialEq)]
pub struct InsertStmt {
    origin: InsertStatement,
}
```

接下来需要实现InsertStmt的方法,这些方法包括以下几种。

(1) pub fn new()-> Self:创建一个新的InsertStmt实例。

(2) pub fn ignore(mut self)-> Self:设置INSERT语句的IGNORE关键字。当插入的数据违反某些约束(如唯一性约束)时,此选项将使插入操作忽略错误,以便继续执行。

(3) pub fn table(mut self,table:SurrealTable)-> Self:设置要插入数据的表名。

(4) pub fn data(mut self,data:InsertData)-> Self:设置要插入的数据。可以是直接的内容(content)或键-值对(set)。

(5) pub fn update(mut self,sf:Vec< SetField >)-> Self:设置ON DUPLICATE KEY UPDATE子语句,用于决定当插入的数据键值重复时的行为。

(6) output()、timeout()、parallel()方法:这些方法分别用于设置INSERT语句的输出、超时和并行处理选项。

代码如下:

```
//第10章 surreal_use/src/core/insert.rs
impl InsertStmt {
    pub fn new()  -> Self {
        InsertStmt {
            origin: InsertStatement::default(),
        }
    }
    //设置IGNORE关键字
    //该关键字常常被忽略
    pub fn ignore(mut self)  -> Self {
        self.origin.ignore = true;
        self
    }
    //设置表名
    pub fn table(mut self, table: SurrealTable)  -> Self {
        self.origin.into = table.into();
        self
    }
    //设置更新条目
    // - CONTENT 方式
    // - SET 方式
    //# example for content
```

```rust
//```
//#[derive(Deserialize, Serialize, Clone, Debug, PartialEq)]
//struct Company {
//name: String,
//founded: String,
//founders: Vec<Thing>,
//tags: Vec<String>,
//}
//let insert = InsertStmt::new()
//.table("company".into())
//.data(InsertData::content(Company {
//name: "SurrealDB".to_string(),
//founded: "2021-09-10".to_string(),
//founders: vec![
//Thing {
// tb: "person".to_string(),
// id: "tobie".into(),
//},
//Thing {
// tb: "person".to_string(),
// id: "jaime".into(),
//},
//],
//tags: vec!["big data".to_string(), "database".to_string()],
//}));
//assert_eq!(insert.to_string().as_str(),"INSERT INTO company { founded: '2021-09-10',
//founders: [person:tobie, person:jaime], name: 'SurrealDB', tags: ['big data', 'database'] }");
//```
//# example for set
//```
//let insert = InsertStmt::new().table("company".into()).data(
//InsertData::set()
//.push("name", "SurrealDB")
//.push("founded", "2021-09-10"),
//);
//assert_eq!(
//insert.to_string().as_str(),
//"INSERT INTO company (name, founded) VALUES ('SurrealDB', '2021-09-10')"
//)
//```
pub fn data(mut self, data: InsertData) -> Self {
    self.origin.data = data.into();
    self
}
//设置 ON DUPLICATE KEY UPDATE 子语句
//VALUES 子语句中可以通过指定子语句来更新已存在的记录
//
//该子语句还允许递增和递减数值,以及在数组中添加或删除值。要递增数值或向数组添加项目
pub fn update(mut self, sf: Vec<SetField>) -> Self {
```

```rust
            let sf = CreateData::Set(sf)
                .to_set()
                .unwrap()
                .into_iter()
                .map(|x| x.to_origin())
                .collect::<Vec<(Idiom, Operator, Value)>>();
            self.origin.update.replace(Data::UpdateExpression(sf));
            self
        }
        pub fn to_origin(self) -> InsertStatement {
            self.origin
        }
        pub fn output(mut self, output: Output) -> Self {
            self.origin.output.replace(output);
            self
        }
        pub fn timeout(mut self, timeout: Duration) -> Self {
            self.origin.timeout = Some(Timeout(timeout));
            self
        }
        //设置语句是否可以并行处理
        //默认关闭
        pub fn parallel(mut self) -> Self {
            self.origin.parallel = true;
            self
        }
    }
```

接下来实现了 ToString 特质,允许 InsertStmt 结构体实例直接转换成对应的字符串形式,以及使用 impl_stmt_bridge 宏为 InsertStmt 实现 StmtBridge 特质,实现代码如下:

```rust
//第 10 章 surreal_use/src/core/insert.rs
impl ToString for InsertStmt {
    fn to_string(&self) -> String {
        self.origin.to_string()
    }
}

impl_stmt_bridge!(InsertStmt, InsertStatement);
```

最后在 test_insert_stmt 模块中包含了一系列测试用例,用于验证 InsertStmt 结构体的功能。这些测试涵盖了从简单的数据插入到复杂的包含子语句和选项的插入操作。代码如下:

```rust
//第 10 章 surreal_use/src/core/insert.rs
#[cfg(test)]
mod test_insert_stmt {
    use serde::{Deserialize, Serialize};
    use surrealdb::sql::{
```

```rust
        statements::InsertStatement, Data, Ident, Idiom, Operator, Part, Table, Thing,
    };

    use crate::core::sql::{InsertData, SetField};

    use super::InsertStmt;

    #[test]
    fn more() {
        #[derive(Debug, Clone, Serialize, PartialEq)]
        struct Person {
            id: String,
            name: String,
            surname: String,
        }
        let insert = InsertStmt::new().data(InsertData::content(vec![
            Person {
                id: "person:jaime".to_string(),
                name: "Jaime".to_string(),
                surname: "Morgan Hitchcock".to_string(),
            },
            Person {
                id: "person:tobie".to_string(),
                name: "Tobie".to_string(),
                surname: "Morgan Hitchcock".to_string(),
            },
        ]));
        assert_eq!(insert.to_string().as_str(),"INSERT INTO NONE [{ id: s'person:jaime', name: 'Jaime', surname: 'Morgan Hitchcock' }, { id: s'person:tobie', name: 'Tobie', surname: 'Morgan Hitchcock' }]");
    }

    #[test]
    fn complex() {
        let insert = InsertStmt::new()
            .table("product".into())
            .data(
                InsertData::set()
                    .push("name", "Salesforce")
                    .push("url", "salesforce.com"),
            )
            .update(vec![SetField::new("tags", Some(Operator::Inc), "crm")]);
        assert_eq!(insert.to_string().as_str(),"INSERT INTO product (name, url) VALUES ('Salesforce', 'salesforce.com') ON DUPLICATE KEY UPDATE tags += 'crm'");
    }

    #[test]
    fn simple_set() {
        let insert = InsertStmt::new().table("company".into()).data(
            InsertData::set()
```

```rust
                    .push("name", "SurrealDB")
                    .push("founded", "2021-09-10"),
            );
        assert_eq!(
            insert.to_string().as_str(),
            "INSERT INTO company (name, founded) VALUES ('SurrealDB', '2021-09-10')"
        )
    }

    #[test]
    fn simple_content() {
        #[derive(Deserialize, Serialize, Clone, Debug, PartialEq)]
        struct Company {
            name: String,
            founded: String,
            founders: Vec<Thing>,
            tags: Vec<String>,
        }
        let insert = InsertStmt::new()
            .table("company".into())
            .data(InsertData::content(Company {
                name: "SurrealDB".to_string(),
                founded: "2021-09-10".to_string(),
                founders: vec![
                    Thing {
                        tb: "person".to_string(),
                        id: "tobie".into(),
                    },
                    Thing {
                        tb: "person".to_string(),
                        id: "jaime".into(),
                    },
                ],
                tags: vec!["big data".to_string(), "database".to_string()],
            }));
        assert_eq!(insert.to_string().as_str(),"INSERT INTO company { founded: '2021-09-10', founders: [person:tobie, person:jaime], name: 'SurrealDB', tags: ['big data', 'database'] }");
    }

    #[test]
    fn origin() {
        let insert = InsertStatement {
            into: Table::from("person").into(),
            data: Data::ValuesExpression(vec![vec![
                (
                    Idiom(vec![
                        Part::Field(Ident("name".to_string())),
                        Part::Field(Ident("age".to_string())),
                    ]),
```

```
                "Matt".into(),
            ),
            (
                Idiom(vec![
                    Part::Field(Ident("name1".to_string())),
                    Part::Field(Ident("age1".to_string())),
                ]),
                "Matt1".into(),
            ),
        ]]),
        ignore: true,
        update: None,
        output: None,
        timeout: None,
        parallel: false,
    };
    //INSERT IGNORE INTO person (name.age, name1.age1) VALUES ('Matt', 'Matt1')
    dbg!(insert.to_string());
}
```

3. CreateStmt

这段代码定义了一个 CreateStmt 结构体，用于构建和表示一个 CREATE SQL 语句，该语句在 SurrealDB 数据库中用于创建新记录。CreateStmt 结构体包含一个 origin 字段，它是 CreateStatement 类型。这个 origin 字段实际上存储了原始 surrealdb 库的对象，CreateStmt 结构体的实现，代码如下：

```
//第10章 surreal_use/src/core/create.rs
//创建记录 CREATE
//如果记录不存在,则可以使用 CREATE 语句将这些记录添加到数据库
//example
//```
//let s1 = CreateStmt::new().table("person".into()).data(
//CreateData::set()
//.push(SetField::new("name", None, "Tobie"))
//.push(SetField::new("company", None, "SurrealDB"))
//.push(SetField::new(
//"skills",
//None,
//vec!["Rust", "Go", "JavaScript"],
//)),
//);
//assert_eq!(s1.to_string().as_str(), "CREATE person SET name = 'Tobie', company = 'SurrealDB', skills = ['Rust', 'Go', 'JavaScript']" )
//```
#[derive(Debug, Clone, PartialEq)]
pub struct CreateStmt {
    origin: CreateStatement,
}
```

接下来需要实现 CreateStmt 的方法,这些方法包括以下几种。

(1) pub fn new()-> Self:这种方法用于创建一个新的 CreateStmt 实例。它初始化了一个默认的 CreateStatement。

(2) pub fn table(mut self,table:SurrealTable)-> Self:这种方法接受一个 SurrealTable 类型的参数(代表数据表名),并将它设置为创建记录的目标表。

(3) pub fn only(mut self)-> Self:当调用这种方法时,它会将 CreateStatement 的 only 字段设置为 true。

(4) pub fn data(mut self,data:CreateData)-> Self:这种方法接受一个 CreateData 类型的参数,它定义了要在新记录中设置的数据。这可以是一组键-值对。

(5) pub fn output(mut self,output:Output)-> Self:这种方法允许设置输出格式,例如选择输出哪些字段。

(6) pub fn timeout(mut self,timeout:Duration)-> Self:这种方法用于设置操作的超时时间。

(7) pub fn parallel(mut self)-> Self:这种方法用于开启并行处理,即允许此语句与其他操作并行执行。

代码如下:

```rust
//第 10 章 surreal_use/src/core/create.rs
impl CreateStmt {
    pub fn new() -> Self {
        CreateStmt {
            origin: CreateStatement::default(),
        }
    }
    //设置表
    pub fn table(mut self, table: SurrealTable) -> Self {
        self.origin.what = table.into();
        self
    }
    //处理 ONLY 关键字
    pub fn only(mut self) -> Self {
        self.origin.only = true;
        self
    }
    //处理数据
    pub fn data(mut self, data: CreateData) -> Self {
        self.origin.data.replace(data.into());
        self
    }
    pub fn output(mut self, output: Output) -> Self {
        self.origin.output.replace(output);
        self
    }
    pub fn timeout(mut self, timeout: Duration) -> Self {
        self.origin.timeout = Some(Timeout(timeout));
        self
```

```
    }
    //设置语句是否可以并行处理
    //默认关闭
    pub fn parallel(mut self) -> Self {
        self.origin.parallel = true;
        self
    }
}
```

接下来实现了 ToString 特质,允许 CreateStmt 结构体实例直接转换成对应的字符串形式,以及使用 impl_stmt_bridge 宏为 CreateStmt 实现 StmtBridge 特质,实现代码如下:

```
//第 10 章 surreal_use/src/core/create.rs
impl ToString for CreateStmt {
    fn to_string(&self) -> String {
        self.origin.to_string()
    }
}

impl_stmt_bridge!(CreateStmt, CreateStatement);
```

最后在测试模块中提供了一个示例,用来展示如何使用 CreateStmt 来构建一个 CREATE 语句。在这个例子中,创建了一个新的 CreateStmt 实例,将数据表名设置为 person,并添加了 3 个字段(name、company、skills)及其相应的值。最后,通过 assert_eq! 宏验证了生成的 SQL 语句是否符合预期。

代码如下:

```
//第 10 章 surreal_use/src/core/create.rs
#[cfg(test)]
mod test_create_stmt {

    use crate::core::sql::{CreateData, SetField};

    use super::CreateStmt;

    #[test]
    fn simple() {
        let s1 = CreateStmt::new().table("person".into()).data(
            CreateData::set()
                .push(SetField::new("name", None, "Tobie"))
                .push(SetField::new("company", None, "SurrealDB"))
                .push(SetField::new(
                    "skills",
                    None,
                    vec!["Rust", "Go", "JavaScript"],
                )),
        );
        assert_eq!(s1.to_string().as_str(), "CREATE person SET name = 'Tobie', company = 'SurrealDB', skills = ['Rust', 'Go', 'JavaScript']" )
    }
}
```

4. UpdateStmt

这段代码定义了一个 UpdateStmt 结构体,用于构建和表示一个 UPDATE 语句,该语句在 SurrealDB 数据库中用于更新记录。UpdateStmt 结构体封装了构建 SQL 更新语句的逻辑。该结构具有方法链的设计风格,使构建复杂语句变得直观和灵活。UpdateStmt 结构体包含一个 origin 字段,它是 UpdateStatement 类型。这个 origin 字段实际上存储了原始 surrealdb 库的对象,UpdateStmt 结构体的实现,代码如下:

```
//第 10 章 surreal_use/src/core/update.rs
//更新 UPDATE 语句
//
//# example for set
//```
//let update = UpdateStmt::new()
//.only()
//.table(SurrealTable::table_id("person", "tobie".into()))
//.data(
//UpdateData::set()
//.push(SetField::new("name", None, "Tobie"))
//.push(SetField::new("company", None, "SurrealDB"))
//.push(SetField::new(
//"skills",
//None,
//vec!["Rust".to_string(), "Go".to_string()],
//)),
//);
//assert_eq!(update.to_string().as_str(), "UPDATE ONLY person:tobie SET name = 'Tobie', company = 'SurrealDB', skills = ['Rust', 'Go']");
//```
//# example for content
//```
//#[derive(Clone, Debug, PartialEq, Serialize)]
//struct Person {
//name: String,
//company: String,
//skills: Vec<String>,
//}
//let update = UpdateStmt::new()
//.table("person".into())
//.data(UpdateData::content(Person {
//name: "Tobie".to_string(),
//company: "SurrealDB".to_string(),
//skills: vec![
//"Rust".to_string(),
//"Go".to_string(),
//"JavaScript".to_string(),
//],
//}));
```

```
//assert_eq!(update.to_string().as_str(),"UPDATE person CONTENT { company: 'SurrealDB',
name: 'Tobie', skills: ['Rust', 'Go', 'JavaScript'] }");
//```
//# example for merge
//```
//#[derive(Clone,Debug,PartialEq,Serialize)]
//struct Marketing{
//marketing:bool
//}
//#[derive(Clone,Debug,PartialEq,Serialize)]
//struct Person{
//settings : Marketing
//}
//let update = UpdateStmt::new()
//.table(("person","tobie").into())
//.data(UpdateData::merge(Person{
//settings: Marketing{
//marketing : true
//}
//}));
//assert_eq!(update.to_string().as_str(),"UPDATE person:tobie MERGE { settings: { marketing:
true } }");
//```
//# example for patch
//```
//let update = UpdateStmt::new()
//.table(("person","tobie").into())
//.data(UpdateData::patch(
//vec![PatchOp::add("Engineering", true)]
//));
//assert_eq!(update.to_string().as_str(),"UPDATE person:tobie PATCH [{ op: 'add', path:
'Engineering', value: true }]");
//```
#[derive(Clone, PartialEq, Debug)]
pub struct UpdateStmt {
    origin: UpdateStatement,
}
```

接下来需要实现 UpdateStmt 的方法,这些方法包括以下几种。

(1) new()方法:使用 UpdateStmt::new()创建一个新的 UpdateStmt 实例。

(2) table()方法:通过该方法指定要更新的表和记录。

(3) data()方法:该方法提供更新的内容。这里可以使用不同的更新类型,如 set、content、merge 和 patch。

(4) output()方法:这种方法允许设置输出格式,例如选择输出哪些字段。

(5) timeout()方法:这种方法用于设置操作的超时时间。

(6) parallel()方法:这种方法用于开启并行处理,即允许此语句与其他操作并行执行。

(7) cond()方法:这种方法用于设置 UPDATE 语句的条件表达式。

代码如下：

```rust
//第 10 章 surreal_use/src/core/update.rs
impl UpdateStmt {
    pub fn new() -> Self {
        UpdateStmt {
            origin: UpdateStatement::default(),
        }
    }
    //设置 ONLY 关键字
    pub fn only(mut self) -> Self {
        self.origin.only = true;
        self
    }
    //设置表
    pub fn table(mut self, table: SurrealTable) -> Self {
        self.origin.what = table.into();
        self
    }
    //设置数据
    pub fn data(mut self, data: UpdateData) -> Self {
        self.origin.data.replace(data.into());
        self
    }
    //设置 WHERE 子语句
    pub fn cond(mut self, cond: Cond) -> Self {
        self.origin.cond.replace(cond.to_origin());
        self
    }
    //设置 RETURN 关键字
    pub fn output(mut self, output: Output) -> Self {
        self.origin.output.replace(output);
        self
    }
    pub fn timeout(mut self, timeout: Duration) -> Self {
        self.origin.timeout = Some(Timeout(timeout));
        self
    }
    //设置语句是否可以并行处理
    //默认关闭
    pub fn parallel(mut self) -> Self {
        self.origin.parallel = true;
        self
    }
    pub fn to_origin(self) -> UpdateStatement {
        self.origin
    }
}
```

接下来实现了 ToString 特质，允许 UpdateStmt 结构体实例直接转换成对应的字符串形式，以及使用 impl_stmt_bridge 宏为 UpdateStmt 实现 StmtBridge 特质，实现代码如下：

```rust
//第 10 章 core/update.rs
impl ToString for UpdateStmt {
    fn to_string(&self) -> String {
        self.origin.to_string()
    }
}

impl_stmt_bridge!(UpdateStmt,UpdateStatement);
```

最后对 UpdateStmt 结构体进行单元测试，测试用例包括不同类型的更新操作，分为 PATCH、MERGE、CONTENT 和 SET 共 4 种方式。每个测试用例都创建了一个 UpdateStmt 实例，并指定了表名和数据更新方式，然后使用 assert_eq 宏来断言生成的 SQL 字符串与预期的字符串相匹配。这些测试用例的目的是验证 UpdateStmt 模块能够正确地生成不同类型的更新语句。单元测试的实现，代码如下：

```rust
//第 10 章 surreal_use/src/core/update.rs
#[cfg(test)]
mod test_update_stmt {
    use serde::Serialize;
    use surrealdb::sql::Operator;

    use crate::core::sql::{PatchOp, SetField, SurrealTable, UpdateData};

    use super::UpdateStmt;

    #[test]
    fn patch() {
        let update = UpdateStmt::new()
            .table(("person", "tobie").into())
            .data(UpdateData::patch(vec![PatchOp::add("Engineering", true)]));
        assert_eq!(
            update.to_string().as_str(),
            "UPDATE person:tobie PATCH [{ op: 'add', path: 'Engineering', value: true }]"
        );
    }

    #[test]
    fn merge() {
        #[derive(Clone, Debug, PartialEq, Serialize)]
        struct Marketing {
            marketing: bool,
        }
        #[derive(Clone, Debug, PartialEq, Serialize)]
        struct Person {
            settings: Marketing,
        }
        let update = UpdateStmt::new()
            .table(("person", "tobie").into())
            .data(UpdateData::merge(Person {
```

```rust
            settings: Marketing { marketing: true },
        }));
    assert_eq!(
        update.to_string().as_str(),
        "UPDATE person:tobie MERGE { settings: { marketing: true } }"
    );
}

#[test]
fn simple_content() {
    #[derive(Clone, Debug, PartialEq, Serialize)]
    struct Person {
        name: String,
        company: String,
        skills: Vec<String>,
    }
    let update = UpdateStmt::new()
        .table("person".into())
        .data(UpdateData::content(Person {
            name: "Tobie".to_string(),
            company: "SurrealDB".to_string(),
            skills: vec![
                "Rust".to_string(),
                "Go".to_string(),
                "JavaScript".to_string(),
            ],
        }));
    assert_eq!(update.to_string().as_str(),"UPDATE person CONTENT { company: 'SurrealDB', name: 'Tobie', skills: ['Rust', 'Go', 'JavaScript'] }");
}

#[test]
fn simple_only() {
    let update = UpdateStmt::new()
        .only()
        .table(SurrealTable::table_id("person", "tobie".into()))
        .data(
            UpdateData::set()
                .push(SetField::new("name", None, "Tobie"))
                .push(SetField::new("company", None, "SurrealDB"))
                .push(SetField::new(
                    "skills",
                    None,
                    vec!["Rust".to_string(), "Go".to_string()],
                )),
        );
    assert_eq!(update.to_string().as_str(), "UPDATE ONLY person:tobie SET name = 'Tobie', company = 'SurrealDB', skills = ['Rust', 'Go']");
}
```

```rust
#[test]
fn simple() {
    let update = UpdateStmt::new()
        .table("person".into())
        .data(UpdateData::set().push(SetField::new(
            "skill",
            Some(Operator::Inc),
            vec!["breathing".to_string()],
        )));
    assert_eq!(
        update.to_string().as_str(),
        "UPDATE person SET skill += ['breathing']"
    );
}
```

10.3.5 通过语句构造器工厂统一管理

使用语句构造器工厂来统一创建 SurrealQL 语句的构造器可以更好地对 API 进行管理，保持了使用方式的一致性且保证了隔离性，具体的优点主要体现在以下几个方面。

（1）封装和抽象：通过封装具体的实现细节，语句工厂提供了一个简洁的接口，以此来创建不同类型的 SurrealQL 语句的构造器。这种抽象层的引入有助于降低代码的复杂性，使开发者更加专注于业务逻辑而非具体的实现细节。

（2）一致性和可维护性：使用工厂方法创建语句可以保证创建过程的一致性。无论需要在代码的哪部分创建数据库语句都将遵循相同的创建模式和标准。这种一致性有助于提高代码的可维护性和可读性。任何语句的入口都由语句工厂提供，方便开发者记忆和使用。

（3）灵活性、扩展性和隔离性：如果未来需要引入新类型的数据库语句或修改现有语句的结构，使用语句工厂可以轻松地实现这些变更。工厂模式允许在不影响现有代码的情况下进行扩展，从而提高了代码的灵活性。

（4）安全性：隐藏具体语句的实现细节（例如通过模块私有化），可以避免外部代码直接操作这些细节，从而降低了错误使用或者非法访问的风险。这种方式提高了代码的整体安全性。

在 surreal_use 库中语句构造器工厂的名字叫作 Stmt，目前只负责创建 USE、SELECT、UPDATE、INSERT、CREATE、DELETE 这些语句的构造器，实现整个 Stmt 语句工厂，代码如下：

```rust
//第 10 章 surreal_use/src/core/stmt.rs
use super::create::CreateStmt;
use super::delete::DeleteStmt;
use super::insert::InsertStmt;
use super::r#use::UseStmt;
```

```rust
use super::select::SelectStmt;
use super::update::UpdateStmt;
pub struct Stmt;

impl Stmt {
    //构建 USE 语句
    //由于 USE 作为 Rust 的关键字,所以这里增加 r# 解决
    //```
    //let use_s = Stmt::r#use().ns("surreal").db("use");
    //let use_str = "USE NS surreal DB use";
    //assert_eq!(use_str, &use_s.to_string());
    //```
    pub fn r#use() -> UseStmt {
        UseStmt::new()
    }
    //删除语句
    //example
    //```
    //let delete = Stmt::delete()
    //.table("user".into())
    //.cond(
    //Cond::new()
    //.left("userId")
    //.op(surrealdb::sql::Operator::Equal)
    //.right("2343jshkq1".into()),
    //)
    //.output(Field::single("username", None).into())
    //.timeout(Duration::from_secs(10))
    //.parallel();
    //assert_eq!(
    //delete.to_string().as_str(),
    //"DELETE user WHERE userId = '2343jshkq1' RETURN username TIMEOUT 10s PARALLEL"
    //);
    //```
    pub fn delete() -> DeleteStmt {
        DeleteStmt::new()
    }
    //创建语句
    //example
    //```
    //let create = Stmt::create()
    //.table(("person", "matt1008").into())
    //.data(CreateData::set().push(SetField::new("age", None, 46)))
    //.output(surrealdb::sql::Output::Before)
    //.timeout(Duration::from_millis(15))
    //.parallel();
    //assert_eq!(
    //create.to_string().as_str(),
    //"CREATE person:matt1008 SET age = 46 RETURN BEFORE TIMEOUT 15ms PARALLEL"
    //);
```

```rust
//```
    pub fn create() -> CreateStmt {
        CreateStmt::new()
    }
    //添加语句
    //example
    //```
    //let insert = Stmt::insert()
    //.table("company".into())
    //.data(
    //InsertData::set()
    //.push("name", "SurrealDB")
    //.push("founded", "2021-09-10"),
    //)
    //.ignore()
    //.output(surrealdb::sql::Output::Diff)
    //.parallel();
    //assert_eq!(
    //insert.to_string().as_str(),
    //"INSERT IGNORE INTO company (name, founded) VALUES ('SurrealDB', '2021-09-10') RETURN
    //DIFF PARALLEL"
    //)
    //```
    pub fn insert() -> InsertStmt {
        InsertStmt::new()
    }
    //更新数据语句
    //example
    //```
    //let update = Stmt::update()
    //.only()
    //.table(("person", "tobie").into())
    //.data(
    //UpdateData::set()
    //.push(SetField::new("name", None, "Tobie"))
    //.push(SetField::new("company", None, "SurrealDB"))
    //.push(SetField::new(
    // "skills",
    // None,
    // vec!["Rust".to_string(), "Go".to_string()],
    //)),
    //);
    //assert_eq!(update.to_string().as_str(), "UPDATE ONLY person:tobie SET name = 'Tobie',
company = 'SurrealDB', skills = ['Rust', 'Go']");
    //```
    pub fn update() -> UpdateStmt {
        UpdateStmt::new()
    }
    //查询语句
    //example
```

```rust
//```
//let select = Stmt::select()
//.table(("person", "tobie").into())
//.fields(vec![
//Field::new("name"),
//Field::new("address"),
//Field::new("email"),
//]);
//assert_eq!(
//select.to_string().as_str(),
//"SELECT name, address, email FROM person:tobie"
//);
//```
pub fn select() -> SelectStmt {
    SelectStmt::new()
}
}
```

然后对整个语句工厂进行单元测试,但实际上在 10.3.3 节和 10.3.4 节中已经对各个语句构造器进行了测试,这里的测试仅仅验证语句工厂是否能够正确地创建对应的语句的构造器,顺便可以测试一些复杂的语句是否能够被正确地创建出来。单元测试的具体代码如下:

```rust
//第 10 章 surreal_use/src/core/stmt.rs
#[cfg(test)]
mod test_stmt {
    use surrealdb::sql::Duration;

    use crate::core::sql::{Cond, CreateData, Field, InsertData, SetField, UpdateData};

use super::Stmt;
//对 SELECT 语句进行单元测试
    #[test]
    fn test_select() {
        let select = Stmt::select()
            .table(("person", "tobie").into())
            .fields(vec![
                Field::new("name"),
                Field::new("address"),
                Field::new("email"),
            ]);
        assert_eq!(
            select.to_string().as_str(),
            "SELECT name, address, email FROM person:tobie"
        );
    }
//对 UPDATE 语句进行单元测试
    #[test]
```

```rust
    fn test_update() {
        let update = Stmt::update()
            .only()
            .table(("person", "tobie").into())
            .data(
                UpdateData::set()
                    .push(SetField::new("name", None, "Tobie"))
                    .push(SetField::new("company", None, "SurrealDB"))
                    .push(SetField::new(
                        "skills",
                        None,
                        vec!["Rust".to_string(), "Go".to_string()],
                    )),
            );
        assert_eq!(update.to_string().as_str(), "UPDATE ONLY person:tobie SET name = 'Tobie', company = 'SurrealDB', skills = ['Rust', 'Go']");
    }
//对 INSERT 语句进行单元测试
    #[test]
    fn test_insert() {
        let insert = Stmt::insert()
            .table("company".into())
            .data(
                InsertData::set()
                    .push("name", "SurrealDB")
                    .push("founded", "2021-09-10"),
            )
            .ignore()
            .output(surrealdb::sql::Output::Diff)
            .parallel();
        assert_eq!(
            insert.to_string().as_str(),
            "INSERT IGNORE INTO company (name, founded) VALUES ('SurrealDB', '2021-09-10') RETURN DIFF PARALLEL"
        )
    }
//对 USE 语句进行单元测试
    #[test]
    fn test_use() {
        let use_s = Stmt::r#use().ns("surreal").db("use");
        let use_str = "USE NS surreal DB use";
        assert_eq!(use_str, &use_s.to_string());
}
//对 DELETE 语句进行单元测试
    #[test]
    fn test_delete() {
        let delete = Stmt::delete()
            .table("user".into())
            .cond(
                Cond::new()
```

```
                    .left("userId")
                    .op(surrealdb::sql::Operator::Equal)
                    .right("2343jshkq1".into()),
            )
            .output(Field::single("username", None).into())
            .timeout(Duration::from_secs(10))
            .parallel();
        assert_eq!(
            delete.to_string().as_str(),
            "DELETE user WHERE userId = '2343jshkq1' RETURN username TIMEOUT 10s PARALLEL"
        );
    }
    //对 CREATE 语句进行单元测试
    #[test]
    fn test_create() {
        let create = Stmt::create()
            .table(("person", "matt1008").into())
            .data(CreateData::set().push(SetField::new("age", None, 46)))
            .output(surrealdb::sql::Output::Before)
            .timeout(Duration::from_millis(15))
            .parallel();
        assert_eq!(
            create.to_string().as_str(),
            "CREATE person:matt1008 SET age = 46 RETURN BEFORE TIMEOUT 15ms PARALLEL"
        );
    }
}
```

10.4 补全 README

完成代码部分后就需要回头补全 README.md 文档，README 的核心功能就是快速地帮助使用者了解当前项目的作用和如何使用这个项目进行开发，因此将 README 文档分为 5 部分。对于没有编写过 Markdown 文档的读者可先学习本书第 12.7 节中 Markdown 文档的编写说明。

10.4.1 版本与许可证信息

第一部分是 surreal_use 库的版本与开源许可证信息，这个库的版本号是 0.1.0。这个库是在 MIT 开源许可证下发布的，这意味着任何人都可以自由地使用、复制、修改和分发这个库，只要他们在这样做时包含了原始的 MIT 许可证。这些关于 surreal_use 库的信息，包括其版本号和开源许可证都是以图像标签的形式呈现给用户的。这种展示方式既优雅又华丽，同时也确保了信息的完整性和可读性。

以图像标签的形式呈现给用户，使用户在查看这些信息时，不仅可以快速地获取他们需要的信息，而且可以在视觉上得到一种享受。这种方式不仅提高了用户体验，也使这些信息更易于理解和记忆。

对于这些图像标签则使用 shields 进行生成，只要按照 shields 的网站进行设计即可获取图像标签的 URL 网址，再通过 img 标签的形式书写在 MD 文档中即可。第一部分的内容如下：

```
< img src = " https://img. shields. io/badge/surreal_ use - 0. 1. 0 - orange? style = flat -
square&logo = rust&logoColor = % 23fff&labelColor = % 23DEA584&color = % 23DEA584" > < img src =
"https://img. shields. io/badge/License - MIT - orange? style = flat - square&logoColor = %
23fff&labelColor = % 2323B898&color = % 2323B898" > < img src = " https://img. shields. io/
badge/For - surrealdb - purple? style = flat - square&logoColor = % 239055ED&labelColor = %
239055ED&color = % 239055ED">

***
```

这些图像标签在 MD 中以如图 10-6 的形式向用户进行展示。

图 10-6　版本与许可证信息 MD 渲染结果

10.4.2　简介与作者信息

文档的第二部分是 surreal_use 库的简介及作者信息，介绍了 surreal_use 库是一个扩展库，它基于 SurrealDB 的官方库，它是为了帮助开发者更加简便地利用官方库开发而诞生的。

库的作者的邮箱是 syf20020816@outlook.com，该库的创建日期为 2024 年 1 月 15 日，最后更新日期是 2024 年 1 月 27 日，当前库的版本是 0.1.0，其中还展示 surreal_use 库的 LOGO。这一部分的编写如下：

```
//第 10 章 surreal_use/README.md
# surreal_use

** An extension library based on the Surrealdb library to help users develop more conveniently
**

```txt
 _____   ____  ____  _____   _____    _____  _____   _____   _____
|\___   \ \|\   \|\   \|\  ___ \ |\  ___ \  |\  ___ \|\   __  \ |\  ___ \ |\   __  \
\|___ \  \\ \  \\\  \ \ \  \__/|\ \  \__/|_\ \  \__/|\ \  \|\  \\ \  \__/|_\ \  \|\  \
     \ \  \\ \  \\\  \ \ \   __\\ \   __\\ \ \   __\\ \   __  \\ \   __\\ \ \   __  \
      \|___\\ \  \\\_\  \|\  \_|\|\  \_|\|\ \  \_|\|\ \  \ \  \\ \  \_|\|\ \  \ \  \
            \ \__\\\__\  \ \__\   \ \__\   \ \ \__\   \ \__\ \__\\ \__\   \ \__\ \__\
             \|__|\|__|   \|__|    \|__|    \ \|__|    \|__|\|__| \|__|    \|__|\|__|
```
```

```
                  \|_____|
 \|_____|
 ```
 - author:syf20020816@outlook.com
 - createDate:20240115
 - updateDate:20240127
 - version:0.1.0
 - email:syf20020816@outlook.com
```

这部分在 MD 文档中的渲染结果如图 10-7 所示。

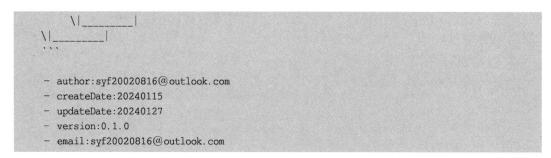

图 10-7　简介与作者信息 MD 渲染结果

## 10.4.3　描述库功能

本节讲解 surreal_use 库做了什么事情，也就是库的功能：

（1）分离数据库配置和代码。

（2）减少手动编写 SurrealQL 语句的工作。

（3）执行差异化的 API 查询。

（4）轻松执行复杂的查询。

（5）让用户感觉与 surrealdb 库无缝集成。

代码如下：

```
//第 10 章 surreal_use/README.md
What surreal_use do

- Detaching database configurations and code
- Reduce manual writing of SurrealQL statements
- Perform differentiated API queries
- Effortlessly perform complex queries
- Enable users to feel seamless integration with the Surrealdb library
```
```

描述库功能部分在 MD 文档中的渲染效果如图 10-8 所示。

> **What surreal_use do**
> - Detaching database configurations and code
> - Reduce manual writing of SurrealQL statements
> - Perform differentiated API queries
> - Effortlessly perform complex queries
> - Enable users to feel seamless integration with the Surrealdb library

图 10-8　描述库功能 MD 渲染结果

10.4.4　快速入门 QuickStart

本节介绍如何使用 surreal_use 库。首先需要编写一个 surrealdb.config.json 文件,包含数据库的配置信息。接着在 Rust 代码中使用 surreal_use 库,通过解析配置文件来连接数据库,并执行查询操作,通过这个示例可以让使用者快速了解使用方式。

最后是 Attention 部分,提醒用户注意存在许多与 surrealdb 库同名的结构体和枚举,这些结构体作为源库的扩展存在。当在代码中用到这些结构体或枚举时,可以借助 surreal_use 库给出的扩展,也可以使用源库,但要注意引入以防出错。快速入门部分的编写如下:

```
//第 10 章 surreal_use/README.md
# QuickStart
# write surrealdb.config.json
```json
{
    "endpoint":"127.0.0.1",
    "port":10086,
    "auth":{
        "user":"root",
        "pass":"root"
    }
}
```
use surreal_use
```rust
use lazy_static::lazy_static;
use surreal_use::{
        config::{auth::Root, parser::Parsers, AuthBridger},
        core::Stmt,
};
use surrealdb::{
        engine::remote::ws::{Client, Ws},
        Surreal,
};

//use lazy static macro
lazy_static! {
        static ref DB: Surreal<Client> = Surreal::init();
}

#[tokio::main]
```

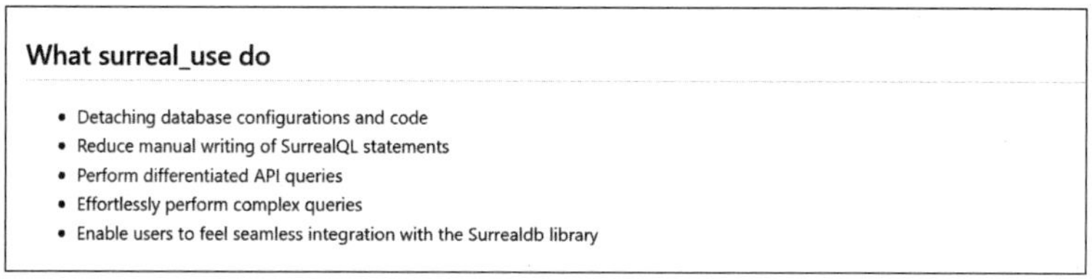
```

```rust
async fn main() -> surrealdb::Result<()> {
    //Using seasonal_Use to obtain the configuration of surrealdbunconfig.json under the project package
    let config = Parsers::Json.parse_to_config(None);
    DB.connect::<Ws>(config.url()).await?;
    //transfer to credential Root
    let credentail: Root = config.get_auth().into();
    //Sigin use Root
    //Return Jwt struct
    let _ = DB.signin(credentail.to_lower_cast()).await?;
    let _ = DB.use_ns("test").use_db("test").await?;
    let select = Stmt::select().table("user".into()).field_all().to_string();
    let query = DB.query(&select).await?;
    dbg!(query);
    Ok(())
}
```

\```

Attation
There are many structures in use with the same name as the surrealdb library,
which exist as extensions to the source library

快速入门部分在 MD 文档中的渲染结果如图 10-9 所示。

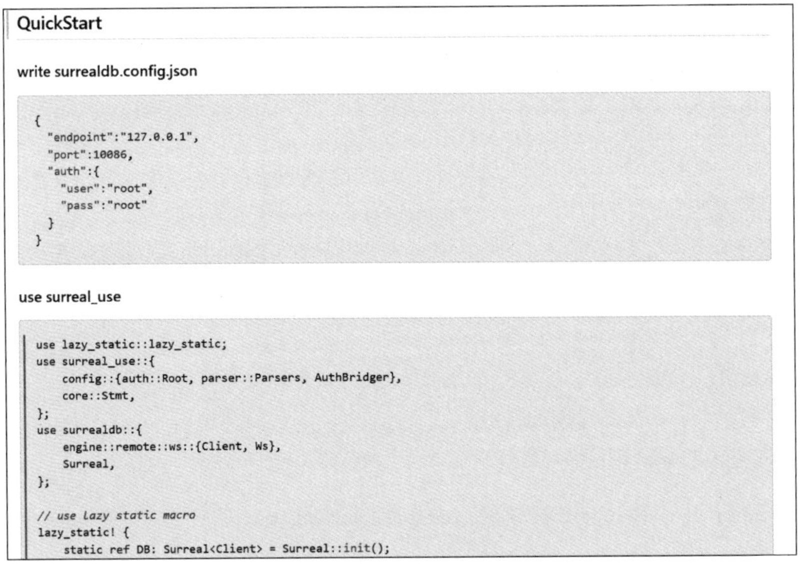

图 10-9　快速入门 MD 渲染结果

10.4.5　目标

Features 部分列出了 surreal_use 库支持的功能列表，包括 select、update、insert、delete、create、use 等，其中一些功能前面有一个[x]标记，表示已经实现，而没有标记的功能则表示尚未实现。这些功能对应了所有 SurrealQL 语句，这也就说明 surreal_use 最终的目标是实现所有 SurrealQL 语句的构造器，无须再手动编写任何 SurrealQL 语句。目标部分

的内容如下：

```
//第 10 章 surreal_use/README.md
# Features

- [x] select
- [x] update
- [x] insert
- [x] delete
- [x] create
- [x] use
- [ ] begin
- [ ] break
- [ ] cancel
- [ ] commit
- [ ] continue
- [ ] define
- [ ] for
- [ ] if
- [ ] info
- [ ] kill
- [ ] let
- [ ] live select
- [ ] relate
- [ ] remove
- [ ] return
- [ ] show
- [ ] sleep
- [ ] throw
```

目标部分在 MD 文档中的渲染效果如图 10-10 所示。

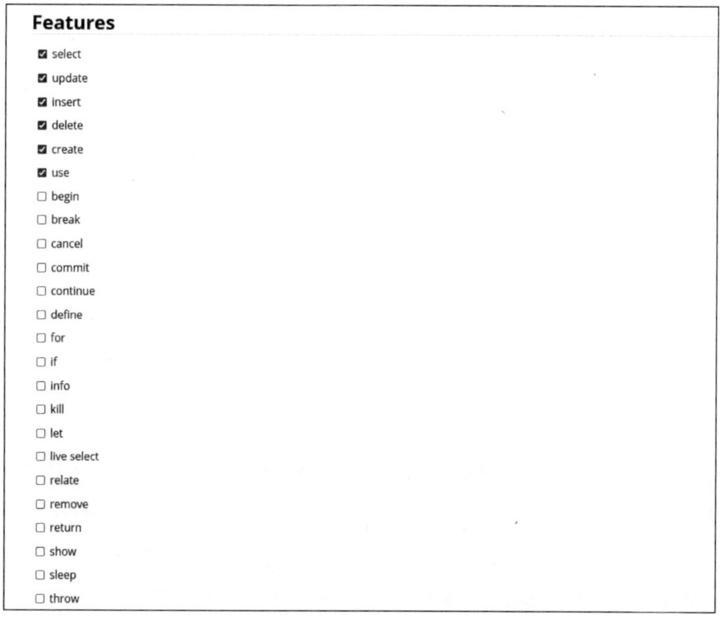

图 10-10　目标部分 MD 渲染结果

10.5 发布第 1 个版本

相继完成了库设计、代码编写、文档补全后终于到了发布版本这一步了，很多人可能不理解为什么要将自己写的库开源给他人使用，实际上开源是一件很有意义的事情，简单来讲，通过开源自己的库可以得到他人的反馈，反过来对库进行优化和改造，修复一些自己没有遇到的问题，提高代码质量，提升自己的技能水平和影响力。开源并不意味着放弃所有权利，可以选择适合项目的开源许可证，如 MIT、GPL、Apache 等，这些许可证有不同的条件和限制。开源是一个强大的协作和共享工具，可以带来许多好处，但也需要考虑维护项目和社区互动所需的时间和精力。

10.5.1 发布到 GitHub 上

首先演示如何将代码库发布到 GitHub 上。在开发过程中，每当完成一个或多个功能时开发者都会选择将代码推送到远程的 GitHub 仓库中。这样做的好处是，可以随时随地地访问和更新代码，同时也方便团队其他成员查看和修改。

在 GitHub 上发布代码库的过程其实非常简单。首先，登录 GitHub 账户，并进入想要发布的代码库。在代码库的主页面会看到屏幕右侧有一块区域，标题为 Releases（版本发布）。在这个区域中会看到一个按钮，上面写着 Create a new release（创建新发布版本）。整个操作如图 10-11 所示。

图 10-11　选择发布新版本

单击这个按钮后将会进入一个新的页面，这个页面是专门用来创建新的发布版本的。在这里，可以填写新版本的各种信息，例如版本号、发布日期、发布说明等。这些信息都将帮助其他人更好地理解新版本，因此需要尽可能详细地填写。

虽然描述起来十分简单,但操作时还是有些地方需要注意。在发布新版本前需要创建一个新的版本号,单击 Choose a tag(选择一个标签)按钮,单击后将显示一个下拉列表,在这个下拉列表中显示了所有可供选择的版本号,如果这是第 1 次发布版本或是发布一个新的版本,就需要在输入框中输入要发布的版本号并单击 Create new tag(创建新标签)按钮来创建这个新的版本号,如图 10-12 所示。

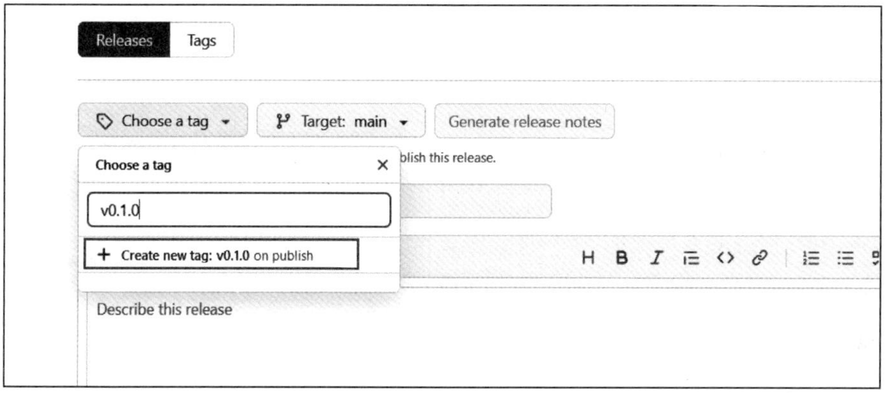

图 10-12　创建新版本

然后选择要发布的分支,当仓库有多个分支时这个选择显得十分重要,默认 GitHub 会采用发布 main 这个主分支,分支选择会关系到后续发布完成后的源码包,这个源码包是 GitHub 根据当前的分支自动打包的,每个发布版中都会含有。

完成分支选择后就可以填写发布的标题及对当前版本的说明信息,这里将发布标题填写为 surreal_use v0.1.0,发布的版本的说明信息直接填写 README 文档即可。

接下来回到 VS Code 中在终端中使用 cargo build--release 命令为库进行打包,等待片刻后就会在 target 目录中生成一个 release 目录,在目录中有一个 libsurreal_use.rlib 文件,这个文件就是打包后生成的结果,如图 10-13 所示。

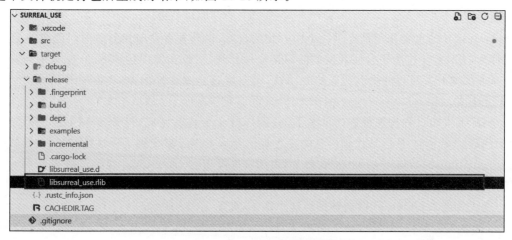

图 10-13　打包后生成的库

最后在 GitHub 中单击 Attach binaries by dropping them here or selecting them.（通过将二进制文件放在此处或选择它们来附加二进制文件）按钮，单击后就会打开文件选择器，选择前面打包好的 libsurreal_use.rlib 文件作为发布文件进行上传并且单击 Publish release（发布版本）按钮进行发布。操作如图 10-14 所示。

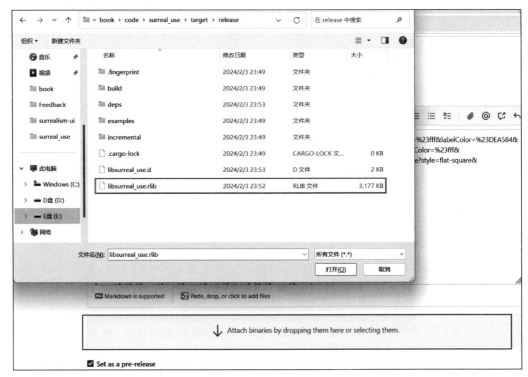

图 10-14　选择并发布库文件

10.5.2　发布到 crates.io

　　crates.io 的主要作用是提供一个中心化的仓库，供开发者发布和分享他们创建的 Rust 库（称为 crates）。这个平台使开发者能够轻松地找到、下载和使用各种 Rust 编写的软件组件，从而加速开发过程并提高代码的复用性，所以推荐将编写好的 Rust 库发布到 crates.io 上十分重要。

　　实际上发布过程比想象中简单多了，只需一行命令就能完成，打开 VS Code 的终端并确保代码提交干净，意思是代码所有的变更都已经从工作区提交到了暂存区，然后在终端输入 cargo publish --registry crates-io 命令，表示将库发布到 crates.io。整个过程需要等待一段时间，因为 cargo 会重新对库进行打包并对库文档进行生成。

　　完成后进入 crates.io 就能够找到这个库了，如图 10-15 所示。

图 10-15　将库发布到 crates.io

10.6　通过 GitHub Wiki 编写库文档

为了让使用者更好地了解库的使用方式，可以借助 GitHub 仓库中的 Wiki 功能来编写库的详细使用文档，这个文档需要详细地说明库的使用方式及可供使用的 API。

首先进入仓库，在菜单栏中选择 Wiki，然后单击 Create the first page（创建第 1 页）按钮，如图 10-16 所示。

图 10-16　创建第 1 页

接下来会跳转到一个编写页面，在这里对第 1 个页面进行编写，编写的方式可以使用 Markdown 语法，在这里编写第 1 页的标题为 what is surreal_use（什么是 surreal_use），然后将 README 文档中对 surreal_use 库的简介部分作为内容进行填写。完成后单击右下角的 Save page（保存页面）按钮完成编写，如图 10-17 所示。

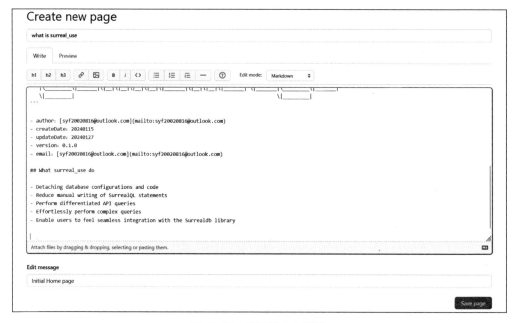

图 10-17　编写第 1 个页面

在编写 Wiki 标题时可以添加数字作为排序索引，因为页面默认按照字典顺序进行排序，使用数字作为索引可以保证页面的顺序不会乱。

10.7　小结

surreal_use 库的主要目的是让用户在不直接编写任何 SurrealQL 语句的情况下，通过 SQL Builder 的方式来构建 SurrealQL 语句，从而使数据库操作更加便捷和直观。库的设计和实现旨在实现以下几个核心目标。

（1）配置与代码分离：使数据库配置信息与业务代码分离，便于管理和维护。

（2）减少手动编写 SurrealQL 语句：提供一套丰富的 API，让用户能够以声明式的方式来描述数据操作，减少直接编写 SurrealQL 语句。

（3）支持复杂查询：通过提供复杂查询构建能力，帮助用户轻松地实现复杂的数据操作和查询逻辑。

（4）无缝集成 surrealdb 库：作为 Surrealdb 的扩展库，保证与原始库的良好兼容性和集成性，为用户提供无缝的开发体验。

从结果来看 surreal_use 库确实达到了这 4 个核心目标，在配置与代码分离上采用了配置解析器 JSONParser 对 surrealdb.config.json 文件进行配置解析，得到登录 URL、4 种不同的登录凭证信息，从而解决了硬编码带来的问题。在减少手动编写 SurrealQL 语句和支持复杂查询上对 surrealdb 原始库进行扩展，编写了原始库中的语句结构体的构造器，通过构造器完成字段的生成，降低了手动编写语句的复杂度，最后使用 Stmt 语句构造器工厂统一来构造语句的构造器，从而降低使用成本。在对 surrealdb 库的无缝集成上 surreal_use 只会进行原始结构体和枚举的扩展，所有的扩展都会由 to_origin() 方法或使用 From 特质转换为原始库，做到了良好的兼容性。通过这个库，用户可以更加专注于业务逻辑的实现，而不是 SurrealQL 语句的具体编写。

然而，在开发过程中也存在一些挑战和反思。首先，保持与 Surrealdb 库的兼容性和及时更新是一个持续的任务，需要密切关注 SurrealDB 的版本更新和新特质，其次，虽然已经提供了丰富的 API 来扩展原始库，但仍有部分高级特质和操作未能完全支持，这是未来工作的一个重点方向。例如对于连接边的实现还不尽如人意。未来计划继续扩展 surreal_use 库，增加对更多 SurrealQL 特质的支持，如事务控制、条件分支等高级功能。同时，也希望能够进一步地优化 API 的设计，使库更加易用和灵活。

第 11 章 综合案例：日程待办系统

CHAPTER 11

第 11 章通过构建一个日程待办系统的实例，将深入讲解从需求分析到项目完成的全过程。本章不仅涵盖了关键技术的概述和需求的具体设计，还详细介绍了项目的目录结构、前后端的依赖关系及如何实现前后端编码。通过对前端的核心类型、工具、接口、路由、状态管理、页面及样式的实现进行细致讲解，通过对后端模块关系的理解、用户接口、待办接口、团队接口的实现，以及处理跨域资源访问和后端入口文件的编写，本章为读者提供了一个全面的开发视角。

在介绍了技术实现的各方面之后，本章最后会对整个系统的开发进行反思与小结，帮助读者总结学习成果，反思在开发过程中的得与失，以便在未来的项目开发中避免出现相同的错误，做到更好。整个章节不仅是对日程待办系统这一特定项目的深入探讨，也为读者提供了一个实践框架，以便将所学知识应用于各种不同的项目中。无论是初学者还是有经验的开发者都能从中获得宝贵的经验和启示。

11.1 选择日程待办系统的原因

日程待办系统是一个很好的练手项目，它能够解决日常生活中及工作上的工作计划排期问题，它的重要性在于它能够提高团队的工作效率和协作能力，个人使用时可以保证个人日程计划工作的进度，团队使用时则可以帮助团队成员更好地管理和跟踪任务的进展。日程待办系统主要起到以下 3 个作用。

（1）进行任务分配：在现代工作环境中，团队通常需要同时处理多个项目和任务。每个成员可能需要负责不同的任务，并与其他成员进行协作。在这种情况下，用一个统一的平台来管理和分配任务就变得尤为重要了。

（2）信息共享和沟通：团队成员之间的信息共享和沟通是高效工作的关键。通过团队待办事项管理软件，团队成员可以实时查看任务状态、更新进展、添加评论和附件等，从而促进信息的共享和沟通，使工程任务能够有条不紊地持续进行推进。

（3）时间和资源管理：团队待办事项管理软件可以帮助团队成员更好地管理时间和资源。通过设置优先级、截止日期和提醒功能，团队成员可以合理地安排工作时间，并及时完成任务。此外,软件还可以提供统计报告和分析功能,帮助团队了解资源的使用情况和优化工作流程。

团队待办事项管理软件在现代工作环境中具有重要的意义。它能够帮助团队成员更好地管理和跟踪任务的进展,提高工作效率和协作能力。未来,团队待办事项管理软件将变得更加智能化、移动化和集成化,为团队工作带来更多的便利和效益。

11.2 需求分析

需求分析是位于系统分析和软件设计两个阶段之间的一个关键环节,它起着承上启下的重要作用。首先,需求分析是以系统规格说明和项目规划为基础的,进行深入的检查和调整。在这个过程中,需求分析会从软件的角度出发,对系统规格说明和项目规划进行全面审视,确保它们能够满足软件开发的需求。通过对这两个方面的检查和调整,需求分析有助于确保软件开发工作的顺利进行。其次,需求规格说明是软件在开发过程中各个阶段的重要依据。从软件开发的设计、实现、测试到维护,需求规格说明都发挥着关键的作用。通过明确的需求规格说明,开发团队可以更好地理解客户的需求,从而制订出更为合理的开发计划和设计方案。同时,需求规格说明也为后续的测试和维护工作提供了明确的指导。

日程待办系统作为练习案例并不需要非常详尽的需求分析,在本节中主要从技术概述和需求设计两个方面对系统使用的技术和功能清晰地进行阐述。

11.2.1 关键技术概述

日程待办系统作为本书的实践案例,前端采用 Vue 3+SCSS+TS 作为技术栈,后端采用 Rust+Rocket 框架。以下是关键技术的概述,更加详细的代码编写会在第 11.4 节和第 11.5 节中进行说明。

(1) Vue 3:Vue.js 是一个流行的前端框架,专为构建用户界面而设计,它提供了更高的性能和更好的组件化支持。相较于 Vue 2,Vue 3 在许多方面都进行了优化和提升,例如性能的提升、更好的类型支持、更灵活的指令等。

(2) SCSS:或称 SASS(Syntactically Awesome Style Sheets)是一种 CSS 预处理器,可以使用变量、嵌套规则、混合等功能,让 CSS 编写更有效率和更便于维护。

(3) TypeScript:作为 JavaScript 的超集,添加了静态类型和其他编程语言特质,使开发者可以更加方便地编写大型应用程序。TypeScript 可以进行静态类型检查,这有助于提前发现并修正代码中的错误,提高代码质量和可维护性。

(4) Rust:Rust 是一种系统编程语言,拥有高性能、安全和并发支持等优点。Rust 的设计目标是在提供安全并发和高性能的同时,保证资源的有效利用。

(5) Rocket 框架:Rocket 框架是一个用 Rust 编写的异步 Web 框架,专注于可用性、安全性、可扩展性和速度。Rocket 框架让编写 Web 应用程序变得非常简单和快速,并且它不会牺牲灵活性和类型安全。无样板、易于使用的扩展为开发者提供了良好的开发体验。

11.2.2 需求设计

日程待办系统的需求设计如下。

（1）用户设置待办事项：用户可以创建新的待办事项，包括任务名称、描述、截止日期等信息。这样，用户可以根据自己的需求和优先级来安排任务，确保工作有条不紊地进行。

（2）处理待办事项：用户可以对待办事项进行编辑、删除、标记完成等操作。这样，用户可以随时调整任务的内容和状态，确保任务的准确性和及时性。

（3）提交并移除存入历史待办：用户在完成任务后，可以提交待办事项，并将其从当前待办列表中移除，同时存入历史待办列表中。这样，用户可以清晰地了解自己已经完成的任务，同时也方便以后查阅和回顾。

（4）按照日期设置待办：用户可以根据需要，按照日期顺序查看和管理待办事项。这样，用户便可以更好地掌握任务的进度和时间安排，避免遗漏和延误。

（5）表格形式和时间轴：软件提供了两种不同的视图模式，分别是表格形式和时间轴形式，方便用户根据自己的喜好选择查看方式。这样，用户可以根据自己的习惯和需求来选择最适合自己的查看方式，提高使用体验。

（6）日历提供3种形式总览待办事项：软件支持日历视图，用户可以通过日、周、月3种形式查看待办事项。这样，用户可以更直观地了解任务的分布和时间安排，方便管理和调整。

（7）加入团队：用户可以创建或加入一个团队，与团队成员共享待办事项。这样，团队成员之间可以更好地协作和沟通，提高工作效率和质量。

（8）团队分配待办：团队领导可以为团队成员分配待办事项，确保任务的顺利进行。这样，团队领导可以更好地管理和监督团队成员的工作，提高团队的整体效能。

（9）邮件通知功能：软件支持邮件通知功能，当待办事项即将到期时会通过邮件提醒用户。这样，用户不会因为忘记任务而延误工作，保证任务的及时完成。

针对主要的待办事项需要更详细地对其进行设计，一个待办事项往往需要有优先级、日期节点、审核人、指派人等，详细的说明如下。

（1）优先级：为每个待办事项设置优先级，以便用户能够根据重要性和紧急程度进行排序。优先级可以分为高、中、低3个级别，这是一种非常粗略的设计，更进一步可以划分为紧急、高、中、低、非必须等更细致的级别。在本系统中可以划分为常规待办和紧急待办两个大类型，常规待办是正常添加的待办事项，按照原计划进行安排和处理。用户可以在软件中创建、编辑和删除常规待办事项，并根据高、中、低、非必须4个优先级及其日期节点等进行排序和管理。这样，用户可以轻松地跟踪和管理自己的日常任务，确保按时完成，而紧急待办是突然设置的非原来计划的待办事项，需要立即插入任务列表中并优先处理，伴随紧急待办事项的插入，需要及时通知执行者进行处理和关注，这样，当有紧急情况发生时，用户不会错过任何重要信息，而通知方式可以采用系统提醒和邮件提醒等方式。

(2) 日期节点：为了帮助用户更好地管理时间和任务，可以为每个待办事项设置截止日期。这样，用户可以清楚地知道每个任务的最后期限，从而合理地安排时间并确保按时完成任务。日期节点可以采用具体的日期形式，例如指定某年某月某日作为截止日期。这种具体日期的方式适用于那些需要明确时间安排的任务，例如重要的会议、项目交付等。通过设定具体日期，用户可以在日历或提醒工具中设置提醒，以确保不会错过任何重要任务。还可以提供相对时间选项，如本周内、下月中旬、年末等。这种相对时间的方式适用于那些优先级较低的待办事项，用户可以根据自己的时间安排和优先级来选择适当的截止日期。通过提供日期节点功能，用户可以更好地规划和管理自己的任务。无论是具体日期还是相对时间，用户都可以根据自己的需求和时间安排设置截止日期。这样，用户可以更加高效地完成任务，避免拖延和浪费时间。

(3) 审核人：在处理待办事项时，如果需要团队其他成员的审核或批准，则可以指定一个或多个审核人来负责此事项。审核人可以是团队成员，也可以是外部人员。他们的角色是在待办事项完成后，对其进行审批和确认。审核人在团队中扮演着重要的角色，他们负责确保待办事项的质量和准确性。一旦待办事项完成后，待办事项的指派人将该待办事项提交给审核人进行审批。审核人会对任务进行全面审查，包括任务的目标是否达成、工作过程是否符合规范、结果是否达到预期等，以确保其符合团队的标准和要求。审核人可以根据自己的专业知识和经验，对任务进行深入分析和评估，并提出改进建议或意见。他们对于待办事项的后续处理至关重要。

(4) 指派人：在团队协作中，如果某个待办事项需要由特定的成员负责完成，则团队的管理者可以为该待办事项指定一个或多个指派人。指派人必须是团队成员中的一员，包括团队的管理者。指派人的主要职责是处理待办事项，使其按时完成。指派人是真正处理待办事项的执行者，他们对待办事项的处理结果会引起待办事项的状态改变。

(5) 标签和分类：为待办事项添加标签和分类，不仅可以提高用户在处理待办事项时的效率和便捷性，而且便于用户快速筛选和查找相关待办事项。标签可以是项目名称、任务类型、部门等，分类可以按照项目、阶段、功能模块等进行划分。

(6) 待办描述和附件：在每个待办事项中，待办事项的创建者都需要提供详尽的任务描述，以便用户能够清楚地了解任务的具体要求、目标及预期结果。这样的描述应该包括任务的背景信息、关键步骤、所需资源等，以便指派人能够全面地掌握任务的各方面。为了确保待办事项的顺利完成，允许创建者为每个待办事项添加附件。这些附件可以是各种类型的文件，如文档、图片、音频、视频等，以满足指派人在完成任务的过程中可能遇到的各种需求。

(7) 待办事项状态：待办事项的状态可以分为 5 种，分别是未开始、进行中、已完成、阻塞和失败。这些状态的变化取决于指派人对任务的处理结果。首先，当一个待办事项刚刚被创建时，它的状态会被标记为未开始。这意味着创建者分配的指派人还没有开始处理这个任务，或者任务还没有被分配给任何指派人。接下来，当指派人开始处理任务并取得进展时，待办事项的状态将变为进行中。在这个阶段，指派人正在积极地完成任务，并且可能会有一些里程碑或进度更新。一旦指派人完成了所有工作,并将任务交付给审核人,待办事项的状态将变为已完成。这意味着任务已经被成功地完成,并且可以进入下一个阶段或项目,但若审核人认为该待办事项的结果不符合他们的预期,则可以退还该待办事项,退还后该待办事项会作为紧急待办事项插入常规待办中,并重新变为进行中状态。有时指派人可能会遇到一些困难或问题,导致任务无法按计划进行。如果指派人无力完成待办事项,并且长时间没有进度变化,则待办事项的状态将转变为阻塞。这意味着任务被暂时搁置,需要进一步地进行讨论或提供解决方案,以此来解决阻碍任务进展的问题。如果待办事项在规定的结束日期之前无法完成,并且没有找到合适的解决方案来解决问题,则待办事项的状态将转变为失败。这意味着任务未能按时完成,可能需要重新评估和调整计划。

(8) 提醒和通知:为了确保指派人能够及时了解待办事项的状态和变化,本系统特别设置了提醒和通知功能。当待办事项即将到期或者发生重要变化时,系统会通过多种方式向用户发送通知,以便指派人能够及时采取行动。在本系统中,可以采用了两种主要的通知形式,分别是系统内通知和邮件通知,当待办事项的创建者指定了指派人时,系统会自动向指派人发送一条通知,告知他们有新的任务需要完成。此外,当待办事项的截止日期即将到来时,系统也会向相关人员发送一条提醒通知,以确保他们能够按时完成任务。如果待办事项被撤回,则系统同样会向相关人员发送一条通知,以便他们了解任务的最新状态。

11.3 项目目录构成与依赖

本节的内容将详细地介绍整个日程待办项目的前后端目录结构及在开发过程中所需的各种依赖。本节将讲解项目的各个组成部分,包括前端和后端的代码组织方式,以及为了实现项目功能而需要的各种库和框架。

11.3.1 前端目录构成与依赖

前端项目的开发使用 Vite 这个工具进行搭建。Vite 是一个现代前端构建工具,它提供了更快的开发服务器启动速度和即时的模块热更新功能。如果对于如何使用 Vite 来初始化前端项目感到困惑或者不确定,则建议先停下来,去阅读本书的 A.7 节。将会找到关于如何使用 Vite 来初始化项目的详细步骤和说明,包括如何安装 Vite,如何创建一个新的 Vite 项目,以及如何在项目中配置和使用 Vite。这些信息都是非常实用的,可以帮助开发者更好地理解和使用 Vite,从而更有效地搭建和开发前端项目。

1. 前端依赖

在前端开发中,所有的项目依赖信息都可以通过查看根目录下的 package.json 文件获取。这个 package.json 文件是一个 JSON 格式的文件,它包含了项目所需的各种依赖项及它们的版本信息。通过查看 package.json 文件的 dependencies,可以了解到项目中所使用的各种库、框架及其他工具的版本和配置信息。

在日程待办系统中除了主框架 Vue 外主要应用到 HTTP 请求 axios、状态管理库 pinia、UI 组件库 element-plus、CSS 预处理器 sass 及 Vue 的路由框架 vue-router。具体的 package.json 文件的信息如下：

```
//第 11 章 todo/package.json
{
    "name": "todo",
    "private": true,
    "version": "0.0.0",
    "type": "module",
    "scripts": {
        "dev": "vite",                   //开发模式启动命令,使用 Vite
        "build": "vue-tsc && vite build", //构建命令,先通过 vue-tsc 进行类型检查,然后使
                                          //用 Vite 构建
        "preview": "vite preview"        //预览构建结果的命令
    },
    "dependencies": {
        "axios": "^1.4.0",               //用于 HTTP 请求的 Promise API
        "element-plus": "^2.3.5",        //Vue 3 的 UI 组件库
        "node-sass": "^9.0.0",           //将 SCSS 编译成 CSS 的库
        "pinia": "^2.1.3",               //Vue 3 的状态管理库
        "sass": "^1.62.1",               //Dart Sass,用于替代 node-sass
        "sass-loader": "^13.3.1",        //用于 Webpack 的 sass 加载器
        "vue": "^3.2.47",                //Vue.js 框架的核心库
        "vue-router": "^4.2.1"           //Vue 3 的官方路由库
    },
    "devDependencies": {
        "@vitejs/plugin-vue": "^4.1.0", //Vite 插件,用于支持单文件组件(.vue 文件)
        "typescript": "^5.0.2",          //TypeScript 语言的编译器
        "vite": "^4.3.2",                //前端构建工具
        "vue-tsc": "^1.4.2"              //用于 Vue 项目的 TypeScript 类型检查工具
    }
}
```

以下是对这些依赖的具体说明。

(1) Vue 3 的状态管理解决方案 pinia：pinia 是 Vue 3 的官方状态管理库，旨在提供一个更轻量、更易于使用的解决方案。与 vuex 相比，pinia 提供了更好的 TypeScript 集成和更简单的 API，使状态管理变得简单而直观。

(2) Vue 应用的路由系统 vue-router：vue-router 是 Vue.js 的官方路由管理器。它与 Vue.js 核心深度集成，使构建单页应用变得简单而自然。vue-router4 是专为 Vue 3 而设计的，支持基于 Vue 3 的新特质。

(3) Vue 3 的 UI 组件库 element-plus：一个基于 Vue 3 的组件库，为开发人员提供了一系列高质量的 UI 组件，包括按钮、对话框、下拉菜单等，大大加速了界面的开发过程。element-plus 的设计优雅且易于使用，使构建美观、响应式的界面变得轻而易举。

（4）处理 HTTP 请求的 Promise API 框架 axios：axios 是基于 Promise 的 HTTP 客户端，用于浏览器和 Node.js。它提供了一种简单的方法来发送 HTTP 请求，并处理响应。在 Vue 项目中，axios 常被用于与后端服务进行通信，获取或发送数据。

（5）CSS 预处理器 sass：允许使用变量、嵌套规则、混入等高级功能编写 CSS，从而使样式表更加组织化和易于维护，其中 node-sass 是 sass 的一个库，使 Node.js 用户能够将 Sass 文件编译成 CSS，然而，随着 Dart Sass（简称 Sass）的出现，社区开始向它转移，因为它是 Sass 的主要实现。sass-loader 是一个 Webpack 加载器，允许 Webpack 将 Sass/SCSS 文件编译成 CSS。

2. 前端目录结构

为了保持代码的组织结构清晰和易于管理，通常会对相关的文件和目录进行分类，前端目录结构主要分为 api、assets、components、core、router、store、styles 和 views 这些主要的目录，以下是对这些目录的详细说明。

（1）api：存放与后端 API 交互的相关代码，其中 axios 目录用于配置 axios 实例。src 目录包含具体的 api 调用文件，如 team.ts、todo.ts、type.ts 和 user.ts，分别对应团队、待办事项、类型定义和用户信息的 API 请求。

（2）assets：存放项目中使用的静态资源。avatar 目录用于存放用户头像图片。defaultIcons：默认图标集，使用 iconfont，包括字体图标文件和相关 CSS。team 目录是团队相关的 SVG 图标。

（3）components：存放 Vue 组件，其中 header、menu、notice、svg 分别对应页面的头部、菜单、通知和 SVG 图标的组件。通常存放一些全局使用的组件，这些组件与页面的关系并不紧密。

（4）core：核心业务逻辑，包含一些核心功能的实现，如附件处理、头像处理、通用方法、初始化配置、名称处理、通知系统、团队、待办事项和用户信息处理等。

（5）router：定义 Vue 路由配置，控制页面的导航，其中 index.ts 文件是路由的主入口文件。routePath.ts 文件用于定义路由路径的常量配置。

（6）store：状态管理，pinia.ts 文件配置对 pinia 进行相关配置，然后进行导出，使其在 main.ts 文件中可以使用。src 目录用于存放具体的状态管理模块，例如用户状态管理，实际上 pinia 不同于 vuex，可以定义多种状态管理模块，但由于日程协办系统并不庞大，所以在这个项目中只定义了一个。

（7）styles：存放项目的样式文件。components 目录对应组件相关的样式。views 目录对应了目录视图或页面特定的样式。src 目录下可以定义一些全局变量和可复用的样式。这里定义了一个 var.scss 文件，用于定义全局常用的颜色变量。

（8）views：存放 Vue 页面文件，通常对应路由中的视图，例如 collaborate、login、plan 目录分别对应合作、登录和计划功能的页面和组件。

前端详细的目录结构如下：

第11章 综合案例：日程待办系统

```
E:.
│   App.vue                    //主 Vue 入口文件
│   main.ts                    //整个应用程序的主入口,它负责初始化和启动 Vue.js 应用程序
│   vite-env.d.ts
│
├───api                        //存放与后端 API 交互的相关代码
│   │   index.ts
│   │
│   ├───axios                  //axios 的配置目录
│   │       index.ts
│   │
│   └───src                    //所有所需 API
│           team.ts
│           todo.ts
│           type.ts
│           user.ts
│
├───assets                     //存放项目中使用的静态资源
│   │   vue.svg
│   │
│   ├───avatar                 //用户头像资源
│   │       avatar1.png
│   │       avatar2.png
│   │       avatar3.png
│   │
│   ├───defaultIcons           //iconfont 图标资源
│   │       demo.css
│   │       demo_index.html
│   │       iconfont.css
│   │       iconfont.js
│   │       iconfont.json
│   │       iconfont.ttf
│   │       iconfont.woff
│   │       iconfont.woff2
│   │
│   └───team                   //团队头像资源
│           team1.svg
│           team2.svg
│           team3.svg
│           team4.svg
│
├───components                 //存放 Vue 组件
│   │   index.ts
│   │
│   ├───header                 //header 组件
│   │       header.vue
│   │
│   ├───menu                   //菜单组件
│   │       menu.vue
```

```
|   |
|   ├─────notice                    //通知组件
|   |      notice.vue
|   |
|   |
|   └─────svg                       //svg图标
|          svg.ts
|
├──────core                         //核心业务逻辑
|   |   index.ts
|   |
|   |
|   └─────src
|          annex.ts
|          avatar.ts
|          common.ts
|          init.ts
|          name.ts
|          notice.ts
|          team.ts
|          todo.ts
|          user.ts
|
├──────router                       //Vue路由配置
|       index.ts
|       routePath.ts
|
├──────store                        //状态管理
|   |   IndexPinia.ts
|   |   pinia.ts
|   |
|   |
|   └─────src
|          user.ts
|
├──────styles                       //具体样式
|   |   global.scss
|   |   name.scss
|   |
|   ├─────components                //组件相关样式
|   |      header.scss
|   |      menu.scss
|   |
|   ├─────src                       //样式变量配置
|   |      var.scss
|   |
|   └─────views                     //页面相关样式
|          collaborate.scss
|          history.scss
|          login.scss
|          main.scss
|          plan.scss
|          signin.scss
|
```

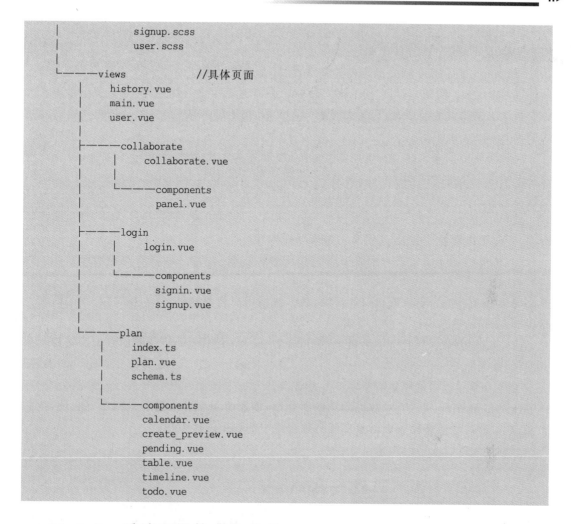

11.3.2 后端目录构成与依赖

1. 后端依赖

后端中主要依赖 lazy_static、rocket、rocket_cors、surrealdb 及前面自己编写的 surreal_use 库。这里 surrealdb 库和 rocket 库就不介绍了，以下是对其他库的详细说明。

（1）lazy_static：用于 Rust 中创建静态生命周期的变量。由于 Rust 的静态变量必须在编译时就能确定值，所以 lazy_static 允许第 1 次访问时才初始化静态变量，在当前项目中主要使用在对 SurrealDB 实例初始化时。

（2）rocket_cors 是一个用于处理跨源资源共享（CORS）的库，使通过 rocket 构建的 Web 应用可以更容易地管理 CORS 策略。这对于前后端分离的应用尤为重要。

2. 后端目录结构

在后端目录中主要由 main.rs 和 lib 目录两个主要部分组成，在 lib 目录下分为 api、

entry、mapping 共 3 个主要目录及 cors.rs、db.rs、error.rs、response.rs 共 4 个主要文件，以下是这些目录和文件的详细说明。

（1）main.rs：Rust 程序的主入口文件，包含 main()函数。

（2）cors.rs：使用 rocket_cors 库对跨域资源请求进行相关处理，其中主要包括定义允许跨域请求的来源地址列表、定义允许进行 HTTP 请求的方法列表、定义是否允许跨域请求携带 Cookies 凭证等。

（3）db.rs：使用 lazy_static 库和 surrealdb 库定义一个静态的惰性 SurrealDB 客户端实例并定义一个异步的 db_init()函数，用于对实例等初始化和连接到 SurrealDB 数据库，这使这个客户端实例可以在任意文件中直接引入并进行使用。

（4）error.rs：定义一个 Error 枚举，包含所有可能的错误，例如身份认证失败、账户不存在、更改用户设置失败、创建团队待办事项失败等。

（5）response.rs：定义一个统一到 JSON 形式的响应结构体，高效便捷地向前端接口进行返回。

（6）api 目录：所有后端接口等目录，其中包括用户相关接口、待办相关接口、团队相关接口等，前端的请求由这里进行处理。

（7）entry 目录：所有实体的目录，简单分为 po 和 dto 两类，po 是面向数据库等持久层对象，即数据库中的存储实体；dto 是面向前端的传输层对象，是前端的接口的返回实体。po 中的实体和 dto 中的实体需要实现互相转换的方法来满足数据使用上的实际需要。

（8）mappering 目录：对数据库的映射查询，即所有对应持久层对象的增、删、改、查的方法，通过这一层会将持久层对象实体与数据库中的数据进行关联。

后端详细的目录结构如下：

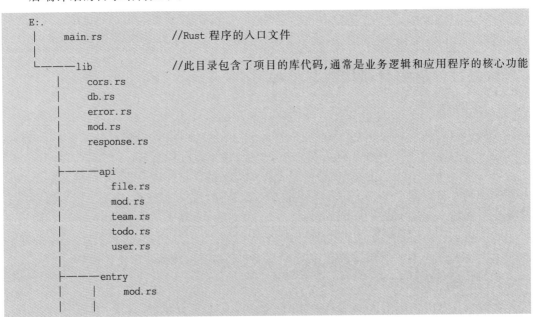

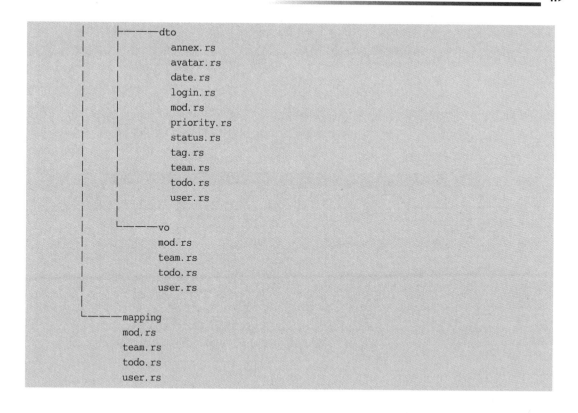

11.4 项目前端编码实现

11.4.1 核心类型及工具实现

本节详细地编写 core 目录中的所有内容。core 目录在整个前端项目中扮演着至关重要的角色，它是整个前端的核心模块。在这个目录中，将会包含所有在项目的开发过程中需要用到的类型、变量和方法。

core 目录中包含以下几个文件。

（1）index.ts：整个 core 目录的 src 目录中所有文件的导出目录。

（2）src/annex.ts：附件类型枚举，主要包含 Annex 枚举。

（3）src/avatar.ts：用户的头像枚举，以及获取头像的方式。

（4）src/common.ts：所有常用的方法及类型，其中包括将文件转换为 Base64 编码、将 Base64 编码的字符串转换为 Blob 对象、触发浏览器下载文件等一系列方法。

（5）src/init.ts：初始化所需的一些方法，例如初始化本地缓存、将常规对象转换为字符串等。

（6）src/name.ts：用于快速生成 HTML 标签的 class 或 id 属性的方法，对应 name.scss 中的方法联合使用。

（7）src/notice.ts：事件通知所需要的类型，主要应用在头部菜单栏中的通知事项中。

（8）src/team.ts：团队所需的类型、团队头像枚举、头像枚举映射、生成团队头像的函数等。

（9）src/todo.ts：事件待办 TODO 需要的优先级等级枚举、优先级选项、待办 TODO 的实体类型、优先级颜色映射、待办状态枚举等。

（10）src/user.ts：用户所需要的实体类、登录注册使用的表单类型等。

core 目录的结构和所有文件如图 11-1 所示。

图 11-1 core 目录结构和所有文件

1. 编写 src/annex.ts

在这个 Annex 枚举中定义了图片、音频、视频、Markdown 类型文件及其他类型的文件，用于区分用户创建 TODO 时上传的附件的类型，这样可以快速地锁定附件类型，以便进行区分处理。例如对文件进行分区、筛选文件、同类型文件批处理等。这个枚举可以作为一种扩展能力赋予给 TODO 类型。Annex 枚举的具体的代码如下：

```
//第 11 章 todo/src/core/src/annex.ts
//导出枚举 Annex,用于表示附件类型
export enum Annex {
    //图片
    Picture,
    //音频
    Audio,
    //视频
    Video,
    //Markdown 文件
    Md,
    //其他
    Other
}
```

2. 编写 src/avatar.ts

这个文件主要用于处理用户头像。首先，定义了一个头像枚举类型，包括 Worker（工人）、Miner（矿工）和 Adventurer（探险家）3 种不同的头像。这 3 种枚举值分别对应了 3 张

导入的 PNG 格式的图像。

为了方便后续的使用，通过一个名为 AvatarMap 的映射表对头像枚举值与图像资源进行关联。这个映射表在头像选择功能中会经常被使用，以便根据用户的选择来展示相应的头像。

最后，提供了一个名为 useAvatar 的方法，通过传入头像枚举值作为参数，获取对应的图片资源。这种方法会根据传入的枚举值，在 AvatarMap 映射表中查找对应的图像资源，并将其返回。avatar.ts 文件的所有代码如下：

```typescript
//第 11 章 todo/src/core/src/avatar.ts
import Avatar1Png from '../../assets/avatar/avatar1.png'
import Avatar2Png from '../../assets/avatar/avatar2.png'
import Avatar3Png from '../../assets/avatar/avatar3.png'
/**
 * 头像枚举
 */
export enum Avatars {
    Worker = 'Worker',
    Miner = 'Miner',
    Adventurer = 'Adventurer'
}

/**
 * 头像枚举映射
 */
export const AvatarMap = new Map<Avatars, any>([
    [Avatars.Worker, Avatar1Png],
    [Avatars.Miner, Avatar2Png],
    [Avatars.Adventurer, Avatar3Png]
])

/**
 * 使用头像函数
 * 通过枚举得到映射结果
 * @param avatarEnum
 * @returns
 */
export const useAvatar = (avatarEnum: Avatars) => {
    return AvatarMap.get(avatarEnum)
}
```

3. 编写 src/common.ts

在 common.ts 文件中，首先定义了一个名为 Option 的类型。这种类型的作用是对应 Rust 语言中的 Option 类型，用于代替手写的可为 null 的类型。通过 Option 类型，可以更好地处理可能为空的情况，提高代码的健壮性。

接下来，文件定义了 3 个用于处理文件的方法。首先是 convertFileToBase64() 方法，这种方法接受一个 File 类型的参数。它的主要功能是对传入的 File 对象进行读取，并将其转换为 base64 编码格式的字符串。这种方法返回一个 Promise<string>类型的结果，表示将异步地进行文件读取和转换操作。

第 2 种方法是 base64ToBlob()，它接受一个 Base64 编码的字符串作为参数。该方法的作用是将传入的 Base64 编码字符串转换为一个 Blob 对象。同时，这种方法还支持指定 Base64 编码的类型，以便根据不同的编码类型进行转换。具体的转换结果主要取决于 Base64 字符串的前缀部分。

最后定义的是 downloadBlob()方法，它用于触发浏览器的文件下载功能。这种方法会创建一个隐藏的链接元素，并将该元素的 href 属性设置为 Blob 对象的 URL，然后模拟用户单击"链接"元素，从而使用户感觉像是自动进行了文件下载操作。common.ts 文件的所有代码如下：

```typescript
//第 11 章 todo/src/core/src/common.ts
export type Option<T> = T | null

export const convertFileToBase64 = (file: File): Promise<string> => {
    return new Promise((resolve, reject) => {
        //创建 FileReader 对象
        const reader = new FileReader()

        //读取操作完成(无论成功还是失败)后触发的事件处理器
        reader.onload = () => {
            //读取成功，reader.result 包含转换为 Base64 的文件内容
            resolve(reader.result as string)
        }

        //读取操作发生错误时触发的事件处理器
        reader.onerror = error => {
            //读取失败，拒绝 Promise
            reject(error)
        }

        //使用 readAsDataURL 方法读取文件内容，结果为数据 URL(Base64 编码)
        reader.readAsDataURL(file)
    })
}

/**
 * 将 Base64 编码的字符串转换为 Blob 对象
 * @param base64Data Base64 编码的字符串
 * @param contentType 文件的 MIME 类型，默认为 'application/octet-stream'
 */
export const base64ToBlob = (base64Data: string, contentType: string = 'application/octet-stream'): Blob => {
    //Base64 字符串中实际的数据部分通常会以逗号分隔，之前的部分包含了一些描述信息
    const base64ContentArray = base64Data.split(',')
```

```
        //解码 Base64 字符串
        const byteString = atob(base64ContentArray[1])
        //创建一个用于存储解码后为二进制数据的数组
        const byteArray = new Uint8Array(byteString.length)
        for (let i = 0; i < byteString.length; i++) {
            byteArray[i] = byteString.charCodeAt(i)
        }
        //使用解码后的数据创建 Blob 对象
        const blob = new Blob([byteArray], { type: contentType })
        return blob
}

/**
 * 触发浏览器下载文件
 * @param blob 文件内容的 Blob 对象
 * @param fileName 下载文件时使用的文件名
 */
export const downloadBlob = (blob: Blob, fileName: string): void => {
        //为 Blob 对象创建一个临时 URL
        const url = URL.createObjectURL(blob)
        //创建一个隐藏的<a>元素,并将其 href 设置为 Blob 对象的 URL
        const anchor = document.createElement('a')
        anchor.href = url
        anchor.download = fileName
        document.body.appendChild(anchor)
        //模拟单击<a>元素以触发下载
        anchor.click()
        //移除<a>元素
        document.body.removeChild(anchor)
        //释放之前创建的临时 URL
        URL.revokeObjectURL(url)
}
```

4. 编写 src/init.ts

在 init.ts 文件中,主要处理页面初始化时需要执行的操作。对于这个日程待办系统来讲,实际上并没有太多复杂的初始化操作。只是通过调用 initLocalStorage() 函数来简单地创建本地缓存。如果将来有更加复杂的操作需求,则可以在 init() 函数中进行添加。通常情况下,初始化操作会在 App.vue 文件中导入并使用。这样做的好处是,可以在应用程序的入口处统一管理初始化操作,使代码更加整洁和易于维护。init.ts 文件的所有代码如下:

```
//第 11 章 todo/src/core/src/init.ts
import { Todo } from './todo'

//将对象转换为字符串
const toStore = (target: any): string => {
    return JSON.stringify(target)
}
```

```
//初始化本地存储
const initLocalStorage = () => {
    //init local storage
    // - todo-sigin-in : false
    // - todo-user: {}
    window.localStorage.setItem('todo-sign-in', toStore(false))
    window.localStorage.setItem('todo-user', toStore(new Object()))
}

//导出初始化函数
export const init = () => {
    initLocalStorage()
}
```

5. 编写 src/name.ts

name.ts 文件的主要目标是对 HTML 代码中的 id 或 class 属性进行构建。这个文件中包含了 3 种方法：build()、buildWrap()和 buildView()，这些方法与 name.scss 文件中的 3 个同名方法相对应。

一般来讲，build()方法用于构建内部组件的名称。这种方法可以为内部组件生成一个唯一的名称。buildWrap()方法用于构建外层的 wrap。buildView()方法则用来构建主容器的 id 名，这种方法可以帮助主容器生成一个唯一的名称。通过这 3 种方法，可以快速地创建出对应的样式层级，从而使页面中的 HTML 代码和 CSS 样式表之间的关系更加清晰，使代码更加易于维护。name.ts 文件的所有代码如下：

```
//第 11 章 todo/src/core/src/name.ts
/**
 * ==============================================
 * @author:syf20020816@outlook.com
 * @since:20230307
 * @version:0.0.1
 * @type:ts
 * @description:用于对 Class 和 ID 进行构建
 *
 * ==============================================
 */
/**
 * 构建内部组件的名称
 */
export const build = (componentName: string, other: string): string => {
    return componentName + "-" + other;
};
/**
 * 构建外层 wrap
 * @param componentName
 * @param wrap
```

```
 * @returns
 */
export const buildWrap = (componentName: string, wrap: string): string => {
    return componentName + "-" + wrap + "_wrap";
};
/**
 * 构建主容器(container)
 * @param componentName
 * @returns
 */
export const buildView = (componentName: string): string => {
    return componentName + "_view";
};
```

6. 编写 src/notice.ts

在 TODO 完成或状态转变时经常需要使用通知来向用户传达信息。为了达到这一目的，创建了一个名为 notice.ts 的文件，该文件定义了用于通知系统的类型。这种类型将与 Notice.vue 组件紧密协作，作为该组件的 props 属性类型进行传递。

在 notice.ts 文件中，定义了一个包含以下字段的通知类型。

(1) 通知标题(title)：用于显示通知的主题或标题。

(2) 通知 ID(id)：用于唯一标识每个通知的标识符。

(3) 通知描述(description)：用于详细描述通知的内容。

(4) 通知者(notifier)：表示发送通知的用户或系统。

(5) 通知类型(type)：表示通知的类型，可以是 todo 或 normal。

(6) 通知数据(data)：包含与通知相关的附加数据。

(7) 通知日期(date)：表示通知创建的日期和时间。

通过定义这个 Notice 类型可以确保通知系统具有一致的数据结构，从而便于维护和扩展，还可以为 todo 和 normal 通知类型分别创建一种方法，以便快速生成这两种类型的通知。notice.ts 文件的代码如下：

```
//第 11 章 todo/src/core/src/notice.ts
//导出通知类型
export type Notice = {
    //通知标题
    title: string
    //通知描述
    description: string
    //通知者
    notifier: string
    //通知类型
    type: Notices
    //通知数据
    data?: any
    //通知日期
```

```
        date: string
        //通知id
        id: string
}

//通知类型
export type Notices = 'todo' | 'normal'
```

7. 编写 src/team.ts

team.ts 是一个用于处理团队相关操作的文件。在这个文件中,首先定义了一个名为 TeamAvatars 的枚举类型,它包含了所有可用的团队头像名称。这些头像名称可以用于表示团队的图标。

为了方便地在应用程序的其他部分使用这些头像,利用 Map 数据结构创建了一个名为 TeamMap 的映射。这个映射将 TeamAvatars 枚举中的每个成员映射到对应的 SVG 资源。这样,就可以通过枚举值轻松地找到对应的团队头像的 SVG 资源。

为了进一步地简化团队头像的使用,还编写了一个名为 useTeam 的函数。这个函数接受一个 TeamAvatars 枚举值作为参数,并返回与之对应的团队头像的 SVG 资源。这样,可以在应用程序的其他部分直接调用这个函数,以便获取团队头像的 SVG 资源,而无须关心具体的映射关系。

最后,定义了一个名为 Team 的类型,用于表示团队的数据结构。这个数据结构包括团队的 ID、名称、成员信息、持有人、头像、概述和说明、创建日期及所属的待办事项。通过定义这种类型,可以更方便地管理和操作团队相关的数据。team.ts 文件的代码如下:

```
//第 11 章 todo/src/core/src/team.ts
import Team1SVG from '../../assets/team/team1.svg'
import Team2SVG from '../../assets/team/team2.svg'
import Team3SVG from '../../assets/team/team3.svg'
import Team4SVG from '../../assets/team/team4.svg'
import { Todo } from './todo'
import { User } from './user'

/**
 * 头像枚举
 */
export enum TeamAvatars {
    Team1 = 'Team1',
    Team2 = 'Team2',
    Team3 = 'Team3',
    Team4 = 'Team4'
}

/**
 * 头像枚举映射
 */
```

```
export const TeamMap = new Map<TeamAvatars, any>([
    [TeamAvatars.Team1, Team1SVG],
    [TeamAvatars.Team2, Team2SVG],
    [TeamAvatars.Team3, Team3SVG],
    [TeamAvatars.Team4, Team4SVG]
])

/**
 * 使用头像函数
 * 通过枚举得到映射结果
 * @param teamEnum TeamAvatars
 * @returns
 */
export const useTeam = (teamEnum: TeamAvatars) => {
    return TeamMap.get(teamEnum)
}

export type Team = {
    //团队 ID
    id: string
    //团队名称
    name: string
    //团队成员信息
    members: Array<User>
    //团队持有人
    owner: string
    //团队头像
    avatar: TeamAvatars
    //团队概述和说明
    description: string
    //团队创建日期
    date: Date
    //团队所属 TODO
    todos: Todo[]
}
```

8. 编写 src/todo.ts

todo.ts 文件的主要目的是处理与待办事项(TODO)相关的操作。在这个文件中，最重要的部分是 Todo 类型，定义了一个待办事项的各种属性。这些属性包括唯一标识、所有者、名称、优先级、审核人列表、执行人列表、日期、标签列表、状态、描述、额外信息、附件列表及是否为关注的待办事项。

在 Todo 类型中，优先级字段使用了一个名为 Priorities 的枚举，用于描述任务或项目的紧急程度。这个枚举包括 4 个级别，分别是紧急、高、中、低。这样的分类有助于用户快速地识别任务的重要性。为了在前端选择组件中使用这些优先级，代码提供了一个 priorityOptions 数组，其中每个对象都有 value 和 label 两个属性，分别用于表示优先级的值和在 UI 中的显示文本。

此外，代码还使用了一个名为 PriorityColorMap 的映射，提供了一种根据优先级获取对应颜色的方法。通过 usePriorityColor 函数，使在应用的任何地方都可以轻松地根据优先级获取颜色。

在任务管理中，标签字段是另一个重要特质，可以用于分类、标记和搜索任务。ITagProps 类型定义了任务或项目标签的视觉表现，包括类型、效果和文本标签。effectOptions 和 typeOptions 数组分别提供了不同的标签效果和类型选项，使在前端选择组件中可以灵活地定义标签的外观。

在 Todo 中使用了一个名为 Status 的枚举类型来表示待办事项的状态，可以清晰地表示待办事项在不同阶段的处理状态，从而帮助执行人更好地管理和处理待办事项。这个枚举类型包含了 5 种不同的状态，分别是未开始、进行中、已完成、阻塞中和失败。

（1）未开始：这种状态表示待办事项还没有到达开始的时间点。在这种状态下，待办事项处于等待阶段，执行人无须处理这个待办事项。

（2）进行中：当待办事项到达开始时间时，它的状态会变为进行中。这意味着待办事项已经被分配给执行人，并且正在被处理。在这种状态下，待办事项仍然没有到达截至时间，执行人需要尽快完成待办事项。

（3）已完成：当执行人完成了待办事项并进行了确认后，待办事项的状态会变为已完成。这表示待办事项已经成功地被处理完毕，不再需要进行任何操作。

（4）阻塞中：当待办事项到达结束时间时，它的状态会变为阻塞中。这意味着待办事项已经超过了预定的处理时间，但并不意味着待办事项已经失败。在这种状态下，待办事项会被标记为阻塞，同时会向执行人发送通知，提醒他们尽快处理。

（5）失败：如果执行人认为待办事项无法完成，则可以将待办事项的状态设置为失败。在这种状态下，待办事项会被废弃到历史记录中，不再被处理。

在 todo.ts 文件中，还包括了 IDate 和 TodoBox 两种类型。IDate 类型用于表示待办的日期，包括待办开始时间、待办结束时间及待办的持续时间。这个持续时间使用毫秒表示，可以自由地转换为不同类型的时间，而 TodoBox 类型则会用在 User 类型中，用于分类存放不同优先级和状态的待办事项。这包括低、中、高及紧急优先级的待办事项列表、关注的待办事项列表，以及历史待办事项列表。todo.ts 文件的代码如下：

```typescript
//第 11 章 todo/src/core/src/todo.ts
import { TagProps } from 'element-plus'
import { Avatars } from './avatar'
import { Option } from './common'
import { Annex } from './annex'
import { User } from './user'

/** 优先级等级枚举,用于定义任务或项目的紧急程度 */
export enum Priorities {
    Emergent = 'Emergent',        //紧急
    High = 'High',                //高
    Mid = 'Mid',                  //中
```

```typescript
        Low = 'Low'                              //低
}

/** 优先级选项数组,用于前端选择组件 */
export const priorityOptions = [
    {
        value: Priorities.Low,                   //低优先级
        label: Priorities.Low                    //将标签显示为"Low"
    },
    {
        value: Priorities.Mid,                   //中优先级
        label: Priorities.Mid                    //将标签显示为"Mid"
    },
    {
        value: Priorities.High,                  //高优先级
        label: Priorities.High                   //将标签显示为"High"
    },
    {
        value: Priorities.Emergent,              //紧急优先级
        label: Priorities.Emergent               //将标签显示为"Emergent"
    }
]

/** 优先级类型定义,包含颜色和名称 */
export type Priority = {
    color: string                                //优先级颜色
    name: Priorities                             //优先级名称
}

/** 优先级的颜色映射器,用于根据优先级获取对应的颜色 */
const PriorityColorMap = new Map<Priorities, string>([
    [Priorities.Emergent, '#E86D5E'],            //紧急
    [Priorities.High, '#F69D50'],                //高
    [Priorities.Mid, '#6CB6FF'],                 //中
    [Priorities.Low, '#ADAC9A']                  //低
])

/** 获取优先级颜色的函数 */
export const usePriorityColor = (priority: Priorities): string => {
    return PriorityColorMap.get(priority) || '#ADAC9A'
}

/** 日期类型定义,用于描述任务或事件的开始和结束时间 */
export type IDate = {
    start: string                                //开始时间
    end: string                                  //结束时间
    during: number                               //持续时间,以某种计量单位表示
}

/** 待办状态枚举,描述任务的当前状态 */
```

```typescript
export enum Status {
    NOT_START = 'not start',              //未开始
    IN_PROGRESS = 'in progress',          //进行中
    COMPLETED = 'completed',              //已完成
    PENDING = 'pending',                  //阻塞中
    FAILED = 'failed'                     //失败
}

/** 状态和颜色的映射,用于根据任务状态获取对应的颜色 */
const StatusTypeMap = new Map<Status, string>([
    [Status.NOT_START, '#ADAC9A'],        //未开始
    [Status.IN_PROGRESS, '#56D4DD'],      //进行中
    [Status.COMPLETED, '#8DDB80'],        //已完成
    [Status.PENDING, '#8EBAC7'],          //阻塞中
    [Status.FAILED, '#FF5555']            //失败
])

/** 获取任务状态颜色的函数 */
export const useStatus = (status: Status): string => {
    return StatusTypeMap.get(status) || '#ADAC9A'
}

/** 标签属性类型,用于定义任务或项目标签的视觉表现 */
export type ITagProps = {
    type: 'info' | 'success' | 'warning' | '' | 'danger'  //标签类型
    effect: 'dark' | 'light' | 'plain'    //标签效果
    label: string                          //标签文本
}

/** 标签效果选项数组,用于前端选择组件 */
export const effectOptions = [
    //定义不同的标签效果选项
    { label: 'dark', value: 'dark' },
    { label: 'light', value: 'light' },
    { label: 'plain', value: 'plain' }
]

/** 标签类型选项数组,用于前端选择组件 */
export const typeOptions = [
    //定义不同的标签类型选项
    { label: 'default', value: '' },
    { label: 'info', value: 'info' },
    { label: 'success', value: 'success' },
    { label: 'warning', value: 'warning' },
    { label: 'danger', value: 'danger' }
]

/** 待办事项类型定义,描述一个待办事项的各种属性 */
export type Todo = {
```

```
    id?: string                          //待办事项的唯一标识
    owner: string                        //待办事项的所有者
    name: string                         //待办事项的名称
    priority: Priorities                 //待办事项的优先级
    reviewers: Array<User>               //审核人列表
    performers: Array<User>              //执行人列表
    date: IDate                          //待办事项的日期
    tags: Array<ITagProps>               //待办事项的标签列表
    status: Status                       //待办事项的状态
    description: Option<string>          //待办事项的描述
    information: Option<string>          //待办事项的额外信息
    annexs: Option<Array<Annex>>         //附件列表
    isFocus: boolean                     //是否为关注的待办事项
}

/** 待办事项箱类型定义,用于分类存放不同优先级和状态的待办事项 */
export type TodoBox = {
    low: Array<Todo>                     //低优先级的待办事项列表
    mid: Array<Todo>                     //中等优先级的待办事项列表
    fatal: Array<Todo>                   //高优先级和紧急优先级的待办事项列表
    focus: Array<Todo>                   //关注的待办事项列表
    history: Array<Todo>                 //历史待办事项列表
}
```

9. 编写 src/user.ts

user.ts 文件主要用于描述和定义用户相关的数据结构。在这种类型中,定义了一个名为 UserLoginForm 的用户登录表单类型,这是应用安全性的第一道防线。通过明确地定义 UserLoginForm 的类型,可以清楚地知道在登录过程中需要收集哪些数据,即用户名和密码。这个简单的类型定义有助于确保在处理登录逻辑时,能够接收到正确和完整的用户输入,从而提高应用的安全性。

当用户通过登录验证后,如何展示和管理用户信息就变得尤为重要了,因此,定义了 User 类型,这种类型不仅包含了用户的基本信息(如用户名、真实姓名、头像、电子邮箱地址等),还包括了与用户行为和偏好设置相关的字段(如是否接收电子邮件通知和消息通知)。这样的设计可以帮助我们更好地理解用户,从而提供更好的服务。

除了用户登录,用户信息的变更也是一个重要的需求,因此,定义了另一种类型 UserInfoChangeForm。这种类型定义了一个结构化的数据接口,用于提交用户信息更新请求。这不仅方便了前端构建表单和验证数据,也为后端提供了明确的数据接口,使后端可以清晰地知道需要处理哪些数据。通过分离用户信息的展示(User)和变更(UserInfoChangeForm)逻辑,可以更灵活地处理用户数据。例如,可以只允许用户更改部分信息(如真实姓名、电子邮箱地址和通知设置),而保持其他信息(如用户名和头像)不变。这样的设计既可以满足用户的个性化需求,又可以保护用户的隐私。user.ts 文件的具体的代码如下:

```typescript
//第11章 todo/src/core/src/todo.ts
import { Avatars } from './avatar'
import { TodoBox } from './todo'
import { Team } from './team'
import { Option } from './common'

//用户登录表单类型定义,包含用户名和密码字段
type UserLoginForm = {
    username: string          //用户名字段
    password: string          //密码字段
}

//定义用户信息类型,包含用户的多个基本信息和设置选项
type User = {
    username: string          //用户名
    name: string              //用户的真实姓名
    avatar: Avatars           //用户的头像,类型来自'./avatar'
    email: string             //用户的电子邮箱地址
    teamNumber: number        //用户所属团队的成员数量
    todoNumber: number        //用户当前待办事项的数量
    totalTodo: number         //用户所有待办事项的总数
    todos: TodoBox            //用户的待办事项箱,类型来自'./todo'
    teams: Option<Array<Team>> //用户所属的团队列表,使用泛型数组包装团队类型,并通
//过 Option 类型表示可能的可选状态
    sendEmail: boolean        //用户是否同意接收电子邮件通知
    sendMsg: boolean          //用户是否同意接收消息通知
}

//用户信息变更表单类型定义,用于提交用户信息的更新请求
type UserInfoChangeForm = {
    name: string              //用户的真实姓名
    email: string             //用户的电子邮箱地址
    sendEmail: boolean        //用户是否同意接收电子邮件通知
    sendMsg: boolean          //用户是否同意接收消息通知
}

//使用 export type 导出类型,使这些类型能够在其他 TypeScript 文件中被导入和使用
export type { UserLoginForm, User, UserInfoChangeForm }
```

11.4.2 接口部分实现

本节将实现前端接口部分的代码。首先会对 axios 进行封装,以便在后续的开发中能够更方便地使用。接下来,将实现与用户、待办事项和团队相关的接口。对于前端来讲,无须深入了解这些接口的具体工作原理,只需关注以下几个关键信息,即接口的入参、接口请求地址、接口请求方式及接口返回值。

1. 封装 axios

这段代码通过封装 axios 库,并结合 element-plus 的消息提示组件,创建了一个专门用

于 HTTP 请求的 Request 类。这个类通过静态方法和属性的形式,提供了一个统一的 HTTP 请求配置和处理机制,旨在简化 API 请求过程,同时增强了错误处理的用户体验。

首先,代码对 axios 实例进行了初始化。它设置了 axiosInstance 作为 Request 类的静态属性,用于存储通过 axios 创建的实例。在 init 方法中,使用 axios.create 方法创建了一个 axios 实例,并对其进行了基础配置。这包括将 baseURL 设置为 API 的基础路径,将 timeout 设置为请求超时时间,以及设置默认的请求头配置(允许跨域请求和携带凭证)。

接下来,代码设置了请求拦截器。在请求拦截器中,代码从 localStorage 中获取名为 todo-token 的 Token。如果该 Token 存在,则将其添加到每个请求的请求头中。这种做法用于实现基于 Token 的身份验证,确保每个请求都携带有效的身份验证信息。

然后代码设置了响应拦截器。在响应拦截器中,代码对响应数据进行了预处理。如果响应状态码为 200,并且响应体中的 code 也为 200,则直接返回响应数据。这意味着请求成功,并且服务器返回了预期的结果,然而,如果不满足这些条件,则代码会调用 errorHandle 方法进行错误处理。

errorHandle 方法使用了 element-plus 的 ElMessage 组件来显示错误信息。ElMessage 是一个灵活且可定制的消息提示组件,可以在不同的场景下展示不同类型的消息。通过 ElMessage 组件,代码可以在用户界面上直接显示错误信息,而不需要用户查看控制台日志。这种方式提升了用户体验,使用户能够直观地获得错误反馈,从而更好地理解和解决问题。以下是 axios 的封装代码:

```ts
//第 11 章 todo/src/api/axios/index.ts
/**
 * 引入 axios 库及相关类型,以及 element-plus 的消息提示组件
 */
import axios, { AxiosInstance, AxiosRequestConfig, AxiosResponse } from 'axios'
import { ElMessage } from 'element-plus'

/**
 * 定义 Request 类,用于封装 axios 实例及其配置方法
 */
export class Request {
    //axiosInstance 作为 Request 类的静态属性,用于存储 axios 实例
    public static axiosInstance: AxiosInstance

    /**
     * init 方法用于初始化 axios 实例
     */
    public static init() {
        //使用 axios.create 创建新的 axios 实例,并配置基本属性
        this.axiosInstance = axios.create({
            baseURL: 'http://localhost:10016/api/v1',        //API 基础路径
            timeout: 360000,                                  //请求超时时间
            headers: {
                //默认请求头配置
```

```javascript
                'Access-Control-Allow-Origin': '*',              //允许所有源的跨域请求
                'Access-Control-Allow-Credentials': 'true'       //允许携带凭证
            }
        })
        this.initInterceptors()                                  //初始化拦截器
        return this.axiosInstance                                //返回配置好的axios实例
    }

    /**
     * initInterceptors 方法用于初始化请求和响应拦截器
     */
    public static initInterceptors() {
        //请求拦截器
        this.axiosInstance.interceptors.request.use(
            config => {
                //从 localStorage 中获取 Token
                const token = window.localStorage.getItem('todo-token')
                //如果 Token 存在,则将 Token 添加到请求头中
                if (token !== null && config?.headers) {
                    config.headers.token = token
                }
                return config                                    //返回配置好的请求配置
            },
            (error: any) => {
                //请求配置错误处理
                console.log(error)
            }
        )

        //响应拦截器
        this.axiosInstance.interceptors.response.use(
            (response: AxiosResponse) => {
                //如果响应状态码为 200
                if (response.status === 200) {
                    //并且响应体中的 code 为 200,则返回响应数据
                    if (response.data['code'] === 200) {
                        return response.data
                    } else {
                        //如果 code 不为 200,则调用错误处理函数
                        this.errorHandle(response.data.msg)
                        return undefined
                    }
                } else {
                    //如果响应状态码不为 200,则调用错误处理函数
                    this.errorHandle(JSON.stringify(response))
                    return null
                }
            },
            (error: any) => {
                //响应错误处理
```

```
                this.errorHandle(error)
            }
        )
    }

    /**
     * 错误处理函数,使用 element-plus 的消息提示组件进行错误提示
     */
    public static errorHandle(res: string) {
        ElMessage({
            type: 'error',//消息类型为错误
            message: res //显示错误信息
        })
    }
}
```

2. API 响应类型

在这段代码中,定义了一个名为 ApiResponse 的类型,用于设置 API 的返回类型。这种类型的目的是统一处理每个 axios 请求的返回值,使其具有一致的结构。通过 ApiResponse 类型,可确保每个 axios 请求的返回值都被封装在一个 Promise< ApiResponse< T >>对象中,其中 T 表示请求的数据类型。ApiResponse 类型的代码如下:

```
//第 11 章 todo/src/api/src/type.ts
//设置一个 API 的返回类型
export type ApiResponse< T > = T | undefined
```

3. 用户相关接口

本节将对用户相关接口进行编写,这些接口包含以下几种。

(1) 用户登录的 signin()方法:使用 POST 方法,请求路径为/user/signin/,携带登录表单信息,返回用户信息。

(2) 用户注册的 signup()方法:使用 POST 方法,请求路径为/user/signup/,携带注册表单信息,返回用户信息。

(3) 获取用户信息的 getUserInfo()方法:使用 GET 方法,请求路径为/user/info/{username},根据用户名获取用户信息,返回用户信息。

(4) 设置用户信息的 setUserInfo()方法:使用 POST 方法,请求路径为/user/info/{username},携带用户信息变更表单,返回更新后的用户信息。

(5) 设置用户头像的 setUserAvatar()方法:使用 GET 方法,请求路径为/user/info/{username}/{avatar},根据用户名和头像类型设置用户头像,返回设置是否成功的布尔值。

用户相关接口的实现,代码如下:

```
//第 11 章 todo/src/api/src/user.ts
import { Request } from '../axios/index'
import { User, UserLoginForm, UserInfoChangeForm, Avatars } from '../../core'
```

```typescript
import type { ApiResponse } from './type'

//使用 Request 类的 init 方法初始化 axios 实例
const request = Request.init()

/**
 * 用户登录
 * @param params 登录表单数据,包括用户名和密码
 * @returns 返回包含用户信息的 ApiResponse 对象
 */
export const signin = async (params: UserLoginForm): Promise<ApiResponse<User>> => {
    const { data } = await request.post('/user/signin/', params)
    return data
}

/**
 * 用户注册
 * @param params 注册表单数据,包括用户名和密码
 * @returns 返回包含用户信息的 ApiResponse 对象
 */
export const signup = async (params: UserLoginForm): Promise<ApiResponse<User>> => {
    const { data } = await request.post('/user/signup/', params)
    return data
}

/**
 * 获取用户信息
 * @param username 用户名
 * @returns 返回包含用户信息的 ApiResponse 对象
 */
export const getUserInfo = async (username: string): Promise<ApiResponse<User>> => {
    const { data } = await request.get('/user/info/' + username)
    return data
}

/**
 * 设置用户信息
 * @param username 用户名
 * @param params 用户信息变更表单,可能包括用户的个人信息更改
 * @returns 返回包含用户信息的 ApiResponse 对象
 */
export const setUserInfo = async (username: string, params: UserInfoChangeForm): Promise<ApiResponse<User>> => {
    const { data } = await request.post('/user/info/' + username, params)
    return data
}

/**
 * 设置用户头像
 * @param username 用户名
```

```
 * @param avatar 头像类型
 * @returns 返回一个布尔值,表示设置头像是否成功
 */
export const setUserAvatar = async (username: string, avatar: Avatars): Promise<boolean> => {
    const { data } = await request.get('/user/info/' + username + '/' + avatar)
    return data
}
```

4. 待办相关接口

本节将对待办相关接口进行编写,这些接口包含以下几种。

(1) 添加新的待办事项的 addNewTodo() 方法:使用 POST 方法,请求路径为/todo/create,携带待办事项对象,返回操作结果。

(2) 删除待办事项的 deleteTodo() 方法:使用 DELETE 方法,请求路径为/todo/{username}/{id},根据用户名和待办事项 ID 删除指定的待办事项,返回操作结果。

(3) 更新待办事项的 updateTodo() 方法:使用 PUT 方法,请求路径为/todo/{username}/{id},携带用户名、待办事项 ID 和更新后的待办事项对象,返回操作结果。

(4) 将待办事项标记为失败的 failedTodo() 方法:使用 PUT 方法,请求路径为/todo/failed/{username}/{id},携带用户名、待办事项 ID 和包含失败状态的待办事项对象,返回操作结果。

(5) 更新待办事项的状态的 updateTodoStatus() 方法:使用 GET 方法,请求路径为/todo/{id}/{status},根据待办事项 ID 和新的状态值更新待办事项状态,返回更新是否成功的布尔值。

(6) 将待办事项标记为完成的 completedTodo() 方法:使用 GET 方法,请求路径为/todo/complete/{username}/{todoId},根据用户名和待办事项 ID 将待办事项标记为完成状态,返回操作结果。

待办相关接口的实现,代码如下:

```
//第 11 章 todo/src/api/src/todo.ts
import { Status, Todo, User } from '../../core'
import { Request } from '../axios/index'
import { ApiResponse } from './type'

//使用 Request 类的 init 方法初始化 axios 实例
const request = Request.init()

/**
 * 添加新的待办事项
 * @param todo 待添加的待办事项对象
 * @returns 返回包含用户信息的 ApiResponse 对象
 */
export const addNewTodo = async (todo: Todo): Promise<ApiResponse<User>> => {
    const { data } = await request.post('/todo/create', todo)
```

```
            return data
        }

        /**
         * 删除待办事项
         * @param username 用户名
         * @param id 待办事项的 ID
         * @returns 返回包含用户信息的 ApiResponse 对象
         */
        export const deleteTodo = async (username: string, id: string): Promise<ApiResponse<User>> => {
            const { data } = await request.delete('/todo/' + username + '/' + id)
            return data
        }

        /**
         * 更新待办事项
         * @param username 用户名
         * @param id 待办事项的 ID
         * @param todo 更新后的待办事项对象
         * @returns 返回包含用户信息的 ApiResponse 对象
         */
        export const updateTodo = async (username: string, id: string, todo: Todo): Promise<ApiResponse<User>> => {
            const { data } = await request.put('/todo/' + username + '/' + id, todo)
            return data
        }

        /**
         * 将待办事项标记为失败
         * @param username 用户名
         * @param id 待办事项的 ID
         * @param todo 包含失败状态的待办事项对象
         * @returns 返回包含用户信息的 ApiResponse 对象
         */
        export const failedTodo = async (username: string, id: string, todo: Todo): Promise<ApiResponse<User>> => {
            const { data } = await request.put('/todo/failed/' + username + '/' + id, todo)
            return data
        }

        /**
         * 更新待办事项的状态
         * @param id 待办事项的 ID
         * @param status 新的状态值
         * @returns 返回一个布尔值,表示更新状态是否成功
         */
        export const updateTodoStatus = async (id: String, status: Status): Promise<boolean> => {
            const { data } = await request.get('/todo/' + id + '/' + status)
            return data
```

```
}

/**
 * 将待办事项标记为完成
 * @param username 用户名
 * @param todoId 待办事项的 ID
 * @returns 返回包含用户信息的 ApiResponse 对象
 */
export const completedTodo = async (username: string, todoId: string): Promise<ApiResponse<User>> => {
    const { data } = await request.get('/todo/complete/' + username + '/' + todoId)
    return data
}
```

5. 团队增、删、改、查接口

本节将对团队增、删、改、查接口进行编写，这些接口包含以下几种。

(1) 创建团队的 createTeam() 方法：使用 GET 方法，请求路径为/team/{username}/{name}，携带用户名和团队名，返回创建团队后的操作结果，包含 User 信息。

(2) 更新团队成员信息的 updateTeamMember() 方法：使用 PUT 方法，请求路径为/team/{membername}，携带成员名和更新后的团队信息，返回更新是否成功的布尔值。

(3) 更新团队信息的 updateTeamInfo() 方法：使用 PUT 方法，请求路径为/team，携带更新后的团队信息对象，返回更新是否成功的布尔值。

(4) 为团队创建待办事项的 createTeamTodo() 方法：使用 POST 方法，请求路径为/team/todo/{teamId}，携带团队 ID 和待办事项内容，返回创建待办事项是否成功的布尔值。

待办相关接口的实现代码如下：

```
//第 11 章 todo/src/api/src/team.ts
import { Request } from '../axios/index'
import { User, Team } from '../../../core'
import type { ApiResponse } from './type'

//初始化 Request 类以使用 axios 实例
const request = Request.init()

/**
 * 创建团队
 * @param username 用户名
 * @param name 团队名
 * @returns 返回创建团队后的 ApiResponse 对象，包含 User 信息
 */
export const createTeam = async (username: string, name: string): Promise<ApiResponse<User>> => {
    const { data } = await request.get(`/team/${username}/${name}`)
    return data
}
```

```
/**
 * 更新团队成员信息
 * @param membername 成员名
 * @param team 更新后的团队信息
 * @returns 返回一个布尔值,表示是否更新成功
 */
export const updateTeamMember = async (membername: string, team: Team): Promise<boolean> => {
    const { data } = await request.put(`/team/${membername}`, team)
    return data
}

/**
 * 更新团队信息
 * @param team 更新后的团队信息对象
 * @returns 返回一个布尔值,表示是否更新成功
 */
export const updateTeamInfo = async (team: Team): Promise<boolean> => {
    const { data } = await request.put(`/team`, team)
    return data
}

/**
 * 为团队创建待办事项
 * @param teamId 团队 ID
 * @param todo 待办事项内容
 * @returns 返回一个布尔值,表示是否创建成功
 */
export const createTeamTodo = async (teamId: string, todo: any): Promise<boolean> => {
    const { data } = await request.post(`/team/todo/${teamId}`, todo)
    return data
}
```

6. 接口管理与导出

完成所有接口的编写后需要编写一个模块化的接口出口文件,主要功能是管理和导出各种接口方法。

首先,通过 import 语句导入了各个接口模块,这里包括待办事项、用户和团队相关的接口方法。

然后使用 export default 语句将所有导入的函数按照其功能进行管理,并导出为一个对象。这个对象包含了 3 个属性:user、todo 和 team,分别对应用户相关接口、待办事项相关接口和团队相关接口。每个属性的值都是一个包含相应函数的对象。

这样,其他模块可以通过导入这个默认导出的对象访问和使用这些接口方法,而不需要单独导入每个函数。这种模块化的方式可以提高代码的可维护性和复用性。接口管理与导出的代码如下:

```
//第 11 章 todo/src/api/index.ts
/**
 * ==============================
 * ReadMe
 * 1. 作为 API 的出口文件
 * 2. 若使用此方式(axios-api 模块化),则应注释掉 main.js 文件中案例提供的默认 $http 的全
局 axios
 * ==============================
 */

//导入各 API 模块
import { addNewTodo, deleteTodo, updateTodo, updateTodoStatus, completedTodo, failedTodo } from './src/todo'
import { signin, signup, getUserInfo, setUserInfo, setUserAvatar } from './src/user'
import { createTeam, updateTeamMember, updateTeamInfo, createTeamTodo } from './src/team'

//将所有导入的函数按照其功能(用户、待办事项、团队)进行组织,并导出为一个对象
export default {
    //用户相关 API
    user: {
        signin,
        signup,
        getUserInfo,
        setUserInfo,
        setUserAvatar
    },
    //待办事项相关 API
    todo: {
        addNewTodo,
        deleteTodo,
        updateTodo,
        updateTodoStatus,
        completedTodo,
        failedTodo
    },
    //团队相关 API
    team: {
        createTeam,
        updateTeamMember,
        updateTeamInfo,
        createTeamTodo
    }
}
```

11.4.3 路由部分实现

1. 配置页面路由

现在要对所有页面的路由进行配置,其作用是对不同的路径与相应的组件进行映射,以

便在应用程序中进行导航和展示不同的页面内容。

在 routePath.ts 文件中导入了 5 个页面组件，分别是 User、Plan、Main、History 和 Collaborate，分别对应用户信息页面、计划页面、重要 TODO 页面、历史 TODO 页面和团队协同页面。

然后定义了一个名为 routes 的数组，其中包含了 5 个路由对象。每个路由对象都有一个 path 属性和一个 component 属性。path 属性指定了该路由的路径，component 属性指定了该路径对应的组件。

配置页面路由的具体的代码如下：

```
//第 11 章 todo/src/router/routePath.ts
/**
 * ==========================================
 * @author:syf20020816@outlook.com
 * @since:20230223
 * @version:0.2.0
 * @type:ts
 * @description:vue-router 设置页面路由地址
 * ==========================================
 */

//用户信息页面
import User from '../views/user.vue'
//TODO 计划页面
import Plan from '../views/plan/plan.vue'
//重要 TODO 页面
import Main from '../views/main.vue'
//历史 TODO 页面
import History from '../views/history.vue'
//团队协同页面
import Collaborate from '../views/collaborate/collaborate.vue'
import { RouteRecordRaw } from 'vue-router'
export const routes: Array<RouteRecordRaw> = [
    {
        path: '/',
        component: User
    },
    {
        path: '/plan',
        component: Plan
    },
    {
        path: '/main',
        component: Main
    },
    {
        path: '/history',
        component: History
```

```
    },
    {
        path: '/collaborate',
        component: Collaborate
    }
]
```

2. 路由导出

完成页面路由的配置后需要将其导入路由导出的 index.ts 文件中,使用 createRouter()函数创建了一个路由实例 router 并设置路由配置,最后对这个路由实例进行导出,这个路由实例会被导入 main.ts 文件中并进行使用。与路由导出的相关代码如下:

```
//第 11 章 todo/src/router/index.ts
//导入 vue-router 模块
import { createRouter, createWebHashHistory } from 'vue-router'
//导入路由路径
import { routes } from './routePath'

//创建路由
const router = createRouter({
    //使用 hash 模式
    history: createWebHashHistory(),
    //设置路由路径
    routes
})

//导出路由
export default router
```

11.4.4 状态管理实现

本节中使用 pinia 对日程待办系统实现状态管理,在构建复杂的单页应用(SPA)时,状态管理变得尤为重要,pinia 提供了简捷和灵活的方式来管理和共享状态,其主要目的在于简化组件之间的通信难度,以及共享数据。由于日程待办系统并不复杂,只需围绕用户来展开状态管理,所以只设计了一个用户状态管理仓库进行业务逻辑实现。

1. 用户状态管理

在用户状态管理中主要用来处理用户信息及待办事项,这里分为核心数据结构和功能、关键方法与逻辑两部分进行阐述。

对于核心数据结构和功能,将用户状态(user)和登录状态(isSignIn)看作一部分,用于存储用户的详细信息和用户的登录状态。用户信息通过 setUser()方法设置,登录状态通过 checkSetIsSignIn()和 setSignIn()方法进行管理。

待办事项列表(todoInfoList 和 todos)用于存储用户的待办事项信息,包括待办事项的具体内容和分类。待办事项列表通过 updateTodoList()方法更新,该方法基于用户的待办事项数据,分类统计并更新待办事项的摘要信息。

待办事项监视器(watcher)是一个定时器,用于定期检查待办事项的状态,并根据待办事项的时间安排更新其状态或发出通知。通过 todoWatcher() 方法实现,该方法设置了一个定时任务,用于定时检查待办事项的状态并据此进行相应处理。

然后是关键方法与逻辑部分,这里主要关注以下 4 种方法。

(1) setUser() 方法:设置用户信息,并将其保存到本地存储中。此方法还负责更新用户的待办事项列表并启动待办事项的监视器。

(2) updateTodoList() 方法:分析用户的待办事项,根据不同的分类(例如,今日待办、紧急待办等)更新待办事项摘要信息。这有助于在用户界面上提供快速的待办事项概览。

(3) todoWatcher() 方法:一个周期性运行的监视器,定时检查待办事项的状态,例如是否已开始、是否已过期等,并根据待办事项的当前状态决定是否需要更新状态或通知用户。

(4) notifyTodoSys() 方法:当待办事项需要用户注意时(例如,待办事项已过期,但未完成),该方法会被调用以通知用户。它将待办事项添加到一个名为 msgBox 的通知队列中。

用户状态管理的实现代码如下:

```typescript
//第 11 章 todo/src/store/src/user.ts
import { defineStore } from 'pinia'
import { Avatars, Notice, Status, Todo, useAvatar, User } from '../../core'
import api from '../../api'
import { ElMessage, ElNotification } from 'element-plus'

//定义一个 Pinia store,通常用于管理用户状态,如登录状态、用户信息等
export const user = defineStore('user', {
    //state 定义了这个 store 的状态数据
    state: () => {
        return {
            user: {} as User,              //用户信息,使用 TypeScript 断言为 User 类型
            isSignIn: false,               //登录状态标志
            todoInfoList: [] as { label: string; value: number | string }[],
            //待办事项信息列表,每项包含标签和值
            todos: [] as Todo[],           //用户的待办事项数组
            watcher: null as null | number,
            //用于存放 setInterval 返回的计时器 ID,用于待办事项监控
            msgBox: [] as Notice[]         //消息盒子,用于存放通知信息
        }
    },
    actions: {
        useAvatar,                         //引入 useAvatar 操作,可能用于头像处理
        checkSetIsSignIn() {
            //检查并设置用户的登录状态
            let flag = window.localStorage.getItem('todo-sign-in')
            //如果 localStorage 中有标志,则设置为登录状态,否则设置为未登录
```

```typescript
            this.isSignIn = Boolean(flag)
        },
        setUser(user: User) {
            //设置用户信息,并更新 localStorage,同时更新待办事项列表和启动待办监视器
            this.user = user
            window.localStorage.setItem('todo-user', JSON.stringify(this.user))
            this.updateTodoList()
            this.todoWatcher()
        },
        setSignIn() {
            //将用户设置为登录状态,并在 localStorage 中记录
            window.localStorage.setItem('todo-sign-in', this.user.username.toString())
            this.isSignIn = true
        },
        getUsername() {
            //获取用户名,如果无法获取,则执行注销操作
            let username = this.user.username ?? window.localStorage.getItem('todo-sign-in')
            if (username) {
                return username
            } else {
                this.logout()
            }
        },
        logout() {
            //注销操作,清除 localStorage,重置状态
            window.localStorage.clear()
            this.isSignIn = false
            this.user = {} as User
            this.msgBox = []
        },
        updateTodoList() {
            //更新待办事项列表,根据不同的优先级进行分类
            let { todos, todoNumber } = this.user
            let { low, mid, fatal, focus } = todos
            const today = new Date(new Date().toLocaleDateString()).getTime()
            //检查待办事项是否为当天的
            const countIsToday = (todos: Todo[]): number => {
                return todos.filter(todo => {
                    let start = new Date(todo.date.start)
                    let startDate = new Date(start.toLocaleDateString()).getTime()
                    return startDate == today
                }).length
            }
            //计算各类待办事项的数量,并更新待办事项列表
            const totalToday = countIsToday(low) + countIsToday(mid) + countIsToday(fatal)

            this.todoInfoList = [
                {
```

```
                    label: 'TODOs for today',
                    value: totalToday
                },
                {
                    label: 'Emergent TODOs',
                    value: fatal.length + focus.length
                },
                {
                    label: 'Normal TODOs',
                    value: low.length + mid.length
                },
                {
                    label: 'All TODOs',
                    value: low.length + mid.length + fatal.length
                }
            ]

            this.todos = [...low, ...mid, ...fatal]
        },
        notifyTodoSys(todo: Todo) {
            //为待办事项发送通知,如果它还没有被通知过
            let id = 'todo-' + todo.id!
            let flag = this.msgBox.filter(item => item.id === id).length === 0
            if (flag) {
                //如果该待办事项还没有通知,则添加到消息盒子
                this.msgBox.push({
                    title: 'Notifications: Todo-' + todo.name,
                    description: 'The current TODO has timed out, please choose a processing strategy',
                    notifier: 'System',
                    type: 'todo',
                    data: todo,
                    date: new Date().toLocaleString(),
                    id
                })
            }
        },
        todoWatcher() {
            //监视待办事项的状态,定时检查并更新状态
            if (this.watcher !== null) {
                clearInterval(this.watcher)//如果已经有计时器在运行,则先清除
            }
            this.watcher = setInterval(() => {
                let current = new Date().getTime()
                this.todos.forEach(async (todo: Todo) => {
                    let { date, status, id } = todo
                    //对于非完成、非挂起、非失败的待办事项,检查其状态并进行更新
                    if (status !== Status.COMPLETED && status !== Status.PENDING && status !== Status.FAILED) {
                        let start = current - new Date(date.start).getTime()
```

```
                        if (start > 0 && status !== Status.IN_PROGRESS) {
                            //如果待办事项已开始,但状态未更新,则更新状态
                            todo.status = Status.IN_PROGRESS
                            const data = await api.todo.updateTodoStatus(id!, todo.status)
                            if (data) {
                                //状态更新成功后,重新获取用户信息并更新
                                const user = await api.user.getUserInfo(this.user.username)
                                this.setUser(user!)
                            } else {
                                ElMessage({
                                    type: 'error',
                                    message: 'User Update Error!'
                                })
                            }
                        }

                        let remain = new Date(date.end).getTime() - current
                        if (remain < 0) {
                            //如果待办事项已结束,则通知用户处理
                            this.notifyTodoSys(todo)
                        }
                    }
                })
            }, 15 * 1000)//每15s检查一次
        }
    }
})
```

2. pinia 导出

与 vue-router 一样,pinia 也需要被导入 main.ts 文件中并进行使用。以下代码是对 pinia 的实例的创建和导出:

```
//第 11 章 todo/src/store/pinia.ts
//本文件用于注册 pinia,之后导入 main.ts 文件中
import {createPinia} from 'pinia'
const pinia = createPinia()
export default pinia
```

11.4.5　页面及页面样式实现

1. 全局样式

全局样式的编写是为了实现样式的一致性和减少代码冗余,编写全局样式可以确保项目中的各元素共享相同的样式规范,从而避免在不同组件或模块中重复编写相同的样式代码。全局样式通常包括一些基础的字体、颜色、边距等的设置,这些设置可被项目内多个地

方使用。对 element-plus 组件库中的样式进行覆盖是为了解决默认样式不符合项目需求的问题。它包含了一些全局变量、样式重置和自定义样式设置。例如将主题颜色 primary 的基础色改为#3b3a39、移除链接的下画线、移除列表项的默认样式、自定义 element-plus 标签页项的悬浮和激活状态下的颜色等。这个全局样式文件将会在 main.ts 文件中导入并进行使用。全局样式使用 global.scss 进行管理，代码如下：

```scss
//第 11 章 todo/src/style/global.scss
/**
 * ============================================
 * @author:syf20020816@outlook.com
 * @since:20230523
 * @version:0.0.1
 * @type:scss
 * @description:
 * 1. 本文件用于覆盖官方的 element-plus 默认样式
 * 2. 以下注释中的 $colors 中的变量内容均为可修改的内容
 * 3. 若需要修改,则进行对应修改
 * 4. 修改完成后需要注释掉默认的样式导入:import 'element-plus/dist/index.css'
 * 5. 注释完后修改为当前文件导入即可
 * 6. 若仅需覆盖颜色,则依然需要导入 import 'element-plus/dist/index.css',而且确保在当前SCSS 文件前
 * ============================================
 */

/*
$colors: () !default;
$colors: map.deep-merge(
    (
        //对 element-plus 中的主题样式的颜色进行修改
    ),
    $colors
);
*/

/* 通过@forward 指令重写 element-plus 默认的 scss 变量,特别是将主题颜色 primary 的基础色改为#3b3a39 */
@forward "element-plus/theme-chalk/src/common/var.scss" with (
    $colors: (
        "primary": (
            "base": #3b3a39
        )
    )
);

/* 导入 element-plus 的所有默认样式,使用时需确保项目配置正确 */
@use "element-plus/theme-chalk/src/index.scss" as *;
/* 导入自定义的变量文件,可以在此文件中定义自己需要覆盖的变量 */
@use "./src/var.scss" as *;
```

```css
/* 以下是对一些 HTML 元素和 element-plus 组件的样式进行全局重置和自定义 */

/* 重置 body 的默认外边距和内边距 */
body {
    padding: 0;
    margin: 0;
}

/* 为 element-plus 的布局容器、头部、主体、页脚设置统一的字体样式 */
.el-container,
.el-header,
.el-main,
i,
.el-footer {
    //覆盖常用样式
}

/* 移除链接的下画线 */
a {
    text-decoration: none;
}

/* 移除列表项的默认样式 */
li {
    list-style: none;
}

/* 自定义 element-plus 标签页项的悬浮和激活状态下的颜色 */
.el-tabs__item:hover,
.el-tabs__item.is-active {
    color: $force-color;
}
.el-tabs__active-bar {
    background-color: $force-color;
}

/* 隐藏加载动画的圆形进度条,并自定义加载动画的样式 */
.el-loading-spinner .circular {
    display: none !important;
}
.el-loading-spinner {
    //对 el-loading-spinner 的样式进行覆盖并添加新样式
}

/* 自定义加载文字的样式 */
.el-loading-text {
    //对 el-loading-text 的样式进行覆盖并添加新样式
}

/* 设置根元素的字体、行高、字体权重、基础字号、颜色方案,并自定义一些全局颜色变量 */
```

```scss
:root {
    //一些基础的颜色及文字样式
    //覆盖基本样式颜色
    --el-rate-text-color: #fff;
    --el-menu-text-color: #dfdfdf;
    --el-text-color-primary: #7a7a7a;
    --el-table-bg-color: #3b3a39;
    --el-table-header-bg-color: #3b3a39;
}

/* 为应用程序根元素设置默认文本对齐方式 */
#app {
    margin: 0;
    padding: 0;
    text-align: center;
}

/* 自定义图标字体的大小 */
.iconfont {
    font-size: 2vh !important;
}

/* 自定义弹出窗的最大高度和滚动条样式 */
.el-popover {
    max-height: 273px !important;
    overflow-y: scroll;
    scrollbar-width: thin;
}

/* 自定义搜索结果包装器的样式,包括头部和中心部分的布局、滚动条和文本对齐 */
.search-result-wrapper {
    .header {
        //search-result-wrapper 下的 header 的样式及子组件的样式
    }
    .center {
        //search-result-wrapper 下的 center 的样式及子组件的样式
    }
}
```

2. 动态类名生成

为了实现与 name.ts 文件中的 3 个函数相协调的样式定义,在 name.scss 文件中精心设计了 3 个相应的 mixin。这些 mixin 的命名和目的都与 name.ts 文件中的函数保持一致,旨在生成对应的 class 或 id 属性,不过它们的作用范围被限定在样式表内。通过这种方式,能够在 JavaScript 和 CSS 之间建立一个有意义的连接,从而简化开发流程,提高代码的复用性。这种方法不仅使样式与逻辑之间的关联更加直观,还有助于维护一个干净、组织有序的代码库。借助这些 mixin 和函数的配合使用,开发者可以更加轻松地实现一致的命名规范和风格,进而提升整体的项目质量和开发效率。name.scss 文件中的代码如下:

```scss
//第11章 todo/src/style/name.scss
/**
 * ===============================================
 * @author:syf20020816@outlook.com
 * @since:20230523
 * @version:0.0.1
 * @type:scss
 * @description:用于构建 class 和 id name
 * 这些 mixin 提供了一种灵活的方式来构建和管理 CSS 类名,使 CSS 更加模块化和可重用
 * 通过传递组件名称和其他参数,开发者可以快速地生成具有一致命名规范的样式类,便于维护和
 * 理解
 * ===============================================
 */

//定义一个名为 buildView 的 mixin,用于构建以特定组件名称为基础的视图容器
@mixin buildView( $componentName ){
    //将传入的组件名与字符串"_view"组合,创建一个新的容器名称
    $container: $componentName + "_view";
    //使用插值语法动态地生成容器的类名,并应用@content 中的样式
    #{ $container }{
        @content;
    }
}

//定义一个名为 buildWrap 的 mixin,用于构建组件内部的包装层
@mixin buildWrap( $componentName, $wrap ){
    //将组件名称和指定的包装层名称通过"-"连接,再加上"_wrap"后缀,组成新的包装层名称
    $cWrap: $componentName + "-" + $wrap + "_wrap";
    //动态生成包装层的类名,并将@content 中的样式应用于该类
    .#{ $cWrap }{
        @content;
    }
}

//定义一个名为 build 的 mixin,用于构建具有特定组件名称和其他标识符的类
@mixin build( $componentName, $other ){
    //将组件名称和其他标识符通过"-"连接,形成新的类名
    $component: $componentName + "-" + $other;
    //动态生成该类的类名,并将@content 中的样式应用于该类
    .#{ $component }{
        @content;
    }
}
```

3. 应用程序的主入口 main.ts

main.ts 文件充当着 Vue 项目的核心入口,它承担着启动整个应用的关键职责。为了确保应用能够正常运行,在 main.ts 文件中首先需要导入一系列至关重要的依赖项。这些依赖涵盖了 vue-router 的详尽配置、element-plus 组件库配置、全局样式、状态管理 pinia 的

配置等。

随后,通过 createApp()方法将 Vue 应用实例化。这一步不仅意味着 Vue 框架的启动,更是对之前导入的所有配置和依赖的应用和整合。

实例化过程的下一步是将这个新创建的 Vue 应用与页面中的一个特定元素绑定。这通常通过指定一个 id 属性来完成,例如♯app,这样 Vue 就知道了应该在哪个元素内部进行渲染和挂载操作。这个步骤是连接 Vue 应用与 DOM 的桥梁,确保了 Vue 的虚拟 DOM 可以被正确地映射和同步到实际的 DOM 结构中。main.ts 文件的具体代码如下:

```
//第 11 章 todo/src/main.ts
import { createApp } from "vue";
import App from "./App.vue";
//import vue router
import router from "./router/index";
//import global style
import "./styles/global.scss";
//import Element-plus
import ElementPlus from "element-plus";
//导入 element-plus 默认样式,若使用自定义,则注释掉
//import 'element-plus/dist/index.css'
//使用 pinia
import pinia from "./store/pinia";

const app = createApp(App);
app.use(router);
app.use(ElementPlus);
app.use(pinia);
app.mount("♯app");
```

4. 日程待办系统主要组件

1) Header 组件

Header 组件充当着 App 界面的导航枢纽,精心设计以增强用户体验和界面的整体美感。它不仅承载了日程待办系统的品牌形象,它有着引人注目的 Logo 图标和系统名称,同时也提供了一系列实用功能,以满足用户的日常操作需求。

(1) 品牌识别:Header 中的 Logo 和系统名字不仅是日程待办系统的视觉标识,它们还传达了品牌的专业性和可靠性。用户在每次使用时,这些元素都强化了品牌的记忆点,帮助系统在众多应用中脱颖而出。

(2) 高效搜索:集成的待办搜索栏是一个强大的工具,让用户能够轻松地管理和访问他们的待办事项。通过实现模糊搜索技术,即使在对待办事项记忆模糊的情况下,用户也能快速地找到所需信息,极大地提升了查找效率和用户满意度。

(3) 个性化设置:设置选项提供了一条路径,让用户可以根据个人偏好定制和优化他们的使用体验。无论是更新个人资料,还是调整通知偏好,这些功能都能够让用户拥有一个更加个性化和贴心的使用环境。

（4）即时通知：通知功能作为一个关键的信息中心，确保用户不会错过任何重要的待办事项截止日期或者紧急通知。通过实时提醒，它帮助用户保持任务进度的最新状态，从而有效地避免了可能的遗漏或延误。

（5）快捷访问：用户头像不仅增添了个人化的触感，还提供了快速访问账户管理功能，包括安全退出。这一细节设计体现了对用户隐私和安全的重视，同时也提供了便捷性，使用户能够轻松地管理他们的登录状态。

对于 Header 组件中的核心变量及方法，它们的解释如下。

（1）searchValue：管理搜索框的输入值，用于存储用户输入的搜索关键词。

（2）settingDrawer：设置抽屉的显示状态，通过 openSetting() 方法和 handleClose() 方法进行更新。

（3）showSearch：控制是否显示搜索结果的状态，由搜索逻辑决定是否展示搜索结果。

（4）userAvatar() 计算属性：使用计算属性获取用户头像，基于用户状态中的头像信息计算得到。

（5）searchResults：存储搜索结果数组，用于展示匹配搜索条件的待办事项。

（6）onSearch() 方法：处理搜索逻辑，包括格式化搜索值，过滤待办事项以匹配搜索字符串，并显示搜索结果。

（7）openSetting() 方法：打开设置抽屉，将 settingDrawer 的状态更新为 true。

（8）handleClose() 方法：关闭设置抽屉，将 settingDrawer 的状态更新为 false。

（9）formSize：控制表单大小的状态，用于设置表单组件的尺寸。

（10）ruleFormRef：表单实例引用，用于在 Vue 模板中访问和操作表单。

（11）ruleForm：表单数据模型，定义了用户信息变更表单的数据结构。

（12）rules：表单校验规则，定义了用户信息变更表单字段的校验逻辑。

（13）submitForm() 方法：提交表单，执行表单校验并调用 API 更新用户信息，然后根据响应显示相应消息并更新用户状态。

（14）resetForm() 方法：将表单重置到初始状态，清除表单字段的值和校验状态。

（15）Logout() 方法：登出操作，清理缓存和用户信息，通过 userStore.logout() 方法实现用户登出，当用户单击头像并确认退出时执行。

Header 组件的具体的代码如下：

```
//第11章 todo/src/components/header/header.vue
<template>
        <div :id = "buildView(component)">
            <!-- 具体代码可查看源代码文件 -->
        </div>
</template>
<script lang = "ts" setup>
//一系列依赖映入,具体代码可查看源代码文件
import { Search } from '@element - plus/icons - vue'
```

```js
//定义组件名称
const component = 'Header'
defineComponent({
    name: component
})

//使用用户状态管理
const userStore = user()
//搜索框的值
const searchValue = ref('')
//设置抽屉的显示状态
const settingDrawer = ref(false)
//是否显示搜索结果
const showSearch = ref(false)

//使用计算属性获取用户头像
const userAvatar = computed(() => {
    return userStore.useAvatar(userStore.user.avatar)
})

//搜索结果数组
const searchResults = ref<Todo[]>([])

//处理搜索逻辑
const onSearch = () => {
    //去除搜索字符串的前后空格
    const formatSearchValue = searchValue.value.trim()
    console.log(formatSearchValue)
    let { todos } = userStore
    //过滤待办事项匹配搜索字符串
    searchResults.value = todos.filter(todo => todo.name.includes(formatSearchValue))
    showSearch.value = true;
}

//打开设置抽屉
const openSetting = () => {
    settingDrawer.value = true
}

//关闭设置抽屉
const handleClose = () => {
    settingDrawer.value = false
}

//表单大小
const formSize = ref('default')
//表单实例引用
const ruleFormRef = ref<FormInstance>()
//表单数据模型
const ruleForm = reactive<UserInfoChangeForm>({
```

```ts
    name: userStore.user.name,
    email: userStore.user.email,
    sendEmail: userStore.user.sendEmail,
    sendMsg: userStore.user.sendMsg
})

//表单校验规则
const rules = reactive<FormRules<UserInfoChangeForm>>({
    name: [
        { required: true, message: 'Please input your name', trigger: 'blur' },
        { min: 1, max: 16, message: 'Length should be 1 to 16', trigger: 'blur' }
    ],
    email: [
        {
            required: true,
            message: 'Please input email address',
            trigger: 'blur'
        },
        {
            type: 'email',
            message: 'Please input correct email address',
            trigger: ['blur', 'change']
        }
    ]
})

//提交表单
const submitForm = async (formEl: FormInstance | undefined) => {
    if (!formEl) return
    await formEl.validate(async (valid, _fields) => {
        if (valid) {
            let username = userStore.getUsername()
            if (username) {
                let form = {
                    name: userStore.user.name,
                    email: userStore.user.email,
                    sendEmail: userStore.user.sendEmail,
                    sendMsg: userStore.user.sendMsg
                }
                //调用 API 更新用户信息
                const data = await api.user.setUserInfo(username, form)
                if (typeof data !== 'undefined') {
                    //显示成功消息
                    ElMessage({
                        type: 'success',
                        message: 'Configuration modification successful'
                    })
                    //更新用户状态
                    userStore.setUser(data)
                }
```

```
                }
            } else {
                //显示错误消息
                ElMessage({
                    type: 'error',
                    message: 'Save failed, please try again'
                })
            }
        })
        //关闭设置抽屉
        settingDrawer.value = false
}

//重置表单
const resetForm = (formEl: FormInstance | undefined) => {
    if (!formEl) return
    formEl.resetFields()
}

//登出操作
const Logout = () => {
    //清理缓存和用户信息
    userStore.logout()
}
</script>

<style lang="scss" scoped>
//引入 Header 组件的样式文件,具体代码可查看源代码文件
@import "../../styles/components/header.scss";
</style>
```

2) Notice 组件

Notice 组件在应用的架构中扮演着重要的角色,它不仅丰富了 Header 组件的功能,还提升了用户体验。该组件专门用于展示和管理通知下拉列表中的信息,它巧妙地利用了 core 模块定义的 Notice 类型来高效地处理各类通知。核心功能之一是 checkNotice()方法,这种方法负责检查并处理接收的通知,确保用户能够及时响应。

在处理通知的过程中,checkNotice()方法首先通过引入 type 变量作为操作的类型标记,将初值设定为 0,这一策略使后续的逻辑判断更为清晰和有序。针对不同类型的通知,该方法采用了灵活的策略,以此来决定取消按钮的显示文本。特别是对于待办类型的通知,系统会进一步检查是否指派了审核人,并据此动态地调整取消按钮的文本,要么提示用户向审核人发送通知,要么允许用户自行调整待办事项的截止日期。对于其他类型的通知,取消按钮则统一显示为"取消"。

接下来,通过 ElMessageBox 展示一个警告类型的对话框,这一步骤不仅强化了用户交互的直观性,还通过明确的提示让用户有机会确认是否已经完成了操作。对话框内的确认和取消按钮文本的巧妙设计,进一步提升了用户体验。

在用户做出选择后,系统会相应地展示成功或展示提示信息,这不仅给予了用户明确的反馈,还根据操作的具体类型调整了提示信息的内容,确保了信息的准确性和及时性。值得一提的是,当 type 为 1 时,即存在审核人的场合,系统会提示用户已向审核人发送了通知。在其他情况下,则会建议用户考虑延迟待办事项的日期或将其挂起,从而提供了灵活的解决方案。

虽然这里展示的功能并未直接与后端系统连接,但它作为一个示例,充分展现了前端在处理通知方面的能力和灵活性。通过这种方式,Notice 组件不仅增强了 Header 组件的功能,还为提升整个应用的互动性和用户体验做出了重要贡献。Notice 组件的代码如下:

```
//第 11 章 todo/src/components/notice/notice.vue
<template>
    <!-- 通知容器 -->
    <div id="notice_container">
        <header>
            <!-- 显示通知标题 -->
            <h4>{{ data.title }}</h4>
        </header>
        <footer>
            <!-- 显示通知来源 -->
            <div>from: {{ data.notifier }}</div>
            <!-- 显示通知日期 -->
            <div>date: {{ data.date }}</div>
            <!-- 检查通知按钮,单击触发 checkNotice 方法 -->
            <div class="check" @click="checkNotice">check</div>
        </footer>
    </div>
</template>

<script lang="ts" setup>
//引入 Vue 相关函数
import { ref, reactive } from "vue";
//引入通知类型定义
import { Notice } from "../../core";
//引入 element-plus 组件
import { ElMessage, ElMessageBox } from "element-plus";

//定义接收的 props
const props = defineProps<{
    data: Notice;              //通知数据类型
}>();

//检查通知的方法
const checkNotice = () => {
    //类型标记,用于区分不同的操作
    let type = 0;
    //根据通知的类型,决定取消按钮的文本
    let cancelButtonText =
```

```
            props.data.type === "todo"
                ? (() : string => {
                        //如果有审核人,则将类型设置为1,并返回对应的文本
                        if (props.data.data.reviewers?.length !== 0) {
                            type = 1;
                            return "Send Notifications to Reviewers";
                        }
                        //如果没有审核人,则将类型设置为2,并返回对应的文本
                        type = 2;
                        return "Change Date Self";
                })()
                : "Cancel";           //如果不是todo类型的通知,则将取消按钮显示为"Cancel"

        //显示确认对话框
        ElMessageBox.confirm(props.data.description, "Handle", {
            confirmButtonText: "I have been completed",    //确认按钮文本
            cancelButtonText,             //取消按钮文本
            type: "warning",              //对话框类型
        })
            .then(() => {
                //确认操作
                ElMessage({
                    type: "success",
                    message: "Handled",     //操作成功的提示信息
                });
            })
            .catch(() => {
                //取消操作
                let message = "You can go to plan and delay TODO date or pending this TODO";
                //根据类型,调整取消操作后的提示信息
                if (type === 1) {
                    message = "System has been sent notification to your reviewers";
                }
                //显示提示信息
                ElMessage({
                    type: "info",
                    message,
                });
            });
    };
</script>

<style lang="scss" scoped>
#notice_container {            //具体样式可查看源代码文件}
</style>
```

完成Header组件的整体编写,最终的效果如图11-2所示。

3) Menu组件

Menu组件作为应用界面中不可或缺的一部分,承担着向用户展示导航结构和实现页

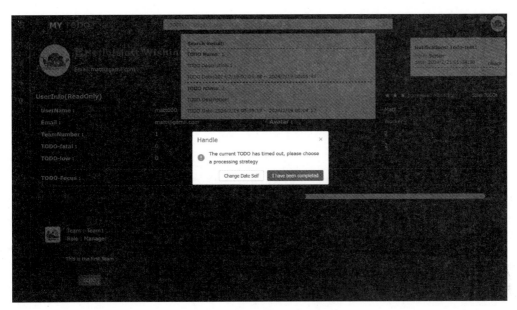

图 11-2　Header 组件整体效果

面跳转的重要角色。本例中的 Menu 组件利用了 element-plus 库中的 el-menu 组件，嵌入 App.vue 的左侧，为整个应用提供了一个直观和易于操作的导航系统。

核心功能的 selectMenu 方法展示了如何通过编程方式与 Vue Router 的路由系统集成，从而实现在菜单选项之间的无缝跳转。该方法接收两个参数：key 和可被忽略的 _keyPath，其中 key 代表被选中菜单项的唯一标识符，而 _keyPath 虽在此例中未被直接使用，但它提供了一个可能的途径，以此来处理更复杂的菜单结构，如嵌套子菜单的场景。方法首先更新了当前菜单激活项的状态，保证用户界面能够反映出当前的选择。接下来，利用 Map 对象构建一个简洁的路由映射表，这个映射表将菜单项的 key 值与应用中的路由路径相对应。通过调用 router.push() 方法，并以从映射表中获取的路由路径作为参数，实现了对应菜单项的页面跳转逻辑。这种映射表的设计不仅使路由跳转逻辑更加清晰，也方便了后续的维护和扩展。Menu 组件的实现代码如下：

```
//第 11 章 todo/src/App.vue
//对 Menu 菜单项的封装
<template>
    <div :id="buildView(component)">
        <el-menu
            active-text-color="#ff9c4b"
            background-color="#252423"
            class="el-menu-vertical-demo"
            default-active="0"
            text-color="#fff"
            @select="selectMenu"
        >
```

```html
            <el-menu-item :index="item.index" v-for="item in menuList" :key="item.index">
                <el-tooltip :content="item.label" placement="right">
                    <component :is="getMenuIcon(item)"></component>
                </el-tooltip>
            </el-menu-item>
        </el-menu>
    </div>
</template>
```

```ts
<script lang="ts" setup>
import { ref, reactive, defineComponent, VNode, h, computed } from "vue";
import { buildView, buildWrap } from "../../core";
import { SVGs, useSvg } from "../index";
import { useRouter } from "vue-router";
const component = "Menu";
defineComponent({
    name: component,
});

const router = useRouter();
/**菜单激活项 */
const menuActiveIndex = ref("0");

/**渲染 Menu 菜单列表中的 icon 字段 */
const renderMenuIcon = (icon: SVGs) =>
    h("div", { innerHTML: useSvg(icon, 18), class: "menu-item-icon" });

type MenuItem = { index: string; icon: VNode; label: string; iconActive: VNode };
/** Menu 菜单列表 */
const menuList = reactive<MenuItem[]>([
    {
        index: "0",
        icon: renderMenuIcon(SVGs.MENU_MY),
        iconActive: renderMenuIcon(SVGs.MENU_MY_ACTIVE),
        label: "我的 mine",
    },
    {
        index: "1",
        icon: renderMenuIcon(SVGs.MENU_COLLABORATE),
        iconActive: renderMenuIcon(SVGs.MENU_COLLABORATE_ACTIVE),
        label: "协作 collaborate",
    },
    {
        index: "2",
        icon: renderMenuIcon(SVGs.MENU_PLAN),
        iconActive: renderMenuIcon(SVGs.MENU_PLAN_ACTIVE),
        label: "计划 plan",
    },
    {
```

```
            index: "3",
            icon: renderMenuIcon(SVGs.MENU_MAIN),
            iconActive: renderMenuIcon(SVGs.MENU_MAIN_ACTIVE),
            label: "重要 main",
        },
        {
            index: "4",
            icon: renderMenuIcon(SVGs.MENU_HISTORY),
            iconActive: renderMenuIcon(SVGs.MENU_HISTORY_ACTIVE),
            label: "历史 history",
        },
    ]);

    /** 计算菜单图标 */
    const getMenuIcon = computed(() => (item: MenuItem) => {
        return menuActiveIndex.value === item.index ? item.iconActive : item.icon;
    });

    //激活菜单事件
    const selectMenu = (key: string, _keyPath: string[]) => {
        menuActiveIndex.value = key;
        const map = new Map<string, string>([
            ["0", "/"],
            ["1", "collaborate"],
            ["2", "plan"],
            ["3", "main"],
            ["4", "history"],
        ]);
        router.push({ path: map.get(key) || "/" });
    };
</script>

<style lang="scss">
@import "../../styles/components/menu.scss";
</style>
```

5. 入口 App.vue

在入口的 Vue 框架的 App.vue 文件中引入编写好的 Header、Menu、Login 组件并进行初始化操作，可以有效地组织和管理应用的不同部分。在 App.vue 应用启动时先执行 initApp() 方法再进行初始化，该方法通过访问本地缓存来判断当前用户的登录状态，从而决定接下来的操作。如果检测到用户尚未登录，则应用将展示登录页面，引导用户进行身份认证。一旦用户成功登录，initApp() 方法将引导用户进入系统的主页面进行软件的使用。App.vue 文件的代码如下：

```
//第 11 章 todo/src/App.vue
<template>
    <!-- Header 组件,作为页面顶部导航 -->
    <Header></Header>
```

```html
        <!-- 根据用户登录状态显示主内容区域或登录界面 -->
        <div class="app-main-wrapper" v-if="userStore.isSignIn">
            <!-- 左侧菜单组件 -->
            <div class="main-wrapper-menu"><Menu></Menu></div>
            <!-- 主视图区,根据路由动态地展示内容 -->
            <router-view></router-view>
        </div>
        <!-- 未登录时显示的登录组件 -->
        <div v-else class="app-main-wrapper">
            <Login></Login>
        </div>
</template>
```

```ts
<script setup lang="ts">
//引入 Vue 组件和 Pinia 状态管理
import Header from "./components/header/header.vue";
import Menu from "./components/menu/menu.vue";
import { user as userPinia } from "./store/src/user";
import { init } from "./core";
import { onMounted } from "vue";
import Login from "./views/login/login.vue";
import api from "./api";

//使用 Pinia 创建用户状态的实例
const userStore = userPinia();

//检查并设置用户的登录状态
userStore.checkSetIsSignIn();

//应用初始化函数,用于加载用户信息
const initApp = async () => {
    let username = userStore.getUsername();
    if (typeof username !== "undefined") {
        //请求用户信息
        const data = await api.user.getUserInfo(username.toString());

        if (typeof data !== "undefined") {
            //设置用户信息和登录状态
            userStore.setUser(data);
            userStore.setSignIn();
        }
    }
};

//组件挂载时调用初始化函数
onMounted(() => {
    initApp();
});
</script>
```

```
<style lang="scss" scoped>
/* 主内容区域的样式 */
.app-main-wrapper {
    width: 100%;
    height: calc(100vh - 60px); /* 高度为视窗高度减去头部高度 */
    display: flex;
    align-items: flex-start;
    justify-content: space-between;
    //元素不换行
    flex-wrap: nowrap;
    //超出隐藏
    overflow: hidden;
    .main-wrapper-menu {
        box-sizing: border-box;
        width: 60px;
        height: 100%;
        border-right: 1px solid #ff9c4b; /* 菜单右侧边框 */
    }
}
</style>
```

6. 用户页面

user.vue 页面是应用中专门用于展示用户详细信息及其操作的界面，它提供了全面的用户信息查看功能，包括但不限于用户个人资料、待办事项统计、用户的忙碌程度评估、待办事项处理进度，以及用户所属团队的概览。此外，还提供了修改用户头像的功能，增强了用户体验。下面是对这些功能构建的深入说明。

（1）用户信息展示：user.vue 利用了 User 实体模型，并通过 pinia 这一状态管理库进行用户信息的管理。页面中引入了 userInfoList 计算属性，这个属性负责从 pinia 状态中提取用户的各项信息，并在前端进行展示。这包括用户名、真实姓名、电子邮件地址、用户头像、所属团队数、待办事项总数及按类型分类的待办事项数量。当用户信息发生变化时，通过调用 pinia 提供的 setUser() 方法，可以确保用户状态的实时更新，并同步到本地存储，从而保证数据的一致性和可靠性。

（2）用户忙碌程度：页面通过评估用户当前的待办事项紧急程度及数量，来动态地显示用户的忙碌状态。这一功能通过 busyIcons 数组实现，该数组中存储了代表不同忙碌程度的图标，从而使用户的忙碌状态得以直观展示。例如，当忙碌程度低于两星时，表示用户相对空闲；两星到四星之间表示中等忙碌；超过四星则表示用户非常忙碌。这一指标不仅可以帮助用户自我评估，还可以为团队分配待办事项时提供参考依据。

（3）待办事项处理进度：用户的待办事项处理进度是另一个反映用户当前工作状态的重要指标。通过 countSolve 计算属性，结合进度条的视觉效果，用户可以直观地了解到自己待办事项的完成情况，从而合理地安排自己的工作和时间。

（4）用户团队列表：user.vue 页面还展示了用户所属的各个团队的简要信息，包括团队图标、名称、概述,并提供了一个快速跳转到对应团队界面的 GOTO 按钮。此外,通过 setTeamRole 计算属性,根据用户在团队中的角色(如 Manager 或 Partner),展示用户在各个团队中的职责和地位。

(5) 修改用户头像:用户可以通过单击自己的头像来触发一个修改头像的弹出层。系统提供了 3 种预设的头像以供用户选择,通过 changeAvatar()方法,用户可以轻松地更换自己的头像,并通过后端接口请求更新用户状态,使个人资料保持最新。

修改用户头像抽屉的效果如图 11-3 所示。

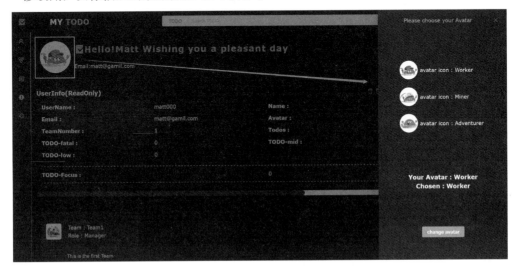

图 11-3 修改用户头像抽屉的效果

用户界面的代码如下:

```
//第 11 章 todo/src/views/user.ts
//用户个人中心页
< template >
    <!-- 用户界面代码,具体见源代码文件 -->
</template >

< script lang = "ts" setup >
import { ref, reactive, computed } from "vue";
//引入图标
import { Coffee, Platform, WarningFilled } from "@element - plus/icons - vue";
//对于其他引入,可查看源代码文件

//控制头像选择抽屉的显示状态
const avatarDrawer = ref(false);
const component = "User";
const router = useRouter();
const userStore = user();
//选中的头像
const chosenAvatar = ref(userStore.user.avatar);
```

```js
//计算用户的繁忙程度
const busyValue = computed(() => {
    let { todos, todoNumber } = userStore.user;
    let { fatal, focus, mid, low } = todos ?? {
        fatal: [],
        focus: [],
        mid: [],
        low: [],
    };
    //根据不同优先级的待办事项计算得分
    let score = fatal.length * 5 + mid.length * 2 + low.length * 1;
    let total = todoNumber * 5;
    //返回繁忙程度的分数,最大值为5,最小值为0
    return (score / total) * 5;
});
const busyIcons = [Coffee, Platform, WarningFilled];

/** 头像列表 */
const avatarList = computed(() => {
    let avatars: { label: Avatars; value: any }[] = [];
    AvatarMap.forEach((value, key, _map) => {
        avatars.push({
            label: key,
            value,
        });
    });
    return avatars;
});

/** 选择头像事件 */
const chooseAvatar = (item: { label: Avatars; value: any }) => {
    chosenAvatar.value = item.label;
};

/** 修改用户头像 */
const changeAvatar = async () => {
    let username = userStore.getUsername();
    if (username) {
        const data = await api.user.setUserAvatar(username, chosenAvatar.value);
        data &&
            (() => {
                userStore.user.avatar = chosenAvatar.value;
                ElMessage({
                    type: "success",
                    message: "Avatar changed successfully",
                });
            })();
    }
    avatarDrawer.value = false;
};
```

```javascript
/** 计算用户繁忙程度 */
const busyTemplate = computed(() => {
    let msg = "Free";
    if (busyValue.value >= 4) {
        msg = "Busy";
    } else if (busyValue.value >= 2) {
        msg = "Moderate";
    }
    return `busy level: ${msg}!`;
});

//用户信息列表,包括用户名、姓名、邮箱等
const userInfoList = computed(() => {
    let { user } = userStore;
    return [
        {
            label: "UserName",
            value: user.username,
        },
        {
            label: "Name",
            value: user.name,
        },
        {
            label: "Email",
            value: user.email,
        },
        {
            label: "Avatar",
            value: user.avatar,
        },
        {
            label: "TeamNumber",
            value: user.teamNumber,
        },
        {
            label: "Todos",
            value: user.todoNumber,
        },
        {
            label: "TODO - fatal",
            value: user.todos?.fatal.length ?? 0,
        },
        {
            label: "TODO - mid",
            value: user.todos?.mid.length ?? 0,
        },
        {
            label: "TODO - low",
            value: user.todos?.low.length ?? 0,
```

```js
        },
        {
            label: "TODO - Focus",
            value: user.todos?.focus.length ?? 0,
        },
    ];
});

//计算用户解决的待办事项百分比
const countSolve = computed(() => {
    let { todoNumber, totalTodo } = userStore.user;
    if (todoNumber === 0 || totalTodo === 0) {
        return 100;
    }
    let solve = (1 - todoNumber / totalTodo).toFixed(2);

    let solveF = parseFloat(solve) * 100;
    return solveF;
});

//根据是否为团队所有者返回用户角色
const setTeamRole = computed(() => (owner: string) => {
    let { username } = userStore.user;
    if (username === owner) {
        return "Manager";
    } else {
        return "Parter";
    }
});

//判断用户是否属于某个团队
const hasTeam = computed(() => {
    return userStore.user.teams?.length ?? 0 !== 0;
});

//路由跳转到协作页面
const toCollaborate = () => {
    router.push({ path: "collaborate" });
};

//路由跳转到计划页面
const toPlan = () => {
    router.push({ path: "plan" });
};
</script>

<style lang="scss">
@import "../styles/views/user.scss";
</style>
```

用户页面的最终效果如图 11-4 所示。

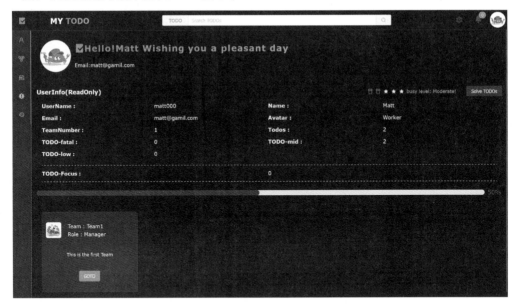

图 11-4　用户页面的最终效果

7. 待办页面

待办页面是应用中的一个核心且功能丰富的部分,旨在帮助用户高效地管理和跟踪他们的待办事项。通过 element-plus 组件库提供的标签页组件,这个页面巧妙地被划分为 5 个子页面,每个页面都针对不同的展示和管理需求而设计,从而实现了一个高度集成且用户友好的待办管理体验。

(1) 创建与预览页面:首先,创建与预览页面允许用户快速地添加新的待办事项,并即时预览这些待办的详细信息。这个页面设计简洁直观,确保用户能够轻松地输入待办事项的各项信息,如标题、描述、截止日期等,并对这些待办事项进行分类和设置优先级,使待办事项的管理更为高效和有序。

(2) 日历预览页面:日历预览页面提供了一个全览的日历视图,用户可以在这个视图中选择某日对当日的所有待办进行预览。在未来可以继续对这个页面进行优化,例如可以在日历视图中看到所有待办事项的分布情况。这使用户能够一目了然地了解自己在一个月甚至一年内的待办任务分布,便于进行长期规划和时间管理。

(3) 时间轴预览页面:时间轴预览页面则采用时间轴的形式,按时间顺序展示待办事项。这种视图特别适合跟踪项目进度或查看特定时间段内的任务完成情况,帮助用户有效地管理时间和优先级。

(4) 表格预览页面:以表格形式列出所有待办事项,可以快速地预览,从而得到一个待办的信息,而对于具体信息,则需要展开表格行进行查看。

(5) 阻塞状态待办处理页面:阻塞状态待办处理页面专门用于处理状态为"阻塞"的待

办事项。在项目管理中，一些待办事项可能因为各种外部因素而无法继续进行，这个页面就是为了帮助用户识别这些阻塞的任务，并提供解决方案或调整计划，以确保项目的顺利进行。

整体而言，待办页面通过集成多种展示和管理待办事项的视图，为用户提供了一个全面、灵活且高效的待办事项管理平台。不同的子页面相互补充，确保用户能够根据自己的需求和偏好，选择最合适的方式来组织和跟踪待办事项，从而提升工作和生活的效率。待办页面的代码如下：

```
//第11章 todo/src/views/plan/plan.vue
<template>
    <div :id="buildView(component)">
        <!-- 使用el-tabs组件创建标签页 -->
        <el-tabs class="plan-tabs">
            <!-- 创建第1个标签页,用于创建和预览待办事项 -->
            <el-tab-pane>
                <template #label>
                    <!-- 自定义标签页标题,包含SVG图标和文本 -->
                    <span class="custom-tabs-label">
                        <div class="svg" v-html="useSvg(SVGs.CREATE_PREVIEW, 16)"></div>
                        <span class="title">Create and Preview</span>
                    </span>
                </template>
                <!-- 标签页内容,将用户待办事项数据传递到CreatePreview组件 -->
                <div class="c_p_wrapper">
                    <CreatePreview :datas="userStore.todos"></CreatePreview>
                </div>
            </el-tab-pane>
            <!-- 创建第2个标签页,用于显示日历视图 -->
            <el-tab-pane>
                <template #label>
                    <!-- 自定义标签页标题,包含SVG图标和文本 -->
                    <span class="custom-tabs-label">
                        <div class="svg" v-html="useSvg(SVGs.CALENDER, 16)"></div>
                        <span class="title">Calendar</span>
                    </span>
                </template>
                <!-- 标签页内容,将用户待办事项数据传递到Calendar组件 -->
                <div class="calendar_wrapper">
                    <Calendar :datas="userStore.todos"></Calendar>
                </div>
            </el-tab-pane>
            <!-- 创建第3个标签页,用于显示时间轴视图 -->
            <el-tab-pane>
                <template #label>
                    <!-- 自定义标签页标题,包含SVG图标和文本 -->
                    <span class="custom-tabs-label">
```

```html
                    <div class="svg" v-html="useSvg(SVGs.TIMELINE, 16)"></div>
                    <span class="title">Timeline</span>
                </span>
            </template>
            <!-- 标签页内容,将用户待办事项数据传递到 Timeline 组件 -->
            <div class="timeline_wrapper">
                <Timeline :datas="userStore.todos"></Timeline>
            </div>
        </el-tab-pane>
        <!-- 创建第 4 个标签页,用于显示表格视图 -->
        <el-tab-pane>
            <template #label>
                <!-- 自定义标签页标题,包含 SVG 图标和文本 -->
                <span class="custom-tabs-label">
                    <div class="svg" v-html="useSvg(SVGs.TABLE, 16)"></div>
                    <span class="title">Table</span>
                </span>
            </template>
            <!-- 标签页内容,将用户待办事项数据传递到 Table 组件 -->
            <div class="table_wrapper">
                <Table :datas="userStore.todos"></Table>
            </div>
        </el-tab-pane>
        <!-- 创建第 5 个标签页,用于显示待处理阻塞的待办事项 -->
        <el-tab-pane>
            <template #label>
                <!-- 自定义标签页标题,包含 SVG 图标和文本 -->
                <span class="custom-tabs-label">
                    <div class="svg" v-html="useSvg(SVGs.PENDING, 16)"></div>
                    <span class="title">Pending</span>
                </span>
            </template>
            <!-- 标签页内容,将待处理的待办事项数据传递到 Pending 组件 -->
            <div class="table_wrapper">
                <Pending :datas="pendingTodos"></Pending>
            </div>
        </el-tab-pane>
    </el-tabs>
    </div>
</template>

<script lang="ts" setup>
import { ref, reactive, computed } from "vue";
import { Avatars, buildView, Priorities, Status, Todo } from "../../core";
import { SVGs, useSvg } from "../../components";
import { CreatePreview, Calendar, Timeline, Table, Pending } from "./index";
import { user as userPinia } from "../../store/src/user";
const component = "Plan";
const userStore = userPinia();
```

```
//计算属性获取状态为阻塞的TODO
const pendingTodos = computed(() => {
    return userStore.todos.filter((todo) => todo.status === Status.PENDING);
});
</script>

<style lang = "scss">
@import "../../styles/views/plan.scss";
</style>
```

待办页面的最终效果如图11-5所示。

图11-5　待办页面最终效果

1）待办组件

待办组件是待办页面的灵魂，它在整个日程待办项目中起到了枢纽的作用。无论是创建与预览、日历预览、时间轴预览，还是表格预览这4种不同的待办子页面，待办组件都扮演着核心角色。它的设计巧妙且功能齐全，旨在为用户提供一个直观、高效的待办管理体验。

待办组件从结构上可以分为两个主要部分，分别是头部和信息区。头部这一区域为用户提供了一目了然的待办概览。用户可以清楚地看到待办事项的标题、优先级，以及4个功能强大的操作按钮。这些按钮包括完成待办、修改待办信息、删除待办和标记待办为阻塞状态。每个按钮都设计得简洁直观，易于操作。

信息区域中待办的所有细节信息都将被展开，包括待办的标签、处理时间、当前状态、执行者和审核者、详细描述及附件下载链接。这个区域是用户深入了解待办事项的核心部分，在设计上力求全面且不失简洁。

以下是待办组件的具体功能细节。

（1）待办优先级：优先级的可视化表示通过颜色编码的方形点完成，其中不同的优先级对应不同的颜色。这种直观的表示方式通过 getPriorityDot 计算属性和 usePriorityColor() 方法实现，根据待办事项的优先级枚举来动态地获取颜色值。

（2）完成待办按钮：一旦用户单击此按钮，表示该待办事项已经完成。系统会随即将这个待办事项从当前列表中移除，并将其归档至历史待办中。这个功能对于保持待办列表的清晰和有序至关重要，尤其是在团队协作的环境下，完成的待办事项能够及时地被更新至审核者的看板，确保团队成员间的信息同步。

（3）修改待办按钮：这个按钮允许用户对待办事项进行编辑，前提是该操作由待办事项的创建者执行。这一设计确保了待办信息的修改权限得到合理控制，防止了未经授权的编辑行为。

（4）删除待办按钮：与修改按钮类似，删除待办的权限同样限定于创建人。这一机制保护了待办事项不被随意删除，确保了信息的安全性和完整性。

（5）阻塞待办按钮：单击此按钮，待办事项的状态会被标记为"阻塞"，并被移至专门的阻塞待办处理界面。这一功能对于管理那些难以推进或需要特别关注的待办事项至关重要，帮助用户有效地识别和处理潜在的项目瓶颈问题。

（6）待办附件下载：待办附件能够帮助用户对待办事项进行了解或处理，在代码中使用 downloadAnnexs() 方法调用核心中的 base64ToBlob() 方法和 downloadBlob() 方法完成待办附件的下载功能。

整体而言，待办组件极大地提升了用户处理日常待办事项的效率，提高了用户的使用体验。待办组件的代码如下：

```vue
//第 11 章 todo/src/views/plan/components/todo.vue
<template>
    <!-- 仅当 currentTodo 定义时展示 todo 项 -->
    <div class="todo" v-if="typeof currentTodo !== 'undefined'">
     <!-- 包含头部标题、工具栏、信息栏等，详细代码可查看源代码文件 -->
    </div>
</template>

<script lang="ts" setup>
//导入 Vue 相关功能
import { ref, reactive, computed } from "vue";
//导入核心功能、工具方法和状态管理等，具体代码可查看源代码文件

//定义组件接收的 props
const props = defineProps<{
    currentTodo?: Todo;              //当前操作的 Todo
    isChange: boolean;               //是否为更改操作标志
    isCompelete: boolean;            //是否已完成标志
}>();
const userStore = userPinia(); //使用 Pinia 的用户状态
const emits = defineEmits(["change", "delete", "refresh"]);
//定义事件发射器
```

```ts
//计算属性,用于获取代办事项的优先级颜色
const getPriorityDot = computed(() => (item: Todo) => {
    let { priority } = item || Priorities.Low;
    return `background-color : ${usePriorityColor(priority)}`;
});

//计算代办事项的持续时间
const countDuring = (timestamp: number): string => {
    return `${(timestamp / 1000 / 60 / 60).toFixed(2)} h`;
};

//下载附件方法
const downloadAnnexs = () => {
    props.currentTodo?.annexs?.forEach((annex) => {
        let contentType = annex.data.split(";base64,")[0].replace("data:", "");
        let blob = base64ToBlob(annex.data, contentType);
        downloadBlob(blob, annex.name);
    });
};

//完成代办事项方法
const completeTodo = async () => {
    let id = props.currentTodo!.id!;
    const data = await api.todo.completedTodo(userStore.user.username, id);
    if (typeof data !== "undefined") {
        ElMessage({
            type: "success",
            message: "Complete Todo successfully",
        });
        userStore.setUser(data);
    }
    emits("refresh", props.currentTodo?.id!);
};

//发射更改代办事项事件
const changeTodo = () => {
    emits("change", props.currentTodo);
};

//删除代办事项方法
const deleteTodo = async () => {
    let id = props.currentTodo!.id!;
    const data = await api.todo.deleteTodo(userStore.user.username, id);
    if (typeof data !== "undefined") {
        ElMessage({
            type: "success",
            message: "Delete Todo successfully",
        });
        userStore.setUser(data);
    }
```

```
        emits("delete");
};

//将代办事项状态更改为待处理
const pendingTodo = async () => {
    let id = props.currentTodo!.id!;
    const data = await api.todo.updateTodoStatus(id, Status.PENDING);
    if (data) {
        ElMessage({
            type: "success",
            message: "Pending TODO successfully",
        });
        const user = await api.user.getUserInfo(userStore.user.username);
        userStore.setUser(user!);
        emits("refresh", props.currentTodo?.id!);
    }
};

//计算属性,判断代办事项是否处于待处理状态
const isPending = computed(() => {
    let status = props.currentTodo?.status;
    return status !== Status.PENDING;
});
</script>

<style lang="scss" scoped>
@use '../../../styles/src/var.scss' as *;
.todo {
    //待办组件样式可查看源代码文件
}
</style>
```

待办组件的最终效果如图 11-6 所示。

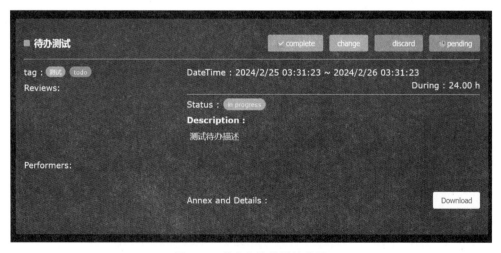

图 11-6　待办组件的最终效果

2)创建与预览待办页面

创建与预览待办页面是一个专为提高工作效率与组织任务而设计的系统,它巧妙地将3个核心功能融为一体:待办数量信息展示、创建待办及预览待办。这个系统不仅直观地展示了当天的待办任务数量,还细致地区分出了紧急待办与普通待办的数量,并给出了所有待办任务的总数。这样的设计让用户能够一目了然地掌握自己的任务情况,从而更好地安排自己的日程和优先级。待办数量的信息区效果如图11-7所示。

图11-7 待办数量的信息区效果

在创建待办的功能中,用户可以轻松地添加新的个人待办任务。需要注意的是,该界面专注于个人待办的创建,不支持团队待办的创建。在创建过程中,用户需要填写待办任务的标题和执行时间区间,这两项是必填的基础信息。除此之外,用户还可以根据个人需要添加待办标签、详细描述、是否需要特别关注及相关附件等信息,这些功能的设计使每条待办任务都可以根据实际情况被定制化和个性化。

实际上,这一部分的代码构建得相当精细,核心功能围绕着addNewTodo()方法展开。该方法运用了表单验证技术,并且将表单内的数据精确地转换成待办事项对象,进而通过调用API完成新待办事项的添加或对现有待办事项的更新。这一过程看似直接,却涵盖了多个细节处理环节,包括但不限于文件的上传、文件数据的修改、标签的添加与移除,以及数据格式的转换等。每个子方法都是对数据处理的细致雕琢,确保了整个功能的高效性和稳定性,体现了编码的严谨性和对用户体验的深度考量。创建待办的代码如下:

```
//第11章todo/src/views/plan/components/create_preview.vue
//对话框标题,根据添加还是修改Todo变化
const dialogTitle = computed(() => {
    if (isChange.value) {
        return 'Change Todo'
    }
    return 'Add New Todo'
})

//对话框按钮文本,根据添加还是修改Todo变化
const dialogBtn = computed(() => {
    if (isChange.value) {
        return 'Change'
    }
    return 'Add'
```

```typescript
    })

    const showTodoDetails = (item: Todo) => {
        currentTodo.value = item
    }

    //计算当前用户对 Todo 的权限
    const rule = computed(()=>{
        let todoRule = 0;
    if(currentTodo.value?.performers.filter((x:any) => x.username === userStore.user.username).length!==0){
            todoRule += 1;
    }
    if(currentTodo.value?.reviewers.filter((x:any) => x.username === userStore.user.username).length!==0){
            todoRule += 10;
        }
        console.log(todoRule)
        return todoRule
    })

    //Todo 表单数据类型定义
    interface TodoRuleForm {
        name: string
        priority: Priorities
        date: [Date, Date]
        tags: Array<ITagProps>
        description: string
        information: string
        annexs: Array<{
            name: string
            data: string
        }>
        isFocus: boolean
    }

    const todoForm = reactive<TodoRuleForm>({
        name: '',
        priority: Priorities.Mid,
        date: [new Date(), new Date()],
        tags: [],
        description: '',
        information: '',
        annexs: [],
        isFocus: false
    })

    //表单验证规则
    const rules = reactive<FormRules<TodoRuleForm>>({
        name: [
```

```js
            { required: true, message: 'Please input Todo name', trigger: 'blur' },
            { min: 1, max: 16, message: 'Length should be 1 to 16', trigger: 'blur' }
        ],
        date: [
            {
                required: true,
                message: 'Please set start and end time',
                trigger: 'blur visible-change'
            }
        ]
})

//检查日期是否设置
const checkDate = () => {
    let { date } = todoForm
    if (!date) {
        todoForm.date = [new Date(), new Date()]
        ElMessage({
            type: 'warning',
            message: 'Please set start and end time'
        })
    }
}

//将表单数据转换为 Todo 对象
const convertTodo = (): Todo => {
    let during = todoForm.date[1].getTime() - todoForm.date[0].getTime()
    let currentTime = new Date().getTime() - todoForm.date[0].getTime()
    let status = currentTime < 0 ? Status.NOT_START : Status.IN_PROGRESS
    let { username } = userStore.user
    let todo: Todo = {
        owner: username,
        name: todoForm.name,
        priority: todoForm.priority,
        //审核人
        reviewers: [],
        performers: [],
        date: {
            start: todoForm.date[0].toLocaleString(),
            end: todoForm.date[1].toLocaleString(),
            during
        },
        tags: toRaw(todoForm.tags),
        status,
        description: todoForm.description,
        information: todoForm.information,
        //附件
        annexs: toRaw(todoForm.annexs),
        isFocus: todoForm.isFocus
    }
```

```
        todoForm.annexs = []
        return todo
}
//添加新的 Todo
const addNewTodo = async (formEl: FormInstance | undefined) => {
    if (!formEl) return
    await formEl.validate(async (valid, fields) => {
        if (valid) {
            let todo = convertTodo()
            if (isChange.value) {
                Object.assign(todo, { owner: changeTodoItem.value.owner ?? '' })
                console.log(todo)
                const data = await api.todo.updateTodo ( userStore.user.username,
changeTodoItem.value.id, todo)
                if (typeof data !== 'undefined') {
                    ElMessage({
                        type: 'success',
                        message: 'Update Todo successfully'
                    })
                    userStore.setUser(data)
                }
            } else {
                const data = await api.todo.addNewTodo(todo)
                if (typeof data !== 'undefined') {
                    ElMessage({
                        type: 'success',
                        message: 'Create new Todo successfully'
                    })
                    userStore.setUser(data)
                }
            }
        } else {
            console.log('error submit!', fields)
        }
    })
}

const uploadAndConvertBase64 = (uploadFile: UploadFile, _uploadFiles: UploadFiles) => {
    let file = uploadFile.raw
    if (typeof file !== 'undefined') {
        convertFileToBase64(file).then(base64 => {
            todoForm.annexs.push({
                name: uploadFile.name,
                data: base64
            })
        })
    }
}
//打开添加 Todo 对话框
const openAddDialog = () => {
```

```js
        addTodoVisible.value = true
        isChange.value = false
}

const addTag = () => {
    let { tags } = todoForm

    if (typeof tags === 'undefined') {
        tags = new Array()
    }
    if (todoTag.value.label === '') {
        ElMessage({
            type: 'warning',
            message: 'you should add tag name'
        })
        return
    }
    for (let tag of tags) {
        let tagStr = JSON.stringify(toRaw(tag))
        let newTagStr = JSON.stringify(toRaw(todoTag.value))
        if (tagStr === newTagStr) {
            ElMessage({
                type: 'warning',
                message: 'you already have the same tag'
            })
            return
        } else {
            continue
        }
    }

    tags.push(toRaw(todoTag.value))
    todoForm.tags = tags
    todoTag.value = {
        type: '',
        effect: 'dark',
        label: ''
    } as ITagProps
}

//自定义日期选择器选项
const shortcuts = [
    {
        text: 'Next day',
        value: () => {
            const end = new Date()
            const start = new Date()
            end.setTime(start.getTime() + 3600 * 1000 * 24 * 1)
            return [start, end]
        }
```

```
        },
        {
            text: 'Next week',
            value: () => {
                const end = new Date()
                const start = new Date()
                end.setTime(start.getTime() + 3600 * 1000 * 24 * 7)
                return [start, end]
            }
        },
        {
            text: 'Next month',
            value: () => {
                const end = new Date()
                const start = new Date()
                end.setTime(start.getTime() + 3600 * 1000 * 24 * 30)
                return [start, end]
            }
        }
];

//移除 Tag
const removeTag = (tag: ITagProps) => {
    todoForm.tags = todoForm.tags.filter(item => item !== tag)
}

//修改 TODO
const changeTodo = (todo: Todo) => {
    todoForm.name = todo.name
    todoForm.description = todo.description ?? ''
    todoForm.tags = todo.tags
    todoForm.information = todo.information ?? ''
    todoForm.date = [new Date(todo.date.start), new Date(todo.date.end)]
    todoForm.isFocus = todo.isFocus
    todoForm.priority = todo.priority
    todoForm.annexs = todo.annexs ?? []
    addTodoVisible.value = true
    isChange.value = true
    changeTodoItem.value.id = todo.id!
    changeTodoItem.value.owner = todo.owner
}

const deleteTodo = () => {
    currentTodo.value = {}
}

const removeUploadFile = (file: { name: string; data: string }) => {
    todoForm.annexs = todoForm.annexs.filter(f => f.name !== file.name)
}
```

创建待办的效果如图11-8所示。

图11-8 创建待办的效果

一旦新的待办任务被成功添加,系统就会自动更新右侧的待办列表。这个列表不仅展示了待办任务的概览,还通过两个小巧的指示点来代表待办处理状态和待办优先级,让用户能够迅速地识别出每项任务的当前状态和紧急程度。用户只需单击列表中待办任务旁的"查询"按钮,页面的左下方便会弹出一个待办组件,详细展示了所选任务的具体信息。创建与预览待办页面的最终效果如图11-9所示。

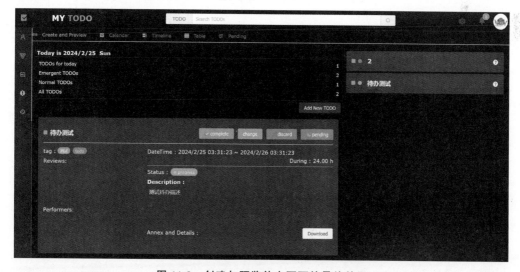

图11-9 创建与预览待办页面的最终效果

3) 日历类型预览页面

在日历类型的待办预览页面中,设计了一个全面的日历视图,旨在为用户提供一个直观的平台，通过日历来选择他们想要查看待办事项的具体日期。当用户选定一个日期后，该日期在页面左侧的日历视图中将被一面红色的小旗帜鲜明地标记，以便快速识别。与此同时，页面右侧将展示出选定日期内的所有待办事项，这些待办事项巧妙地被组织在一个伸缩盒模型中，从而保持页面的整洁与有序。用户只需简单地进行单击，待办事项便会展开，借助于精心设计的待办组件，详尽的待办信息便一目了然。

值得注意的是，在这个日历预览页面上，只专注于提供一个清晰的视图和流畅的信息查看体验，因此暂时不支持直接在此页面上提交或修改待办事项。这一决策是为了确保用户可以在不受干扰的情况下审视和规划他们的日程，同时也鼓励用户在确认详细信息后，转至专门的待办创建或编辑页面进行更深入的操作。这样的设计旨在既保持日历预览的简洁性，又不牺牲功能的丰富性，以满足用户对待办事项管理的各种需求。日历类型预览页面的代码如下：

```vue
//第 11 章 todo/src/views/plan/components/calendar.vue
<template>
    <div id="calendar-view">
        <!-- 左侧部分为日历视图 -->
        <div class="left">
            <!-- 使用 element-plus 的日历组件 -->
            <el-calendar>
                <!-- 自定义日历单元格的内容 -->
                <template #date-cell="{ data }">
                    <!-- 当单元格被单击时,调用 getTODO 方法,并确保单击区域为整个单元格 -->
                    <div @click="getTODO(data)" style="height: 100%; width: 100%">
                        <!-- 显示日期,并在选中的日期旁边显示一个小旗子图标 -->
                        <p :class="data.isSelected ? 'is-selected' : ''">
                            <!-- 只显示月份和日期,忽略年份 -->
                            {{ data.day.split("-").slice(1).join("-") }}
                            <!-- 如果是选中的日期,则显示一个小旗子图标 -->
                            {{ data.isSelected ? "▶" : "" }}
                        </p>
                    </div>
                </template>
            </el-calendar>
        </div>
        <!-- 右侧部分为待办事项列表视图 -->
        <div class="right">
            <!-- 当有待办事项时,使用 element-plus 的折叠面板展示待办事项 -->
            <el-collapse accordion v-if="todos?.length">
                <!-- 循环展示待办事项,每个待办事项为一个折叠面板项 -->
                <el-collapse-item :name="item.id" v-for="item in todos" :key="item.id">
                    <!-- 自定义面板标题 -->
                    <template #title>
                        <div class="collapse-title-wrapper">
                            <div>
```

```html
                    <!-- 显示待办事项的优先级和状态 -->
                    <span class="priority" :style="getPriorityDot(item)">
                </span>
                    <span
                        class="priority"
                        style="border-radius: 50%"
                        :style="getStatusDot(item)"
                    ></span>
                    <!-- 显示待办事项的名称 -->
                    <span class="collapse-title">{{ item.name }}</span>
                </div>
            </div>
        </template>
        <!-- 面板内容区域,展示待办事项的详细信息 -->
        <div style="height: 360px">
            <TODOItem
                :is-compelete="false"
                :current-todo="item"
                :is-change="false"
                @refresh="refreshTodo"
                @delete="refreshTodo"
            ></TODOItem>
        </div>
    </el-collapse-item>
</el-collapse>
<!-- 当没有待办事项时,显示一条友好的消息 -->
<div v-else>
    <h3>Wishing you a pleasant day</h3>
    <p>There are no TODOs to be processed for the current date</p>
</div>
        </div>
    </div>
</template>

<script lang="ts" setup>
//引入 Vue 的响应式 API、计算属性及组件挂载时的生命周期钩子
import { ref, computed, onMounted } from "vue";
//引入 Todo 模型、优先级和状态的相关功能
import { Todo, Priorities, usePriorityColor, Status, useStatus } from "../../../core";
//引入 TODOItem 组件
import { TODOItem } from "../index";

//从父组件接收 Todo 数据作为 props
const props = defineProps<{ datas: Todo[] }>();
//定义组件可以触发的自定义事件,这里为"getDate"
const emits = defineEmits(["getDate"]);

//定义一个响应式引用,用于存储筛选后的 Todo 列表
const todos = ref<Todo[]>();
//计算属性,根据 Todo 的优先级返回对应颜色的样式字符串
```

```js
const getPriorityDot = computed(() => (item: Todo) => {
    let { priority } = item;
    return `background-color : ${usePriorityColor(priority || Priorities.Low)}`;
});

//计算属性,根据 Todo 的状态返回对应颜色的样式字符串
const getStatusDot = computed(() => (item: Todo) => {
    let { status } = item || Status.NOT_START;
    return `background-color : ${useStatus(status)}`;
});

//根据指定日期筛选 Todo 列表
const filterTodos = (date: Date) => {
    let time = new Date(date.toLocaleDateString()).getTime();
    //使用 filter 方法筛选出在指定日期范围内的 Todo 项
    todos.value = props.datas.filter((todo) => {
        let end = new Date(new Date(todo.date.end).toLocaleDateString()).getTime();
        let start = new Date(new Date(todo.date.start).toLocaleDateString()).getTime();

        return start <= time && end >= time;
    });
};

//获取指定日期的 Todo 项并筛选
const getTODO = (data: any) => {
    let date = data.date;
    console.log(date);
    filterTodos(date);
};

//用于刷新 Todo 项的函数,目前仅打印传入的 id
const refreshTodo = (_id: string) => {
    console.log(_id);
};

//当组件挂载时,将筛选初始化为当前日期的 Todo 项
filterTodos(new Date());
</script>

<style lang="scss">
@use '../../../styles/src/var.scss' as *;
#calendar-view {
    //日历页面的具体样式可参照源代码文件
}
</style>
```

日历类型预览页面的最终效果如图 11-10 所示。

4) 时间轴类型预览页面

在时间轴类型的待办预览页面上,采用了直观的时间轴设计,以时间顺序为线索,从过

图 11-10　日历类型预览页面的最终效果

去到未来依次展示尚未完成的待办事项。这种布局方式非常适合于跟踪项目的进展情况，或者回顾在特定时间段内已经完成的任务，它为用户提供了一个极佳的工具，以有效地管理他们的时间和确定任务的优先顺序。

页面的左侧是时间轴的展示区域，其中每个时间节点都对应着一张卡片，这些卡片以简洁的形式展示了待办事项的核心信息。每个卡片上都会标明待办的起始与结束日期，让用户可以迅速地把握任务的时间范围。此外，待办事项的优先级通过颜色编码的方形标记来表示，而当前的完成状态则通过圆点颜色来区分，使用户能够立刻识别出每个任务的重要性及进度。卡片还精细地列出了待办的描述信息和相关标签，这些细节的呈现有助于用户在不深入每个任务的情况下，快速了解任务的大致内容和类别。

当用户对某个具体的待办事项感兴趣并单击相应的卡片时，页面的右侧便会立即展示出一个详细的待办组件。这个组件以更加详尽的形式呈现待办事项的所有信息。通过这样的设计，用户不仅能从宏观上把握自己的时间和任务分布，还能够轻松地了解每个任务的细节，从而进行深入的管理和规划。时间轴类型预览页面的代码如下：

```
//第 11 章 todo/src/views/plan/components/timeline.vue
<template>
    <div id="timeline-view">
        <!-- 时间轴的左侧部分,显示 Todo 项的时间线 -->
        <div class="left">
            <!-- 使用 element-plus 的时间轴组件 -->
            <el-timeline>
                <!-- 遍历传入的 Todo 数据,并为每个 Todo 创建一个时间轴项 -->
                <!-- 显示 Todo 的起始和结束日期 -->
```

```html
                    <el-timeline-item
                        :timestamp="`${item.date.start}~${item.date.end}`"
                        placement="top"
                        v-for="(item, index) in datas"
                        :key="index"
                    >
                        <!-- 当单击Todo项时,将当前Todo设置为被单击的Todo -->
                        <el-card @click="currentTodo = item">
                            <h4>
                                <!-- 显示Todo的优先级和状态,使用计算属性设置样式 -->
                                <span class="priority" :style="getPriorityDot(item)">
                                </span>
                                <span
                                    class="priority"
                                    style="border-radius: 50%"
                                    :style="getStatusDot(item)"
                                ></span>
                                <!-- Todo的名称 -->
                                <span class="collapse-title">{{ item.name }}</span>
                            </h4>
                            <!-- Todo的描述 -->
                            <p>{{ item.description }}</p>
                            <!-- 显示Todo的标签 -->
                            <div class="operation-btn-wrapper">
                                <el-tag
                                    style="margin: 0 6px"
                                    v-for="tag in item.tags"
                                    :key="tag.label"
                                    :type="tag.type"
                                    size="small"
                                    class="mx-tag"
                                    round
                                    :effect="tag.effect"
                                >
                                    {{ tag.label }}
                                </el-tag>
                            </div>
                        </el-card>
                    </el-timeline-item>
                </el-timeline>
            </div>
            <!-- 时间轴的右侧部分,显示选中的Todo的详细信息 -->
            <!-- 不能改变TODO,不能单击"完成"按钮 -->
            <div class="right">
                <TODOItem
                    :current-todo="currentTodo"
                    :is-change="false"
                    :is-complete="false"
                ></TODOItem>
            </div>
```

```vue
        </div>
</template>

<script lang="ts" setup>
//引入 Vue 的响应式 API 和计算属性
import { ref, computed } from "vue";
//引入 Todo 类型和优先级、状态相关的功能
import { Todo, Priorities, usePriorityColor, Status, useStatus } from "../../../core";
//引入 TODOItem 组件
import { TODOItem } from "../index";
//定义接收的 props,即 Todo 数组
const props = defineProps<{ datas: Todo[] }>();

//定义一个响应式引用,用于存储当前选中的 Todo
const currentTodo = ref<Todo>();
//计算属性,用于根据 Todo 的优先级获取相应的样式
const getPriorityDot = computed(() => (item: Todo) => {
    let { priority } = item || Priorities.Low;
    return `background-color : ${usePriorityColor(priority)}`;
});

//计算属性,用于根据 Todo 的状态获取相应的样式
const getStatusDot = computed(() => (item: Todo) => {
    let { status } = item || Status.NOT_START;
    return `background-color : ${useStatus(status)}`;
});
</script>

<style lang="scss" scoped>
@use "../../../styles/src/var.scss" as *;
#timeline-view {
    //时间轴类型预览页面的样式可查看源代码文件
}
</style>
```

时间轴类型预览页面的最终效果如图 11-11 所示。

5）表格类型预览页面

在表格类型的预览页面上,所有待办事项都被整齐地列出,采用了表格的形式进行展示,这种布局使用户能够迅速地浏览并获取每个待办的核心信息。为了深入了解详细信息,用户可以通过展开相应的表格行来获得更多内容。这种设计旨在提供一个清晰、高效的视图,让用户能够在不牺牲详细度的前提下,快速地把握待办事项的概况。

表格中的每项都细致地展示了待办的关键信息,包括待办标题、优先级、执行人、审核人、起始与结束日期及待办标签。这些信息的呈现,使用户在不进行任何额外操作的情况下,就能对待办事项有一个基本的了解。尤其值得一提的是,优先级信息不再采用之前的状态点方式展示,而是改为直接使用文字描述,这种方式更直观地传达了任务的紧急程度。同时,执行人和审核人的信息仅展示了他们的电子邮件地址,以保护个人隐私,同时也提供足够的联系信息。

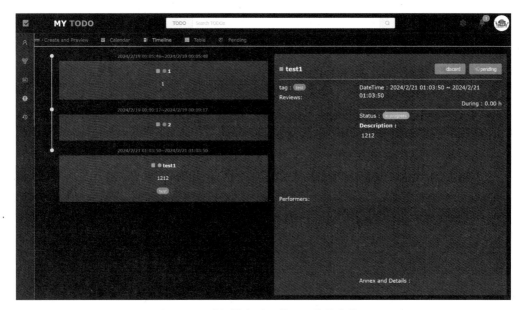

图 11-11　时间轴类型预览页面的最终效果

当需要查看某个待办事项的具体信息时，用户只需轻松地展开对应的表格行，便可以看到包括任务的详细描述、相关附件、评论交流等更加全面的信息。这个展开功能不仅让页面保持了整洁的外观，还确保了用户在需要时可以快速地访问每个任务的详细数据，从而做出更为明智的决策。

综合来看，表格类型的预览页面通过其结构化和信息密集的展示方式，极大地提高了用户处理和管理待办事项的效率。它允许用户在获得高层次概览的同时，也能够轻松地深入每个待办的具体细节中，确保了任务管理的全面性和深度。表格类型预览页面的代码如下：

```vue
//第 11 章 todo/src/views/plan/components/table.vue
<template>
    <!-- 表格视图容器 -->
    <div id="table-view">
        <!-- 表格元素,数据来源于 datas 属性 -->
        <el-table :data="datas">
            <!-- 表格列配置 -->
            <el-table-column type="index" label="Index" width="100px" fixed="left" />
            <el-table-column label="Name" prop="name" width="200px" />
            <el-table-column label="Priority" prop="priority" width="200px" />
            <!-- 审核人列,自定义内容展示 -->
            <el-table-column label="Reviewers" width="200px" prop="reviewers">
                <template #default="{ row, $index }">
                    <div>{{ getReviewerName(row, $index) }}</div>
                </template>
            </el-table-column>
```

```html
<!-- 执行者列,自定义内容展示 -->
<el-table-column label="Performers" prop="performers" width="200px">
    <template #default="{ row, $index }">
        <div>{{ getPerformersName(row, $index) }}</div>
    </template>
</el-table-column>
<!-- 日期列,自定义内容展示 -->
<el-table-column label="Date" prop="date" width="360px">
    <template #default="{ row, $index }">
        <div>{{ getDate(row, $index) }}</div>
    </template>
</el-table-column>
<!-- 标签列,自定义内容展示 -->
<el-table-column label="Tags" prop="tags" width="240px">
    <template #default="{ row, $index }">
        <span>
            <!-- 标签循环展示 -->
            <el-tag
                style="margin: 0 4px"
                v-for="tag in getTags(row, $index)"
                :key="tag.label"
                :type="tag.type"
                size="small"
                class="mx-tag"
                round
                :effect="tag.effect"
            >{{ tag.label }}</el-tag>
        </span>
    </template>
</el-table-column>
<!-- 操作列 -->
<el-table-column align="right" width="120px" fixed="right">
    <template #header>
        <span>Operation</span>
    </template>
</el-table-column>
<!-- 展开列,用于展示更多信息 -->
<el-table-column type="expand" fixed="right">
    <template #default="props">
        <div class="expand-table-wrapper">
            <TODOItem
                :current-todo="props.row"
                :is-change="false"
                :is-compelete="false"
            ></TODOItem>
        </div>
    </template>
</el-table-column>
</el-table>
```

```
</div>
</template>

<script lang="ts" setup>
//引入Vue相关功能,包括响应式引用(ref, reactive)和计算属性(computed)
import { ref, reactive, computed } from "vue";
//引入Todo类型定义,用于类型标注和类型安全
import { Todo } from "../../../core";
//引入TODOItem组件,可能用于展开行,以便展示待办事项的详细信息
import { TODOItem } from "../index";

//使用defineProps定义组件接收的props,指定datas属性,其类型为Todo数组
const props = defineProps<{
    datas: Todo[];
}>();

//计算属性getReviewerName,用于获取待办事项中审核人的姓名
const getReviewerName = computed(() => (row: any, index: number) => {
    //安全访问row.reviewers数组中的name属性,如果不存在,则返回空字符串
    return row.reviewers[index]?.name ?? "";
});

//计算属性getPerformersName,用于获取待办事项中执行者的姓名
const getPerformersName = computed(() => (row: any, index: number) => {
    //安全访问row.performers数组中的name属性,如果不存在,则返回空字符串
    return row.performers[index]?.name ?? "";
});

//计算属性getDate,用于格式化待办事项的日期范围
const getDate = computed(() => (row: any, _index: number) => {
    //安全解构row.date对象,获取开始和结束日期,如果不存在,则默认为空字符串
    let { start, end } = row.date ?? {
        start: "",
        end: "",
    };
    //格式化日期范围为"start ~ end"的形式,如果某个日期不存在,则不显示该日期
    return `${start ?? ""} ~ ${end ?? ""}`;
});

//计算属性getTags,用于获取待办事项的标签数组
const getTags = computed(() => (row: any, _index: number): {
    type: string;
    effect: string;
    label: string;
}[] => {
    //直接返回row.tags数组,包含每个标签的类型(type)、效果(effect)和标签文本(label)
    return row.tags;
});

</script>
```

```
<style lang = "scss">
@use '../../../styles/src/var.scss' as *;

#table-view {
    //表格类型预览页面的样式可查看源代码文件
}
</style>
```

表格类型预览页面的最终效果如图 11-12 所示。

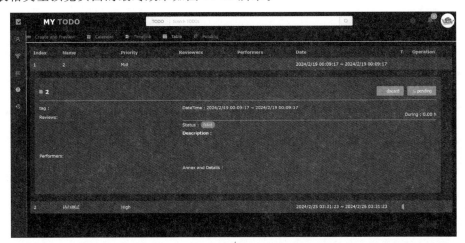

图 11-12　表格类型预览页面的最终效果

8. 重要待办页面

重要待办页面是一个专门用来突出显示那些需特别关注的任务的页面，它与待办页面的时间轴类型预览功能极为相似，但二者在关注的待办类型上有所区别。在重要待办页面，焦点集中在那些被划分为"致命待办"及那些被用户特别标记为需关注的待办项上。所谓的致命待办，是指那些被赋予了高或紧急优先级的任务，这些任务由于其紧迫性或对项目、日常工作流程的重要性，需要被优先处理和关注。

为了方便用户在致命待办和特别关注的待办项之间进行切换查看，页面设计了一个直观的开关按钮。用户仅需简单的单击操作，就能够在两种不同类型的待办事项间轻松切换，从而确保能够及时关注到所有重要的任务。

在技术实现方面，这一功能的核心依赖于一个计算属性 todos。这个计算属性通过对用户待办列表数据进行处理，动态地计算并呈现出当前应当展示的待办事项列表。无论是"致命待办"还是特别关注的待办项都是通过对待办任务的不同属性进行筛选和排序的，最终得到用户需要关注的待办列表。

通过这样的设计，重要待办页面为用户提供了一个清晰、便捷的视角，以此来监控那些需要优先考虑和处理的任务。这不仅可以帮助用户有效地管理自己的时间和资源，也确保了关键任务能够在适当的时间内得到妥善处理。在快节奏的工作环境中，能够迅速识别并应对重要的待办事项是至关重要的。重要待办页面的代码如下：

```vue
//第 11 章 todo/src/views/main.vue
<template>
    <div :id="buildView(component)">
        <!-- 构建描述部分的布局 -->
        <div :class="buildWrap(component, 'desc')">
            <h4>
                <!-- 描述文本,告知用户该页面的功能 -->
                <span style="margin: 0 16px">
                    You can view and handle all high level and emergent level todos on this page
                </span>
                <!-- 切换开关,用于在关注的待办事项和紧急的待办事项之间进行切换 -->
                <el-switch v-model="todoType" active-text="Focus" inactive-text="Fatal" />
            </h4>
        </div>
        <!-- 构建详情部分的布局,展示待办事项时间线 -->
        <div :class="buildWrap(component, 'detail')">
            <!-- Timeline 组件用于展示待办事项,而 :datas 用于绑定待办事项数据 -->
            <Timeline :datas="todos"></Timeline>
        </div>
    </div>
</template>

<script lang="ts" setup>
//引入 Vue 相关函数
import { reactive, computed, ref } from "vue";
//引入相关的函数和组件
import { AvatarMap, TeamAvatars, build, buildView, buildWrap, useTeam } from "../core";
import { Timeline } from "./plan";
import { user as userPinia } from "../store/src/user";
//从 Pinia 引入 user store

const component = "Main";                    //组件名称
const userStore = userPinia();               //使用 Pinia 管理的用户状态
const todoType = ref(true);                  //定义待办事项类型的响应式引用,true 表示关注的待办
//事项,false 表示紧急的待办事项

//计算属性,根据 todoType 的值动态地返回对应的待办事项列表
const todos = computed(() => {
    let { focus, fatal } = userStore.user.todos;
    //从用户状态中解构出关注和紧急的待办事项

    //根据 todoType 的值返回对应的待办事项列表
    if (todoType.value) {
        return focus;                        //如果 todoType 为 true,则返回关注的待办事项
```

```
        }
        return fatal;              //否则返回紧急的待办事项
    });
</script>

<style lang = "scss" scoped>
@import "../styles/views/main.scss";
</style>
```

重要待办页面的最终效果如图11-13所示。

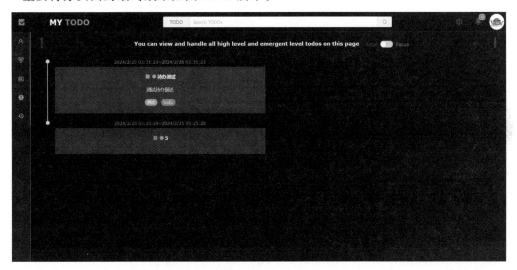

图11-13　重要待办页面的最终效果

9. 历史待办页面

历史待办页面是一个专门用于回顾用户过去完成的任务或未能完成的任务的页面。它将日历、时间轴和待办组件3个元素结合起来，为用户提供了一个直观且易于操作的历史任务回顾平台。

在页面的最左侧部分，设置了一个日历组件，用户可以通过这个日历轻松地选择特定的日期，以此来查看那一天的历史待办任务。这一功能使用户能够迅速地跳转到特定的日期，查看那天的任务完成情况，无论是几周、几个月，甚至是几年前的任务都能一目了然。

页面的中心是时间轴显示区域，展示了用户选定日期的所有历史待办任务。时间轴上的每项只展示了任务的基本信息，如任务标题、起始与结束日期，以及一个专门的"检查"按钮。

单击时间轴上的"检查"按钮后，页面的最右侧便会展开待办组件，此组件可以详细地展示被选中的历史待办任务的具体信息。这里包括任务的全面描述、完成或失败的详细原因，以及可能的附件资料等。值得注意的是，为了保持历史数据的完整性和准确性，这部分内容被设置为只读模式，用户不能进行任何形式的编辑或修改。

通过这种布局设计，历史待办页面不仅为用户提供了一个清晰的历史任务查看路径，从选择日期到查看任务详情，每步都旨在提高用户体验和操作便捷性；同时，它也强调了对历史数据的尊重和保护，确保了任务完成或失败的历史记录能够被准确地保存和回顾。历史待办页面的代码如下：

```vue
//第 11 章 todo/src/views/history.vue
<template>
    <div :id = "buildView(component)">
        <!-- 构建左侧布局,用于显示日历 -->
        <div :class = "buildWrap(component, 'left')">
            <el-calendar>
                <!-- 自定义日历单元格,用于显示日历中每天的数据 -->
                <template #date-cell = "{ data }">
                    <!-- 单击日历单元格时触发 getTODO 函数 -->
                    <div @click = "getTODO(data)" style = "height: 100%; width: 100%">
                        <!-- 显示日期,如果被选中,则使用特定样式和标记 -->
                        <p :class = "data.isSelected ? 'is-selected' : ''">
                            {{ data.day.split("-").slice(1).join("-") }}
                            {{ data.isSelected ? "▶" : "" }}
                        </p>
                    </div>
                </template>
            </el-calendar>
        </div>
        <!-- 构建中间布局,用于显示时间轴 -->
        <div :class = "buildWrap(component, 'mid')">
            <!-- 如果有待办事项,则显示时间轴,否则显示无事项提示 -->
            <el-timeline v-if = "todos?.length">
                <!-- 遍历 todos 显示每个待办事项 -->
                <el-timeline-item
                    v-for = "(item, index) in todos"
                    :key = "index"
                    :timestamp = "`${item.date.start}~${item.date.end}`"
                >
                    <!-- 显示待办事项名称 -->
                    <h4>{{ item.name }}</h4>
                    <!-- 单击"查看详情"按钮,将当前待办事项设置为单击的待办事项 -->
                    <el-button type = "primary" @click = "currentItem = item">▶ Check </el-button>
                </el-timeline-item>
            </el-timeline>
            <!-- 如果没有待办事项,则显示提示信息 -->
            <div v-else>
                <h4>There are no history TODOs for the current date</h4>
            </div>
        </div>
        <!-- 构建右侧布局,用于显示待办事项详情 -->
        <div :class = "buildWrap(component, 'right')">
```

```html
            <!-- TODOItem 组件,用于显示当前选中的待办事项详情 -->
            <TODOItem
                :current-todo="currentItem"
                :is-change="false"
                :is-compelete="false"
            ></TODOItem>
        </div>
    </div>
</template>
```

```ts
<script lang="ts" setup>
//引入所需的 Vue 函数和其他相关的功能,具体引入可查看源代码文件
import { ref, reactive } from "vue";

//定义组件名称
const component = "History";
//使用用户存储
const userStore = user();

//定义当前选中的待办事项
const currentItem = ref<Todo>();

//定义待办事项列表
const todos = ref<Todo[]>();
//根据日期筛选待办事项的函数
const filterTodos = (date: Date) => {
    let time = new Date(date.toLocaleDateString()).getTime();
    todos.value = userStore.user.todos.history.filter((todo) => {
        let end = new Date(new Date(todo.date.end).toLocaleDateString()).getTime();
        let start = new Date(new Date(todo.date.start).toLocaleDateString()).getTime();

        //如果待办事项的开始时间和结束时间包含该日期,则筛选出该待办事项
        if (start <= time && end >= time) {
            return true;
        }
        return false;
    });
};

//获取特定日期的待办事项并更新当前待办事项
const getTODO = (data: any) => {
    let date = data.date;
    currentItem.value = undefined;         //清除当前选中的待办事项
    filterTodos(date);                     //筛选待办事项
};

//初始化时筛选当前日期的待办事项
filterTodos(new Date());
</script>
```

```
<style lang="scss" scoped>
@import "../styles/views/history.scss";
</style>
```

历史待办页面的最终效果如图 11-14 所示。

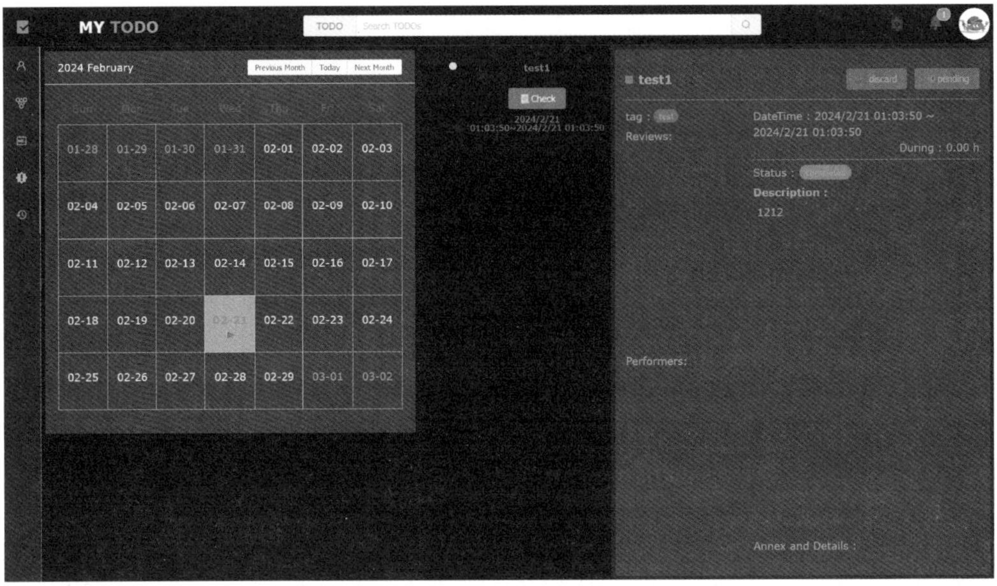

图 11-14　历史待办页面的最终效果

10. 团队协作页面与协作看板组件

1）协作看板组件

协作看板组件旨在促进团队成员之间的协作和任务管理。它分为 3 个主要区域，分别是头部工具栏、协作待办区和团队信息区，每部分都扮演着不可或缺的角色，以保障团队的高效运作。

在头部工具栏，用户会发现 3 个核心功能按钮，分别为创建团队、添加团队成员和创建团队待办。这些按钮被设计得既直观又易于使用，但值得注意的是，添加团队成员和创建团队待办的功能，仅对当前团队的拥有者开放，以确保团队管理的秩序和效率。

单击"Greate Team"按钮，用户将被引导输入一个新的团队名称。这一步骤启动了一个快速流程，通过系统默认的设置，为用户立即初始化一个全新的团队。在这个过程之后，用户可以根据需要，在看板下方的团队信息区进行深入的个性化设置，例如更新团队头像、更改团队名称和撰写详尽的团队概述，从而使团队的标识和使命更加鲜明。

通过添加团队成员按钮，团队拥有者可以轻松地将新成员纳入团队。仅需输入目标用户的用户名，系统便能迅速地处理并完成成员的添加工作，而创建团队待办按钮则开启了一项强大功能，允许团队创建专属的待办事项。这些团队待办事项与个人待办事项截然不同，它们支持指定执行人和审核人，为团队任务的分配和监督提供了极大的便利性。需要强调的是，执行人和审核人都必须是团队成员，这确保了任务的分配是内部的和合理的。

在协作待办区，所有团队的待办事项一目了然地展示在左侧，选中任一待办事项后，其详细信息将即刻展现在右侧。这种设计允许执行人或审核人快速地获取他们需要关注的任务详情。如果当前用户既不是执行人也不是审核人，则系统将不会展示该任务的信息，并以友好的方式提示用户，这保障了信息的私密性和相关性。

协作看板组件不仅优化了团队内的任务管理流程，也通过其细致的设计，强化了团队成员之间的沟通和协作。具体的实现代码可以在 panel.vue 文件中找到，在此不再赘述。协作看板组件的最终效果如图 11-15 所示。

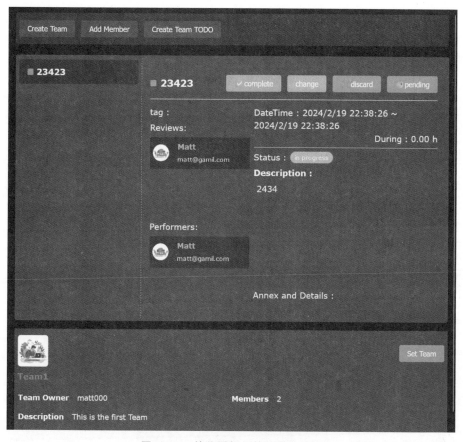

图 11-15　协作看板组件的最终效果

2）团队协作页面

在团队协作页面上，用户将体验到一个清晰且高效的团队管理和协作环境，这个界面巧妙地被分成了 3 个主要部分，分别是团队列表区、团队成员列表和团队协作看板组件，每个区域都为团队的日常运作提供了必要的功能和信息。

左侧的团队列表区是用户的团队中枢，这里不仅列出了用户加入的团队，还包括用户创建并拥有的团队。每个团队的条目都简洁地展示了关键信息，包括团队的名称、一段精练的团队概述及一个醒目的团队头像。这个区域的设计旨在让用户能够一目了然地获取团队的基本信息,同时可以快速切换,以便查看不同团队的详情,从而极大地提升了用户的导航效率和体验。

页面的中央部分专门用于展示团队成员列表。当用户在左侧团队列表中选择了一个特定的团队后,这一区域会立刻呈现出该团队所有成员的详细列表。这里不仅可以看到每位团队成员的姓名和角色,还能够通过他们的个人头像进行快速识别。

页面的右侧是功能丰富的团队协作看板组件。这一部分是团队协作的核心,提供了包括创建新团队、添加团队成员在内的关键协作功能。值得注意的是,这些核心功能,如创建团队和添加团队成员,实际上在组件内部进行处理后还会通过 emits 机制向团队协作页面发送事件,从而激活 createNewTeam()方法和 addMember()方法。这种方式有助于未来对功能进行扩展。

整个团队协作页面的设计旨在提供一个一站式的解决方案,让团队成员能够在一个统一的页面上高效地进行团队管理和协作。团队协作页面的代码如下:

```
//第 11 章 todo/src/views/collaborate/collaborate.vue
<template>
    <div :id="buildView(component)">
        <!--团队协作页面主要分为 3 部分,即团队列表、团队成员列表及团队协作看板,具体代码可查看源代码文件 -->
    </div>
</template>

<script lang="ts" setup>
//具体引入可查看源代码文件
import { ref, computed } from "vue";

const component = "Collaborate";              //组件名称
const userStore = userPinia();                //用户状态存储实例

const currentTeam = ref<Team>();              //当前选中的团队
const currentMember = ref();                  //当前选中的成员

const addMemberDisabled = computed(() => {
    //计算属性,判断是否禁用添加成员按钮
    return typeof currentTeam.value === "undefined";
});

const chooseMember = (item: any) => {
    //选择当前成员的函数
    currentMember.value = item;
};

const createNewTeam = () => {
    //创建新团队的函数
    ElMessageBox.prompt("create a new team for self", "Create Team", {
```

```js
            confirmButtonText: "Create",
            cancelButtonText: "Cancel",
            inputPlaceholder: "Please enter a new team name",
        }).then(({ value }) => {
            let name = value.trim();
            if (name.length === 0) {
                ElMessage({
                    type: "warning",
                    message: "Please do not enter an empty team name",
                });
                return;
            }
            api.team.createTeam(userStore.user.username, name).then((user) => {
                console.log(user);
                if (typeof user !== "undefined") {
                    userStore.setUser(user);
                }
                ElMessage({
                    type: "success",
                    message: "Team created successfully",
                });
            });
        });
};

const addMember = () => {
    //添加新团队成员的函数
    ElMessageBox.prompt("add new team member", "Add Member", {
        confirmButtonText: "Add",
        cancelButtonText: "Cancel",
        inputPlaceholder: "Please enter member's username",
    }).then(({ value }) => {
        let name = value.trim();
        if (name.length === 0) {
            ElMessage({
                type: "warning",
                message: "Please do not enter an empty member username",
            });
            return;
        }

        let members = currentTeam.value?.members;

        if (members?.filter((member) => member.username === name).length !== 0) {
            ElMessage({
                type: "warning",
                message: "The current user already exists",
            });
            return;
        }
```

```
//更新团队成员
        api.team
            .updateTeamMember(name, currentTeam.value!)
            .then((update) => {
                if (update) {
                    refresh();
                    ElMessage({
                        type: "success",
                        message: "Add member successfully",
                    });
                } else {
                    ElMessage({
                        type: "error",
                        message: "Add member failed, please check member's username",
                    });
                }
            })
            .catch(() => {});
    });
};

const refresh = () => {
    //刷新团队信息的函数
    api.user.getUserInfo(userStore.user.username).then((user) => {
        userStore.setUser(user!);
        currentTeam.value = undefined;
    });
};
</script>

<style lang="scss" scoped>
@import "../../styles/views/collaborate.scss";
</style>
```

团队协作页面的最终效果如图 11-16 所示。

图 11-16　团队协作页面的最终效果

11.5 项目后端编码实现

在现代的项目开发中,后端扮演着极其重要的角色,它不仅是前端与数据库之间的桥梁,更是整个应用逻辑的执行中心。在日程待办系统中,后端的职责尤为关键,它需要精确地处理前端的各种请求,从数据库中检索、处理并准备好前端所需的数据,再将这些数据有效地反馈给前端,以保证用户界面的实时更新和数据的准确性。

具体到日程待办系统,其核心功能集中在用户管理、待办事项处理及团队协作3个方面,因此,后端的设计和开发主要围绕用户(User)、待办(Todo)、团队(Team)这3个关键的实体类型展开。为了实现这一目标,后端采用了面向对象的编程范式,分别为这3个核心概念设计了相应的衍生实体类。

11.5.1 理解后端模块关系

理解后端模块间的关系对于构建高效、可维护和可扩展的软件应用至关重要。后端通常由多个模块组成,每个模块负责处理应用的不同部分,例如数据处理、业务逻辑、API、用户认证等。模块间的关系定义了这些组件如何相互作用,影响着应用的整体架构。

后端模块关系如图11-17所示,说明了日程待办系统后端架构,提供了一个清晰的视角来理解各个组件是如何相互协作的。这个架构设计不仅优雅地对复杂的后端流程进行了简化,还确保了系统的高效性和可扩展性。以下是对这一过程的详细解读,能够更好地理解后端的工作流程。

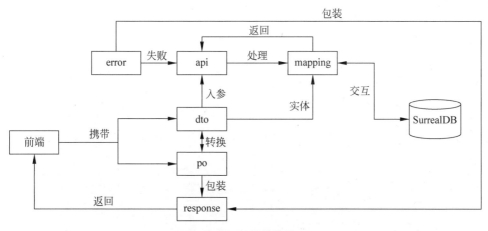

图 11-17 后端模块关系

当前端发起一个请求时,这个请求首先被定向到后端的 api 模块。在这里,api 模块根据请求的 URL 网址找到相应的处理方法。这些方法被设计为处理各种请求,包括但不限于用户数据的查询、待办事项的添加、删除和更新,以及团队管理的相关操作。请求通常会携带一些参数，这些参数与 dto(Data Transfer Object)模块中定义的实体类相匹配。dto 模块充当前端和后端之间数据交换的媒介，确保数据的准确传输。

一旦 api 模块接收并解析了请求，它就会调用 mapping 模块。mapping 模块是后端架构的核心，负责直接与数据库交互。这里包含了一系列方法，用于实现数据的增、删、改、查操作。这些操作是通过与 SurrealDB 数据库进行交互来完成的。

处理完成后，SurrealDB 会将处理结果返回给 mapping 模块。这些返回的数据同样是以 dto 模块中定义的实体形式存在的。mapping 模块收到数据后会将其传回 api 模块的方法中。在这个阶段，api 模块会对返回的数据进行检查，以确保数据处理过程中没有出现错误。

如果在数据处理过程中遇到了错误，api 模块则会调用 error 模块。error 模块包含了一个错误枚举，这个枚举定义了各种可能的错误代码和对应的错误信息。api 模块会根据实际的错误类型，选择合适的错误代码和信息，然后使用 response 模块中定义的 ResultJsonData 结构体进行包装，最终将错误信息以统一的格式返回给前端。

相反，如果数据处理正常并且没有错误，api 模块则会将 dto 实体转换为 po(Persistent Object)实体。这一步骤是为了进一步处理和优化返回的数据，使其更加适合前端的需求。最后，这些数据会被包装成 ResultJsonData 结构体，以标准化的 JSON 格式返回给前端。

11.5.2 用户接口实现

1. 持久层用户实体

持久层中定义的 User 结构体是一个用于精确映射用户及其个人设置信息的数据结构。通过 Rocket 框架中的 serde 库，User 结构体能够实现高效的序列化与反序列化，以满足不同的数据交换需求。serde 库的 rename 宏特质允许我们将结构体中的字段名在序列化或反序列化时进行自定义重命名，从而实现代码与外部数据格式之间的灵活对接。持久层中的 User 结构体的实现代码如下：

```
//第 11 章 todo/back_end/todo/src/lib/api/user.rs
use crate::lib::entry::dto;

use super::Avatars;
use super::Priorities;
use super::Team;
use super::Todo;
use super::TodoBox;
use rocket::serde::{self, Deserialize, Serialize};

//定义一个用户结构体,使用 Rocket 框架的 serde 进行序列化和反序列化
#[derive(Serialize, Deserialize, Debug, Clone, PartialEq)]
#[serde(crate = "rocket::serde")]
pub struct User {
    //用户名
    pub username: String,
    //用户的真实姓名
```

```rust
    pub name: String,
    //密码字段,在序列化时会被忽略,保护用户隐私
    pub password: String,
    //用户头像
    pub avatar: Avatars,
    //用户邮箱
    pub email: String,
    #[serde(rename(serialize = "teamNumber"))]
    #[serde(rename(deserialize = "teamNumber"))]
    pub team_number: u8,                    //用户所属团队数量
    #[serde(rename(serialize = "todoNumber"))]
    #[serde(rename(deserialize = "todoNumber"))]
    pub todo_number: u16,                   //用户待处理的 Todo 数量
    #[serde(rename(serialize = "totalTodo"))]
    #[serde(rename(deserialize = "totalTodo"))]
    pub total_todo: u16,                    //用户的总 Todo 数量
    pub todos: TodoBox,                     //用户的 Todo 箱
    pub teams: Option<Vec<String>>,         //用户所属的团队 ID 列表
    //是否发送邮件提醒
    #[serde(rename(serialize = "sendEmail"))]
    #[serde(rename(deserialize = "sendEmail"))]
    pub send_email: bool,
    //是否发送消息提醒
    #[serde(rename(serialize = "sendMsg"))]
    #[serde(rename(deserialize = "sendMsg"))]
    pub send_msg: bool,
}
```

1) 用户实体中的基本方法

用户实体中的基本方法分为 quick_init()方法和 skip_pwd()方法。

（1）quick_init()方法：该方法提供了一种快速初始化用户信息的方式,特别适用于新用户注册时的场景,能够高效地设置用户的基本信息,为用户的进一步操作打下坚实的基础。

（2）skip_pwd()方法：为了更好地保护用户隐私,在某些场合下,如用户信息的公开展示,密码信息是绝对不能被泄露的。该方法能够将密码字段置为空,确保在数据传输或展示过程中,用户的密码信息得到有效保护。

用户实体中的基本方法的代码如下：

```rust
//第 11 章 todo/back_end/todo/src/lib/entry/po/user.rs
impl User {
    //创建一个新的 User 实例
    pub fn new() -> User {
        User::default()
    }

    //获取用户名
```

```rust
    pub fn username(&self) -> &str {
        &self.username
    }

    //快速初始化用户信息
    pub fn quick_init(name: &str, username: &str, password: &str, email: &str) -> Self {
        User {
            username: username.to_string(),
            name: name.to_string(),
            password: password.to_string(),
            avatar: Avatars::default(),
            email: email.to_string(),
            team_number: 0,
            todo_number: 0,
            total_todo: 0,
            todos: TodoBox::default(),
            teams: None,
            send_email: false,
            send_msg: true,
        }
    }

    //将密码字段设置为空,用于在不需要密码的场合保护用户隐私
    pub fn skip_pwd(&mut self) {
        self.password = String::new();
    }
}
```

2）用户实体与待办相关方法

在用户实体中,与待办事项相关的方法使用户的待办任务能够被迅速处理。这些方法为用户提供了便捷的功能,以便他们能够高效地管理和完成待办事项。一旦用户更新了待办任务,系统就会立即对用户实体进行快速更新,以确保用户的信息始终保持最新状态。

（1）add_todo()方法：用户的待办事项管理是一个动态的过程,该方法允许用户根据待办事项的优先级,将新的待办事项加入相应的列表中。系统通过优先级的划分,确保了用户能够更加高效地管理和处理待办事项。

（2）delete_todo()方法：在用户管理待办事项的过程中,有时需要移除不再需要跟踪的待办事项。该方法提供了一种根据待办事项ID进行精确删除的能力,增强了用户对待办事项管理的灵活性。

（3）complete_todo()方法：完成待办事项是用户日常管理中的重要环节,该方法不仅能从当前待办列表中移除已完成的待办事项,还能将之归档到历史记录中,便于用户回顾和总结。

（4）failed_todo()方法：对于某些未能按时完成的待办事项,将其标记为失败是必要的管理手段。该方法通过对待办事项的状态进行调整,帮助用户更好地识别和反思待改进的管理策略。

用户实体与待办相关方法的代码如下：

```rust
//第 11 章 todo/back_end/todo/src/lib/entry/po/user.rs
impl User {
    //添加一个 Todo 项
    pub fn add_todo(&mut self, todo_id: String, priority: Priorities) {
        self.todo_number += 1;
        self.total_todo += 1;
        match priority {
            Priorities::Emergent | Priorities::High => self.todos.fatal.push(todo_id),
            Priorities::Mid => self.todos.mid.push(todo_id),
            Priorities::Low => self.todos.low.push(todo_id),
        };
    }

    //删除一个 Todo 项
    pub fn delete_todo(&mut self, id: &str) {
        self.todo_number -= 1;
        self.total_todo -= 1;
        self.todos.remove(id);
    }

    //完成一个 Todo 项,将其从待办事项中移除,并添加到历史记录中
    pub fn complete_todo(&mut self, id: &str) {
        self.todo_number -= 1;
        let _ = self.todos.remove(id);
        self.todos.history.push(id.to_string());
    }

    //将一个 Todo 项标记为失败,实际上调用 complete_todo 方法处理
    pub fn failed_todo(&mut self, id: &str) {
        dbg!(id);
        self.complete_todo(id);
    }
}
```

3）用户实体与团队相关方法

团队合作是提高工作效率的重要方式，create_team()方法允许用户创建新的团队，并在用户的团队列表中添加。通过团队的创建和管理，用户能够更好地协同工作，实现共同的目标。用户实体与团队相关方法的代码如下：

```rust
//第 11 章 todo/back_end/todo/src/lib/entry/po/user.rs
impl User {
    //创建一个新的团队
    pub fn create_team(&mut self, id: &str) {
        match &mut self.teams {
            Some(teams) => teams.push(id.to_string()),
            None => {
                let _ = self.teams.replace(vec![id.to_string()]);
```

```rust
            }
        };
        self.team_number += 1;
    }
}
```

2. 传输层用户实体

在传输层中定义了两个结构体,即 UserPersonalSetting 和 User 结构体,分别用于定义用户个人设置的结构体和前端所需的真实数据实体。

1) 用户个人设置

UserPersonalSetting 结构体专门用于封装用户个人设置的细节。这个结构体的设计意图在于提供一个清晰、结构化的方式来管理用户个性化的配置选项,其中包含用户名、邮件、是否发送邮件、是否发送消息共 4 个选项。用户个人设置的代码如下:

```rust
//第 11 章 todo/back_end/todo/src/lib/entry/dto/user.rs
use crate::lib::{
    entry::po::{self, Avatars},                            //引入 dto 模块,包含用于数据传输的结
                                                           //构体和枚举
    mapping::{select_team_record_by_id, select_user_by_username},   //引入查询团队记录和
                                                           //用户的函数
};
use rocket::serde::{Deserialize, Serialize};               //引入用于序列化和反序列化的特质

use super::{todo::TodoBox, Team, Todo};                    //引入同级模块中定义的结构体

//定义用户个人设置的结构体
#[derive(Debug, Clone, PartialEq, Serialize, Deserialize)]
#[serde(crate = "rocket::serde")]
pub struct UserPersonalSetting {
    name: String,                                          //用户名
    email: String,                                         //邮箱
    #[serde(rename(serialize = "sendEmail"))]              //定义序列化时的字段名
    #[serde(rename(deserialize = "sendEmail"))]            //定义反序列化时的字段名
    send_email: bool,                                      //是否发送邮件
    #[serde(rename(serialize = "sendMsg"))]                //定义序列化时的字段名
    #[serde(rename(deserialize = "sendMsg"))]              //定义反序列化时的字段名
    send_msg: bool,                                        //是否发送消息
}

impl UserPersonalSetting {
    //Getter 方法
    pub fn name(&self) -> &str {
        &self.name
    }
    pub fn email(&self) -> &str {
        &self.email
    }
```

```rust
    pub fn send_email(&self) -> bool {
        self.send_email
    }
    pub fn send_msg(&self) -> bool {
        self.send_msg
    }
}
```

2）用户实体

User 结构体与持久层中的 User 结构体同名，在传输层中扮演着至关重要的角色。这个结构体面向前端，它是前端所需的真实数据实体的直接表示。此结构体的设计充分考虑了前端展示和功能需求，确保了前端应用能够接收到准确、完整的用户数据。同时省略了后端处理所需的敏感或不相关信息，以保护用户隐私并减少数据传输负担。

在数据传输层的 User 实体中定义了两个核心方法，以此来优化数据实体之间的转换过程，分别是 easy_from() 方法和 from() 方法。这两种方法各自承担着不同的职责，以确保数据转换既高效又可满足需求。

easy_from() 方法是一个高效且便捷的途径，旨在快速地从持久层 User 中转换实例。在实际业务场景中，todos 和 teams 字段并非总是必需的，而它们的全面转换可能会导致不必要的性能负担。为了避免这种情况，在 easy_from() 方法中，这些字段被直接设定为 None，从而显著地降低了性能开销，使这种方法非常适合那些不需要 todos 和 teams 详细信息的场景。这种设计思想体现了在保证功能性的同时，也注重性能优化和资源管理的重要性。

与之相对的是，from() 方法则解决了一个更复杂的问题。在 Rust 编程语言中，From 特质的 from() 方法必须是非异步的，这在处理需要异步操作的数据转换时显得力不从心，特别是当转换涉及数据库查询等异步操作时。为了克服这一限制，Rust 设计了一个异步的 from() 方法，而不是采用传统的 From 特质实现。这种方法通过异步查询数据库，对持久层中的数据进行转换并设置为用户实体所需的具体设置。这种方法不仅确保了数据转换的准确性和及时性，而且充分利用了异步编程的优势，如非阻塞 I/O 操作，从而提高了整体应用的响应速度和性能。

这两种方法的设计体现了对不同业务场景需求的深刻理解和对性能优化的持续追求。通过这两种方法，能够在确保数据转换准确性的同时，也最大限度地减少性能开销，为用户提供了更加流畅和高效的服务体验。数据传输层的用户实体的代码如下：

```rust
//第 11 章 todo/back_end/todo/src/lib/entry/dto/user.rs
//定义用户的结构体
#[derive(Serialize, Deserialize, Debug, Clone, PartialEq)]
#[serde(crate = "rocket::serde")]
pub struct User {
    username: String,                          //用户名
    name: String,                              //名称
```

```rust
    avatar: Avatars,                                        //头像
    email: String,                                          //邮箱
    #[serde(rename(serialize = "teamNumber"))]
    #[serde(rename(deserialize = "teamNumber"))]            //定义序列化时的字段名
                                                            //定义反序列化时的字段名
    team_number: u8,                                        //团队数量
    #[serde(rename(serialize = "todoNumber"))]              //定义序列化时的字段名
    #[serde(rename(deserialize = "todoNumber"))]            //定义反序列化时的字段名
    todo_number: u16,                                       //待办事项数量
    #[serde(rename(serialize = "totalTodo"))]               //定义序列化时的字段名
    #[serde(rename(deserialize = "totalTodo"))]             //定义反序列化时的字段名
    total_todo: u16,                                        //总待办事项数量
    todos: Option<TodoBox>,                                 //待办事项盒子(可能为空)
    teams: Option<Vec<Team>>,                               //团队列表(可能为空)
    #[serde(rename(serialize = "sendEmail"))]               //定义序列化时的字段名
    #[serde(rename(deserialize = "sendEmail"))]             //定义反序列化时的字段名
    send_email: bool,                                       //是否发送邮件
    #[serde(rename(serialize = "sendMsg"))]                 //定义序列化时的字段名
    #[serde(rename(deserialize = "sendMsg"))]               //定义反序列化时的字段名
    send_msg: bool,                                         //是否发送消息
}

impl User {
    //Getter 方法
    pub fn username(&self) -> &str {
        &self.username
    }
    //快速从 po::User 创建 User 实例的方法
    //其中 todos 和 teams 在有些时候并不需要,全部转换会导致大量的性能开销
    pub fn easy_from(user: po::User) -> Self {
        User {
            username: user.username,
            name: user.name,
            avatar: user.avatar,
            email: user.email,
            team_number: user.team_number,
            todo_number: user.todo_number,
            total_todo: user.total_todo,
            todos: None,                                    //初始化为 None,表示没有待办事项
            teams: None,                                    //初始化为 None,表示没有团队
            send_email: user.send_email,
            send_msg: user.send_msg,
        }
    }

    //从 po::User 异步创建 User 实例的方法,包括加载相关的待办事项和团队信息
    pub async fn from(value: po::User) -> Self {
        let todos = TodoBox::from(value.todos).await;       //异步加载待办事项

        let teams = match value.teams {
            Some(teams) => {
```

```rust
            let mut team_vos = Vec::new();
            for team_id in teams {
                let (id, team) = select_team_record_by_id(&team_id).await.unwrap();
                                                            //异步查询团队记录
                let members = team.members();               //获取团队成员
                let mut team = Team::from(team).await;
                let _ = team.set_id(&id);                   //设置团队 ID
                let mut convert_members = Vec::new();
                for member in members {
                    let user = select_user_by_username(&member).await.unwrap();
                                                            //异步查询用户信息
                    let user = User::easy_from(user);       //创建 User 实例
                    convert_members.push(user);             //添加到团队成员列表
                }
                let _ = team.set_members(convert_members);
                //设置团队成员
                team_vos.push(team);                        //添加到团队列表
            }
            Some(team_vos)                                  //返回包含团队信息的 Option
        }
        None => None,                                       //如果没有团队信息,则返回 None
    };

    User {
        username: value.username,
        name: value.name,
        avatar: value.avatar,
        email: value.email,
        team_number: value.team_number,
        todo_number: value.todo_number,
        total_todo: value.total_todo,
        todos: Some(todos),                                 //设置待办事项
        teams,                                              //设置团队信息
        send_email: value.send_email,
        send_msg: value.send_msg,
    }
}
```

3. 用户基础增、删、改、查

用户信息管理的完整功能集涵盖了从基本的查询、检查存在性,到创建新用户,以及根据不同的需求更新用户信息等多个方面。每种方法都采用了异步编程模式,以提高数据操作的效率和响应速度。

1) 查询方法

这里设计了 5 种查询方法,以满足对用户实体的不同查询需求。每种方法都采用了特定的查询条件,确保了查询操作的准确性和高效性。

（1）select_user_by_id()方法：此方法允许通过唯一的用户 ID 进行精确查询，旨在快速定位并获取特定用户的详细信息。若查询结果唯一，则系统将返回除密码外的全部用户信息，从而在保障用户隐私的同时，也确保了信息的准确获取。若未查询到结果，系统则会返回 None，明确表示未找到对应的用户实体。

（2）select_user_record_by_username()方法：用于满足当场景中需要用户 ID 时的查询需求。通过用户名作为查询依据，不仅可以返回用户的基本信息，还额外提供了记录 ID，便于进一步地进行数据操作或关联查询。

（3）select_user_by_username()方法：这是一种更为简化的查询操作，直接基于用户名进行查询。它借助于 select_user_record_by_username()方法的查询结果，但只提取并返回用户的基本信息，省略了记录 ID，使查询结果更加简洁明了。

（4）check_user_by_username()方法：这是在用户注册或者用户名修改等场景中极为重要的一个验证步骤。该方法通过对已有用户名的查询，根据返回的结果集长度判断用户名是否已存在。如果查询结果为空（长度为 0），则说明系统中尚无相同的用户名，返回值为 true，允许进行下一步操作；反之，则返回值为 false，提示用户名已被占用。

（5）select_user_by_username_password()方法：专为登录验证场景而设计。该方法通过同时匹配用户名和密码两个关键信息，确保了高度的安全性。只有当两者完全对应时，系统才会返回用户的详细信息，从而完成身份验证。

以上 5 种查询方法，每种都针对不同的应用场景进行了优化设计，通过这些方法的有效配合使用，可以极大地满足系统对用户信息管理的各项需求。查询方法的实现代码如下：

```rust
//第 11 章 todo/back_end/todo/src/lib/mapping/user.rs
use super::Record;
use crate::lib::{
    db::DB,
    entry::{
        po::{Avatars, User},
        dto::UserPersonalSetting,
    },
};
use rocket::serde::{Deserialize, Serialize};
use surreal_use::core::{
    sql::{Cond, CreateData, SetField, UpdateData},
    Stmt,
};
use surrealdb::sql::{Operator, Output};

//通过用户 ID 查询用户
pub async fn select_user_by_id(id: &str) -> Option<User> {
    let table = format!("user:{}", id);
    let sql = Stmt::select().table(table.as_str().into()).to_string();
    
    let mut result = DB.query(sql).await.unwrap();
    let sql_result: Vec<User> = result.take(0_usize).unwrap();
```

```rust
        if sql_result.len() == 1 {
            let mut res = sql_result[0].clone();
            let _ = res.skip_pwd();
            Some(res)
        } else {
            None
        }
}

//通过用户名查询用户(携带记录的 ID)
pub async fn select_user_record_by_username(username: &str) -> Option<(String, User)> {
    let sql = Stmt::select()
        .table("user".into())
        .field_all()
        .cond(
            Cond::new()
                .left_easy("username")
                .op(Operator::Equal)
                .right(username.into()),
        )
        .to_string();
    let mut result = DB.query(sql).await.unwrap();
    let sql_result: Vec<Record<User>> = result.take(0_usize).unwrap();
    if sql_result.len() == 1 {
        let res = sql_result[0].clone();
        Some(res.to_record())
    } else {
        None
    }
}

//使用用户名查询用户
pub async fn select_user_by_username(username: &str) -> Option<User> {
    let query = select_user_record_by_username(username).await;
    if let Some((_id, user)) = query {
        Some(user)
    } else {
        None
    }
}

//检查是否已经有用户了
pub async fn check_user_by_username(username: &str) -> bool {
    //零时结构体,用于获取用户
    #[derive(Serialize, Deserialize)]
    #[serde(crate = "rocket::serde")]
    struct TmpUser {
        username: String,
```

```rust
        //检查是否已经有相同的用户名
        let sql = Stmt::select()
            .table("user".into())
            .fields(vec!["username".into()])
            .cond(
                Cond::new()
                    .left_easy("username")
                    .op(Operator::Equal)
                    .right(username.into()),
            )
            .to_string();

        let mut result = DB.query(sql).await.unwrap();
        let check_result: Vec<TmpUser> = result.take(0_usize).unwrap();
        check_result.len().eq(&0_usize)
    }

    //通过用户名和密码查询用户
    //使用Where子句进行过滤
    pub async fn select_user_by_username_password(username: &str, password: &str) -> Option<User> {
        //创建用户名过滤条件
        let username_cond = Cond::new()
            .left("username")
            .op(Operator::Equal)
            .right(username.into())
            .to_origin()
            .0;
        //创建密码过滤条件
        let password_cond = Cond::new()
            .left("password")
            .op(Operator::Equal)
            .right(password.into())
            .to_origin()
            .0;

        //结果类似：SELECT * FROM user WHERE username = 'matt000' AND password = 'matt000'
        let sql = Stmt::select()
            .table("user".into())
            .field_all()
            .cond(
                Cond::new()
                    .left_value(username_cond)
                    .op(Operator::And)
                    .right(password_cond),
            )
            .to_string();
        let mut result = DB.query(sql).await.unwrap();
        let sql_result: Vec<User> = result.take(0_usize).unwrap();
        if sql_result.len() == 1 {
```

```
            let res = sql_result[0].clone();
            Some(res)
        } else {
            None
        }
}
```

2）创建方法

这里使用 create_user() 方法接收一个用户实体并向数据库中创建一个新用户，最终对这个用户进行返回。该方法的实现代码如下：

```
//第 11 章 todo/back_end/todo/src/lib/mapping/user.rs
//创建一个新用户
pub async fn create_user(user: User) -> Option<User> {
    let sql = Stmt::create()
        .table("user".into())
        .data(CreateData::content(user))
        .output(Output::After)
        .to_string();
    let mut result = DB.query(sql).await.unwrap();
    let sql_result: Vec<User> = result.take(0_usize).unwrap();
    if sql_result.len() == 0 {
        return None;
    }
    let res = sql_result[0].clone();
    Some(res)
}
```

3）更新方法

这里提供了 3 种灵活而强大的更新方法，以满足不同场景下对用户信息更新的需求。这些方法不仅覆盖了用户基本信息和偏好设置的更新，还包括用户头像的更换，以下是对这些方法的说明。

（1）update_user_by_personal_settings() 方法：这种方法专为个性化设置而定制，使用户能够便捷地更新自己的基本信息，如姓名和电子邮件地址，以及邮件和消息的发送偏好等。这不仅可以让用户能够控制他们接收通知的方式，还增加了个人信息管理的灵活性。通过接收一个精心构造的个人设置对象，此方法可以精确地更新用户信息中的特定字段，而无须更改其他不相关的信息，从而确保了操作的高效性和目的性。

（2）update_user_avatar() 方法：考虑到用户头像是社交互动中的重要元素，这种方法提供了一种简便的方式来更新用户的头像。用户仅需通过自己的用户名即可实现头像的更换，而无须复杂的步骤。更新操作成功后，方法的返回值为 true，明确地反馈操作结果；如果由于某些原因而导致更新失败，则返回值为 false。这种明确的反馈机制让用户对更新操作的结果有清晰的认识。

（3）update_user_by_username() 方法：这是一个全面的更新方法，允许根据提供的用户实体（包括用户名）来更新数据库中相应用户的全部信息。无论是用户的基本资料还是其他扩展信息，只要包含在提供的用户实体中都将被一并更新。这种方法特别适合于用户信息有大范围变更的场景，如用户信息完善、资料更新等。通过精确匹配用户名，确保了更新操作的准确性，防止了对错误用户信息的误操作。

通过这3种更新方法，系统能够提供灵活、安全且对用户友好的信息更新服务，更新方法的实现代码如下：

```rust
//第 11 章 todo/back_end/todo/src/lib/mapping/user.rs
//更新用户设置
pub async fn update_user_by_personal_settings(
    user: UserPersonalSetting,
    username: &str,
) -> Option<User> {
    let name = user.name();
    let email = user.email();
    let send_email = user.send_email();
    let send_msg = user.send_msg();

    //由于这里只需更新 4 个字段
    //使用 SET 方式构建更新会更加简单
    let update_set = vec![
        SetField::new("name", None, name),
        SetField::new("email", None, email),
        SetField::new("sendEmail", None, send_email),
        SetField::new("sendMsg", None, send_msg),
    ];

    let sql = Stmt::update()
        .table("user".into())
        .data(UpdateData::Set(update_set))
        .cond(
            Cond::new()
                .left_easy("username")
                .op(Operator::Equal)
                .right(username.into()),
        )
        .output(Output::After)
        .to_string();
    let mut result = DB.query(sql).await.unwrap();
    let sql_result: Vec<User> = result.take(0_usize).unwrap();
    if sql_result.len() == 1 {
        let res = sql_result[0].clone();
        Some(res)
    } else {
        None
    }
}

//更新用户的头像,通过用户名获取目标用户并进行过滤
```

```rust
pub async fn update_user_avatar(username: &str, avatar: Avatars) -> bool {
    let avatar = avatar.to_string();
    let sql = Stmt::update()
        .table("user".into())
        .data(UpdateData::set().push(SetField::new("avatar", None, avatar)))
        .cond(
            Cond::new()
                .left_easy("username")
                .op(Operator::Equal)
                .right(username.into()),
        )
        .output(Output::After)
        .to_string();
    let mut result = DB.query(sql).await.unwrap();
    let sql_result: Vec<User> = result.take(0_usize).unwrap();
    if sql_result.len() == 1 {
        return true;
    } else {
        return false;
    }
}
//通过用户名过滤并更新用户
pub async fn update_user_by_username(user: User) -> Option<User> {
    let username = user.clone().username;
    let sql = Stmt::update()
        .table("user".into())
        .data(UpdateData::content(user))
        .cond(
            Cond::new()
                .left_easy("username")
                .op(Operator::Equal)
                .right(username.into()),
        )
        .output(Output::After)
        .to_string();
    let mut result = DB.query(sql).await.unwrap();
    let sql_result: Vec<User> = result.take(0_usize).unwrap();
    if sql_result.len() == 1 {
        let res = sql_result[0].clone();
        Some(res)
    } else {
        None
    }
}
```

4. 用户接口

用户接口中定义了 5 个接口，分别是登录、注册、获取用户信息、设置用户配置、设置用户头像，以下是这些方法的说明。

（1）signin()方法：使用 POST 请求方法，请求地址为/signin，该方法接受 JSON 格式的登录数据，通过提取请求体中的用户名和密码来查询数据库，检查用户名和密码是否匹配。如果登录成功，则返回用户信息（密码除外）；如果登录失败，则返回错误信息。

（2）signup()方法：使用 POST 请求方法，请求地址为/signup，此方法接受 JSON 格式的注册数据，首先检查用户名是否已存在。如果用户名不存在，则创建新用户并保存到数据库中。注册成功后，返回用户信息（密码除外）；如果因数据库操作失败或用户名已存在，则返回错误信息。

（3）get_user_info()方法：使用 GET 请求方法，请求地址为/info/<username>，该方法根据 URL 中提供的用户名查询用户信息。查询成功后，返回用户信息；如果用户不存在，则返回错误信息。

（4）set_user_setting()方法：使用 POST 请求方法，请求地址为/info/<username>，此方法允许用户更新个人设置信息。它从请求体中提取个人设置信息，并更新数据库中对应的用户设置。更新成功后，返回更新后的用户信息；如果更新失败，则返回错误信息。

（5）set_user_avatar()方法：使用 GET 请求方法，请求地址为/info/<username>/<avatar>，通过此方法，用户可以更新自己的头像。此方法根据提供的用户名和头像信息更新数据库。如果头像更新成功，则返回成功标志，否则返回错误信息。

用户接口的具体实现，代码如下：

```rust
//第 11 章 todo/back_end/todo/src/lib/api/user.rs
//导入所需的模块和类型
use crate::lib::entry::po::Avatars;
use crate::lib::entry::po::{Signin, Signup, User};
use crate::lib::entry::dto;
use crate::lib::entry::dto::UserPersonalSetting;
use crate::lib::error::Error;
use crate::lib::mapping::{
    check_user_by_username, create_user, select_user_by_username, select_user_by_username_password,
    update_user_avatar, update_user_by_personal_settings,
};
use crate::lib::response::ResultJsonData;
use rocket::serde::json::Json;

//定义登录接口，接受 JSON 格式的登录数据
#[post("/signin", format = "application/json", data = "<user>")]
pub async fn signin(user: Json<Signin>) -> ResultJsonData<dto::User> {
    //从请求体中提取用户名和密码
    let username = user.0.username();
    let password = user.0.password();

    //查询数据库，检查用户名和密码是否匹配
    let query = select_user_by_username_password(username, password).await;
    if let Some(mut user) = query {
        //忽略密码字段，不返回客户端
```

```rust
        //如果登录成功,则返回用户信息
        let user = dto::User::from(user).await;
        return ResultJsonData::success(user);
    }
    //如果登录失败,则返回错误信息
    let e = Error::IdentityAuthentication;
    let (e_code, e_msg) = e.get();
    return ResultJsonData::define_failure(e_code, &e_msg);
}

//定义注册接口,接收 JSON 格式的注册数据
#[post("/signup", format = "application/json", data = "<user>")]
pub async fn signup(user: Json<Signup>) -> ResultJsonData<dto::User> {
    //从请求体中提取用户信息
    let user = user.0;
    let username = user.username();
    //检查用户名是否已存在
    let exist = check_user_by_username(username).await;
    if !exist {
        //如果用户名已存在,则返回错误信息
        let error = Error::ExistAccount;
        let (e_code, e_msg) = error.get();
        return ResultJsonData::define_failure(e_code, &e_msg);
    } else {
        //如果用户名不存在,则创建新用户
        let user = User::quick_init(user.name(), user.username(), user.password(), user.email());

        //将新用户信息保存到数据库
        let query = create_user(user).await;
        if let Some(user) = query {
            //如果注册成功,则忽略密码并返回用户信息
            //user.skip_pwd();
            let user = dto::User::from(user).await;
            return ResultJsonData::success(user);
        }
        //如果数据库操作失败,则返回错误信息
        return ResultJsonData::failure("Server data error: api::signup");
    }
}

//定义获取用户信息接口
#[get("/info/<username>", format = "application/json")]
pub async fn get_user_info(username: &str) -> ResultJsonData<dto::User> {
    //根据用户名查询用户信息
    let query = select_user_by_username(username).await;
    if let Some(user) = query {
        //如果查询成功,则返回用户信息
        let user = dto::User::from(user).await;
        return ResultJsonData::success(user);
    }
    //如果用户不存在,则返回错误信息
```

```rust
        let e = Error::IdentityAuthentication;
        let (e_code, e_msg) = e.get();
        return ResultJsonData::define_failure(e_code, &e_msg);
}

//定义更新用户个人设置接口
#[post("/info/<username>", format = "application/json", data = "<user>")]
pub async fn set_user_setting(
    username: &str,
    user: Json<UserPersonalSetting>,
) -> ResultJsonData<dto::User> {
    //从请求体中提取用户个人设置信息
    let user = user.0;
    //更新数据库中的用户个人设置信息
    let query = update_user_by_personal_settings(user, username).await;
    if let Some(user) = query {
        //如果更新成功,则返回更新后的用户信息
        let user = dto::User::from(user).await;
        return ResultJsonData::success(user);
    }
    //如果更新失败,则返回错误信息
    let e = Error::ChangeUserSetting;
    let (e_code, e_msg) = e.get();
    return ResultJsonData::define_failure(e_code, &e_msg);
}

//定义更新用户头像接口
#[get("/info/<username>/<avatar>")]
pub async fn set_user_avatar(username: &str, avatar: &str) -> ResultJsonData<bool> {
    //从请求参数中提取头像信息
    let avatar = Avatars::from(avatar);
    //更新数据库中的用户头像信息
    let query = update_user_avatar(username, avatar).await;
    if query {
        //如果更新成功,则返回成功标志
        return ResultJsonData::success(true);
    } else {
        //如果更新失败,则返回错误信息
        let e = Error::ChangeUserAvatar;
        let (e_code, e_msg) = e.get();
        return ResultJsonData::define_failure(e_code, &e_msg);
    }
}
```

11.5.3　待办接口实现

1. 持久层待办实体

1) 待办实体

Todo结构体定义了一系列关键属性,如待办事项的拥有者、名称、优先级、审核人及执

行人等，该结构体提供了多种方法来处理和操作待办事项，其中主要为 from() 方法。这种方法专门负责将来自数据传输对象层的同名的 Todo 结构体及待办事项的所有者(owner)转换成一个持久化层的 Todo 实例。这一过程不仅是字段的简单映射，它还涉及对待办事项的审核人和执行人信息的深入处理，即从详细的用户数据中提取出用户名，并将这些用户名转换成对应的用户 ID 列表。这一转换过程的核心目的是保证数据在不同层之间流转时的一致性与准确性，从而使应用的业务逻辑更加稳健和可靠。

通过执行 from() 方法，可以得到一个包含待办事项 ID 和转换后的待办事项实例的元组。这个返回值不仅为待办事项的持久化存储提供了便利，更重要的是，它为后续的业务逻辑处理(如待办事项的查询、更新、删除等操作)奠定了坚实的数据基础。待办实体的具体的代码如下：

```rust
//第 11 章 todo/back_end/todo/src/lib/entry/po/todo.rs
//引入当前 crate 中其他模块或结构体的路径
use crate::lib::entry::dto;

//引入同级或父级目录中的模块或结构体
use super::{Annex, Date, ITagProps, Priorities, Priority, Status, User};
//引入 Rocket 框架的序列化和反序列化特质
use rocket::serde::{Deserialize, Serialize};

//定义 Todo 结构体并为其字段实现序列化和反序列化特质
#[derive(Debug, Clone, PartialEq, Serialize, Deserialize)]
#[serde(crate = "rocket::serde")]
pub struct Todo {
    //任务拥有者
    pub owner: String,
    //任务名称
    pub name: String,
    //任务优先级
    pub priority: Priorities,
    //审核人列表
    pub reviewers: Vec<String>,
    //执行者列表
    pub performers: Vec<String>,
    //任务日期
    pub date: Date,
    //任务标签列表
    pub tags: Vec<ITagProps>,
    //任务状态
    pub status: Status,
    //任务描述(可选)
    pub description: Option<String>,
    //附加信息(可选)
    pub information: Option<String>,
    //附件列表(可选)
    pub annexs: Option<Vec<Annex>>,
```

```rust
        //标记任务是否为焦点任务
        #[serde(rename(serialize = "isFocus"))]
        #[serde(rename(deserialize = "isFocus"))]
        pub is_focus: bool,
}

impl Default for Todo {
    fn default() -> Self {
        Self {
            name: Default::default(),
            priority: Default::default(),
            reviewers: Default::default(),
            performers: Default::default(),
            date: Default::default(),
            tags: Default::default(),
            status: Default::default(),
            description: None,
            information: None,
            annexs: None,
            is_focus: false,
            owner: "".to_string(),
        }
    }
}

impl Todo {
    //设置任务拥有者
    pub fn set_owner(&mut self, id: String) {
        self.owner = id;
    }

    //检查是否有审核人
    pub fn have_reviewers(&self) -> bool {
        !self.reviewers.is_empty()
    }

    //检查是否有执行者
    pub fn have_performers(&self) -> bool {
        !self.performers.is_empty()
    }

    //判断任务是否为个人任务(无审核人和执行者)
    pub fn is_self_todo(&self) -> bool {
        !self.have_reviewers() && !self.have_performers()
    }

    //判断任务是否为团队任务
    pub fn is_team_todo(&self) -> bool {
        !self.is_self_todo()
    }
```

```rust
//获取任务优先级
pub fn priority(&self) -> Priorities {
    self.priority.clone()
}

//从给定的值创建一个 Todo 实例
pub fn from(value: dto::Todo, owner: &str) -> (String, Self) {
    let id = value.id().to_string();
    let reviewers = value
        .reviewers
        .into_iter()
        .map(|x| x.username().to_string())
        .collect::<Vec<String>>();
    let performers = value
        .performers
        .into_iter()
        .map(|x| x.username().to_string())
        .collect::<Vec<String>>();

    let todo = Todo {
        owner: owner.to_string(),
        name: value.name,
        priority: value.priority,
        reviewers,
        performers,
        date: value.date,
        tags: value.tags,
        status: value.status,
        description: value.description,
        information: value.information,
        annexs: value.annexs,
        is_focus: value.is_focus,
    };

    (id, todo)
}
```

2) 待办列表

待办列表 TodoBox 结构体,它用来协助用户对待处理的任务进行分类并按优先级进行排序。这个结构体根据紧迫性和重要性分成了 5 个主要的类别,分别是低优先级、中优先级、高优先级、关注级别和历史记录,其中,中优先级和高优先级的待办任务都被划分到致命级别,表明这些任务需要被优先考虑和处理。

在 TodoBox 的设计中,一个尤为关键的功能是能够移除指定的待办任务。remove()方法通过精确地操作 TodoBox 实例,实现了一个高效的过滤机制,它能够遍历待办列表中的低、中、高、关注 4 个优先级的待办集合,并将指定的待办任务从中移除。值得注意的是,历史待办集合被保留下来,这是基于对历史数据完整性的考虑——历史待办记录为用户提供了一份任务完成的档案,有助于用户回顾和评估自己的工作效率和任务管理策略。待办列表的具体实现,代码如下:

```rust
//第 11 章 todo/back_end/todo/src/lib/entry/po/todo.rs
//定义一个结构体,用于管理不同优先级的任务 ID 集合
#[derive(Debug, Clone, PartialEq, Serialize, Deserialize)]
#[serde(crate = "rocket::serde")]
pub struct TodoBox {
    //低优先级任务 ID 集合
    pub low: Vec<String>,
    //中优先级任务 ID 集合
    pub mid: Vec<String>,
    //高优先级任务 ID 集合
    pub fatal: Vec<String>,
    //关注的任务 ID 集合
    pub focus: Vec<String>,
    //历史记录 ID 集合
    pub history: Vec<String>,
}

impl Default for TodoBox {
    fn default() -> Self {
        Self {
            low: Default::default(),
            mid: Default::default(),
            fatal: Default::default(),
            focus: Default::default(),
            history: Default::default(),
        }
    }
}

impl TodoBox {
    //从各优先级集合中移除指定的任务 ID
    pub fn remove(&mut self, id: &str) {
        let TodoBox {
            low,
            mid,
            fatal,
            focus,
            history,
        } = self;
        //对 low、mid、fatal、focus 进行过滤
        self.low = low.clone().into_iter().filter(|x| x.ne(id)).collect();
        self.mid = mid.clone().into_iter().filter(|x| x.ne(id)).collect();
        self.fatal = fatal.clone().into_iter().filter(|x| x.ne(id)).collect();
        self.focus = focus.clone().into_iter().filter(|x| x.ne(id)).collect();
    }
}
```

2. 传输层待办实体

1) 待办实体

数据传输层中的待办实体 Todo 和持久层中的待办实体基本相同,区别在于审核人列表和执行人列表字段上,在数据传输层中,待办实体 Todo 的审核人列表和执行人列表采用的是用户实体列表的形式。这种设计使在传输过程中,相关联的用户信息能够以更加丰富和直观的方式呈现,便于前端应用进行处理和展示。为了实现从持久层 Todo 实体到数据传输层 Todo 实体的转换,系统设计了 from() 方法。这种方法不仅负责基本属性的复制,更重要的是,它还通过 convert_usernames_to_user_instances() 方法对审核人列表和执行人列表进行特殊处理。

convert_usernames_to_user_instances() 方法用于遍历待办实体中的审核人和执行人用户名列表,对每个用户名,调用 mapping 模块中的 select_user_by_username() 方法进行查询。这个查询过程将用户名转换为对应的用户实体,从而使数据传输层中的 Todo 实体能够包含更详细的用户信息。这种转换使上层应用可以更加灵活地处理用户信息,同时也体现了软件设计中的层次分离原则。待办实体的代码如下:

```rust
//第 11 章 todo/back_end/todo/src/lib/entry/dto/todo.rs
use crate::lib::{
    entry::po::{self, Annex, Date, ITagProps, Priorities, Priority, Status},
    mapping::{select_todo_record, select_user_by_username},
};
use rocket::serde::{Deserialize, Serialize};

use super::User;

//实现序列化与反序列化
#[derive(Debug, Clone, PartialEq, Serialize, Deserialize)]
#[serde(crate = "rocket::serde")]
pub struct Todo {
    //TODO 的 ID
    id: String,
    //名称
    pub name: String,
    //优先级
    pub priority: Priorities,
    //审核人
    pub reviewers: Vec<User>,
    //执行人
    pub performers: Vec<User>,
    //日期
    pub date: Date,
    //标签
    pub tags: Vec<ITagProps>,
    //TODO 状态
    pub status: Status,
```

```rust
        //概述说明
        pub description: Option<String>,
        //详细信息
        pub information: Option<String>,
        //附件
        pub annexs: Option<Vec<Annex>>,
        #[serde(rename(serialize = "isFocus"))]
        #[serde(rename(deserialize = "isFocus"))]
        pub is_focus: bool,
}

impl Todo {
    pub fn id(&self) -> &str {
        &self.id
    }
    //判断是否有审核人
    pub fn have_reviewers(&self) -> bool {
        !self.reviewers.is_empty()
    }
    //判断是否有执行人
    pub fn have_performers(&self) -> bool {
        !self.performers.is_empty()
    }
    //判断是否是自己的TODO
    pub fn is_self_todo(&self) -> bool {
        !self.have_reviewers() && !self.have_performers()
    }
    //判断是否是团队的TODO
    pub fn is_team_todo(&self) -> bool {
        !self.is_self_todo()
    }
    pub fn priority(&self) -> Priorities {
        self.priority.clone()
    }
    //从dto::Todo结构体转换为vo的Todo结构体
    pub async fn from(value: po::Todo, id: String) -> Self {
        let reviewers = value.reviewers;
        let performers = value.performers;
        //对执行人和审核人的结构体进行转换
        let reviewers = convert_usernames_to_user_instances(reviewers).await;
        let performers = convert_usernames_to_user_instances(performers).await;
        //let result = join(reviewers_f, performer_f);
        //let users = block_on(result);
        let reviewers = reviewers
            .into_iter()
            .map(|item| User::easy_from(item))
            .collect::<Vec<User>>();
        let performers = performers
            .into_iter()
            .map(|item| User::easy_from(item))
```

```rust
                    .collect::<Vec<User>>();
            Todo {
                id,
                name: value.name,
                priority: value.priority,
                reviewers,
                performers,
                date: value.date,
                tags: value.tags,
                status: value.status,
                description: value.description,
                information: value.information,
                annexs: value.annexs,
                is_focus: value.is_focus,
            }
        }
    }

//转换用户 ID 集合为 vo::User 用户实例
async fn convert_usernames_to_user_instances(usernames: Vec<String>) -> Vec<po::User> {
    let mut res = Vec::new();
    for username in usernames {
        let query = select_user_by_username(&username).await;
        if let Some(user) = query {
            res.push(user);
        }
    }
    res
}

impl Todo {
    fn select_reviewers(&self) -> () {}
}
```

2) 待办列表

待办列表在传输层中是以 Todo 类型的列表形式存在的，数据转换方法 from() 方法通过调用 convert_ids_to_todo_instances() 方法对持久层的 TodoBox 中的每个待办 ID 进行遍历。在这个过程中，利用 mapping 模块中的 select_todo_record() 方法向 SurrealDB 发起查询请求，获取待办的详细记录。查询到的待办记录随后通过待办实体（Todo）中定义的 from() 方法进行转换，最终实现了整体的数据结构转换，将持久层的待办数据结构转换为适合传输层使用的格式。

此外，在传输层的待办列表 TodoBox 中，还实现了一个非常实用的 push() 方法。这种方法的设计考虑到了待办任务的动态性和多样性，使向 TodoBox 中添加新的待办变得更加灵活和高效。当一个新的待办需要被添加到列表中时，push() 方法会首先获取待办的优先级和是否为关注任务的标志。基于这些信息，它能够判断新的待办应该被添加到 TodoBox

中的哪部分,确保待办列表的组织和管理既逻辑清晰又易于操作。待办列表的具体实现,代码如下:

```rust
//第 11 章 todo/back_end/todo/src/lib/entry/dto/todo.rs
#[derive(Debug, Clone, PartialEq, Serialize, Deserialize)]
#[serde(crate = "rocket::serde")]
pub struct TodoBox {
    pub low: Vec<Todo>,
    pub mid: Vec<Todo>,
    pub fatal: Vec<Todo>,
    //关注
    pub focus: Vec<Todo>,
    pub history: Vec<Todo>,
}

impl TodoBox {
    //向 TodoBox 中添加 Todo 结构体
    pub fn push(&mut self, todo: Todo) -> () {
        let priority = todo.priority();
        let is_focus = todo.is_focus;
        if is_focus {
            self.focus.push(todo.clone());
        }
        match priority {
            Priorities::Emergent | Priorities::High => self.fatal.push(todo),
            Priorities::Mid => self.mid.push(todo),
            Priorities::Low => self.low.push(todo),
        };
    }
    //将 dto 的 TodoBox 转换为 vo 的 TodoBox 实例
    pub async fn from(value: po::TodoBox) -> Self {
        let po::TodoBox {
            low,
            mid,
            fatal,
            focus,
            history,
        } = value;
        let mut low = convert_ids_to_todo_instances(low).await;
        let mut mid = convert_ids_to_todo_instances(mid).await;
        let mut fatal = convert_ids_to_todo_instances(fatal).await;
        let history = convert_ids_to_todo_instances(history).await;
        let mut focus = Vec::new();
        focus.append(&mut low.0);
        focus.append(&mut mid.0);
        focus.append(&mut fatal.0);

        TodoBox {
            low: low.1,
```

```
                mid: mid.1,
                fatal: fatal.1,
                focus,
                history: history.1,
            }
        }
    }
}

//将TODOBox中的所有ID的集合转换为TODO实例
pub async fn convert_ids_to_todo_instances(ids: Vec<String>) -> (Vec<Todo>, Vec<Todo>) {
    if ids.is_empty() {
        return (Vec::new(), Vec::new());
    }
    let mut res = Vec::new();
    let mut focus = Vec::new();
    for id in ids {
        let query = select_todo_record(id.as_str()).await;
        if let Some((id, todo)) = query {
            let todo = Todo::from(todo, id).await;
            if (todo.is_focus) {
                focus.push(todo.clone())
            }
            res.push(todo);
        }
    }
    (focus, res)
}
```

3. 待办基础增、删、改、查

1) 查询方法

待办的查询方法为 select_todo_record() 方法,通过待办的 ID 对具体的待办信息进行查询,最终返回一个待办 ID 和具体待办的元组。方法的具体实现,代码如下:

```
//第11章 todo/back_end/todo/src/lib/mapping/todo.rs
//根据 ID 查询待办事项记录
pub async fn select_todo_record(id: &str) -> Option<(String, Todo)> {
    //构建查询待办事项记录的 SQL 语句
    let sql = Stmt::select()
        .table(("todo", id).into())          //指定表名和 ID
        .field_all()                          //查询所有字段
        .to_string();                         //将 Stmt 对象转换为字符串
                                              //执行 SQL 语句
    let mut result = DB.query(sql).await.unwrap();
    //解析 SQL 执行结果
    let sql_result: Vec<Record<Todo>> = result.take(0_usize).unwrap();
    //如果查询结果恰好有一条记录,则返回该记录
    if sql_result.len() == 1 {
```

```
        let res = sql_result[0].clone();
        Some(res.to_record())
    } else {
        None
    }
}
```

2)创建方法

为了优化待办事项的管理并提高工作效率,设计了两种待办事项的创建方法,分别针对个人用户和团队使用场景。这两种方法分别是 create_todo_by_username()方法和 create_todo_by_team()方法,它们各自基于不同的逻辑来创建待办事项,以满足多样化的需求。

create_todo_by_username()方法的设计初衷是简化个人用户创建待办事项的流程。在这种方法中,系统首先利用用户名作为关键信息,调用用户查询方法 select_user_record_by_username()方法获取相应的用户记录。这一步不仅确保了待办事项能够准确地被关联到具体的用户,还简化了用户在创建待办事项时的操作步骤。

获取用户记录后,系统将用户的 ID 自动设置为待办事项的拥有者字段,这样做的好处是明确了待办事项的所有权归属,便于后续的管理和查询。随后,系统会利用提供的待办数据创建一个全新的待办事项记录,并将这条记录返给用户。这个过程不仅高效快捷,而且极大地提高了用户体验,使个人用户能够轻松地管理自己的待办事项。

而 create_todo_by_team()方法是专门为团队设计的。在团队协作场景中,待办事项往往需要被多个团队成员共同查看和处理,因此将待办事项的拥有者直接设置为团队的 ID。这种设计思路有效地解决了团队内部待办事项共享和管理的问题,提高了团队协作的效率。

通过 create_todo_by_team()方法创建的团队待办事项,将团队 ID 作为拥有者字段进行设置。这样做的好处是确保了待办事项能够在团队成员之间高效共享,同时也方便了团队内部对待办事项的统一管理。待办创建方法的代码如下:

```
//第 11 章 todo/back_end/todo/src/lib/mapping/todo.rs
//根据用户名创建待办事项记录
pub async fn create_todo_by_username(username: &str, mut todo: Todo) -> Option<(String, Todo)> {
    //首先根据用户名查询用户记录,获取用户 ID
    let query = select_user_record_by_username(username).await;
    if let Some((id, _)) = query {
        //如果用户存在,则将待办事项的所有者设置为该用户 ID
        todo.set_owner(id);
    } else {
        //如果用户不存在,则直接返回 None
        return None;
    }

    //构建创建待办事项记录的 SQL 语句
    let sql = Stmt::create()
        .table("todo".into())              //指定表名
        .data(todo.into())                 //设置待创建的数据
```

```rust
            .output(Output::After)         //指定返回创建后的数据
            .to_string();                  //将Stmt对象转换为字符串
                                           //执行SQL语句
    let mut result = DB.query(sql).await.unwrap();
    //解析SQL执行结果
    let sql_result: Vec<Record<Todo>> = result.take(0_usize).unwrap();
    //如果查询结果恰好有一条记录,则返回该记录
    if sql_result.len() == 1 {
        let res = sql_result[0].clone();
        Some(res.to_record())
    } else {
        None
    }
}

//根据团队ID创建待办事项记录
pub async fn create_todo_by_team(team_id: &str, mut todo: Todo) -> Option<(String, Todo)> {
    //将待办事项的所有者设置为团队ID
    let _ = todo.set_owner(team_id.to_string());

    //构建创建待办事项记录的SQL语句,其逻辑与根据用户名创建待办事项类似
    let sql = Stmt::create()
        .table("todo".into())
        .data(todo.into())
        .output(Output::After)
        .to_string();
    //执行SQL语句
    let mut result = DB.query(sql).await.unwrap();
    //解析SQL执行结果
    let sql_result: Vec<Record<Todo>> = result.take(0_usize).unwrap();
    //如果查询结果恰好有一条记录,则返回该记录
    if sql_result.len() == 1 {
        let res = sql_result[0].clone();
        Some(res.to_record())
    } else {
        None
    }
}
```

3) 删除方法

delete_todo_by_id()方法是待办事项的删除方法,通过待办的ID从SurrealDB数据库中删除某条待办事项记录,然后将删除的记录进行返回并验证条数是否为一条,以此来确定是否删除成功,待办事项的删除方法的代码如下:

```rust
//第11章 todo/back_end/todo/src/lib/mapping/todo.rs
//根据ID删除待办事项记录
pub async fn delete_todo_by_id(id: &str) -> bool {
    //构建删除待办事项记录的SQL语句
```

```rust
        let sql = Stmt::delete()
            .table(("todo", id).into())      //指定表名和 ID
            .output(Output::Before)          //指定返回删除前的数据
            .to_string();                    //将 Stmt 对象转换为字符串
                                             //执行 SQL 语句
        let mut result = DB.query(sql).await.unwrap();
        //解析 SQL 执行结果
        let sql_result: Vec<Record<Todo>> = result.take(0_usize).unwrap();
        //如果查询结果恰好有一条记录,则认为删除成功
        sql_result.len() == 1
    }
```

4)更新方法

为了更有效地更新待办事项,设计了两种专门的更新方法:update_todo_by_id()方法和 update_todo_status_by_id()方法。这两种方法各自承担着不同的职责。

update_todo_by_id()方法是一个全面的更新操作方法,它允许应用程序通过提供待办事项的唯一标识符(ID)和一个新的待办事项实体来更新一个待办事项的全部信息。这种方法首先通过 ID 在数据库中定位到特定的待办事项记录。一旦找到,它将使用提供的待办事项实体中的内容,采用 CONTENT 方式替换原有记录的全部信息。这种方法适合于用户需要对待办事项进行较大范围修改时使用。

update_todo_status_by_id()方法则更加专注和精细。它专门用于更新待办事项的状态,例如从正在执行状态更新为已完成状态。这种方法接收待办事项的 ID 作为参数,通过 ID 筛选出相应的待办事项记录,然后使用 SET 方式仅对待办事项的状态字段进行更新。这种方法适用于用户完成或重新激活待办事项时使用,不需要更改待办事项的其他信息,仅需更新其状态。

这两种方法各有侧重,提供了灵活而高效的方式来更新待办事项。待办事项的更新方法的代码如下:

```rust
//第 11 章 todo/back_end/todo/src/lib/mapping/todo.rs
//根据 ID 更新待办事项记录
pub async fn update_todo_by_id(id: &str, todo: Todo) -> bool {
    //构建更新待办事项记录的 SQL 语句,逻辑与删除待办事项类似
    let sql = Stmt::update()
        .table(("todo", id).into())
        .data(UpdateData::content(todo))
        .output(Output::After)
        .to_string();
    //执行 SQL 语句
    let mut result = DB.query(sql).await.unwrap();
    //解析 SQL 执行结果
    let sql_result: Vec<Record<Todo>> = result.take(0_usize).unwrap();
    //如果查询结果恰好有一条记录,则认为更新成功
    sql_result.len() == 1
}
```

```
//根据 ID 更新待办事项的状态
pub async fn update_todo_status_by_id(id: &str, status: &str) -> bool {
    //构建更新待办事项状态的 SQL 语句
    let sql = Stmt::update()
        .table(("todo", id).into())                //指定表名和 ID
        .data(UpdateData::set().push(SetField::new("status", None, status)))
        //设置新的状态值
        .output(Output::After)                     //指定返回更新后的数据
        .to_string();                              //将 Stmt 对象转换为字符串
                                                   //执行 SQL 语句
    let mut result = DB.query(sql).await.unwrap();
    //解析 SQL 执行结果
    let sql_result: Vec<Record<Todo>> = result.take(0_usize).unwrap();
    //如果查询结果恰好有一条记录,则认为状态更新成功
    sql_result.len() == 1
}
```

4. 待办接口

待办接口中定义了 6 个接口,分别是创建待办、删除待办、更新待办、使待办失败、更新待办状态和完成待办,以下是这些接口方法的说明。

（1）create_todo()方法：使用 POST 请求方法,请求地址为/create,该方法负责创建一个新的待办事项。它接收一个 JSON 格式的待办事项实体,通过待办事项的拥有者字段获取所需创建待办的用户,将其存储到数据库中,然后更新相关联的用户信息,最后返回更新完的用户实体作为接口的结果。

（2）delete_todo()方法：使用 DELETE 请求方法,请求地址为/<username>/<id>,该方法用于删除指定用户的指定待办事项。它调用 delete_todo_by_id()方法直接从数据库中删除待办事项,然后通过用户名获取用户实体并调用实体的 delete_todo()方法从实例中去除被删除的待办,再将这个修改过的用户实体作为入参更新用户信息,最后返回更新完的用户实体作为接口的结果。

（3）update_todo()方法：使用 PUT 请求方法,请求地址为/<username>/<id>,该方法用于更新指定用户的指定待办事项的详细信息。它接收一个待办事项的新实体,并更新数据库中的相应记录,然后返回更新完的用户实体作为接口的结果。

（4）failed_todo()方法：使用 PUT 请求方法,请求地址为/failed/<username>/<id>,此方法将指定用户的指定待办事项标记为失败状态。它更新待办事项的状态后通过用户名获取用户实体,然后调用用户实体的 failed_todo()方法反映在关联的用户记录上并更新用户信息,最后返回更新后的用户实体。

（5）update_todo_status()方法：使用 GET 请求方法,请求地址为/<id>/<status>,该方法用于更新指定待办事项的状态。该方法根据提供的状态值调用 update_todo_status_by_id()方法来更新待办事项,并返回操作结果。

（6）complete_todo()方法：使用 GET 请求方法,请求地址为/complete/<username>/

<id>，该方法用于将指定用户的指定待办事项标记为完成状态。它将待办事项的状态更新为完成状态，调用用户实体的 complete_todo() 方法，并尝试更新用户的记录，最后返回更新后的用户实体。

待办接口的实现，代码如下：

```rust
//第 11 章 todo/back_end/todo/src/lib/api/todo.rs
use rocket::serde::json::Json;

use crate::lib::{
    entry::{
        po::{Status, Todo, TodoBox},
        dto::{self},
    },
    error::Error,
    mapping::{
        create_todo_by_username, delete_todo_by_id, select_todo_record, select_user_by_username,
        update_todo_by_id, update_todo_status_by_id, update_user_by_username,
    },
    response::ResultJsonData,
};

#[post("/create", format = "application/json", data = "<todo>")]
pub async fn create_todo(todo: Json<Todo>) -> ResultJsonData<dto::User> {
    let todo = todo.0;
    let username = todo.clone().owner;
    let query = create_todo_by_username(&username, todo).await;
    if let Some((id, todo)) = query {
        let mut user = select_user_by_username(&username).await.unwrap();
        let priority = todo.priority();
        let _ = user.add_todo(id, priority);
        //update user
        let update_query = update_user_by_username(user).await;
        if let Some(user) = update_query {
            let user = dto::User::from(user).await;
            return ResultJsonData::success(user);
        } else {
            let e = Error::UpdateUser;
            let (e_code, e_msg) = e.get();
            return ResultJsonData::define_failure(e_code, &e_msg);
        }
    }
    let e = Error::CreateTodo;
    let (e_code, e_msg) = e.get();
    return ResultJsonData::define_failure(e_code, &e_msg);
}

#[delete("/<username>/<id>")]
```

```rust
pub async fn delete_todo(username: &str, id: &str) -> ResultJsonData<dto::User> {
    let query = delete_todo_by_id(id).await;
    if query {
        let user_query = select_user_by_username(username).await;
        if let Some(mut user) = user_query {
            let _ = user.delete_todo(id);
            let update_query = update_user_by_username(user).await;
            if let Some(user) = update_query {
                let user = dto::User::from(user).await;
                return ResultJsonData::success(user);
            }
        }
    }
    let e = Error::DeleteTodo;
    let (e_code, e_msg) = e.get();
    return ResultJsonData::define_failure(e_code, &e_msg);
}

#[put("/<username>/<id>", format = "application/json", data = "<todo>")]
pub async fn update_todo(username: &str, id: &str, todo: Json<Todo>) -> ResultJsonData<dto::User> {
    let query = update_todo_by_id(&id, todo.0).await;

    if query {
        let user_query = select_user_by_username(username).await;
        if let Some(mut user) = user_query {
            let user = dto::User::from(user).await;
            return ResultJsonData::success(user);
        }
    }
    let e = Error::UpdateTodo;
    let (e_code, e_msg) = e.get();
    return ResultJsonData::define_failure(e_code, &e_msg);
}

#[put(
    "/failed/<username>/<id>",
    format = "application/json",
    data = "<todo>"
)]
pub async fn failed_todo(username: &str, id: &str, todo: Json<Todo>) -> ResultJsonData<dto::User> {
    let query = update_todo_by_id(&id, todo.0).await;
    if query {
        let user_query = select_user_by_username(username).await;
        if let Some(mut user) = user_query {
            let _ = user.failed_todo(id);
            let query = update_user_by_username(user).await;
            if let Some(user) = query {
                let user = dto::User::from(user).await;
```

```rust
            return ResultJsonData::success(user);
        }
    }
    let e = Error::UpdateTodo;
    let (e_code, e_msg) = e.get();
    return ResultJsonData::define_failure(e_code, &e_msg);
}

#[get("/<id>/<status>")]
pub async fn update_todo_status(id: &str, status: &str) -> ResultJsonData<bool> {
    let query = update_todo_status_by_id(id, status).await;
    if query {
        return ResultJsonData::success(query);
    }
    let e = Error::UpdateTodo;
    let (e_code, e_msg) = e.get();
    return ResultJsonData::define_failure(e_code, &e_msg);
}

#[get("/complete/<username>/<id>")]
pub async fn complete_todo(username: &str, id: &str) -> ResultJsonData<dto::User> {
    let status = Status::Completed.to_string();
    let (code, _update_status) = update_todo_status(id, &status).await.get();
    if code == 200 {
        let user_query = select_user_by_username(username).await;
        if let Some(mut user) = user_query {
            let _ = user.complete_todo(id);
            let query = update_user_by_username(user).await;
            if let Some(user) = query {
                let user = dto::User::from(user).await;
                return ResultJsonData::success(user);
            }
        }
    }
    let e = Error::CompleteTodo;
    let (e_code, e_msg) = e.get();
    return ResultJsonData::define_failure(e_code, &e_msg);
}
```

11.5.4 团队接口实现

1. 持久层团队实体

团队实体使用 Team 结构体进行定义，含有团队名称、团队成员、团队拥有者、团队概述、团队待办集合等字段，这些字段共同构成了团队的基本框架，不仅反映了团队的基础信息，还包括了团队的当前状态和未来的任务安排，为团队的管理提供了全面的视角，Team 结构体还提供了一系列方法来操作和管理团队信息，这里主要说明 new_rand() 方法和 get()

方法。

在 Team 结构体中，new_rand()方法用于传入一个指定的团队名称，该方法能够快速地创建一个具有基础结构的团队实体，其中大部分字段被初始化为默认值。这种设计极大地简化了团队创建过程，使在需要快速搭建团队原型或进行测试时更加方便和高效。它从烦琐的初始化工作中解放了开发者，让他们能够更专注于团队的核心业务逻辑。

get()方法体现了结构体与数据库交互的封装思想。这是一个异步函数，其通过调用 select_team_record_by_id()方法能够从数据库中检索并返回一个具有特定 ID 的团队记录。这里将 mapping 模块中的方法封装到结构体中可以很好地隐藏层级调用的复杂性。对于多数其他的结构体并没有使用这种方式，这里仅作为示例。

持久层的团队实体 Team 结构体的实现代码如下：

```rust
//第 11 章 todo/back_end/todo/src/lib/entry/po/team.rs
//引入系统时间和 UNIX 纪元时间的模块
use std::time::SystemTime;
use std::time::UNIX_EPOCH;

//引入项目内部的其他模块或结构
use crate::lib::entry::dto;
use crate::lib::mapping::select_team_record_by_id;

use super::TeamAvatars;

//引入 Rocket 框架的序列化和反序列化特质
use rocket::serde::{Deserialize, Serialize};

//定义 `Team` 结构体,用于表示一个团队的信息
#[derive(Debug, Clone, PartialEq, Deserialize, Serialize)]
#[serde(crate = "rocket::serde")]
pub struct Team {
    //团队名称
    pub name: String,
    //团队成员 ID 集合
    pub members: Vec<String>,
    //团队的创建人
    pub owner: String,
    //团队头像
    pub avatar: TeamAvatars,
    //团队概述说明
    pub description: String,
    //团队创建日期
    pub date: String,
    //团队的 TODO 的 ID 集合
    pub todos: Vec<String>,
}

impl Team {
```

```rust
    //获取成员列表的克隆
    pub fn members(&self) -> Vec<String> {
        self.members.clone()
    }

    //向成员列表中添加一个新成员
    pub fn add_member(&mut self, member: &str) {
        self.members.push(member.to_string());
    }

    //创建一个具有随机日期的新`Team`实例
    pub fn new_rand(name: &str, owner: &str) -> Self {
        let date = SystemTime::now()
            .duration_since(UNIX_EPOCH)
            .unwrap()
            .as_millis();

        Team {
            name: name.to_string(),
            members: vec![owner.to_string()],
            owner: owner.to_string(),
            avatar: TeamAvatars::Team1,
            description: String::new(),
            date: date.to_string(),
            todos: Vec::new(),
        }
    }

    //异步函数,用于从数据库中获取特定 ID 的团队记录
    pub async fn get(id: &str) -> Option<(String, Team)> {
        select_team_record_by_id(id).await
    }

    //向待办事项列表中添加一个新的待办事项 ID
    pub fn push_todo(&mut self, todo_id: &str) {
        self.todos.push(todo_id.to_string());
    }
}

impl Default for Team {
    //提供`Team`的默认实例
    fn default() -> Self {
        Self {
            name: String::new(),
            members: Default::default(),
            owner: Default::default(),
            avatar: Default::default(),
            description: String::new(),
            date: Default::default(),
            todos: Vec::new(),
```

```rust
        }
    }
}

impl From<dto::Team> for Team {
    //从另一种类型(`dto::Team`)转换为`Team`类型的实例
    fn from(value: dto::Team) -> Self {
        //将 User 结构体集合转换为 User 的 ID 集合
        let members = value
            .members
            .into_iter()
            .map(|member| member.username().to_string())
            .collect::<Vec<String>>();
        //将 todo 的 TODO 结构体集合转换为 ID 集合
        let todos = value
            .todos
            .into_iter()
            .map(|todo| todo.id().to_string())
            .collect::<Vec<String>>();
        Team {
            name: value.name,
            members,
            owner: value.owner,
            avatar: value.avatar,
            description: value.description,
            date: value.date,
            todos,
        }
    }
}
```

2. 传输层团队实体

传输层的 Team 结构体中关键的改进是将 members 字段和 todos 字段的数据类型从仅仅存储 ID 列表转变为存储具体的成员信息列表和待办事项列表。这一改变极大地增强了数据的丰富性和可用性,使在处理与团队相关的操作时,可以直接利用成员的详细信息和待办事项的具体内容,而无须进行额外查询,从而提高了系统的效率和用户体验。

处理这一转变的是 from() 方法,它将持久层中的团队实体转换为传输层的团队实体, from() 方法会遍历待办 ID 列表,对每个 ID 进行查询,从而获取待办事项的完整记录。这个过程确保了在传输层的 Team 实体中, todos 字段包含了所有必要的待办事项信息,使其直接可用于后续的业务逻辑处理。

然而,对于 members 字段,情况则有所不同。在 Team 结构体的 from() 方法中,并不直接处理团队成员列表,而是初始化为一个空的向量(Vec)。这种设计反映了一个重要的架构决策:在多数情况下,团队实体本身不需要直接访问每个成员的具体信息。相反,成员信息的设置被委托给了传输层的 User 实体的 from() 方法。在 User 的 from() 方法中会获取并设置团队的完整成员列表,这一过程通过 set_members() 方法实现。这意味着团队成员的详细信息仅在必要时(如在处理与用户直接相关的操作时)被获取和设置,从而优化了数据处理流程和提高了系统性能。这种设计还体现了懒加载(Lazy Loading)的思想,即按需加载数据,这样可以减少不必要的数据库访问,提高应用性能,尤其是在成员数据庞大的团队中效果更明显。通过这种方式,除了在处理与 User 实体相关的操作外,其他涉及 Team 实体的操作都无须负担过多的数据处理工作,确保了系统的高效运行。

传输层团队实体的代码如下:

```rust
//第 11 章 todo/back_end/todo/src/lib/entry/dto/team.rs
use crate::lib::{
    entry::po::{self, TeamAvatars},
    //引入 dto 模块下的结构和枚举,用于处理与数据传输相关的对象
    mapping::select_todo_record,
    //引入 select_todo_record 函数,用于查询待办事项记录
};

use super::{Todo, User};

use rocket::serde::{Deserialize, Serialize};

//定义 Team 结构体,并为其字段实现序列化和反序列化功能
#[derive(Debug, Clone, PartialEq, Deserialize, Serialize)]
#[serde(crate = "rocket::serde")]
pub struct Team {
    pub id: String,                 //团队唯一标识符
    pub name: String,               //团队名称
    pub members: Vec<User>,         //团队成员列表
    pub owner: String,              //团队拥有者标识符
    pub avatar: TeamAvatars,        //团队头像
    pub description: String,        //团队描述
    pub date: String,               //创建日期
    pub todos: Vec<Todo>,           //关联的待办事项列表
}

impl Team {
    //设置团队 ID 的方法
    pub fn set_id(&mut self, id: &str) -> () {
        self.id = String::from(id);
    }
    //设置团队成员的方法
    pub fn set_members(&mut self, members: Vec<User>) {
        self.members = members;
    }
    //从 dto::Team 类型创建 Team 实例的异步方法
    pub async fn from(value: po::Team) -> Self {
        let mut todos = Vec::new();
```

```rust
        for todo_id in value.todos {
            //异步查询待办事项记录
            let query = select_todo_record(&todo_id).await;
            if let Some((id, todo)) = query {
                let todo = Todo::from(todo, id).await;
                //将待办事项添加到列表中
                todos.push(todo);
            }
        }
        //返回构造的 Team 实例
        Team {
            id: String::new(),
            name: value.name,
            members: Vec::new(),
            owner: value.owner,
            avatar: value.avatar,
            description: value.description,
            date: value.date,
            todos,
        }
    }
}
```

3. 团队的基础增、删、改、查方法

1）查询方法

团队使用 select_team_record_by_id() 方法通过团队的 ID 查询团队记录，最终返回一个待办 ID 和具体团队的元组。该方法的具体实现，代码如下：

```rust
//第 11 章 todo/back_end/todo/src/lib/mapping/team.rs
//根据 ID 查询团队记录
pub async fn select_team_record_by_id(id: &str) -> Option<(String, Team)> {
    //构建查询 Team 记录的 SQL 语句
    let sql = Stmt::select()
        .table(("team", id).into())          //指定表名和 ID
        .field_all()                          //查询所有字段
        .to_string();                         //将 Stmt 对象转换为字符串
                                              //执行 SQL 语句
    let mut result = DB.query(sql).await.unwrap();
    //解析 SQL 执行结果
    let sql_result: Vec<Record<Team>> = result.take(0_usize).unwrap();
    //如果查询结果恰好有一条记录，则返回该记录
    if sql_result.len() == 1 {
        let res = sql_result[0].clone();
        Some(res.to_record())
    } else {
        None
    }
}
```

2）创建方法

create_team_by_name()方法用于通过团队名字来创建一个新的团队，通过 Team 的 new_rand()方法创建团队实例并直接使用 CONTENT 方式创建记录。创建方法的实现，代码如下：

```rust
//第 11 章 todo/back_end/todo/src/lib/mapping/team.rs
//创建一个新的团队记录，并返回创建的团队信息
pub async fn create_team_by_name(name: &str, owner: &str) -> Option<(String, Team)> {
    //使用随机 ID 创建新的 Team 实例
    let team = Team::new_rand(name, owner);
    //构建创建 Team 记录的 SQL 语句
    let sql = Stmt::create()
        .table("team".into())              //指定表名
        .data(CreateData::content(team))   //设置要创建的数据
        .output(Output::After)             //指定返回创建后的数据
        .to_string();                      //将 Stmt 对象转换为字符串
                                           //执行 SQL 语句
    let mut result = DB.query(sql).await.unwrap();
    //解析 SQL 执行结果
    let sql_result: Vec<Record<Team>> = result.take(0_usize).unwrap();
    //如果查询结果恰好有一条记录，则返回该记录
    if sql_result.len() == 1 {
        let res = sql_result[0].clone();
        Some(res.to_record())
    } else {
        None
    }
}
```

3）更新方法

Team 的更新方法使用 update_team_by_id()方法，该方法通过团队的 ID 和团队实体使用 CONTENT 方式对团队进行更新。更新团队的方式的代码如下：

```rust
//第 11 章 todo/back_end/todo/src/lib/mapping/team.rs
//根据 ID 更新团队记录，并返回是否更新成功
pub async fn update_team_by_id(id: &str, team: Team) -> bool {
    //构建更新 Team 记录的 SQL 语句
    let sql = Stmt::update()
        .table(("team", id).into())         //指定表名和 ID
        .data(UpdateData::content(team))    //设置要更新的数据
        .output(Output::After)              //指定返回更新后的数据
        .to_string();                       //将 Stmt 对象转换为字符串
                                            //执行 SQL 语句
    let mut result = DB.query(sql).await.unwrap();
    //解析 SQL 执行结果
    let sql_result: Vec<Record<Team>> = result.take(0_usize).unwrap();
    //如果查询结果恰好有一条记录，则认为更新成功
    sql_result.len() == 1
}
```

4. 团队接口

在团队接口中定义了 4 个接口，分别是创建团队、更新团队成员、更新团队信息及创建团队待办事项，以下是这些接口方法的说明。

（1）create_team()方法：使用 GET 请求方法，请求地址为/< username >/< name >，此方法用于创建团队。首先，它尝试通过 create_team_by_name()函数使用提供的团队名和用户名创建一个新的团队实体。如果创建成功，则将尝试将新创建的团队 ID 添加到用户信息中，并更新用户信息。如果用户信息更新成功，则返回更新后的用户信息。如果任何步骤失败，则将返回一个错误信息。

（2）update_team_members()方法：使用 PUT 请求方法，请求地址为/< name >，接收 JSON 格式的数据。此方法用于更新团队成员信息。它首先从请求体中解析团队 ID 和团队信息，然后查询对应的用户信息。如果用户存在，则尝试将新成员添加到团队中，并更新用户所在团队的信息。如果用户信息和团队信息都成功更新，则返回值为 true。如果更新失败，则返回错误信息。

（3）update_team_info()方法：使用 PUT 请求方法，请求地址为/，接收 JSON 格式的数据。此方法用于更新团队的信息。它从请求体中解析团队 ID 和团队信息，然后尝试更新数据库中的团队记录。如果更新成功，则返回值为 true；如果失败，则返回错误信息。

（4）create_team_todo()方法：使用 POST 请求方法，请求地址为/todo/< id >，接收 JSON 格式的数据。此方法用于为指定团队创建待办事项。它首先解析待办事项中的审核者和执行者，确保它们不重复，然后尝试为团队创建待办事项。如果创建成功，则将尝试更新团队的待办事项列表，并遍历所有涉及的用户，更新他们的待办事项列表。如果所有操作都成功，则返回值为 true；如果任何步骤失败，则返回错误信息。

团队接口的实现，代码如下：

```
//第 11 章 todo/back_end/todo/src/lib/api/team.rs
//引入标准库中的 HashSet,用于去重
use std::collections::HashSet;

//引入 Rocket 框架的 JSON 工具,用于处理 JSON 数据
use rocket::serde::json::Json;

//引入项目内部模块,包括 DTOs(数据传输对象)、VOs(值对象)、错误处理及数据库操作函数
use crate::lib::{
    entry::{
        po::{self, Todo},        //DTOs,用于接收和发送数据
        dto::{self, Team},       //VOs,用于内部逻辑处理和展示
    },
    error::Error,                //错误处理模块
    mapping::{
        //数据库操作映射,包括创建、更新、查询等操作
        create_team_by_name,
        create_todo_by_team,
```

```rust
            create_todo_by_username,
            select_team_record_by_id,
            select_user_by_username,
            update_team_by_id,
            update_user_by_username,
        },
        response::ResultJsonData,                    //自定义的结果数据类型,用于统一 API 响应格式
    };

//创建团队的 API 处理函数
#[get("/<username>/<name>")]
pub async fn create_team(username: &str, name: &str) -> ResultJsonData<dto::User> {
    //通过团队名和用户名创建团队
    let query = create_team_by_name(name, username).await;

    //如果创建成功,则尝试将团队 ID 添加到用户信息中并更新用户信息
    if let Some((id, _team)) = query {
        let mut user = select_user_by_username(username).await.unwrap();
        let _ = user.create_team(&id);
        let update_query = update_user_by_username(user).await;
        if let Some(user) = update_query {
            let user = dto::User::from(user).await;
            //成功时返回更新后的用户信息
            return ResultJsonData::success(user);
        }
    }
    //如果创建失败,则返回错误信息
    let e = Error::CreateTeam;
    let (e_code, e_msg) = e.get();
    return ResultJsonData::define_failure(e_code, &e_msg);
}

//更新团队成员的 API 处理函数
#[put("/<name>", format = "application/json", data = "<team>")]
pub async fn update_team_members(name: &str, team: Json<Team>) -> ResultJsonData<bool> {
    //从请求体中解析团队 ID 和团队信息
    let id = team.0.id.clone();
    let mut team = po::Team::from(team.0);
    //查询用户名对应的用户信息
    let user_query = select_user_by_username(name).await;
    if let Some(mut user) = user_query {
        //将成员添加到团队并尝试更新用户所在团队信息
        let _ = team.add_member(name);
        let _ = user.create_team(&id);
        let update_user = update_user_by_username(user).await;
        //如果用户信息更新成功,则尝试更新团队信息
        if update_user.is_some() {
            let query = update_team_by_id(&id, team).await;
            if query {
                //如果成功,则返回值为 true
```

```rust
                return ResultJsonData::success(true);
            }
        }
        //如果更新团队失败,则返回错误信息
        let e = Error::UpdateTeam;
        let (e_code, e_msg) = e.get();
        return ResultJsonData::define_failure(e_code, &e_msg);
    }
    //当用户不存在时返回错误信息
    let e = Error::AccountUnExist;
    let (e_code, e_msg) = e.get();
    return ResultJsonData::define_failure(e_code, &e_msg);
}

//更新团队信息的 API 处理函数
#[put("/", format = "application/json", data = "<team>")]
pub async fn update_team_info(team: Json<Team>) -> ResultJsonData<bool> {
    //从请求体中解析团队 ID 和团队信息
    let id = team.0.id.clone();
    let team = po::Team::from(team.0);
    //尝试更新团队信息
    let query = update_team_by_id(&id, team).await;
    if query {
        //如果成功,则返回值为 true
        return ResultJsonData::success(true);
    }
    //如果更新失败,则返回错误信息
    let e = Error::UpdateTeam;
    let (e_code, e_msg) = e.get();
    return ResultJsonData::define_failure(e_code, &e_msg);
}

//创建团队待办事项的 API 处理函数
#[post("/todo/<id>", format = "application/json", data = "<todo>")]
pub async fn create_team_todo(id: &str, todo: Json<Todo>) -> ResultJsonData<bool> {
    //解析待办事项中的审核者和执行者,确保不重复
    let todo = todo.0;
    let reviewers = todo.reviewers.clone();
    let performers = todo.performers.clone();
    let team_id = id.to_string();
    //使用 HashSet 去重,再转换为 Vec
    let users = reviewers
        .into_iter()
        .chain(performers.into_iter())
        .collect::<HashSet<String>>();
    let users = users.into_iter().collect::<Vec<String>>();
    //尝试为团队创建待办事项
    let create_query = create_todo_by_team(&team_id, todo.clone()).await;
    let mut flag = true;
    if let Some((todo_id, todo)) = create_query {
```

```rust
        //查询团队记录并尝试更新团队待办事项
        let team_query = select_team_record_by_id(&team_id).await;
        if let Some((id, mut team)) = team_query {
            let _ = team.push_todo(&todo_id);
            let update_team = update_team_by_id(&id, team).await;
            if update_team {
                //遍历所有涉及的用户,更新他们的待办事项列表
                for username in users {
                    let user_query = select_user_by_username(&username).await;
                    if let Some(mut user) = user_query {
                        let priority = todo.priority();
                        let _ = user.add_todo(todo_id.clone(), priority);
                        let update_query = update_user_by_username(user).await;
                        if update_query.is_some() {
                            continue;
                        } else {
                            flag = false;
                            break;
                        }
                    } else {
                        break;
                    }
                }
            }
        }

        if flag {
            //如果所有操作成功,则返回值为 true
            return ResultJsonData::success(true);
        }

        //当创建团队 TODO 失败时返回错误信息
        let e = Error::CreateTeamTodo;
        let (e_code, e_msg) = e.get();
        return ResultJsonData::define_failure(e_code, &e_msg);
}
```

11.5.5 跨域资源访问

1. 什么是跨域资源访问

跨域资源共享(CORS)是一种基于 HTTP 头的机制,该机制通过允许服务器标示除了它自己以外的其他源(域、协议或端口),使浏览器允许这些源访问并加载自己的资源。跨域资源共享还通过一种机制来检查服务器是否会允许要发送的真实请求,该机制通过浏览器发起一个到服务器托管的跨域资源的"预检"请求。在预检中,浏览器发送的头中标示有 HTTP 方法和真实请求中会用到的头。

出于安全性考虑，浏览器会限制脚本内发起的跨域 HTTP 请求。例如，XMLHttpRequest 和 Fetch API 遵循同源策略。这意味着使用这些 API 的 Web 应用程序只能从加载应用程序的同一个域请求 HTTP 资源，除非响应报文包含正确的 CORS 响应头。

简单来讲跨域资源访问就是可以跨越不同的网络地址进行资源的请求，但若不设置相关的响应头，则浏览器会阻止。

2. 为什么要有跨域资源访问

在当今日益复杂的网络生态中，现代 Web 应用程序的构建往往涉及一个多源的资源整合过程。这意味着，一个单一的 Web 应用可能需要汇聚来自多个不同域名的资源，以提供丰富而动态的用户体验。举个例子，在浏览一个新闻网站时，这个网站的主体内容（HTML 页面）可能是从其主域名加载的，而它的数据分析图表可能是通过调用另一个域名下的 API 获得的数据动态生成的，同时，为了美化页面，它还可能从另外的域名加载图片和样式表。

这种跨域资源访问的需求，虽然在功能上极大地增强了 Web 应用的灵活性和实用性，但也带来了潜在的安全风险。在默认情况下，出于安全考虑，浏览器实施了同源策略，这个策略阻止了一个域的网页访问另一个域的资源，以此来避免恶意网站可能执行的跨站脚本攻击等安全威胁，因此，当开发者需要实现安全的跨域访问时，他们必须采用跨域资源共享（CORS）机制。通过 CORS，服务提供者可以在 HTTP 响应头中明确地指定哪些外部源被允许访问其资源，这不仅保障了数据的安全性，同时也确保了资源共享的灵活性。

此外，跨域资源访问在 Web 应用的开发、测试阶段也显得尤为重要。当开发者在本地开发环境中工作时，经常需要请求保存放在远端服务器上的资源或数据。如果没有 CORS 的灵活配置，则这些开发和测试工作将变得异常困难。同样，随着 Web 服务日益模块化，第三方 API 的集成已成为提高应用功能性和用户体验的关键手段。无论是社交媒体功能的嵌入、地图服务的集成还是在线支付的实现，这些都需要安全可靠的跨域资源访问策略来提供支持。

3. 常用的响应头

这里再次强调一下，跨域资源是否能够访问成功主要不是在客户端，而是在服务器端，浏览器并不会拒绝向另一个域进行请求，只会阻止被请求的域向请求方响应资源，所以要让跨域资源访问成功就必须设置相关的响应头。常用的响应头如下。

（1）Access-Control-Allow-Origin：这是最重要的 CORS 响应头之一。它指定了可以访问该资源的外部域名。例如，如果设置为 *，则表示允许任何域的请求；如果设置为特定的域名（如 https://example.com），则仅允许来自该域的请求。

（2）Access-Control-Allow-Methods：指定了允许的 HTTP 方法（如 GET、POST、PUT、DELETE 等）。这告诉浏览器允许跨域请求使用哪些方法。

（3）Access-Control-Allow-Headers：当浏览器的请求中包含自定义头部时，服务器通过这个响应头指明哪些头部可以被跨域请求携带。例如，Content-Type、Authorization。

（4）Access-Control-Allow-Credentials：指示是否允许发送 Cookie。在默认情况下，Cookie 不包含在 CORS 请求中。如果服务器希望在请求中包含 Cookie，则需要将这个头部设置为 true。

4. 使用 rocket_cors 库设置跨域资源访问

在本段代码中，定义了一个用于初始化 CORS（跨域资源共享）而设置的 init_cors() 函数，该函数首先利用 AllowedOrigins::some_exact 方法精确地指定了一个允许的来源列表，确保只有这些特定来源的请求能够通过 CORS 验证。这一步骤尤其重要，因为它涵盖了本地在开发过程中常见的端口号，例如 4000 和 5173，从而为本地开发和测试提供便利。

接下来，定义了 allowed_methods 变量，设置为 AllowedMethods 类型，它列出了被允许的 HTTP 请求方法，包括 "Get"、"Post"、"Delete"、"Put"。这一设置通过将字符串映射至 Method 枚举值，并将它们收集进一个 HashSet 中完成，以此确保每种方法的唯一性并避免重复。

随后，函数通过 CorsOptions::default() 获取默认的 CORS 配置作为基础，并采用链式调用的方式来细化配置，包括设置允许的来源、请求方法，以及是否允许携带凭证等选项。

最终，根据上述定义的配置选项，函数通过 Cors::from_options() 方法创建了一个 Cors 实例，并将其返回。这个 Cors 实例随后将被用于创建 Rocket 应用实例，为应用提供必要的跨域请求处理能力。

完整的通过 rocket_cors 库设置跨域资源访问的代码如下：

```
//第 11 章 todo/back_end/todo/src/lib/cors.rs
//引入 rocket_cors 库中相关的模块和类型
use rocket_cors::{AllowedMethods, AllowedOrigins, Cors, CorsOptions, Method};
//及标准库中的 HashSet 和 FromStr,用于处理集合和字符串转换
use std::{collections::HashSet, str::FromStr};

//定义一个初始化 CORS 设置的函数,该函数返回 Result 类型,当初始化成功时包含配置好的 Cors
//对象,当初始化失败时包含 rocket_cors::Error 错误
pub fn init_cors() -> Result<Cors, rocket_cors::Error> {
    //定义允许的来源列表。AllowedOrigins::some_exact 方法用于指定一个精确匹配的来源列表
    //这里列出了本地开发常用的端口号,允许这些来源的请求通过 CORS 验证
    //保证 127.0.0.1 和 locahost 端口的一致性
    //4000 是 Vite 使用 npx 时常用的启动端口
    //5173 是 Vite 在使用常规方式 npm run dev 时的启动端口
    let allowed_origins = AllowedOrigins::some_exact(&[
        "http://localhost:4000",
        "http://localhost:5173",
        "http://127.0.0.1:4000",
        "http://127.0.0.1:5173",
    ]);

    //定义允许的 HTTP 方法。这里通过将一个字符串列表映射到 Method 枚举,允许 "Get"、
    //"Post"、"Delete"、"Put" 方法
```

```
//使用 `HashSet` 是为了确保方法的唯一性,避免重复
let allowed_methods: AllowedMethods = vec!["Get", "Post", "Delete", "Put"]
    .into_iter()
    .map(|s| Method::from_str(s).unwrap())      //将字符串转换为 Method 枚举,
//unwrap 用于处理转换可能失败的情况(这里假设不会失败)
    .collect::<HashSet<Method>>();              //将转换结果收集到一个 HashSet 中

//使用默认的 CORS 配置作为基础,通过链式调用方法来自定义配置
//.allowed_methods(allowed_methods)设置允许的 HTTP 方法
//.allowed_origins(allowed_origins)设置允许的来源
//.allow_credentials(true)允许跨域请求携带凭证(如 Cookies)
let cors_options = CorsOptions::default()
    .allowed_methods(allowed_methods)
    .allowed_origins(allowed_origins)
    .allow_credentials(true);

//通过上面定义的配置选项创建一个 CORS 实例
let cors = Cors::from_options(&cors_options);
cors                                            //返回配置好的 `Cors` 对象
}
```

11.5.6 后端入口文件

在完成所有后端接口和工具配置之后,下一步是编写主函数,确保整个应用的顺利运行。主函数的编写过程分为几个关键步骤,首先是调用 db_init()函数来初始化 SurrealDB 数据库实例,确保数据存储可以正常工作。紧接着,通过 init_cors()函数初始化 CORS 实例,这一步骤对于保障前后端跨域资源共享的安全性至关重要。完成这些准备工作后,我们借助 rocket::build()函数构建 Rocket 框架的应用实例,这是搭建后端服务的基础。

在构建应用实例的过程中,attach()方法用于应用 CORS 配置,以支持跨域请求。随后,使用 mount()方法来绑定各类接口,并设置相应的 URL 前缀,分别为用户接口(/api/v1/user)、团队接口(/api/v1/team)及待办事项接口(/api/v1/todo)。这样的组织结构不仅使 URL 管理更加清晰,也方便后续的接口维护和拓展。

最后,通过 register()方法注册全局异常处理器,这一环节对于提升应用的健壮性和用户的使用体验至关重要,确保在遇到异常情况时能够给出恰当的反馈。完整的后端入口代码如下:

```
//第 11 章 todo/back_end/todo/src/main.rs
//导入自定义模块
mod lib;

//引入 Rocket 框架宏,用于简化开发
#[macro_use]
extern crate rocket;
```

```rust
//使用 lib 模块中定义的 API 函数
use lib::api::{
    complete_todo, create_team, create_team_todo, create_todo, delete_todo, failed_todo,
    get_user_info, set_user_avatar, set_user_setting, signin, signup, update_team_info,
    update_team_members, update_todo, update_todo_status,
};

//导入 CORS 相关配置初始化函数
use lib::cors::init_cors;

//导入数据库初始化函数
use lib::db::db_init;

//导入自定义异常处理函数
use lib::response::define_excp_handler;

//应用的入口点,使用 launch 属性标记。这个函数将在应用启动时被调用
#[launch]
async fn rocket() -> _ {
    //初始化数据库连接
    let _ = db_init().await;

    //初始化 CORS 配置
    let cors = init_cors().expect("CORS Configuration Correct");

    //构建 Rocket 应用实例
    rocket::build()
        //应用 CORS
        .attach(cors)
        //配置路由和路径
        .mount(
            "/api/v1/user",                 //用户相关的 API 路径
            routes![
                //绑定路径和处理函数
                signin,                     //登录
                signup,                     //注册
                get_user_info,              //获取用户信息
                set_user_setting,           //设置用户信息
                set_user_avatar             //设置用户头像
            ],
        )
        .mount(
            "/api/v1/todo",                 //待办事项相关的 API 路径
            routes![
                //绑定路径和处理函数
                create_todo,                //创建待办事项
                delete_todo,                //删除待办事项
                update_todo,                //更新待办事项信息
                update_todo_status,         //更新待办事项状态
                complete_todo,              //完成待办事项
```

```
                    failed_todo                    //待办事项失败
                ],
            )
            .mount(
                "/api/v1/team",                    //团队相关的 API 路径
                routes![
                    //绑定路径和处理函数
                    create_team,                   //创建团队
                    update_team_members,           //更新团队成员
                    update_team_info,              //更新团队信息
                    create_team_todo               //为团队创建待办事项
                ],
            )
            //注册全局异常处理器
            .register("/api/v1", catchers![define_excp_handler])
}
```

11.6 小结

在开发这一系统的过程中,系统不仅实现了一系列关键功能来提高用户管理待办任务的效率,还深刻体会到了技术实现与用户需求之间的紧密联系。以下是对实现这些功能的小结。

(1) 全面的待办管理:系统成功地为用户提供了一个全方位的待办管理平台,包括灵活的任务创建、修改、提交,以及对阻塞状态任务的有效处理,极大地简化了用户的操作流程。

(2) 多元化的任务预览:引入了 4 种独特的视图(时间轴、列表、表格和日历)来预览待办任务,大大提高了用户对任务概况的认识,尽管日历视图仍有改善空间,但这种多元化的预览方式已经是一大亮点。

(3) 重点任务突出显示:系统特别设计了重要任务和关注任务的突出显示功能,确保用户能够优先处理最关键的事项。

(4) 用户体验与团队协作:通过直观的用户信息页面和高效的团队协作工具,不仅提升了个人的任务处理能力,也优化了团队间的协作流程。

(5) 及时的任务提醒与便捷的查询:超时任务的即时提醒和快速准确的任务查询功能显著地提升了任务管理的效率和便捷性。

但除了这些达到预期标准的功能,有些功能在未来还可以继续优化。

(1) 日历视图优化:我们计划对日历视图进行优化,以更直观地展示任务分布,让用户能够一目了然地掌握任务概况。

(2) 邮件服务和用户提醒机制:在未来的开发中,我们将重点实现邮件服务和用户提醒机制,以进一步提升用户的互动体验和任务管理的及时性。

（3）审核流程的精细化设计：针对团队审核环节，我们将设计更加细致和符合实际需求的审核流程，确保任务执行的质量和效率。

本次系统开发不仅是技术实践的过程，更是对用户需求深刻理解的过程。只有不断地聆听用户的声音，深入分析用户的实际需求，才能设计出真正有价值的功能。未来应该持续优化系统，引入新的功能，并解决用户在使用过程中遇到的问题。通过持续的努力和创新，这样才能让产品更加成熟，更好地服务于用户，成为他们不可或缺的任务管理工具。

附录 A 本书的环境搭建与基础工具

APPENDIX A

掌握如何构建适合不同编程语言和框架的开发环境对于程序员来讲至关重要,因为它不仅会影响到开发效率,还会直接关系到代码的质量。针对这一需求,本附录旨在引导读者了解并搭建本书涉及的开发环境和必要软件,以确保读者能够顺利地进行开发工作。本书主要介绍的开发环境包括 Rust 和 Node.js,通过详细的指导帮助读者避免在环境搭建过程中可能遇到的障碍,确保读者能够在一个顺畅且高效的环境中进行学习和开发。

A.1 Rust 工具链的安装

安装 Rust 工具链不仅能让开发者轻松地在稳定版、测试版和日更版编译器之间切换并保持更新,还能使交叉编译变得更加简单,并为常见平台提供标准库的二进制构建。Rust 工具链支持包括 Windows 在内的所有平台。可以在 https://www.rust-lang.org/zh-CN/tools/install 找到官方安装地址,它能够帮助用户直接检测操作系统类型并提供最佳的安装方案。官网下载如图 A-1 所示。

图 A-1 Rust 官网安装推荐图

安装完成后打开终端进行验证，需要分别验证 rustup 和 cargo，验证方式非常简单，在终端输入 rustup -V 和 cargo -V 即可，命令行输出如图 A-2 所示。

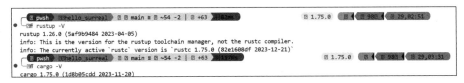

图 A-2　验证 rustup 和 cargo 版本

A.2　Git 工具的安装及配置

A.2.1　Git 简介

Git 是一个开源的分布式版本控制系统，可以有效、高速地处理从很小到非常大的项目版本管理。也是 Linus Torvalds 为了帮助管理 Linux 内核开发而开发的一个开放源码的版本控制软件，并且 Git 不仅支持 Linux 而且支持 Mac 和 Windows 系统。

A.2.2　安装

访问 Git 的官方网站 https://git-scm.com/，并在页面右下角根据所用操作系统选择相应版本进行下载。安装完成后，为确保 Git 可以在命令行中直接使用，需要进行系统变量的配置。Git 官方下载位置截图如图 A-3 所示。

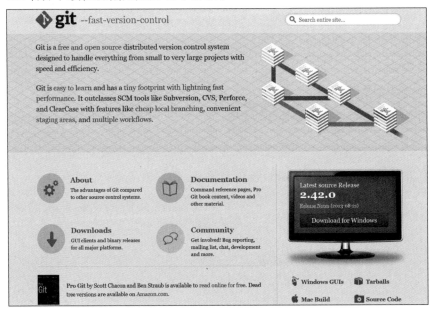

图 A-3　Git 官方下载位置

安装完成后的包目录如图 A-4 所示。

图 A-4　Git 完整包目录

配置系统变量是一个直接而简单的过程。首先，进入系统环境设置并单击"环境变量"按钮。接下来，在"系统变量"区域找到并选择 Path 变量，单击"新建"按钮，并将 Git 的安装目录下的 cmd 文件夹路径添加进去，例如 D:\Git\cmd。这样做的目的是确保 Git 命令可以在终端中被直接调用和使用，从而提升工作效率。配置环境变量如图 A-5 所示。

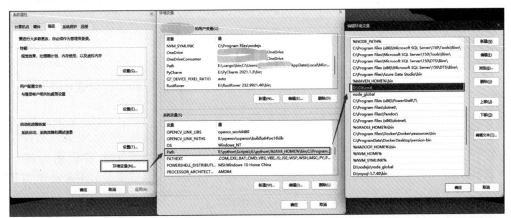

图 A-5　为 Git 配置系统变量

A.3　开发工具的安装

本节介绍两款备受推崇的开发工具，分别是 JetBrains 的 IDEA 和微软的 VS Code。这两种工具各具特色，拥有各自的优势和不足。建议读者根据个人需求和偏好选择适合自己的工具进行安装。无论选择哪一款工具都需要读者花费一定的时间对工具进行熟悉,以确保能够根据本书内容顺利地进行开发工作。

A.3.1 JetBrains IDEA 的安装

1. 简介

JetBrains IDEA 是一款由捷克的软件开发公司 JetBrains 开发的集成开发环境(IDE)。它是 Java 编程语言开发撰写时所用的集成开发环境,可以帮助开发人员更高效地编写代码。

JetBrains IDEA 的主要优点如下。

(1) 强大的功能和工具集:JetBrains IDEA 提供了丰富的功能和工具,包括代码自动完成、代码检查、调试器、版本控制集成等,能够提高开发效率。

(2) 出色的代码智能感知:IDEA 内置了强大的代码智能感知功能,可以根据上下文提供准确的代码补全、重构和导航建议。

(3) 强大的插件生态系统:IDEA 拥有庞大的插件市场,用户可以根据自己的需求自由选择和安装各种插件,扩展 IDE 的功能。

(4) 适用于多种编程语言:IDEA 不仅支持 Java 开发,还支持其他众多主流编程语言,如 Python、JavaScript、Kotlin 等,适用范围广泛。

JetBrains IDEA 的主要缺点如下。

(1) 较高的学习曲线:由于 IDEA 功能丰富,相对复杂,初学者可能需要一些时间来熟悉和掌握其各种功能和操作方式。

(2) 占用系统资源较多:IDEA 在运行时占用的系统资源较多,对于资源有限的机器可能会导致性能下降。

(3) 商业许可证:IDEA 是一款商业软件,部分高级功能需要购买许可证才能使用。

2. 安装

由于 IDEA 常规的安装需要支付一定的费用,但对于学生、教师、学校、开源项目使用符合条款便可以免费使用,所以在安装前需要进行申请,例如供学生申请使用的地址为 https://www.jetbrains.com/zh-cn/community/education/#students。IDEA 的申请位置如图 A-6 所示。

接下来填写相关信息后进行申请便可安装。申请表单内容如图 A-7 所示。

3. 安装插件

如果要在 IDEA 中增强 Rust 开发体验,则只需安装两个关键插件:Rust 和 Toml。操作步骤如下:

(1) 在顶部左侧的文件选项中打开 IDEA 设置,并导航至插件部分进行搜索。

图 A-6　申请 IDEA 免费访问权限

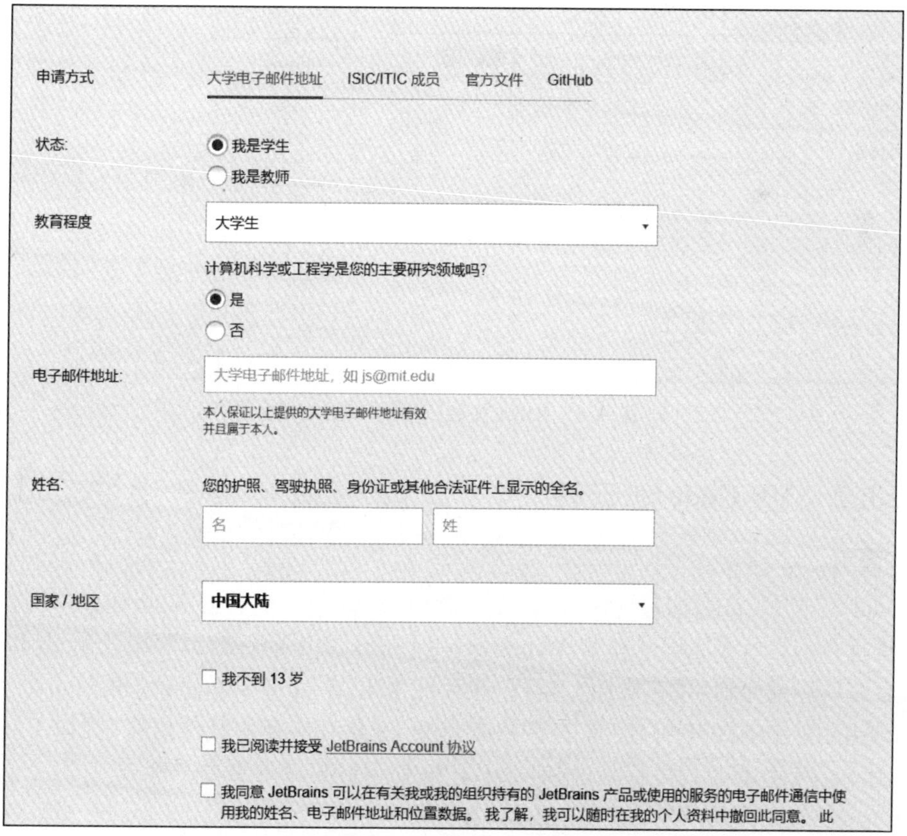

图 A-7　申请表单内容

（2）Rust 插件：这一插件为 IDEA 提供了对 Rust 语言的全面支持，极大地便利了 Rust 开发过程。安装 Rust 插件不仅会让编写 Rust 代码变得更加流畅，还会自动安装 Toml 插件，以便于管理 Rust 项目中的 TOML 配置文件。

（3）Toml 插件：专为 TOML 配置语言而设计，主要用于处理 cargo 的配置文件 cargo.toml，确保文件的正确解析和编辑支持。

通过这两个插件，IDEA 将为 Rust 开发者提供一个更加高效和友好的编程环境。IDEA 所需的 Rust 插件的安装如图 A-8 所示。

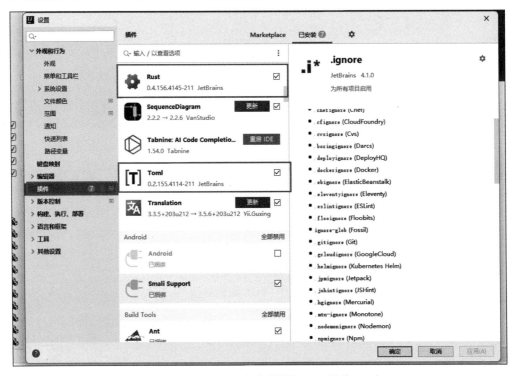

图 A-8　IDEA 安装所需的 Rust 插件

A.3.2　VS Code 的安装

1. 简介

Visual Studio Code（简称 VS Code）是一款由微软在 2015 年 4 月 30 日 Build 开发者大会上正式宣布的运行于 Mac OS X、Windows 和 Linux 之上的针对编写现代 Web 和云应用的跨平台源代码编辑器，可在桌面上运行，并且可用于 Windows、macOS 和 Linux。它具有对 JavaScript、TypeScript 和 Node.js 的内置支持，并具有丰富的其他语言（例如 C++、C♯、Java、Python、PHP、Go）和运行时（例如 .NET 和 Unity）扩展的生态系统。

VS Code 的主要优点如下。

（1）轻量级和快速启动：VS Code 是一个相对轻量级的编辑器，启动速度快，占用系统资源较少。

（2）丰富的插件生态系统：VS Code 拥有庞大的插件市场，用户可以根据需要自由选择和安装各种插件，满足不同开发需求。

（3）强大的调试功能：VS Code 提供了强大的调试功能，支持多种编程语言的调试，便于开发者进行代码调试和错误排查。

（4）跨平台支持：VS Code 支持 Windows、macOS 和 Linux 等多个操作系统，使跨平台开发更加便捷。

VS Code 的主要缺点如下。

（1）功能相对较少：与 JetBrains IDEA 相比，VS Code 的功能相对较少，对于复杂项目和大型代码库的开发可能会有一些限制。

（2）高级功能需要插件支持：VS Code 的核心功能相对简洁，一些高级功能需要通过安装相关插件才能实现。

（3）对某些编程语言的支持可能较弱：尽管 VS Code 支持多种编程语言，但与 JetBrains IDEA 相比，在某些特定语言的支持和工具上可能相对薄弱。

2. 安装

如果要下载 VS Code，则可访问其官方网站 https://code.visualstudio.com/。在页面上，可以单击左侧的"展开"按钮，从而选择与操作系统相匹配的版本进行下载。如何选择适合安装系统的不同版本如图 A-9 所示。

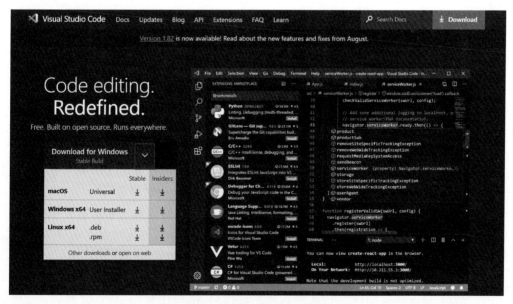

图 A-9　选择适合的安装系统

成功安装之后如图 A-10 所示。

图 A-10 VS Code 安装完成截图

3. 安装插件

为了支持 Rust 语言，VS Code 需要安装几个插件以便更好进行开发。选择菜单栏中的扩展，在扩展商店中搜索 Rust 选择扩展进行下载，以下是一些推荐的扩展。

（1）rust_analyzer：这是一个 Rust 语言的静态分析工具，它可以帮助开发者找到并修复代码中的错误。它提供了详细的错误信息和修复建议，帮助开发者提高代码质量。

（2）Rust Syntax：这是一个 Rust 语言的语法高亮显示插件，它可以使代码在编辑器中看起来更加美观。它支持所有主流的文本编辑器，包括 VS Code、Sublime Text 等。

（3）Rust Extension Rack：这是一个用于创建和管理 Rust 项目的扩展。它提供了创建新项目、管理依赖、运行测试等功能，使开发过程更加顺畅。

（4）Rust Doc Viewer：这是一个用于查看 Rust 库文档的工具。它支持所有主流的文档格式，包括 HTML、Markdown 等。可以在任何支持这些格式的编辑器中查看文档，而无须打开浏览器。

（5）Rust Mod Generator：这是一个用于生成 Rust 模块的工具。可以使用它来创建新的 Rust 库或者修改现有的库。它支持自动生成代码、添加注释等功能，大大提高了开发效率。

（6）Rust Flash Snippets：这是一个 Rust 语言的代码片段库。它收集了大量的 Rust 代码片段，可以帮助开发者快速地编写代码。可以在任何支持 Rust 的编辑器中使用这些代码片段。

（7）Rust Test Lens：这是一个用于 Rust 的测试辅助工具。它提供了一些方便的功能，如自动补全测试函数名、显示测试覆盖率等。它可以帮助开发者更好地编写和维护测试用例。

当然如果不想要一个一个地查找上述依赖，则可以直接安装一个名为 rust 的依赖，它涵盖了多个上述的依赖，是这些依赖的集合。在 VS Code 中下载 Rust 开发所需依赖如图 A-11 所示。

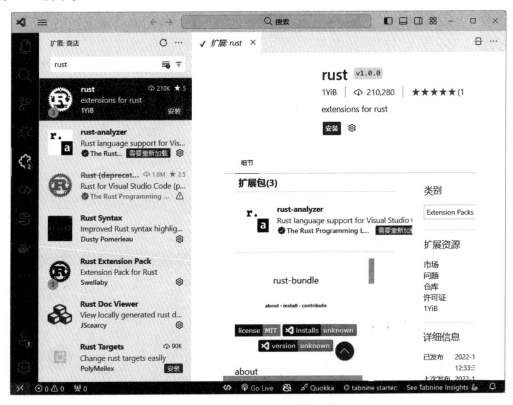

图 A-11　安装 Rust 开发所需的依赖

接下来安装支持 TOML 的扩展，以下是一些推荐的扩展。

（1）Even Better TOML：由 Taplo 支持的 TOML 语言支持扩展。它目前是一个预览扩展，可能包含错误，甚至可能会崩溃。

（2）TOML Language Support：实现对 TOML 文件的解析与支持，包括 TOML 的关键字高亮显示。

（3）Prettier TOML：帮助对 TOML 文件进行格式化。

在 VS Code 中安装所需的 TOML 的扩展如图 A-12 所示。

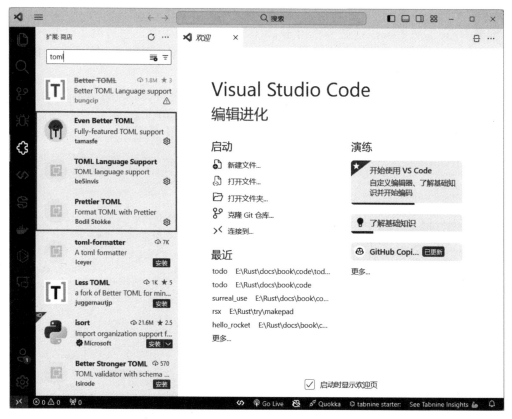

图 A-12　在 VS Code 中安装所需的 TOML 的扩展

A.4　API 测试工具 Apifox 的安装

A.4.1　Apifox 简介

　　Apifox 是一款 API 文档、API 调试、API Mock、API 自动化测试一体化协作平台。它可以帮助开发者更好地管理和测试 API，提高工作效率和代码质量。Apifox 有许多优点，主要优点如下：

　　（1）一站式接口协作平台，集成了 Postman、Swagger、Mock 和 JMeter 等多种工具，帮助开发者更好地对 API 进行接口测试。

　　（2）避免了代码和文档不同步的问题，自动将 Swagger 同步到文档中，支持使用 MD、HTML、RAML 等数据格式的导入，并且也可以对设置好的 API 进行测试，以便生成不同类型的文档例如 PDF、HTML、Swagger 格式。

　　（3）避免重复劳动，Swagger 写好后，一键同步，文档、调试、Mock、测试的数据全部自动生成。

(4）开发效率高，功能很强大，例如可以在自测时指定全局的 Token 令牌、Cookie、Content-Type 等请求头，并且有多种请求方式可供选择，免除使用浏览器发起请求导致的请求方式单一的问题，并且支持 HTTP、TCP、RPC 协议等各类协议，随着版本的迭代将会支持更多类型的接口。

（5）支持自动生成代码，Apifox 可以根据接口或模型的定义，自动生成多种语言或框架的业务代码和 API 请求代码。也可以自定义代码模板进行个性化需求的开发。

（6）团队协作的支持，Apifox 支持团队协作，可以使用云端进行同步实时更新，支持团队权限管理，支持管理员、普通成员、只读成员等角色设置，满足各类企业的需求。

（7）支持本地下载和 Web 版，Apifox 不仅支持操作系统桌面端的下载，同样也支持 Web 版，可以更加方便地进行多平台互通。

A.4.2 安装

对于那些不需要私有化部署且只寻求基本功能的普通团队来讲，下载免费版本的 Apifox 就已经能够满足需求，即使是免费版本，Apifox 也支持无限团队成员及所有功能的使用，确保用户可以充分利用其提供的各项服务。Apifox 兼容多种操作系统，包括 Linux、Mac 和 Windows，保证了用户无论使用何种平台都能顺畅使用。如果想了解更多信息或下载，则可访问网页网址 https://apifox.com/#pricing。Apifox 客户端下载页面如图 A-13 所示。

图 A-13 下载 Apifox 客户端

解压下载后的 zip 包后将获得 exe 文件，接下来双击 exe 文件进行安装，后面正常提示进行安装即可。安装完成后打开软件会得到如图 A-14 所示的界面。

图 A-14　Apifox 启动图

A.5　Surrealist 可视化工具的安装

A.5.1　Surrealist 简介

Surrealist 是一个直观且易于使用的查询工具，既支持浏览器，也支持桌面应用。它能够连接到任何 SurrealDB 服务器，并提供一个图形化界面来执行查询操作。这个界面的特色包括表和变量的自动补全、语法高亮等。通过切换到资源管理器视图，用户可以方便地浏览数据库表、编辑记录和探索图形关系。此外，设计师视图允许用户创建或修改数据库架构，而身份验证视图则用于管理登录凭证和权限范围。尽管 SurrealDB 官方尚未发布官方的可视化查询工具，但 Surrealist 作为一个免费的替代品，提供了便捷的解决方案。它有两种使用模式：一种是通过浏览器访问 https://surrealist.app/query 实现快速启动，另一种是通过访问 GitHub 仓库 https://github.com/StarlaneStudios/Surrealist 下载桌面版本。无论是在线使用还是桌面应用，Surrealist 都为用户提供了灵活的选择。

A.5.2　安装

前往 GitHub 选择最新的 release 版本，地址为 https://github.com/StarlaneStudios/Surrealist/releases/tag/v1.11.1，并在 Assets 中选择适合自己计算机操作系统的包进行下载。GitHub 上的下载界面如图 A-15 所示。

图 A-15　GitHub 上下载 Surrealist

A.6　NVM 安装 Node 环境

NVM(Node Version Manager)是一个用于管理多个 Node.js 版本的工具。使用 NVM 可以让开发者在同一台机器上安装和使用不同版本的 Node.js，这在开发多个项目且每个项目依赖于不同 Node.js 版本的环境中特别有用。它能够解决以下这些问题。

(1) 多版本管理：NVM 允许在同一台计算机上安装多个 Node.js 版本，这意味着可以轻松地切换到项目所需的特定版本。

(2) 项目兼容性：不同的 Node.js 项目可能会依赖于不同的 Node.js 版本。使用 NVM 可以为每个项目设置合适的 Node.js 版本，避免版本不兼容而导致的问题。

(3) 避免全局安装冲突：NVM 安装的 Node.js 版本是按用户隔离的，不同于使用包管理器(如 APT 或 Homebrew)全局安装 Node.js，这减少了因版本冲突而导致的问题。

(4) 灵活的版本切换：NVM 使升级到最新的 Node.js 版本或者降级到较旧的版本变得非常简单和安全。如果新版本无法满足项目需求，则可以轻松地切换回旧版本。

(5) 无须 sudo 权限：使用 NVM 安装 Node.js 不需要 sudo 权限，这意味着可以在不需要管理员权限的情况下安装和管理 Node.js 版本，降低了系统的安全风险。

(6) 保持环境一致性：在团队开发项目时，使用 NVM 可以确保所有开发人员都在使用相同版本的 Node.js，避免了"在我的机器上可以运行，你重启试试"的问题。

A.6.1　在 UNIX、macOS 和 Windows WSL 环境下安装 NVM

对于 UNIX、macOS 和 Windows WSL 安装 NVM 的方式是使用命令进行安装，打开终端并输入以下任意命令即可下载并运行脚本：

```
//使用 curl 方式下载
curl -o- https://raw.githubusercontent.com/nvm-sh/nvm/v0.39.7/install.sh | bash

//使用 wget 方式下载
wget -qO- https://raw.githubusercontent.com/nvm-sh/nvm/v0.39.7/install.sh | bash
```

A.6.2 在 Windows 系统下安装 NVM

对于 Windows 用户，可以通过访问 nvm-windows 的 GitHub 仓库来下载 NVM 的安装程序 nvm-setup.exe。访问 nvm-windows 的版本发布页面 https://github.com/coreybutler/nvm-windows/releases，然后选择最新版本进行下载和安装。这个过程简单快捷，让 Windows 用户也能轻松地利用 NVM 管理不同版本的 Node.js。选择下载 NVM 进行安装的界面如图 A-16 所示。

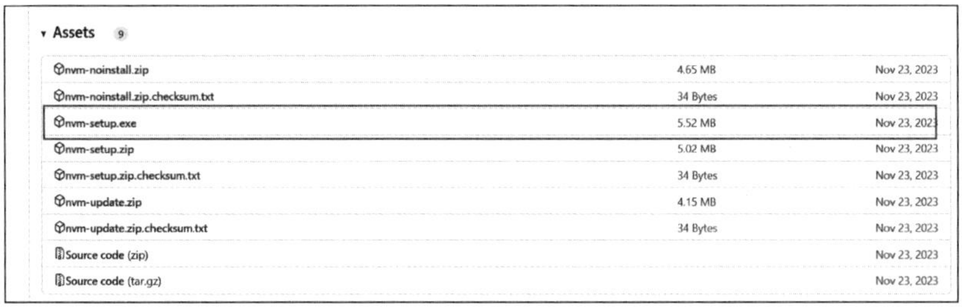

图 A-16 选择下载 NVM 进行安装

A.6.3 使用 NVM 下载 Node.js

NVM 使用 install 命令下载 Node.js，安装的语法如下：

```
//下载最新版本
nvm install latest
//下载指定版本，例如 21.6.2
nvm install v21.6.2
```

A.6.4 切换版本

使用 use 命令指定版本号即可切换版本，切换版本的命令如下：

```
//使用 list 命令列出版本
nvm list
//输出如下
    21.4.0
  * 18.13.0 (Currently using 64-bit executable)
    16.18.1
    14.18.2
//使用 use 命令切换版本
nvm use 21.4.0
```

A.7 安装 Vite 及初始化 Vue 项目

A.7.1 Vite 简介

Vite(法语意为快速的,发音/vit/,发音同 veet)是一种新型的前端构建工具,能够显著地提升前端开发体验。它主要由两部分组成:

(1)一个开发服务器,它基于原生 ES 模块,提供了丰富的内建功能,如速度快到惊人的模块热更新(HMR)。

(2)一套构建指令,它使用 Rollup 打包代码,并且它是预配置的,可输出用于生产环境的高度优化过的静态资源。

A.7.2 使用 Vite 初始化 Vue 项目

在使用 Vite 初始化 Vue 项目之前,需特别注意 Vite 对 Node.js 的版本要求。当前,Vite 需要 Node.js 18 或更高版本,而某些依赖可能对 Node 版本有更严格的要求才能正常运行,因此,在开始项目之前,首先确认 Node.js 版本是否符合要求。接下来,需要确保 NPM 版本至少为 7 或以上。完成这些版本检查后,便可以使用初始化命令来创建项目。完整的检查与创建 Vue 项目的命令如下:

```
//检查 Node 版本
node -v
//检查 NPM 版本
npm -v
//创建 Vue 项目
npm create vite@latest {{项目名称}} -- --template vue
```

命令执行的结果如图 A-17 所示。

图 A-17 检查与创建命令执行结果

图书推荐

书 名	作 者
仓颉语言实战(微课视频版)	张磊
仓颉语言核心编程——入门、进阶与实战	徐礼文
仓颉语言程序设计	董昱
仓颉程序设计语言	刘安战
仓颉语言元编程	张磊
仓颉语言极速入门——UI全场景实战	张云波
HarmonyOS 移动应用开发(ArkTS 版)	刘安战、余雨萍、陈争艳 等
公有云安全实践(AWS 版·微课视频版)	陈涛、陈庭暄
虚拟化 KVM 极速入门	陈涛
虚拟化 KVM 进阶实践	陈涛
移动 GIS 开发与应用——基于 ArcGIS Maps SDK for Kotlin	董昱
Vue+Spring Boot 前后端分离开发实战(第 2 版·微课视频版)	贾志杰
前端工程化——体系架构与基础建设(微课视频版)	李恒谦
TypeScript 框架开发实践(微课视频版)	曾振中
精讲 MySQL 复杂查询	张方兴
Kubernetes API Server 源码分析与扩展开发(微课视频版)	张海龙
编译器之旅——打造自己的编程语言(微课视频版)	于东亮
全栈接口自动化测试实践	胡胜强、单镜石、李睿
Spring Boot+Vue.js+uni-app 全栈开发	夏运虎、姚晓峰
Selenium 3 自动化测试——从 Python 基础到框架封装实战(微课视频版)	栗任龙
Unity 编辑器开发与拓展	张寿昆
跟我一起学 uni-app——从零基础到项目上线(微课视频版)	陈斯佳
Python Streamlit 从入门到实战——快速构建机器学习和数据科学 Web 应用(微课视频版)	王鑫
Java 项目实战——深入理解大型互联网企业通用技术(基础篇)	廖志伟
Java 项目实战——深入理解大型互联网企业通用技术(进阶篇)	廖志伟
深度探索 Vue.js——原理剖析与实战应用	张云鹏
前端三剑客——HTML5+CSS3+JavaScript 从入门到实战	贾志杰
剑指大前端全栈工程师	贾志杰、史广、赵东彦
JavaScript 修炼之路	张云鹏、戚爱斌
Flink 原理深入与编程实战——Scala+Java(微课视频版)	辛立伟
Spark 原理深入与编程实战(微课视频版)	辛立伟、张帆、张会娟
PySpark 原理深入与编程实战(微课视频版)	辛立伟、辛雨桐
HarmonyOS 原子化服务卡片原理与实战	李洋
鸿蒙应用程序开发	董昱
HarmonyOS App 开发从 0 到 1	张诏添、李凯杰
Android Runtime 源码解析	史宁宁
恶意代码逆向分析基础详解	刘晓阳
网络攻防中的匿名链路设计与实现	杨昌家
深度探索 Go 语言——对象模型与 runtime 的原理、特性及应用	封幼林
深入理解 Go 语言	刘丹冰
Spring Boot 3.0 开发实战	李西明、陈立为

续表

书　名	作　者
全解深度学习——九大核心算法	于浩文
HuggingFace 自然语言处理详解——基于 BERT 中文模型的任务实战	李福林
动手学推荐系统——基于 PyTorch 的算法实现(微课视频版)	於方仁
深度学习——从零基础快速入门到项目实践	文青山
LangChain 与新时代生产力——AI 应用开发之路	陆梦阳、朱剑、孙罗庚、韩中俊
图像识别——深度学习模型理论与实战	于浩文
编程改变生活——用 PySide6/PyQt6 创建 GUI 程序(基础篇·微课视频版)	邢世通
编程改变生活——用 PySide6/PyQt6 创建 GUI 程序(进阶篇·微课视频版)	邢世通
编程改变生活——用 Python 提升你的能力(基础篇·微课视频版)	邢世通
编程改变生活——用 Python 提升你的能力(进阶篇·微课视频版)	邢世通
Python 量化交易实战——使用 vn.py 构建交易系统	欧阳鹏程
Python 从入门到全栈开发	钱超
Python 全栈开发——基础入门	夏正东
Python 全栈开发——高阶编程	夏正东
Python 全栈开发——数据分析	夏正东
Python 编程与科学计算(微课视频版)	李志远、黄化人、姚明菊 等
Python 数据分析实战——从 Excel 轻松入门 Pandas	曾贤志
Python 概率统计	李爽
Python 数据分析从 0 到 1	邓立文、俞心宇、牛瑶
Python 游戏编程项目开发实战	李志远
Java 多线程并发体系实战(微课视频版)	刘宁萌
从数据科学看懂数字化转型——数据如何改变世界	刘通
Dart 语言实战——基于 Flutter 框架的程序开发(第 2 版)	亢少军
Dart 语言实战——基于 Angular 框架的 Web 开发	刘仕文
FFmpeg 入门详解——音视频原理及应用	梅会东
FFmpeg 入门详解——SDK 二次开发与直播美颜原理及应用	梅会东
FFmpeg 入门详解——流媒体直播原理及应用	梅会东
FFmpeg 入门详解——命令行与音视频特效原理及应用	梅会东
FFmpeg 入门详解——音视频流媒体播放器原理及应用	梅会东
FFmpeg 入门详解——视频监控与 ONVIF＋GB28181 原理及应用	梅会东
Python 玩转数学问题——轻松学习 NumPy、SciPy 和 Matplotlib	张骞
Pandas 通关实战	黄福星
深入浅出 Power Query M 语言	黄福星
深入浅出 DAX——Excel Power Pivot 和 Power BI 高效数据分析	黄福星
从 Excel 到 Python 数据分析：Pandas、xlwings、openpyxl、Matplotlib 的交互与应用	黄福星
云原生开发实践	高尚衡
云计算管理配置与实战	杨昌家
HarmonyOS 从入门到精通 40 例	戈帅
OpenHarmony 轻量系统从入门到精通 50 例	戈帅
AR Foundation 增强现实开发实战(ARKit 版)	汪祥春
AR Foundation 增强现实开发实战(ARCore 版)	汪祥春